化 工 原 理

主 编 曾 英
副主编 安莲英 王晓玲 郭晓强

科学出版社

北 京

内 容 简 介

本书重点介绍化工单元操作的基本原理、计算方法及典型设备,包含绪论、流体流动与流体输送、机械分离、传热、吸收、蒸馏、固体干燥、蒸发与结晶技术、现代分离技术。每章均编入适量的例题、习题及思考题,章末编有符号说明,以方便学习。书末编有附录,供学习者查询。

本书以"三传"(动量传递、热量传递、质量传递)为主线,以物料衡算、能量衡算为基础,重视基本概念和基础理论的阐述,注重理论联系实际,力求由浅入深,重点突出,主次分明。

本书可作为高等学校近化工类专业少学时化工原理课程的教材,也可供相关部门及单位从事科研、设计及生产的技术人员参考。

图书在版编目(CIP)数据

化工原理/曾英主编. —北京:科学出版社,2013.3
ISBN 978-7-03-037166-9

Ⅰ.①化… Ⅱ.①曾… Ⅲ.①化工原理-高等学校-教材 Ⅳ.①TQ02

中国版本图书馆 CIP 数据核字(2012)第 051994 号

责任编辑:赵晓霞 张 星 / 责任校对:朱光兰
责任印制:张 伟 / 封面设计:迷底书装

科 学 出 版 社 出版
北京东黄城根北街 16 号
邮政编码:100717
http://www.sciencep.com

北京建宏印刷有限公司 印刷
科学出版社发行 各地新华书店经销

*

2013 年 3 月第 一 版 开本:787×1092 1/16
2023 年 1 月第六次印刷 印张:19
字数:482 000

定价:58.00 元
(如有印装质量问题,我社负责调换)

前　言

　　本书是依据高等学校近化工类专业的化工原理教学需要编写的。教材编写以"强化基础、拓宽知识面,注重培养学生工程应用能力"为主导思想,力求在内容和体系上实现科学性和实用性的有机统一。

　　本书以化工传递过程的基本理论为主线,突出工程学科特点,系统而简明地阐述了典型化工单元操作的基本原理、过程计算方法及典型设备。本书除绪论和附录外,包括流体流动与流体输送、机械分离、传热、吸收、蒸馏、固体干燥、蒸发与结晶技术、现代分离技术等章节。

　　本书在编写过程中,认真总结了各兄弟院校近化工类专业少学时化工原理课程教学的经验及教育教学改革成果,着重基本概念和基础理论的阐述,注重理论联系实际,力求由浅入深,重点突出,主次分明。

　　本书的编写得到了科学出版社、成都理工大学、成都大学、西南民族大学等单位的大力支持,在此表示感谢。

　　参加本书编写的人员有曾英(绪论、传热),郭晓强、李惠茗(流体流动与流体输送),张云峰(机械分离),安莲英(吸收),周堃(蒸馏),王晓玲(固体干燥),陈晓(蒸发与结晶技术,现代分离技术),彭芸(附录)等。于旭东、张景强、尹庆红参加了部分素材的收集与制作。全书由曾英统稿。

　　由于编者水平有限,书中不妥之处在所难免,恳请读者批评指正。

编　者

2013 年 1 月

目　　录

第1章　绪　　论

1.1　化工生产过程与单元操作

化学工业是将自然界中的各种原料加工成有用产品的工业。从原料到产品往往需要几个或几十个加工过程,其中除了化学反应过程外,还有大量的物理加工过程,统称为化工过程。

化学生产的原料不同,产品不同,经历的加工过程就会不同,从而形成各种各样的化工生产过程。任一化工产品的生产过程都是由化学反应和若干物理操作串联而成的,所以不必将每一生产过程都作为一种特殊的或独有的技术去研究,只需研究组成生产过程的每一个单独操作即可。这些物理操作统称为化工单元操作,简称单元操作。

单元操作可作用于不同的化工生产过程。根据单元操作所遵循的基本规律,可将其划分为三大类:

(1) 遵循流体动力基本规律的单元操作,包括流体输送、过滤、沉降、固体流态化等。

(2) 遵循热量传递基本规律的单元操作,包括加热、冷却、蒸发等。

(3) 遵循质量传递基本规律的单元操作,包括吸收、蒸馏、吸附、萃取、干燥、结晶、膜分离等。

随着对单元操作研究的不断深入,科研工作者发现遵循流体动力基本规律的单元操作大都涉及流体流动,并伴随着动量的传递,都可以用动量传递理论去研究;其余两大类单元操作则可分别用热量传递理论和质量传递理论去研究。各种单元操作都可以建立在动量传递、热量传递、质量传递这三种传递理论的基础之上,三种传递现象中存在相似的规律和内在的联系,"三传"理论作为一根主线贯穿了上述所有的单元操作。

各单元操作都在相应的设备中进行。例如,蒸馏操作在蒸馏塔内进行,吸收操作在吸收塔内进行,干燥操作在干燥器内进行。单元操作设备为相应的单元操作过程提供必要的条件,使过程能有效地进行。单元操作不仅用在化工生产中,而且在石油、冶金、轻工、制药、核工业及环境保护工程中也有广泛应用。

1.2　化工原理课程的任务及特点

化工原理课程是化工及其相关专业的一门基础技术课程,是自然科学的基础课向工程学科的专业课过渡的入门课程,主要研究化工单元操作的基本原理和基本规律、所用典型设备的结构、设备工艺尺寸的计算或设备选型。本课程与传统的自然科学基础课有所区别,它兼有工程学科特点,与实践活动联系更加紧密,涉及各种工程实际问题。

本课程在不断完善的过程中逐渐形成了两套研究方法,即实验研究法(经验法)和数学模型法(半经验半理论法)。实验研究法能够跳过方程的建立,直接观察变量间的关系。但如果实验中的设备规格、物料种类和状态等不断变化,相应的工作量就会大大增加,研究效率及准确度会大打折扣。数学模型法则是建立在对过程机理的探索之上,通过对实际问题的合理简化得出数学模型,该法较实验研究法更能反映实际过程的真实情况,因此在化工领域中发展较为迅速。

本课程的实践性很强,学生在学习的过程中应试着用"工程"的观点看待问题和分析问题,有意识地培养自己运用基本原理分析、解决问题的能力。通过这门课程的学习,应初步掌握以下技能:针对具体的生产环境、条件,经济、合理地选择单元操作及其相应设备;可进行典型工艺的理论计算和设备设计;正确操作和调节生产过程;能够分析生产中的故障成因。

1.3　基本知识点回顾

研究单元操作离不开物料衡算、能量衡算等基本知识点,下面对这些知识点进行一个扼要的回顾。

1.3.1　物理量的单位

1. 单位制与单位换算

任何物理量都要用数值和单位共同表示。由于历史、地区及学科的不同要求,对基本量及单位的选择有所不同,因而产生了多种不同的单位制度。目前,国际上逐渐统一采用国际单位制(SI),它由基本单位和包括辅助单位在内的导出单位构成。我国采用中华人民共和国法定计量单位(简称法定单位),它以国际单位制为基础,根据我国情况,适当增加了一些其他单位构成。内容详见本书附录1。

在查阅文献及参考书时,可能遇到多种单位制度并存的情况,使用时要换算成目前采用的单位制度。

同一物理量,单位不同,数值也不同。例如,重力加速度 g,在法定单位制中的单位为 m/s^2,数值约为 9.81;在物理单位制中的单位为 cm/s^2,数值约为 981。二者包括单位在内的比值称为换算因子,即重力加速度 g 在物理单位制和法定单位制间的换算因子为

$$\frac{981 cm/s^2}{9.81 m/s^2} = 100 cm/m$$

任何单位换算因子都是两个相等量之比,所以包括单位在内的任何换算因子本质上都是1,任何物理量乘以或除以单位换算因子,都不会改变原量的大小。很多化学化工手册上均列出了常用单位的换算因子,可以直接使用;复杂单位的换算因子无表可查时,可将其分解成较简单的单位逐个换算。

【例 1-1】　从相关化学手册中查得 0℃下水的黏度为 $1.7921 cP[1cP=0.01P=0.01 g/(cm \cdot s)]$,试将其单位换算成帕·秒。

解　先查出原单位与新单位间的换算关系

$$1g = \frac{1}{1000} kg$$

$$1cm = \frac{1}{100} m$$

$$1N = 1kg \cdot m/s^2$$

$$1Pa = 1N/m^2$$

再代入上述换算关系

$$\mu = 1.7921 \text{cP}$$

$$= 1.7921 \times 10^{-2} \frac{\text{g}}{\text{cm} \cdot \text{s}}$$

$$= \left(1.7921 \times 10^{-2} \frac{\text{g}}{\text{cm} \cdot \text{s}}\right)\left(\frac{100\text{cm}}{\text{m}}\right)\left(\frac{\text{kg}}{1000\text{g}}\right)$$

$$= \left(1.7921 \times 10^{-3} \frac{\text{kg} \cdot \text{m} \cdot \text{s}}{\text{m}^2 \cdot \text{s}^2}\right)\left(\frac{\text{s}^2 \cdot \text{N}}{\text{kg} \cdot \text{m}}\right)$$

$$= \left(1.7921 \times 10^{-3} \frac{\text{N} \cdot \text{s}}{\text{m}^2}\right)\left(\frac{\text{m}^2 \cdot \text{Pa}}{\text{N}}\right)$$

$$= 1.7921 \times 10^{-3} \text{Pa} \cdot \text{s}$$

2. 单位一致性

化工计算中的公式可分为物理方程和经验公式。物理方程是根据物理规律建立的,公式中的符号(比例系数 k 除外)各代表一个物理量,将某一单位制的数据代入物理方程中,解得的结果也属于同一单位制,所以,物理方程又称为单位(或因次)一致性方程,使用时必须保持各项单位的一致性。经验公式是根据实验数据整理总结出来的,式中每一个符号只代表物理量数字部分,它们的单位必须采用指定单位,因此经验公式也称为数字公式。若计算过程中物理量的单位与公式中规定的单位不相符,则应先将已知的数据换算成经验公式中指定的单位后才能进行运算。

1.3.2　重要衡算关系式

物料衡算和能量衡算在化工单元操作设备的设计、选型及操作优化中都有重要作用。通过衡算,可以了解设备的生产能力、产品质量、能量消耗以及设备的性能和效率。

进行物料和能量衡算时,首先需选定衡算范围,既可以是一个生产过程或一个单元设备,也可以是设备的某一局部。同时,也需选定衡算基准。对连续操作常以单位时间为基准,对间歇操作,常以一个操作循环为基准。

1. 物料衡算

物料衡算是以生产过程或生产单元设备为研究区域,对其进、出口处物料进行定量计算。通过物料衡算可计算原料与产品间的定量转变关系,以及各原料的消耗量,各种中间产品、副产品的产量、消耗量及组成。物料衡算遵循质量守恒定律,即输入的物料质量等于输出的物料质量与累积的物料质量之和

$$输入量 = 输出量 + 累积量$$

若衡算对象为稳态过程,即过程中无物料积存,可将衡算关系简化为

$$输入量 = 输出量$$

物料衡算可按下列步骤进行:

(1)根据研究过程的实际情况绘制出简明流程示意图,并标明设备、各股物料的数量和单位以及具体流向。

(2)明确衡算范围。可以是单个设备或若干个设备串联而成的生产过程,也可以是设备的某一部分,视实际情况而定。

(3)规定衡算基准。一般地,连续操作中常以单位时间为基准;间歇操作中则以一批参与过程的物料为基准。

(4)列出衡算式,求解未知量。

【例 1-2】 利用常压操作的连续精馏塔分离甲醇-水溶液,已知进料流量 F 为 1200kg/h,甲醇组成 x_F 为 0.30,馏出液甲醇含量 x_D 为 0.95,且占原料液中甲醇含量的 0.97,试求塔底釜液的甲醇含量 x_W。题中的甲醇含量均以摩尔分数计。

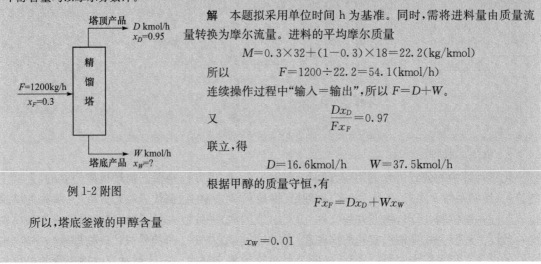

例 1-2 附图

解 本题拟采用单位时间 h 为基准。同时,需将进料量由质量流量转换为摩尔流量。进料的平均摩尔质量

$$M = 0.3 \times 32 + (1-0.3) \times 18 = 22.2 (\text{kg/kmol})$$

所以 $\qquad F = 1200 \div 22.2 = 54.1 (\text{kmol/h})$

连续操作过程中"输入=输出",所以 $F = D + W$。

又 $\qquad \dfrac{Dx_D}{Fx_F} = 0.97$

联立,得

$$D = 16.6 \text{kmol/h} \qquad W = 37.5 \text{kmol/h}$$

根据甲醇的质量守恒,有

$$Fx_F = Dx_D + Wx_W$$

所以,塔底釜液的甲醇含量

$$x_W = 0.01$$

2. 能量衡算

化工生产中的主要能量形式为热能和机械能。若操作中涉及几种不同形式的能量,则需进行总能量衡算;若只涉及热能,则衡算关系可简化为热量衡算。因为化工过程中热交换广泛存在,所以本课程主要探讨能量衡算中的热量衡算。能量衡算遵循能量守恒定律,以热量的形式体现

$$\text{输入量} = \text{输出量} + \text{耗散量}$$

热量衡算与物料衡算的方法大致相同,但热量衡算需指明基准温度,因为焓的大小与从哪一个温度算起有关。物料的焓通常从 0℃算起,所以习惯上选择 0℃为基准温度,无特殊说明均按此计算。

习 题

1-1 已知摩尔气体常量 $R = 82.06\text{atm} \cdot \text{cm}^3/(\text{mol} \cdot \text{K})$,试通过单位换算,将其用 SI 制单位 $\text{J}/(\text{mol} \cdot \text{K})$ 表示。

1-2 在化工手册中查得黄铜在 20℃时的导热系数为 $110\text{W}/(\text{m} \cdot \text{K})$,若用工程单位 $\text{kcal}/(\text{m} \cdot \text{s} \cdot \text{℃})$ 表示,换算后的数值应为多少?

1-3 化工生产中经常会对含水溶液进行前期的浓缩处理,10%(质量分数,下同)的某水溶液经第一阶段的蒸发操作可浓缩至 25%,接着将浓缩后的溶液进行第二阶段的蒸发,最后可得 45% 的浓缩液。若该工段的处理能力为 4200kg/h,试求各阶段蒸发的水量。

1-4 质量流量为 10 000kg/h 的某油品需要进行冷却处理,使其温度从 140℃下降至 80℃。如果采用冷却水冷却,其进、出口温度分别为 20℃、40℃,则每小时冷却水的用量为多少? 已知定性温度下的油品定压比热容为 2.2kJ/(kg·℃),冷却水的定压比热容为 4.18kJ/(kg·℃)。

第 2 章　流体流动与流体输送

化工生产中所涉及的物料(原料、半成品以及产品等)大多为流体或具有流体的性质。所谓流体是指气体和液体的总称,其特征是具有流动性。化工生产中的流体输送、热量传递、质量传递以及化学反应等大多是在流体流动的情况下完成的。例如,通过各种设备之间的连接管路实现流体输送;强化被加热(冷却)流体的对流来提高传热速率,以缩短加热时间或提高传热设备的使用效率;加强流体的湍动程度来强化对流传质过程等。因此流体流动是化工生产的基础。

流体流动的本质是在分子微观运动基础上的宏观运动,在化工生产中研究流体流动时通常将流体视为无数流体质点(微团)组成的连续介质,质点间没有间隙,能够用连续函数进行描述。实际流体都是可压缩的,由于液体的体积受压力、温度的变化影响很小,因此通常把液体视为不可压缩流体,而气体的体积受压力和温度变化影响较大,因此将气体视为可压缩流体。

本章将重点介绍流体流动过程的基本原理以及流体在管内流动的规律;为完成一定的流体输送任务所进行的管路计算,包括流体输送管路管径的选择、估算流体流动所需的能量以确定流体输送机械的类型和功率;流速、流量、压力(真空度)等流体流动相关物理量的测定。

2.1　流体静力学

流体静力学是研究流体在外力作用下保持静止或者相对静止的规律。

2.1.1　流体基本性质

1. 密度

单位体积流体所具有的质量即为该流体的密度,密度的表达式为

$$\rho = \frac{m}{V} \tag{2-1}$$

式中,ρ 为密度,kg/m^3;m 为质量,kg;V 为体积,m^3。

密度是物质的物理性质之一,流体的密度是温度和压力的函数,通常用 $\rho = f(p,T)$ 表示。由于液体分子之间的距离远小于气体,因此除在极高的压力条件下外,压力对液体密度的影响可忽略不计,但密度受温度的变化影响较大,因此在表示流体密度时一定要指明其所处的温度条件。

当化工生产中液体混合物由若干组分构成时,通常将此混合液作为理想溶液进行处理。混合液的总体积为各组分体积之和,混合液的密度可用平均密度 ρ_m 表示。

$$\frac{1}{\rho_m} = \frac{w_1}{\rho_1} + \frac{w_2}{\rho_2} + \cdots + \frac{w_n}{\rho_n} \tag{2-2}$$

式中,ρ_m 为混合液的平均密度,kg/m^3;$w_1, w_2, \cdots, w_n$ 为混合液各组分的质量分数,kg/kg;$\rho_1, \rho_2, \cdots, \rho_n$ 为混合液各组分的密度,kg/m^3。

气体的密度受压力和温度的影响较大,但在压力不太高、温度不太低的情况下,实际气体

可视为理想气体,因此可按照理想气体状态方程计算气体密度。

$$pV = nRT = \frac{m}{M}RT$$

得
$$\rho = \frac{m}{V} = \frac{pM}{RT} \tag{2-3}$$

式中,p 为气体的绝对压力,kPa;n 为气体的物质的量,kmol;R 为摩尔气体常量,8.314kJ/(kmol·K);T 为气体的热力学温度,K;M 为气体的摩尔质量,kg/kmol。

当气体混合物接近理想气体时,仍然可用式(2-3)进行计算,只是气体的摩尔质量需要以相应混合气体的平均摩尔质量 M_m 代替。

$$M_m = M_1 y_1 + M_2 y_2 + \cdots + M_n y_n \tag{2-4}$$

式中,$M_1, M_2, \cdots, M_n$ 为混合气体中各组分的摩尔质量,kg/kmol;$y_1, y_2, \cdots, y_n$ 为混合气体中各相应组分的摩尔分数,kmol/kmol。

气体混合物的平均密度可用式(2-5)进行计算。

$$\rho_m = \rho_1 y_1 + \rho_2 y_2 + \cdots + \rho_n y_n \tag{2-5}$$

【例 2-1】 空气中各组分的摩尔分数为氧气:0.21,氮气:0.78,氩气:0.01。(1)求标准状况下空气的平均密度 ρ_0;(2)求绝对压力为 3.8×10^4 Pa,温度为 20℃时空气的平均密度 ρ,并比较两者的结果。

解 (1)已知空气中各组分的摩尔质量:$M_{O_2} = 32$,$M_{N_2} = 28$,$M_{Ar} = 40$,单位均为 kg/kmol。

① 先求出标准状况下空气的平均摩尔质量 M_m:

$$M_m = M_{O_2} y_{O_2} + M_{N_2} y_{N_2} + M_{Ar} y_{Ar} = 32 \times 0.21 + 28 \times 0.78 + 40 \times 0.01 = 28.96 \text{(kg/kmol)}$$

②
$$\rho_0 = \frac{M_m p_0}{RT_0} = \frac{101.33 \times 28.96}{8.314 \times 273} = 1.293 \text{(kg/m}^3\text{)}$$

(2) 3.8×10^4 Pa,20℃时空气的平均密度 ρ:

$$\rho = \rho_0 \frac{T_0 p}{T p_0} = 1.293 \times \frac{3.8 \times 10^4 \times 273}{101.33 \times 10^3 \times (273 + 20)} = 0.452 \text{(kg/m}^3\text{)}$$

由计算结果可看出:空气在标准状况下的密度与其在 3.8×10^4 Pa,20℃状态下的密度相差很大,因此气体的密度一定要标明状态。

---

2. 压力

流体在单位面积上所受到的垂直作用力称为流体的压强,在工程上仍然习惯称为压力。

$$p = \frac{P}{A} \tag{2-6}$$

式中,p 为流体的压力,N/m² 或 Pa;P 为垂直作用于流体面积 A 上的总压力,N;A 为作用于流体的表面积,m²。

压力的单位包括:Pa(帕斯卡)、atm(大气压)、at(工程大气压)、mH_2O(水柱高度)、mmHg(汞柱高度)、kgf/cm²(千克力)、bar(巴)等。

1atm(标准大气压)=101 325Pa=760.0mmHg=10.33mH_2O=1.033kgf/cm²=1.0133bar
1at(工程大气压)=98 070Pa=735.6mmHg=10.0mH_2O=1.0kgf/cm²=0.9807bar

流体的压力是相对值,当以绝对真空作为基准时称为绝对压力。以流体所在的当地大气压为基准时,若压力大于大气压,两者之差称为表压。通常压力设备上压力表的读数为容器内的表压。

$$表压 = 绝对压力 - 大气压$$

当容器内的压力小于当地的大气压时,可用真空度表示大气压与绝对压力的差值。设备上安装的真空表读数为真空度。真空度也可用负的表压进行表示。

真空度＝大气压－绝对压力＝－表压

绝对压力、表压以及真空度三者之间的关系可用图 2-1 直观表示。

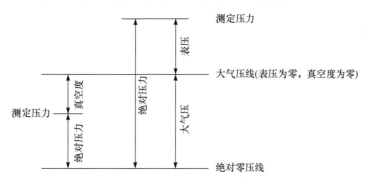

图 2-1　绝对压力、表压以及真空度三者之间的关系

2.1.2　流体静力学基本方程式

在重力场中静止或相对静止的流体内部压力随流体高度变化的数学表达式称为流体静力学基本方程。

从图 2-2 所示敞口容器的静止流体中任取一垂直液体柱,该液柱的横截面积为 A;液体视为不可压缩流体,密度为 ρ;液面上方受到大气压力 p_0;液柱上截面受到的压力为 p_1,距离容器底面的垂直高度为 z_1;液柱下截面受到的压力为 p_2,距离容器底面的垂直高度为 z_2。在重力场中对该液柱在垂直方向上进行受力分析。

上端面受到向下的压力:$p_1 A$

下端面受到向上的压力:$p_2 A$

液柱本身受到向下的重力:$\rho g A(z_1 - z_2)$

由于流体处于静止状态,在垂直方向上的合力为零,即

$$p_2 A = p_1 A + \rho g A(z_1 - z_2) \tag{2-7a}$$

化简得

$$p_2 = p_1 + \rho g(z_1 - z_2) \tag{2-7b}$$

若将液柱的上端面取作液面,h 表示液柱高度,则液体内部任意液面上受到的压力可表示为

$$p = p_0 + \rho g h \tag{2-7c}$$

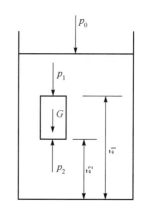

图 2-2　流体静力学基本方程推导

式(2-7b)、式(2-7c)均称为流体静力学基本方程,根据上述各式可以得出以下结论:

(1) 在液体上方压力 p_0 不变的情况下,静止的液体内任意一点所受到的压力与流体本身的密度以及该点距离液面的深度 h 有关,因此在静止、连续的同一种液体内,处于相同高度水平面上各点的压力相等,同时将这一水平面定义为等压面。同样,液体内部各点的压力也会随液体上方压力发生同样大小的变化。

(2) 将式(2-7c)改写为式(2-7d),压力或压力差的大小可用液柱高度进行表示,由液柱高度和密度共同决定。

$$h=\frac{p-p_0}{\rho g} \tag{2-7d}$$

(3) 式(2-7b)两边同除以液体的密度 ρ，整理后得式(2-7e)。

$$\frac{p_1}{\rho}+z_1g=\frac{p_2}{\rho}+z_2g \tag{2-7e}$$

由于液柱的上、下端面是任意取的,因此对于静止液体内部的任一等压面都具有以下关系:

$$\frac{p}{\rho}+zg=常数 \tag{2-7f}$$

式(2-7e)中各项的单位为 J/kg, $\frac{p}{\rho}$ 称为静压能, zg 称为势能。

流体静力学基本方程不仅适用于不可压缩的液体,对于密度随容器高度变化微小的气体也同样适用。

2.1.3 流体静力学基本方程式的应用

流体静力学基本方程在化工生产中可用于流体在设备或管道中的压力测量、液体在储罐内液位的测定以及确定设备的液封高度等。

1. U 形管压差计

U 形管压差计结构如图 2-3 所示。在 U 形玻璃管中加入指示液,指示液与被测量的流体之间不能发生化学反应及产生互溶,其密度大于被测量的流体,常用的指示液有水、乙醇、水银、四氯化碳以及液体石蜡等。使用时将 U 形管压差计的两端与管道的两截面相连通,当所测定管道的两个截面的压力不相等时,U 形管压差计的指示液就会出现相应的高度差,利用流体静力学基本方程即可计算出两截面的压力差。

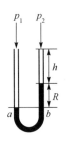

图 2-3 U 形管压差计结构

被测量的流体的密度为 ρ,U 形管内指示液的密度为 ρ_0,与之相连的管道两截面的压力分别为 p_1、p_2,达到稳定状态后指示液高度差为 R,根据流体静力学的结论,a、b 两点处于同一静止液体的同一水平面上,即两点所在的平面为等压面,$p_a=p_b$。

U 形管的左侧压力等式

$$p_a=p_1+(R+h)\rho g$$

同样,U 形管的右侧压力等式

$$p_b=p_2+\rho gh+R\rho_0 g$$

由于
$$p_a=p_b$$

因此
$$p_1+(R+h)\rho g=p_2+\rho gh+R\rho_0 g \tag{2-8a}$$

化简得
$$\Delta p=p_1-p_2=(\rho_0-\rho)Rg \tag{2-8b}$$

当被测量的流体为气体时,气体密度相对于指示液可忽略不计,因此可将式(2-8b)进行简化为

$$p_1-p_2=\rho_0 Rg \tag{2-8c}$$

2. 液位的测量

在化工生产中,常需要了解容器中液体的储存量,或者要控制设备中的液面,这就需要对液位进行测量。大多数的液位计仍然以流体静力学基本方程为设计依据。

液位计结构如图 2-4 所示。U 形管压差计分别与容器的顶端和底端连接,压差计的读数 R 即表示出容器内液面的高度。

3. 液封

液封是利用液封管插入液体的深度来控制设备内气体的压力,当压力超过所设定值时气体就会从液封管中排出,以保证设备(容器)安全,液封高度可用流体静力学基本方程式计算得到。液封装置如图 2-5 所示。

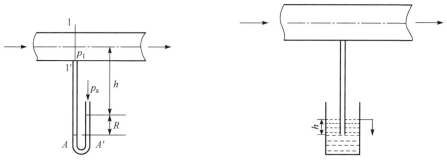

图 2-4　液位计结构　　　　　　　图 2-5　液封装置

【例 2-2】　水在附图所示的水平管内流动,在管壁 A 处连接一 U 形管压差计,指示液为汞,$\rho_{Hg}=13\ 600kg/m^3$,U 形管开口右支管的汞面上注入一小段水(此小段水的压力可忽略不计),当地大气压 $p_0=101.33kPa$,$\rho_{水}=1000kg/m^3$,其他数据见附图(图中水银柱和水柱高度单位为 mm),求 A 处的绝对压力。

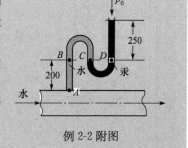

例 2-2 附图

解　(1)取 U 形管中处于同一水平面上的 B、C、D 三点,根据等压面的判定条件可得

$$p_B = p_C \qquad p_C = p_D$$

于是可得

$$p_B = p_C = p_D$$

(2)根据流体静力学基本方程式可得

$$p_D = p_0 + R\rho_{Hg}g = p_0 + 0.25\rho_{Hg}g = p_B$$

$$p_A = p_B + h\rho_{H_2O}g = p_D + h\rho_{H_2O}g = p_0 + 0.25\rho_{Hg}g + 0.20\rho_{H_2O}g$$

于是 A 处的绝对压力

$$p_A = 101\ 330 + 0.25 \times 13\ 600 \times 9.81 + 0.20 \times 1000 \times 9.81 = 136\ 646(Pa) = 136.646(kPa)$$

2.2　管内流体流动基本方程式

化工生产过程往往通过密闭管路对流体进行输送,因此流体流动规律是本章讨论的重点,其核心是伯努利方程。

2.2.1　流量与流速

1. 流量

单位时间内流经管道任一截面的流体量,称为流量。根据表示方法不同,流量有体积流量和质量流量两种形式。

体积流量以 q_V 表示,单位为 m^3/s;质量流量以 q_m 表示,单位为 kg/s。

以式(2-9)表示两者之间的关系

$$q_m = \rho q_V \tag{2-9}$$

式中,ρ 为流体的密度,kg/m^3。

2. 流速

流体单位时间内在流动方向上所流经的距离称为流速。

(1) 平均流速。实际流体在管道截面上各点的流速差异较大,一般在管中心的流速最大,越靠近管壁面流速越小。在工程上为了方便计算,以流体的体积流量与管道横截面积的比值表示流体的平均流速,以 u 表示,单位为 m/s。

$$u = \frac{q_V}{A} \tag{2-10}$$

(2) 质量流速。单位时间内流体流经管路单位截面的质量,称为质量流速,以 ω 表示,单位为 $kg/(m^2 \cdot s)$。

$$\omega = \frac{q_m}{A} \tag{2-11a}$$

平均流速和质量流速之间的关系

$$\omega = \rho u \tag{2-11b}$$

3. 管径的估算

流体输送的管道直径取决于流体的流量和流速,对于圆形管道的直径 d 可用式(2-12)进行估算。

$$d = \sqrt{\frac{4q_V}{\pi u}} \tag{2-12}$$

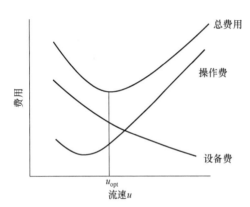

图 2-6　最佳流体流速确定

流量由生产任务决定,合理的流速需要根据经济权衡决定,即以操作费用和设备投资费用所构成的总费用最低为原则,确定最佳流速,如图 2-6所示。一般管内流速可选用经验数据,某些流体的经验流速的大致范围如表 2-1 所示。

表 2-1　某些流体在管路中的常用流速范围

流体的类别及情况	流速范围/(m/s)	流体的类别及情况	流速范围/(m/s)
自来水(0.3MPa 左右)	1.0~1.5	过热蒸气	30~50
水及低黏度液体(0.1~1.0MPa)	1.5~3.0	蛇管、螺旋管内的冷却水	<1.0
高黏度液体	0.5~1.0	低压空气	12~15
工业供水(0.8MPa 以下)	1.5~3.0	高压空气	15~25
锅炉供水(0.8MPa 以下)	>3.0	一般气体(常压)	10~20
饱和蒸气	20~40	真空操作下气体流速	<10

2.2.2　定态流动与非定态流动

流体在管内流动过程中,任一点上的流量、流速及压力等有关物理量都不随时间而变化,仅和空间位置有关,这种流动称为定态流动。若与流体流动相关的参数部分或者全部随时间变化的流动,则称为非定态流动。

化工生产中大多数情况下为定态流动,仅在开车、停车以及间歇操作等情况下属于非定态流动,本章主要讨论定态流动。

2.2.3　连续性方程式

图 2-7 所示的连续定态流动系统中,在管路截面 1-1′、2-2′与管道内壁面构成的衡算范围内,流体流动遵循质量守恒定律,即单位时间内流入截面 1-1′的流体质量等于流出截面 2-2′的质量。

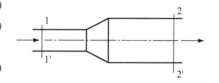

$$q_{m,1} = q_{m,2} \tag{2-13a}$$

得
$$u_1 A_1 \rho_1 = u_2 A_2 \rho_2 \tag{2-13b}$$

对于不可压缩流体,ρ 为常数。

$$u_1 A_1 = u_2 A_2 = 常数 \tag{2-13c}$$

式(2-13b)称为流体在管道中定态流动的连续性方程式。

图 2-7　连续性方程的推导

由式(2-13c)可知,不可压缩流体在连续稳定的定态流动系统中,流体的流速与管路截面积成反比。

对于圆形管路,管路截面积分别用管道直径进行表示,化简得

$$\frac{u_1}{u_2} = \frac{d_2^2}{d_1^2} \tag{2-13d}$$

式中,u_1、u_2 分别为截面 1-1′、2-2′的平均流速;d_1、d_2 分别为截面 1-1′、2-2′的直径。式(2-13d)说明不可压缩流体在圆形管路中的流速与管径平方成反比。

2.2.4　伯努利方程式

伯努利方程式实质是能量守恒定律在流体力学上的一种表达式。

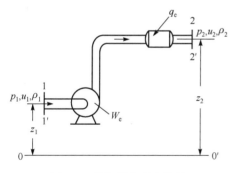

图 2-8　伯努利方程式推导

在图 2-8 的管路中流体由 1-1′截面进入,流动过程中流体输送机械对 1kg 流体所做的功为 W_e,通过换热器与外界交换的热量为 q_e,最后从 2-2′截面流出。在截面 1-1′、2-2′以及管路、输送机械、换热器的内壁面构成的衡算范围内,连续定态流体流动的能量遵循能量守恒定律,即单位时间输入该管路系统的能量等于输出该管路系统的能量。

输入的能量＝输出的能量

下面对上述管路系统所涉及的能量进行分析。

1. 热力学能

热力学能是由分子运动、分子间作用力以及分子振动等产生,储存于物质内部的能量。假设 1kg 流体与外界交换的热力学能为 ΔU,单位为 J/kg。

2. 势能

流体受重力作用在不同高度所具有的能量称为势能,在图 2-8 中以 0-0′作为基准面,1kg 的流体在管路的 1-1′、2-2′截面所具有的势能分别为 $z_1 g$、$z_2 g$,单位为 J/kg。

3. 动能

1kg 的流体所具有的动能为 $\frac{1}{2} u^2$(J/kg)。

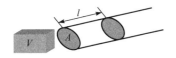

图 2-9　静压能的推导

4. 静压能

图 2-9 所示为体积为 $V(\mathrm{m^3})$、质量为 $m(\mathrm{kg})$ 的流体在横截面积为 A 的管路中流动,假设流体流过的距离为 l,则

$$l=\frac{V}{A}$$

流体通过截面时受到上游的压力为 $P=pA$,$m(\mathrm{kg})$ 流体在上述压力作用下所做的功为

$$P \cdot l=pA \cdot \frac{V}{A}=pV$$

对 $1\mathrm{kg}$ 流体所做的功为 $\dfrac{pV}{m}=\dfrac{p}{\rho}$,单位为 J/kg。$\dfrac{p}{\rho}$ 称为 $1\mathrm{kg}$ 流体所受到的静压能。

5. 有效功及能量损失

由于实际流体在流动过程中流体与管壁面、不同流速的流体层之间会消耗一部分能量,因此为了完成流体输送任务需要流体输送机械对流体做功。

$1\mathrm{kg}$ 流体从流体输送机械所获得的能量为 W_e,而 $1\mathrm{kg}$ 流体在两截面之间的机械能损失为 $\sum h_\mathrm{f}$,单位均为 J/kg。

6. 热量

换热器向 $1\mathrm{kg}$ 流体提供的热量为 q_e,单位为 J/kg。因此根据能量守恒定律,整个管路系统的能量表达式为

$$\frac{1}{2}u_1^2+z_1g+\frac{p_1}{\rho}+W_\mathrm{e}+\Delta U+q_\mathrm{e}=\frac{1}{2}u_2^2+z_2g+\frac{p_2}{\rho}+\sum h_\mathrm{f} \tag{2-14a}$$

式(2-14a)中流体所具有的能量形式包括两类:机械能和热力学能,其中动能、势能、静压能、有效功以及机械能损失属于机械能范畴,这些能量直接用于流体的输送,在流动过程中可以相互转化;热力学能和热量不能直接转化为机械能用于流体的输送。因此对于不可压缩流体的流动过程只考虑机械能的转化,将式(2-14a)简化成机械能的衡算式。

$$\frac{1}{2}u_1^2+z_1g+\frac{p_1}{\rho}+W_\mathrm{e}=\frac{1}{2}u_2^2+z_2g+\frac{p_2}{\rho}+\sum h_\mathrm{f} \tag{2-14b}$$

式(2-14b)的左边表示 $1\mathrm{kg}$ 流体输入管路的机械能以及有效功,右边为 $1\mathrm{kg}$ 流体输出管路的机械能以及机械能损失,各项的单位均为 J/kg。

将式(2-14b)两边同时除以重力加速度 g,得到式(2-14c),表示以单位重量(1N)流体为基准的伯努利方程式。

$$\frac{u_1^2}{2g}+z_1+\frac{p_1}{\rho g}+\frac{W_\mathrm{e}}{g}=\frac{u_2^2}{2g}+z_2+\frac{p_2}{\rho g}+\frac{\sum h_\mathrm{f}}{g} \tag{2-14c}$$

令
$$H_\mathrm{e}=\frac{W_\mathrm{e}}{g} \qquad \sum H_\mathrm{f}=\frac{\sum h_\mathrm{f}}{g}$$

整理得

$$\frac{u_1^2}{2g}+z_1+\frac{p_1}{\rho g}+H_\mathrm{e}=\frac{u_2^2}{2g}+z_2+\frac{p_2}{\rho g}+\sum H_\mathrm{f} \tag{2-14d}$$

式(2-14d)中将 $\dfrac{u_1^2}{2g}$ 称为动压头,z_1 为位压头,$\dfrac{p_1}{\rho g}$ 为静压头,H_e 为外加压头(也称扬程),$\sum H_\mathrm{f}$ 为压头损失,单位均为 J/N 或 m。

式(2-14b)、式(2-14c)、式(2-14d)均称为不可压缩流体做定态流动的伯努利方程式,对于气体流动过程,若 $\dfrac{p_1-p_2}{p_1}<20\%$ 时,也可用上述式子进行计算,但此时式中的流体密度应以平均密度 ρ_m 来代替,$\rho_m=\dfrac{\rho_1+\rho_2}{2}$。

若管路系统中的流体为理想流体,即在流动过程中没有摩擦阻力,因此也不需要流体输送机械对其做功,h_f 和 W_e 都等于 0。

理想流体的伯努利方程式,以单位质量为基准(1kg)表示为式(2-14e),以单位重量为基准表示为式(2-14f)。

$$\frac{u_1^2}{2}+z_1g+\frac{p_1}{\rho}=\frac{u_2^2}{2}+z_2g+\frac{p_2}{\rho} \tag{2-14e}$$

$$\frac{u_1^2}{2g}+z_1+\frac{p_1}{\rho g}=\frac{u_2^2}{2g}+z_2+\frac{p_2}{\rho g} \tag{2-14f}$$

2.2.5 伯努利方程式的应用

利用伯努利方程与连续性方程,可以确定管内流体的流量、输送设备的功率、管路中流体的压力、容器间的相对位置等。应用伯努利方程式解题时需要注意以下几点:

(1)确定衡算范围。根据题意画出流动系统的示意图,标明流体的流动方向,定出上、下游截面,明确流动系统的衡算范围。

(2)势能基准面的选取。势能基准面必须与地面平行,宜选取两截面中位置较低的截面;若截面不是水平面,而是垂直地面,则基准面应选过管中心线的水平面。

(3)截面的选取。选取的截面与流体的流动方向垂直,两截面间流体应是定态连续流动,截面宜选在已知量多、计算方便处。

(4)单位一致。各物理量的单位应保持一致,压力表示方法也应一致,即同为绝对压力或同为表压。

【例 2-3】 某实验装置为了控制流动为定态流动,采用带溢流装置的高位槽(附图)。槽内水经管径为 $\phi(89\times3.5)$ mm 的管子送至密闭设备内。在水平管路上装有压力表,读数为 6×10^4 Pa。已知由高位槽至压力表安装的截面间总能量损失 10J/kg,每小时需要水 2.85×10^4 kg。求高位槽液面至压力安装处的垂直距离 h。

解 (1)取高位槽水液面为 1-1′ 截面,压力表安装位置为 2-2′ 截面,以水平管的中心线为基准水平面,如例 2-3 附图所示,列出伯努利方程:

$$\frac{1}{2}u_1^2+z_1g+\frac{p_1}{\rho}+h_e=\frac{1}{2}u_2^2+z_2g+\frac{p_2}{\rho}+\sum H_f$$

式中,$z_1=h$(待求值),$z_2=0$,$p_1=0$(表压),$p_2=6\times10^4$ Pa(表压),$u_1\approx0$,u_2 可求出,$W_e=0$。

(2)求 u_2:取 $\rho_{水}=1000$ kg/m³,而

$$d_2=89-2\times3.5=82(mm)=0.082(m)$$

$$u_2=\frac{q_m}{\rho A_2}=\frac{q_m}{\rho\frac{\pi d^2}{4}}=\frac{\dfrac{2.85\times10^4}{3600}}{1000\times\dfrac{\pi\times0.082^2}{4}}=1.5(m/s)$$

(3)将以上各值代入伯努利方程式,可得 $z_1=7.25$ m。

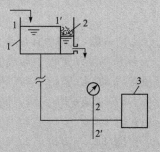

例 2-3 附图

1. 高位槽;2. 溢流装置;3. 密闭设备

2.3　管内流体流动阻力

化工生产中的流体在严格意义上全部为实际流体,为了完成流体输送任务需要在计算机械能损失的基础上确定外功,从而选择合适的流体输送机械以及确定流体流动强化的措施。

本节主要讨论机械能损失的原因、管内速度分布、流体流型以及机械能损失的计算等。

2.3.1　牛顿黏性定律与流体黏度

1. 流体的黏性

在两个水平放置的平板之间有一薄层流体,固定下层平板不动,以一水平作用力推动上层板做匀速直线运动,则两平板间的流体也会随着移动。紧靠上层平板的流体层由于流体黏附于壁面,其流速基本与上层板的速度一致,而紧接的下一层流体由于上一层流体的拖曳作用也向前流动,但速度低于上一层流体,因为其受到再下一层流体方向相反的曳力作用。以此类推,在垂直方向上,流体层之间存在的相互作用力使流体层的流速从上往下递减,以至于紧靠下层平板的流体层的流速为零。流体在运动时发生在不同流速的流体层之间的作用力本质上是由流体分子间的引力以及分子无规则的热运动引起的,这种运动流体内部相邻两流体层间的相互作用力称为流体的内摩擦力,又称剪切力,而流体在运动时呈现内摩擦力的特性称为流体的黏性。

2. 牛顿黏性定律

假设图 2-10 中两平板间相邻流体层在垂直方向上的距离为 dy,下层流体的流速为 u,上层流体的流速为 $u+du$,流体层在垂直方向上的速度变化用速度梯度表示,即 $\dfrac{du}{dy}$。

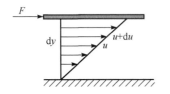

图 2-10　平板间流体层速度变化

实验证明,两流体层之间单位面积上所受到的内摩擦力与垂直于流动方向上的速度梯度 $\dfrac{du}{dy}$ 成正比。

$$\tau = \frac{F}{A} = \mu \frac{du}{dy} \qquad (2\text{-}15a)$$

式(2-15a)称为牛顿黏性定律。式中,τ 为剪应力,N/m^2;F 为内摩擦力或剪切力,N;$\dfrac{du}{dy}$ 为法线方向上的速度梯度,$1/s$;μ 为比例系数,也称流体的黏性系数,简称黏度。

凡是在流动过程中形成的剪应力与速度梯度的关系完全服从牛顿黏性定律的流体称为牛顿型流体,如水、乙醇、空气等属于牛顿型流体;相反不服从牛顿黏性定律的流体称为非牛顿型流体,高分子聚合物的浓溶液、悬浮液以及泥浆等属于非牛顿型流体。本章仅对牛顿型流体进行讨论。

3. 黏度

黏度是用来度量流体黏性大小的物理量。由式(2-15a)进行改写得

$$\mu = \tau \left/ \frac{du}{dy} \right. \qquad (2\text{-}15b)$$

由式(2-15b)知,流体的速度梯度 $\dfrac{du}{dy}=1$ 时,流体的黏度在数值上等于单位面积上的剪切力。

因此,流体的黏度越大,在流动时产生的内摩擦力越大,完成流体输送任务所消耗机械能就越多。

黏度的单位可由式(2-15b)进行推导

$$\mu = \frac{\tau}{\mathrm{d}u/\mathrm{d}y} = \frac{\mathrm{N} \cdot \mathrm{m}^{-2}}{\mathrm{m} \cdot \mathrm{s}^{-1}/\mathrm{m}} = \frac{\mathrm{N} \cdot \mathrm{s}}{\mathrm{m}^2} = \mathrm{Pa} \cdot \mathrm{s}$$

黏度值一般由实验测定,在某一温度下黏度可由相关的手册进行查找。另外黏度还有泊(P)和厘泊(cP)两个单位,各单位之间的关系为

$$1\mathrm{Pa} \cdot \mathrm{s} = 1\frac{\mathrm{N} \cdot \mathrm{s}}{\mathrm{m}^2} = 10\mathrm{P} = 10^3\mathrm{cP}$$

温度对流体的黏度影响较大,液体的黏度随温度的升高而降低,气体的黏度则随温度的升高而增加。压力对液体黏度的影响可忽略不计,在压力不是极高或极低的条件下可认为气体黏度与压力无关。

2.3.2　流动类型与雷诺数

流体流动的内部结构涉及流动型态、流体在圆管内的速度分布和管壁面对流体影响形成的边界层等。流体流动状态和条件不仅影响流体的输送,而且还涉及流体的传热、传质过程。

1. 流动类型与雷诺数

如图 2-11 所示的雷诺实验装置,在定态流动系统中水平安装具有喇叭形开口的管道,出口端设置阀门以调节流速,另将上端带容器的细管安装于喇叭形入口的中央,容器内盛一有色液体。实验时有色液体通过细管末端水平流入管路的中央,从着色液的流动情况可以观察到圆形管道内水流中质点的运动情况。

当水的流速较小时有色液体沿管道轴线做直线运动,与相邻流体层的质点之间无宏观上的混合,如图 2-12(a)所示,这种流动状态称为层流或滞流;当水的流速继续加大,有色液体在沿管径方向上产生了扰动,即相邻流体层的质点之间产生相互混合,流体呈折线状态流动,如图 2-12(b)所示;继续加大水的流速,有色液体刚出细管口即与水均匀混合,管内水的颜色一致,如图 2-12(c)所示,说明流体的流动状态已经发生了很大变化,称为湍流或紊流。而图 2-12(b)所示的流动状态处于层流向湍流进行过渡的不稳定状态,称为过渡流。

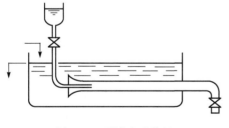

图 2-11　雷诺实验装置

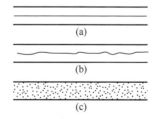

图 2-12　流体流动类型

通过大量的实验研究发现,圆形管内流体的流动形态除了与流速有关外,还与管径(d)、流体的密度(ρ)以及黏度(μ)有关,雷诺将这些影响因素归纳成一个量纲为 1 的数群来判定流型,该数群称为雷诺数,用 Re 表示。

$$Re = \frac{du\rho}{\mu} \tag{2-16}$$

雷诺数是一个无因次的量。实验表明,对于圆管内的流体流动,当 $Re < 2000$ 时,流动型

态为层流;当 $Re>4000$ 时,流动型态为湍流;当 $2000 \leqslant Re \leqslant 4000$ 时,流动型态为过渡流。

【例 2-4】 质量流量为 16 200kg/h 的 25% 氯化钠(NaCl)水溶液在 $\phi(50 \times 3)$mm 的钢管中流过。已知水溶液的密度为 1186kg/m³,黏度为 2.3×10^{-3} Pa·s。试判断该水溶液的流动类型。

解 算出 Re 后即可判断流动类型

$$u = \frac{q_V}{A} = \frac{q_m}{\rho \frac{\pi d^2}{4}} = \frac{\frac{16\,200}{3600}}{1186 \times \frac{\pi \times 0.044^2}{4}} = 2.495 \approx 2.5 \text{(m/s)}$$

$$Re = \frac{du\rho}{\mu} = \frac{0.044 \times 2.5 \times 1186}{2.3 \times 10^{-3}} = 56\,722$$

因此流型为湍流。

2. 流体在圆管内的速度分布

速度分布是指流体在圆管内流动时,管截面上质点的速度随半径的变化关系。层流时流体沿着与管路轴线平行的方向做直线运动,流体质点间没有干扰和碰撞,是一种很有规律的分层流动;流体做湍流流动时,流体质点在管路径向产生随机的脉动,相互之间剧烈碰撞和混合,使流体内部任一位置流体质点的速度大小和方向随时发生改变。因此层流和湍流在圆管中的速度分布有较大差异。

理论及实验结果证明,流体在圆形管道中做层流流动时任一截面的速度分布呈抛物线形,由于管道中心距离管壁最远,对速度的影响最小,因此管中心线附近流速最大,而管道壁面处的流体速度为零。层流时各点速度的平均值等于管中心处最大速度的一半,即 $u = \frac{1}{2} u_{max}$,如图 2-13 所示。

湍流时流体质点运动的速度分布一般由实验测得,速度分布比较均匀,如图 2-14 所示,曲线前缘较为平坦,在靠近壁面处比较陡峭,$u = 0.8 u_{max}$。

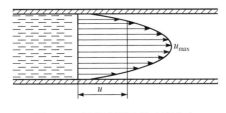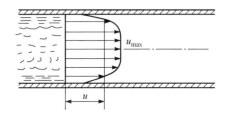

图 2-13　圆管中层流的速度分布　　　　图 2-14　圆管中湍流的速度分布

无论流体以哪种方式进行流动,紧贴管壁面附近总有一层流体的速度为零。实际流体由于受到管壁面的影响,在邻近管壁处的流体层流速不大,仍然保持一层以层流流动的流体薄层,该层流体称为层流底层或层流内层,如图 2-15 所示。随流体湍动程度的增加,层流底层的厚度会逐渐减薄,但始终存在。层流底层不仅影响流体流动,而且对传热和传质过程也会产生重要影响。

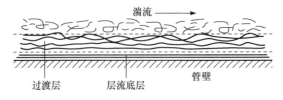

图 2-15　流体湍流流动时的层流底层

3. 边界层概念

如图 2-16 所示,流体以流速 u_∞ 流经壁面时,紧贴壁面处的流速为零,由于流体的黏性作用,在垂直于流动方向的截面上出现速度分布,并随离开壁面前缘距离的增加,流速受影响的区域也相应增加。将流体层流速 $u \leqslant 0.99u_\infty$ 的区域定义为流体边界层。边界层以外的区域可以认为流速不受壁面的影响,因此流速不变。边界层的厚度用 δ 表示。

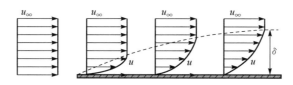

图 2-16　流体流过平板的边界层

边界层内的流体流型,可分为层流边界层和湍流边界层,在湍流边界层中靠近壁面处仍然存在一层层流底层,如图 2-17 所示。

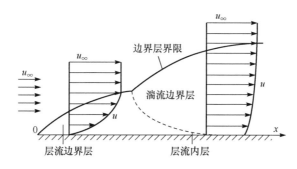

图 2-17　边界层内的流体流型

在圆形管道中流体从管口开始即形成边界层,边界层随流体流动逐渐向管中心线扩展,假设经过长度 x_0 后边界层在管中心线汇合,此后圆管内的流体速度分布不再变化,边界层的厚度即为管道半径,这种现象称为流体边界层的充分发展,如图 2-18 所示。

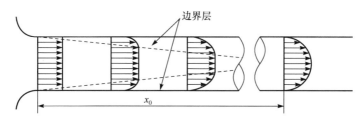

图 2-18　圆管中流体边界层的充分发展

流体流过球体或圆柱体等曲面时,会发生流体边界层与曲面脱离的情况,形成大量的旋涡,加剧流体质点之间的相互碰撞使流体的机械能产生损失,这种流体边界层与固体壁面脱离的现象称为边界层分离,如图 2-19 所示。

在管内流动流体的阻力损失分为直管阻力损失及局部阻力损失,两者之和即为流体流动的总阻力损失。

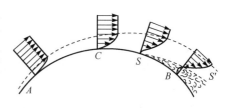

图 2-19　流体边界层的分离

2.3.3　流体在直管中的流动阻力

在水平放置圆形等管径的直管中流体做定态流动,取截面 1-1′和 2-2′间列伯努利方程

$$\frac{1}{2}u_1^2+z_1g+\frac{p_1}{\rho}+W_e=\frac{1}{2}u_2^2+z_2g+\frac{p_2}{\rho}+h_f$$

由于 $u_1=u_2$,$z_1=z_2$,$W_e=0$ 上式可简化为

$$h_f=\frac{p_1-p_2}{\rho} \tag{2-17}$$

由式(2-17)可知,流体的流动阻力表现为静压能的减少,在上述条件下流动阻力恰好等于两截面的静压能之差。

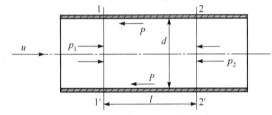

图 2-20　圆形直管的阻力损失推导

现利用圆形直管中定态流动的受力平衡关系来推导直管阻力损失的一般计算公式。截面 1-1′和 2-2′间流体柱在水平方向上,因受到两截面压力差形成的推力作用而向前运动,同时还受到管壁面对流体柱的摩擦阻力,如图 2-20 所示。流体柱在水平方向上受力平衡,即合力为零。

由于压力差产生的推动力

$$(p_1-p_2)\cdot A=(p_1-p_2)\frac{\pi d^2}{4}$$

管壁对流体柱的内摩擦力

$$P=\tau A=\tau\pi dl$$

定态流动时

$$(p_1-p_2)\frac{\pi d^2}{4}=\tau\pi dl$$

将式(2-17)代入上式,化简得

$$h_f=\frac{4l}{d\rho}\tau$$

$$h_f=\frac{8\tau}{\rho u^2}\cdot\frac{l}{d}\cdot\frac{u^2}{2}$$

令

$$\lambda=\frac{8\tau}{\rho u^2}$$

则

$$h_f=\lambda\cdot\frac{l}{d}\cdot\frac{u^2}{2} \tag{2-18}$$

式(2-18)即为计算直管阻力损失的通式,称为范宁(Fanning)公式,式中 λ 称为摩擦系数,它与流体的湍动程度(Re)以及管壁的粗糙度(ε)有关,可通过实验进行测定,也可由相应关联式计算得到。需要指出,范宁公式是在管道水平安装的条件下推导得到的,它同样适用于管道垂直、倾斜安装的情况,流体层流以及湍流均可。

1. 层流时的摩擦系数

流体做层流流动即 $Re<2000$ 时,边界层的厚度较大,管壁粗糙的表面浸没在边界层中,

使得摩擦系数与管壁的粗糙度无关,而仅为 Re 的函数。

$$\lambda = \frac{64}{Re}$$

层流流动时阻力与速度的一次方成正比。

2. 湍流时的摩擦系数

由于湍流比层流的情况要复杂得多,目前还无法用理论分析的方法来建立湍流摩擦系数计算公式,通常采用因次分析和实验来确定计算摩擦系数 λ 的关联式。

因次分析法是化学工程实验中广泛采用的方法之一,其理论基础是因次一致性,即每一个物理方程式的两边不仅数值相等,而且每一项都应具有相同的因次。

因次分析法的基本定理是白金汉(Buckingham)定理,也称为 π 定理:设影响某一物理现象的独立变量数为 n 个,这些变量的基本因次数为 m 个,则该物理现象可用 $N = n - m$ 个独立的无因次数群表示。

根据摩擦损失的分析及有关实验研究得知,湍流时压力损失 Δp 的影响因素包括:流体性质 ρ, μ;流动的几何尺寸 d, l, ε(管壁粗糙度);流动条件 u。

用函数关系表示为

$$\Delta p = f(\rho, \mu, d, l, \varepsilon, u)$$

根据 π 定理,该过程可用 4 个无因次数群表示,经无因次化处理得

$$\frac{\Delta p}{\rho u^2} = \varphi\left(\frac{du\rho}{\mu}, \frac{l}{d}, \frac{\varepsilon}{d}\right) \tag{2-19a}$$

式(2-19a)中,$Eu = \dfrac{\Delta p}{\rho u^2}$ 为欧拉(Euler)数,表示压力降与惯性力的比值;$Re = \dfrac{du\rho}{\mu}$ 为雷诺数,表示惯性力与黏性力之比,反映流体的流动状态和湍动程度;ε 为绝对粗糙度,表示管壁粗糙面凸出部分的平均高度;$\dfrac{\varepsilon}{d}$ 为相对粗糙度。

1) λ 与 Re、$\dfrac{\varepsilon}{d}$ 的关联图

根据实验可知,流体流动阻力与管长成正比,可将式(2-19a)表示为

$$\frac{\Delta p}{\rho u^2} = \frac{l}{d}\varphi\left(\frac{du\rho}{\mu}, \frac{\varepsilon}{d}\right) = \frac{l}{d}\varphi\left(Re, \frac{\varepsilon}{d}\right) \tag{2-19b}$$

将式(2-17)代入式(2-19b),整理得

$$h_f = \frac{\Delta p}{\rho} = \frac{l}{d}\varphi\left(Re, \frac{\varepsilon}{d}\right)u^2 \tag{2-19c}$$

对比式(2-18),湍流流动时

$$\lambda = \varphi\left(Re, \frac{\varepsilon}{d}\right) \tag{2-19d}$$

摩擦系数 λ 与 Re、$\dfrac{\varepsilon}{d}$ 的函数关系由实验确定。通常将层流、湍流两种流型摩擦系数的函数关系绘制在同一坐标系中(图 2-21)。根据雷诺数的范围可将其分为 4 个区域:

（1）层流区。$Re < 2000$ 时，λ 与 $\dfrac{\varepsilon}{d}$ 无关，与 Re 呈直线关系，即 $\lambda = \dfrac{64}{Re}$。h_f 与 u 的一次方成正比。

（2）过渡区。当 $2000 \leqslant Re \leqslant 4000$ 时，流体流型不稳定，工程上一般按湍流进行处理，即用湍流曲线反向延伸至过渡区来查 λ。

（3）湍流区。$Re > 4000$ 时，流体流动进入湍流区，在光滑管线与虚线之间的区域 λ 与 Re 和 $\dfrac{\varepsilon}{d}$ 均有关系。Re 一定时 λ 随 $\dfrac{\varepsilon}{d}$ 的增大而增大；当管路一定时即 $\dfrac{\varepsilon}{d}$ 不变，λ 随 Re 增大而减小。

（4）完全湍流区。虚线以上的区域属于完全湍流区，曲线与横坐标 Re 趋近平行，即 λ 与 Re 无关，仅与 $\dfrac{\varepsilon}{d}$ 有关系。在完全湍流区流体的摩擦阻力损失 h_f 与流速的平方 u^2 成正比，因此该区域又称阻力平方区。

2）λ 与 Re 及 $\dfrac{\varepsilon}{d}$ 的关联式

根据式（2-19d）的函数关系，对湍流的摩擦系数实验数据进行关联，可得到计算 λ 的经验关联式。

对于光滑管，当 $Re = 3 \times 10^3 \sim 1 \times 10^5$ 时，λ 可采用柏拉修斯（Blasius）关联式进行计算。

$$\lambda = \frac{0.3164}{Re^{0.25}} \tag{2-20a}$$

考莱布鲁克（Colebrook）关联式对湍流区的光滑管、粗糙管都适用。

$$\frac{1}{\sqrt{\lambda}} = 1.74 - 2\lg\left(2\,\frac{\varepsilon}{d} + \frac{18.7}{Re\sqrt{\lambda}} \right) \tag{2-20b}$$

粗糙管在完全湍流区的 λ 可按尼古拉兹（Nikuradse）关联式进行计算。

$$\lambda = \left(1.74 + 2\lg\frac{d}{2s} \right)^{-2} \tag{2-20c}$$

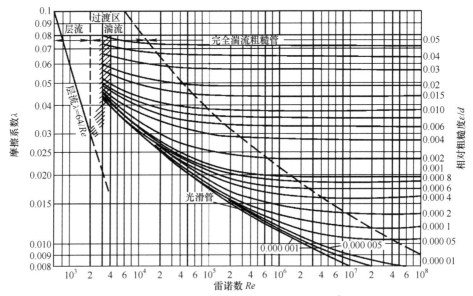

图 2-21　摩擦系数 λ 与雷诺数 Re 及相对粗糙度 $\dfrac{\varepsilon}{d}$ 的关系

2.3.4 管路上的局部阻力

流体通过管路上的管件和阀门时,流道大小或方向的改变会产生涡流,湍流程度增加,使摩擦阻力损失增大,这种摩擦阻力损失称为局部摩擦阻力损失。

局部摩擦阻力损失有两种计算方法:局部阻力系数法和当量长度法。

1. 局部阻力系数法

将局部阻力损失表示为动能 $\dfrac{u^2}{2}$ 的倍数。

$$h_{\mathrm{f}}' = \xi \cdot \frac{u^2}{2} \tag{2-21a}$$

式中,ξ 为局部阻力系数,由实验测定。常用管件和阀门的局部阻力系数见表 2-2。

2. 当量长度法

将流体流过管件和阀门所产生的局部阻力,近似折算成流体流经等直径管长 l_{e} 的直管所产生的阻力。

$$h_{\mathrm{f}}' = \lambda \cdot \frac{l_{\mathrm{e}}}{d} \cdot \frac{u^2}{2} \tag{2-21b}$$

式中,l_{e} 为当量长度。常用管件和阀门的当量长度见表 2-2。

表 2-2　常用管件和阀门的局部阻力系数与当量长度

名称	局部阻力系数 ξ	当量长度与管径之比 $\dfrac{l_{\mathrm{e}}}{d}$	名称	局部阻力系数 ξ	当量长度与管径之比 $\dfrac{l_{\mathrm{e}}}{d}$
弯头,45°	0.35	17	止逆阀,摇板式	2	100
弯头,90°	0.75	35	闸阀,全开	0.17	9
三通	1	50	闸阀,半开	4.5	225
回弯头	1.5	75	截止阀,全开	6.0	300
管接头	0.04	2	截止阀,半开	9.5	475
活接头	0.04	2	角阀,全开	2	100
止逆阀,球式	70	3 500	水表,盘式	7	350

2.3.5 管路系统中的总能量损失

管路中总摩擦阻力损失(总机械能损失)等于直管阻力损失和局部阻力损失的加和,即

$$\sum h_{\mathrm{f}} = \left(\lambda \frac{\sum l_{\mathrm{e}} + l}{d} + \sum \xi \right) \frac{u^2}{2} \tag{2-21c}$$

式中,$\sum l_{\mathrm{e}}$、$\sum \xi$ 分别表示各局部阻力的当量长度、局部阻力系数的总和。

【例2-5】 黏度为 0.075Pa·s,密度为 900kg/m^3 的某种油品,以 $36\,000\text{kg/h}$ 的流量在 $\phi(114\times4.5)\text{mm}$ 的钢管中做定态流动。求(1)该油品流过 15m 管长时因摩擦阻力而引起的压力降 Δp_f;(2)若流量加大为原来的 3 倍,其他条件不变,求直管阻力 h_f,并与(1)的结果进行比较。取钢管壁面绝对粗糙度为 0.15mm。

解 (1)求 Δp_f,必须先求 Re,确定流型后才能选用计算公式。

① 求 u 及 Re。

$$u=\frac{q_V}{A}=\frac{q_m}{\rho\frac{\pi d^2}{4}}=\frac{\dfrac{36\,000}{3600}}{900\times\dfrac{\pi\times0.105^2}{4}}=1.284(\text{m/s})$$

$$Re=\frac{du\rho}{\mu}=\frac{0.105\times1.284\times900}{0.075}=1617.8<2000\quad\text{属层流}$$

② 求 λ、h_f 及求 Δp_f。

$$\lambda=\frac{64}{Re}=\frac{64}{1617.8}=0.039\,56$$

$$h_f=\lambda\cdot\frac{l}{d}\cdot\frac{u^2}{2}=0.039\,56\times\frac{15}{0.105}\times\frac{1.284^2}{2}=4.659(\text{J/kg})$$

$$\Delta p_f=\rho\cdot h_f=900\times4.659=4193.1(\text{Pa})$$

(2)流量加大为原来的 3 倍而其他条件不变,则

$$u=3\times1.284=3.852(\text{m/s})$$

$$Re=3\times1617.8=4853.4>4000\quad\text{属湍流}$$

据 Re 及 ε/d 查图 2-21 求 λ,相对粗糙度 $\varepsilon/d=0.15\times10^{-3}/0.105=1.43\times10^{-3}$ 及 $Re=4853.4$。查出 $\lambda=0.0215$,则

$$h_f=\lambda\cdot\frac{l}{d}\cdot\frac{u^2}{2}=0.0215\times\frac{15}{0.105}\times\frac{3.852^2}{2}=22.79(\text{J/kg})$$

(2)题阻力与(1)的结果比值为 $\dfrac{22.79}{4.659}=4.892$。说明对黏度大的流体,不应选大的流速。

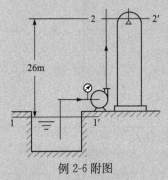

例 2-6 附图

【例 2-6】 用泵将出水池中常温的水送至吸收塔顶部,水面维持恒定,各部分相对位置如例 2-6 附图所示。输水管为 $\phi(76\times3)\text{mm}$ 钢管,排水管出口与喷头连接处的压力为 $6.15\times10^4\text{Pa}$(表压),送水量为 $34.5\text{m}^3/\text{h}$,水流经全部管道(不包括喷头)的能量损失为 160J/kg。水的密度取 1000kg/m^3。求此管路系统输送水所需的外加机械能。

解 先求出 u

$$u=\frac{q_V}{A}=\frac{q_V}{\dfrac{\pi d^2}{4}}=\frac{\dfrac{34.5}{3600}}{\dfrac{\pi\times0.07^2}{4}}=2.49(\text{m/s})$$

取水池液面为 $1\text{-}1'$ 截面,且定为基准水平面,取排水管出口与喷头连接处为 $2\text{-}2'$ 截面,如附图所示。在两截面间列出伯努利方程:

$$\frac{1}{2}u_1^2+z_1g+\frac{p_1}{\rho}+W_e=\frac{1}{2}u_2^2+z_2g+\frac{p_2}{\rho}+\sum h_f$$

各量确定如下:$z_1=0$,$z_2=26\text{m}$,$u_1\approx0$,$u_2=u=2.49\text{m/s}$,$p_{1表}=0$,$p_{2表}=6.15\times10^4\text{Pa}$,$\sum h_f=160\text{J/kg}$。将已知量代入伯努利方程,可求出 W_e:

$$W_e=\frac{1}{2}u_2^2+z_2g+\frac{p_{2表}}{\rho}+\sum h_f=\frac{2.49^2}{2}+26\times9.81+\frac{6.15\times10^4}{1000}+160=479.7(\text{J/kg})$$

2.4　流 量 测 量

流量(流速)是化工生产中流体输送以及相关机械能计算的重要物理量,本节将对几种常用测量仪器的原理、构造及应用等进行介绍。

2.4.1　测速管

测速管又称皮托管,可用于测量管内流体的点速度,其结构如图 2-22 所示。水平放置在管道中的部分是由内管和外管构成的同心套管结构,内管端部开口,正对流体流动方向,并与下端的 U 形管的左边相通;外管的端部完全封闭,在近管端处的管壁上开小孔,外管与 U 形管的右边相通。点 1 处流体所具有的静压能和动能在进入内管后(点 2)完全转化为静压能,流体通过外管壁上的小孔进入外管,由于测速管严格平行于流体流动方向安装,外管内流体的静压能与测压点处流体静压能相等。当测速管 U 形压差计的指示液处于稳定状态时,即可根据指示液的读数采用伯努利方程推出测速点处的流体流速公式。

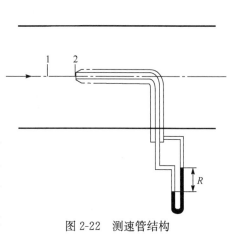

图 2-22　测速管结构

$$u_1 = \sqrt{\frac{2R(\rho_0 - \rho)g}{\rho}} \tag{2-22}$$

式中,ρ_0 为 U 形压差计指示剂的密度,kg/m^3;ρ 为被测量流体的密度,kg/m^3;R 为 U 形压差计指示剂读数,m。

2.4.2　孔板流量计

孔板流量计是一个带有圆孔的金属板,安装在管道中时要求圆孔的中心线与管道的中心线一致,如图 2-23 所示。

流体由安装点的上游截面 1-1′流过孔口时,由于流体惯性作用流道在下游截面 2-2′处减至最小,然后流体再逐渐扩展至整个管道截面。流体流动截面最小处称为缩脉。流体流经孔板前后由于流道的改变引起静压能的变化,截面处的压力变化通过 U 形压差计的读数进行指示,经换算得出管内流体的流量。

在截面 1-1′和缩脉 2-2′之间列伯努利方程,忽略阻力损失

$$\frac{u_1^2}{2} + \frac{p_1}{\rho} = \frac{u_2^2}{2} + \frac{p_2}{\rho} \tag{2-23a}$$

根据连续性方程

$$u_1 = u_2 \frac{d_2^2}{d_1^2}$$

将上式代入式(2-23a)整理得

$$u_2 = \frac{1}{\sqrt{1 - \left(\frac{d_2}{d_1}\right)^4}} \sqrt{\frac{2(p_1 - p_2)}{\rho}} \tag{2-23b}$$

式(2-23b)中缩脉 2-2′处流体的截面积难以确定,一般用孔口的截面积来代替,由于两截面之

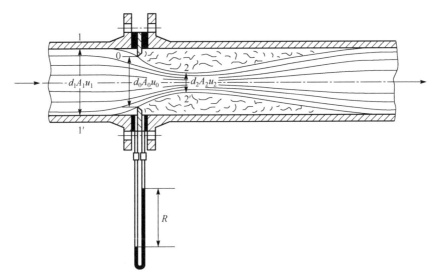

图 2-23　孔板流量计结构

间面积的实际差、流体经过孔板时产生的阻力损失以及 U 形压差计的测压位置与所选截面的差异,引入校正系数 C,即

$$u_0 = Cu_2 = \frac{C}{\sqrt{1-\left(\dfrac{d_2}{d_1}\right)^4}}\sqrt{\frac{2(p_1-p_2)}{\rho}} = C_0\sqrt{\frac{2(p_1-p_2)}{\rho}} = C_0\sqrt{\frac{2R(\rho_0-\rho)g}{\rho}} \quad (2\text{-}23c)$$

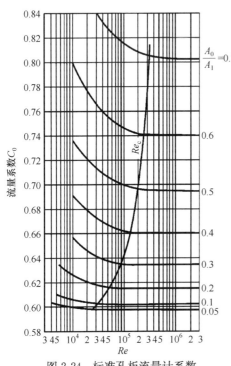

图 2-24　标准孔板流量计系数

式中,$C_0 = \dfrac{C}{\sqrt{1-\left(\dfrac{d_2}{d_1}\right)^4}}$,称为流量系数,由实验测

定;ρ_0 为 U 形压差计指示剂的密度,kg/m^3;ρ 为被测量流体的密度,kg/m^3;R 为 U 形压差计指示剂读数,m。

流量系数 C_0 主要取决于管内流体的湍动程度 Re 以及 $\dfrac{A_0}{A_1}$,当 Re 超过某一界限值后,C_0 将不

再随 Re 而变化,成为一个仅取决于 $\dfrac{A_0}{A_1}$ 的常数,如

图 2-24 所示。孔板流量计所测流量范围最好在 C_0 为定值的区域内,通常 C_0 在 $0.6\sim0.7$ 取值。

孔板流量计结构简单、易于制造且安装方便,但安装时孔板前后要各有一段稳定段,上游至少为管径的 10 倍,下游至少为管径的 5 倍。流体通过孔板时的阻力损失较大是孔板流量计的主要缺点。

2.4.3　转子流量计

如图 2-25 所示,转子流量计由一个内截面从下向上逐渐增大的锥形玻璃管以及自由浮动的转子构成。转子流量计须垂直安装在流道上,流体由下端进入,从上端流出。在测量过程中当转子处于静止状态时,说明转子由于受到来自转子下端面与上端面产生的压力与转子重力和浮力的差值相等而处于平衡状态。当管内流体的流量增大时,流体通过转子与玻璃管之间环隙的流速增加,转子受到的下端面和上端面的压力差随之增加,转子受力不平衡而上浮,在转子上浮过程中环隙逐渐增大导致转子两端面的压力差减小;当转子在垂直方向上的受力再次平衡时,转子就静止在玻璃管的某一高度,流体的流量通过玻璃管上的刻度即可读出。

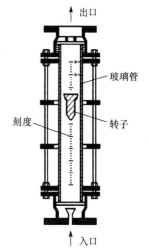

图 2-25　转子流量计

转子在一定的流量下处于平衡状态,则其受到垂直向上的压力与重力和浮力之差相等,受力方程为

$$\Delta p A_f = V_f (\rho_f - \rho) g \qquad (2\text{-}24a)$$

式中,Δp 为转子下端面和上端面的压力差,Pa;A_f 为转子最大直径处的截面积,m^2;V_f 为转子体积,m^3;ρ_f 为转子的密度,kg/m^3;ρ 为流体的密度,kg/m^3。

当转子处于某一平衡位置时,转子所受到的压力差恒定而且转子与玻璃管间的环隙面积也不变,因此转子流量计的测量原理与孔板流量计基本相同,可仿照孔板流量计的流量公式写出转子流量计流量计算式。

$$q_V = C_R A_R \sqrt{\frac{2 V_f (\rho_f - \rho) g}{A_f \rho}} \qquad (2\text{-}24b)$$

式中,q_V 为体积流量,m^3/s;C_R 为转子流量计的系数,无因次,与 Re 及转子形状有关,由实验测定;A_R 为环隙的截面积,m^2。

转子流量计必须垂直安装,而且应安装在支路以利于检修。转子流量计在出厂时是用 293K 水或 293K、101.3kPa 的空气进行标定的,当被测量流体与标定条件不相符时,应对其刻度值加以校正。

2.5　液体输送设备

在化工生产中,常需要将流体从低处输送到高处,或从低压送至高压,或沿管道送至较远的地方。为达到此目的,必须对流体加入外功,以克服流体阻力及补充输送流体时所不足的能量。为流体提供能量的机械称为流体输送机械。

由于液体和气体的性质不同,所需的输送机械也不同。根据工作原理通常分为 4 类,即离心式、往复式、旋转式及流体动力作用式。本节重点讲述离心泵、往复泵,对其他类型的泵进行一般介绍。

2.5.1　离心泵

离心泵具有结构简单、流量大且均匀、操作方便等优点,在化工生产中的使用最为广泛。

1. 离心泵的工作原理

图 2-26 是一台安装在管路中的离心泵装置示意图,当离心泵启动后,泵轴带动叶轮一起做高速旋转运动,液体也随着叶轮做高速旋转,在离心力的作用下,液体从叶轮中心被抛向叶

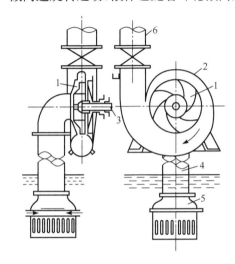

图 2-26　离心泵

1. 叶轮;2. 泵壳;3. 泵轴;4. 吸入管路;
5. 底阀;6. 排出管路

轮外周。在此过程中,液体静压能增高,流速增大,并获得能量。当液体离开叶轮进入泵壳后,由于泵壳内流道截面逐渐扩大而减速,大部分动能转化为静压能,最终以较高的压力沿泵壳的切向从泵的排出口进入排出管路,输送到所需场所。

当泵内液体被从叶轮中心抛向叶轮外缘时,在叶轮中心处形成低压区,当液体储槽上方的压力大于泵入口处的压力时,液体就在这个静压差作用下,沿着吸入管连续不断地进入叶轮中心,以填补液体排出后留下的空间,完成离心泵的吸液过程。这样,只要叶轮不停地旋转,液体就源源不断地被吸入和排出。

离心泵若在启动前未充满液体,则泵壳内存在空气。空气密度比液体密度小得多,所产生的离心力也很小。因而在吸入口处的真空度很小,此时,在吸入口处所形成的真空不足以将液体吸入泵内。虽启动离心泵,但不能输送液体。这种现象称为气缚,表示离心泵无自吸能力。为此,在吸入管底部安装带吸滤网的底阀,底阀为止逆阀,滤网是为了防止固体物质进入泵内、损坏叶片等。

2. 离心泵的主要部件

离心泵的主要部件包括叶轮、泵壳和轴封装置等。

1) 叶轮

叶轮是离心泵的关键部件,其作用是将原动机的机械能传给液体,使通过离心泵的液体静压能和动能均有所提高。叶轮由 6～8 片后弯叶片组成。

按其机械结构可分为闭式、半闭式和开式三种,如图 2-27 所示。开式叶轮仅有叶片和轮毂,两侧均无盖板,具有结构简单、清洗方便等优点;半闭式叶轮,没有前盖板而有后盖板;以上两种叶轮适用于输送含有固体颗粒的悬浮液,但泵的效率低。闭式叶轮两侧分别有前、后盖板,流道是封闭的,这种叶轮液体流动摩擦阻力损失小,适用于高扬程、洁净液体的输送。

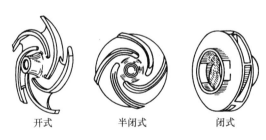

开式　　　　　半闭式　　　　　闭式

图 2-27　离心泵叶轮的类型

叶轮按吸液方式可分为单吸式与双吸式两种,如图 2-28 所示。单吸式叶轮结构简单,液

体只能从一侧吸入。双吸式叶轮可同时从叶轮两侧对称地吸入液体,不仅具有较大的吸液能力,而且基本消除了轴向推力。

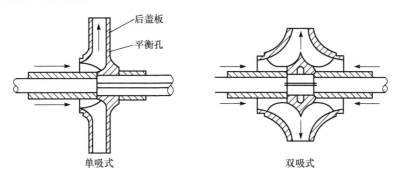

图 2-28　离心泵叶轮的类型

2) 泵壳

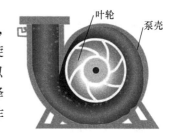

离心泵的外壳是一个截面逐渐扩大的状似蜗牛壳形的通道,如图 2-29 所示。叶轮在蜗壳内顺着蜗形通道逐渐扩大的方向旋转,越接近液体出口,通道截面积越大。因此,液体从叶轮外缘以高速被抛出后,沿泵壳的蜗牛形通道向排出口流动,流速逐渐降低,减少能量损失,大部分动能有效地转变为静压能。泵壳不仅作为一个汇集和导出液体的通道,同时其本身还是一个转能装置。

图 2-29　离心泵泵壳示意图

3) 轴封装置

泵轴与泵壳之间的密封称为轴封。作用是避免泵内高压液体沿间隙漏出,或防止外界空气从相反方向进入泵内。离心泵的轴封装置有填料函和机械密封。机械密封适用于密封要求较高的场合,如输送酸、碱、易燃、易爆及有毒的液体。

3. 离心泵的主要性能参数

在选泵和进行流量调节时需要了解泵的性能及其之间的相互关系。离心泵的主要性能参数有流量、压头、效率、功率等。

1) 流量

离心泵的流量是指单位时间内排到管路系统的液体体积,一般用 Q 表示,常用单位为 L/s、m^3/s 或 m^3/h 等。离心泵的流量与泵的结构、尺寸和转速有关。

2) 压头(扬程)

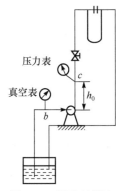

图 2-30　压头的测定

离心泵的压头是指离心泵对单位重量(1N)液体所提供的有效能量,也称为扬程,一般用 H 表示,单位为 J/N 或 m。泵的压头可用实验方法测定,如图 2-30 所示。在泵的进出口处分别安装真空表和压力表,在真空表与压力表之间的 b、c 两界面间列伯努利方程式,即

$$0 + \frac{p_b}{\rho g} + \frac{u_b^2}{2g} + H = h_0 + \frac{p_c}{\rho g} + \frac{u_c^2}{2g} + \sum H_f$$

$$H = h_0 + \frac{p_c - p_b}{\rho g} + \frac{u_c^2 - u_b^2}{2g} + \sum H_f$$

由于 b、c 两截面之间管路很短,其压头损失可忽略不计,即 $\sum H_f = 0$。若泵的吸入管和压出管内径相同,则 $u_c^2 = u_b^2 = 0$。所以上

式可写为

$$H = h_0 + \frac{p_c - p_b}{\rho g} \tag{2-25}$$

式中，h_0 为压力表与真空表的垂直距离，m；p_b 为真空表读数，Pa；p_c 为压力表读数，Pa。

3）功率和效率

功率是指单位时间内所做的功，单位为 J/s 或 W。泵的功率分为有效功率和轴功率。有效功率是指液体在单位时间内从叶轮获得的能量，以 P_e 表示，则有

$$P_e = \rho g H q_V \tag{2-26a}$$

式中，q_V 为泵的流量，m³/s；H 为泵的扬程，m；ρ 为输送液体的密度，kg/m³。

泵的轴功率是指电机输入泵轴的功率，单位为 W 或 kW。以 P 表示，则有

$$P = \frac{P_e}{\eta} \tag{2-26b}$$

离心泵在实际运转中存在各种能量损失，致使泵的实际（有效）压头和流量均低于理论值，而输入泵的功率比理论值要高。反映能量损失大小的参数称为效率，为有效功率和轴功率的比值。

$$\eta = \frac{P_e}{P} \tag{2-26c}$$

离心泵的能量损失包括以下三项。

容积损失 η_v：由泵的泄漏所造成。即离开叶轮的高压液体，从吸入口与泵壳间的间隙回流到吸入口；液体由轴套处流出外界。因此泵所排出的液体量小于泵的吸入量。

水力损失 η_h：由液体在泵内流动时的摩擦阻力和局部阻力所引起的能量损失。

机械损失 η_m：泵运转时，与轴承、轴封等机械部件的机械摩擦。

泵的总效率反映了上述三种损失之总和，即

$$\eta = \eta_v \eta_h \eta_m \tag{2-26d}$$

4. 离心泵的特性曲线

离心泵的扬程 H、轴功率 P、效率 η 与流量 q_V 之间的关系曲线称为离心泵的特性曲线，如图 2-31 所示。由于泵的特性曲线随泵转速而改变，因此其数值通常是在额定转速和标准实验条件下测得的。

1）扬程-流量曲线

表示泵的流量 q_V 和扬程 H 的关系曲线称为扬程曲线。一般扬程 H 随流量 q_V 增大而减小（在流量极小时可能有例外）。不同型号的离心泵，H-q_V 曲线的形状有所不同。

2）功率-流量曲线

表示泵的流量 q_V 和轴功率 P 的关系曲线称为功率曲线。轴功率 P 随流量 q_V 的增大而增大。流量为零时，轴功率最小。因此，启动离心泵时，为了减小启动功率，应将泵出口阀关闭。

3）效率-流量曲线

表示泵的流量 q_V 和效率 η 的关系曲线称为效率曲线。开始效率 η 随流量 q_V 的增大而增大，达到最大值后，又随流量的增大而减小。该曲线最大值相当于效率最高点。泵在该点所对应的压头和流量下操作，效率最高，所以该点为离心泵的设计点。

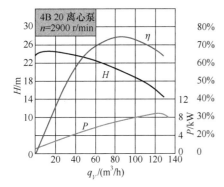

图 2-31　4B 型离心泵的特性曲线

选泵时,总是希望泵以最高效率工作,因为在此条件下操作最为经济合理。但实际上泵往往不可能正好在该条件下运转,因此,一般只能规定一个工作范围,称为泵的高效率区,高效率区的效率应不低于最高效率的 92% 左右。泵在铭牌上所标明的都是最高效率下的流量、压头和功率。在离心泵产品目录和说明书上还常注明最高效率区的流量、压头和功率的范围等。

5. 离心泵特性曲线的影响因素

影响离心泵性能的因素很多,其中包括液体性质(密度 ρ 和黏度 μ 等)、泵的结构尺寸、泵的转速 n 等。当这些参数任何一个发生变化时,都会改变泵的性能,此时需要对泵的生产厂家提供的性能参数或特性曲线进行换算。

1) 密度的影响

离心泵的流量、压头均与液体密度无关,效率也不随液体密度而改变,因而当被输送液体密度发生变化时,H-q_V 与 η-q_V 曲线基本不变,但泵的轴功率与液体密度成正比。

2) 黏度的影响

所输送的液体黏度越大,泵体内能量损失越多。结果泵的压头、流量都减小,效率下降,而轴功率则增大,所以特性曲线改变。

3) 转速的影响

当泵的转速发生改变时,泵的流量、压头随之发生变化,并引起泵的效率和功率的相应改变。不同转速下泵的流量、压头和功率与转速的关系可近似表达为

$$\frac{q_{V1}}{q_{V2}}=\frac{n_1}{n_2} \qquad \frac{H_1}{H_2}=\left(\frac{n_1}{n_2}\right)^2 \qquad \frac{P_1}{P_2}=\left(\frac{n_1}{n_2}\right)^3 \qquad (2\text{-}27)$$

式中,q_{V1}、H_1、P_1 和 q_{V2}、H_2、P_2 分别为转速为 n_1、n_2 时的流量、扬程、轴功率。式(2-27)称为离心泵的比例定律,其适用条件是离心泵的转速变化不大于 $\pm20\%$。

4) 离心泵叶轮直径的影响

当离心泵的转速一定时,对于同一型号的泵,可换用直径较小的叶轮,此时泵的流量、压头和功率与叶轮直径的近似关系称为离心泵的切割定律,即

$$\frac{q_{V1}}{q_{V2}}=\frac{D_1}{D_2} \qquad \frac{H_1}{H_2}=\left(\frac{D_1}{D_2}\right)^2 \qquad \frac{P_1}{P_2}=\left(\frac{D_1}{D_2}\right)^3 \qquad (2\text{-}28)$$

式中,q_{V1}、H_1、P_1 和 q_{V2}、H_2、P_2 分别为叶轮直径为 D_1、D_2 时的流量、扬程、轴功率。

6. 离心泵的安装高度

如图 2-32 所示,液面较低的液体被吸入泵的进口,由于叶轮将液体从其中央甩向外周,在叶轮中心进口处形成负压(真空),从而在液面与叶轮进口之间形成一定的压差,液体借此压差被吸入泵内。现在的问题是离心泵的安装高度 H_g(叶轮进口与液面间的垂直距离)是否可以取任意值。

1) 气蚀现象

泵的吸液作用是依靠储槽液面 0-0 和泵入口截面 1-1 之间的势能差实现的,即泵的吸入口附近为低压区。列出液面 0-0 和泵入口截面 1-1 间的伯努利方程

$$\frac{p_1}{\rho g}=\frac{p_0}{\rho g}-H_g-\frac{u_1^2}{2g}-\sum H_f \qquad (2\text{-}29a)$$

当 p_0 一定时,若向上吸液高度 H_g 越高、流量越大、吸入管路的各种阻力越大,则 p_1 就越小。但在离心泵的操作中,叶轮入口处压力不能低于被输送液体在工作温度下的饱和蒸气压 p_V,否则,液体将会发生部分气化,生成的气泡将随液体从低压区进入高压区,在高压区气泡会急剧收

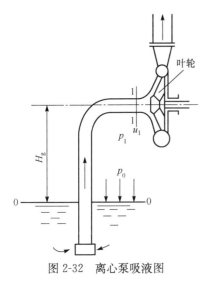

图 2-32 离心泵吸液图

缩、凝结,使其周围的液体以极高的流速冲向刚消失的气泡中心,造成极高的局部冲击压力,直接冲击叶轮和泵壳,引起震动。由于长时间受到冲击力反复作用以及液体中微量溶解氧对金属的化学腐蚀作用,叶轮的局部表面出现斑痕和裂纹,甚至呈海绵状损坏,这种现象称为气蚀。

气蚀发生时,大量的气泡破坏液流的连续性,阻塞流道,致使泵的流量、扬程和效率急剧下降,运行的可靠性降低;气蚀严重时,泵会中断工作。

为避免气蚀现象的发生,泵的安装高度不能太高,常采用允许气蚀余量对泵的气蚀现象加以控制。

离心泵的气蚀余量为离心泵入口处的静压头与动压头之和必须大于被输送液体在操作温度下的饱和蒸气压头,用 Δh 表示为

$$\Delta h = \left(\frac{p_1}{\rho g} + \frac{u_1^2}{2g}\right) - \frac{p_V}{\rho g} \tag{2-29b}$$

式中,p_1 为泵吸入口处的绝对压力,Pa;u_1 为泵吸入口处的液体流速,m/s;p_V 为输送液体在工作温度下的饱和蒸气压,Pa;ρ 为液体的密度,kg/m³。

能保证不发生气蚀的最小值,称为允许气蚀余量 $\Delta h_{允}$。离心泵允许气蚀余量也为泵的性能参数,其值由实验测得。

2) 离心泵的最大安装高度

离心泵的最大安装高度是指泵的吸入口高于储槽液面最大允许的垂直高度,用 H_{gmax} 表示。如图 2-32 所示,将式(2-29b)代入式(2-29a)得

$$H_{gmax} = \frac{p_0}{\rho g} - \frac{p_V}{\rho g} - \Delta h - \sum H_f \tag{2-29c}$$

式(2-29c)即为泵的最大安装高度。为了保证泵的安全操作不发生气蚀,泵的实际安装高度 H_g 必须低于或等于 H_{gmax},否则在操作时,将有发生气蚀的危险。对于一定的离心泵,p_0 一定,吸入管路阻力越大,液体的蒸气压越高,则泵的最大安装高度越低。

【例 2-7】 用型号为 IS 65-50-125 的离心泵,将敞口水槽中的水送出,吸入管路的压头损失为 4m(H₂O),当地环境大气压力的绝对压力为 98kPa。试求水温分别为 20℃和 80℃时的泵的安装高度。

解 已知 $p_0 = 98\text{kPa}$(绝对),吸入管 $\sum H_f = 4\text{m}$,查得泵的气蚀余量 $\Delta h = 2\text{m}$。

20℃时,饱和蒸气压 $p_V = 2.335\text{kPa}$,密度 $\rho = 998.2\text{kg/m}^3$。

最大允许安装高度为

$$H_{g允许} = \frac{p_0}{\rho g} - \frac{p_V}{\rho g} - \Delta h - \sum H_f = \frac{(98 - 2.335) \times 10^3}{998.2 \times 9.81} - 2 - 4 = 3.77(\text{m})$$

输送 20℃水时,泵的安装高度 $H_g \leqslant 3.77\text{m}$。

80℃时,饱和蒸气压 $p_V = 47.38\text{kPa}$,密度 $\rho = 971.8\text{kg/m}^3$。

最大允许安装高度为

$$H_{g允许} = \frac{p_0}{\rho g} - \frac{p_V}{\rho g} - \Delta h - \sum H_f = \frac{(98 - 47.38) \times 10^3}{971.8 \times 9.81} - 2 - 4 = -0.69(\text{m})$$

输送 80℃水时,泵的安装高度 $H_g \leqslant -0.69\text{m}$。

2.5.2　往复泵

往复泵是通过活塞的往复运动直接以压力能的形式向液体提供能量的液体输送机械,是活塞泵、柱塞泵和隔膜泵的总称。往复泵输送流体的流量只与活塞的位移有关,而与管路情况无关;但往复泵的压头只与管路情况有关。这种特性称为正位移特性,具有这种特性的泵称为正位移泵。

1. 往复泵的结构及工作原理

往复泵的结构如图 2-33 所示,其主要由泵缸、活塞、单向吸入阀、单向排出阀等组成。活塞杆通过曲柄连杆机构将电机的回转运动转换成直线往复运动。工作时,活塞自左向右移动时,工作室的容积增大形成低压,泵外液体推开吸入阀进入泵缸内,排出阀因受排出管内液体压力而关闭。活塞移至右端点时即完成吸入行程。当活塞自右向左移动时,泵缸内液体受到挤压使其压力增高,从而推开排出阀压入排出管路,吸入阀则被关闭。活塞移至左端点时排液结束,完成了一个工作循环。活塞如此往复运动,液体间断地被吸入泵缸和排入压出管路,达到输液的目的。

活塞在泵缸内移动至左右两端顶点之间的行程称为冲程。

2. 往复泵的类型

活塞往复一次只吸液一次和排液一次的泵称为单动泵。单动泵的吸入阀和排出阀均装在泵缸的同侧,吸液时不能排液,因此排液不连

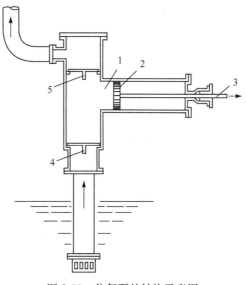

图 2-33　往复泵的结构示意图

1. 泵缸;2. 活塞;3. 活塞杆;4. 吸入阀;5. 排出阀

续。对于机动泵,活塞由连杆和曲轴带动,它在左右两端点之间的往复运动是不等速的,于是形成了单动泵不连续的流量曲线。

为了改善单动泵流量的不均匀性,设计出了双动泵和三联泵。双动泵工作原理如图 2-34 所示。

双动泵有四个单向阀门,分布在液缸的两端。当活塞向左移动时,右上端的阀门关闭,右下端的阀门开启,与此同时,左上端的阀门开启,左下端的阀门关闭。因此,对于双动泵,活塞每往复一次各吸液和排液两次,吸入管路和压出管路总有液体流过,所以送液连续,但由于活塞运动的不匀速性,流量曲线仍有起伏。双动泵和三联泵的流量曲线都是连续的,但不均匀,如图 2-35 所示。

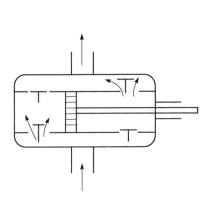

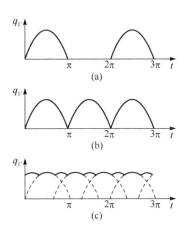

图 2-34　双动泵的工作原理　　　　　图 2-35　往复泵的流量曲线

（a）单动泵；（b）双动泵；（c）三联泵

3. 往复泵的性能参数与特性曲线

1）流量

往复泵的理论流量原则上应等于单位时间内活塞在泵缸中扫过的体积，它与活塞面积、往复频率、行程及泵缸数有关。

单缸、单动往复泵　　　　　　　　　$q_{V理}=ASn$　　　　　　　　　　　　　（2-30a）

单缸、双动往复泵　　　　　　　$q_{V理}=(2A-a)Sn$　　　　　　　　　　（2-30b）

式中，$q_{V理}$ 为往复泵理论流量，m^3/min；A 为活塞截面积，m^2；a 为活塞杆截面积，m^2；S 为活塞的冲程，m；n 为活塞每分钟的往复次数，min^{-1}。

实际上，由于活塞与泵缸内壁之间泄漏，而且泄漏量随泵压头升高而更加明显，吸入阀和排出阀启闭滞后等原因，往复泵的实际流量低于理论流量，即

$$q_V=\eta_N q_{V理}\qquad\qquad\qquad（2-30c）$$

式中，η_N 为泵的容积效率，一般为 0.9～0.97。

离心泵可通过出口阀门来调节流量，但对往复泵此法却不能采用，其原因何在呢？

因为往复泵是正位移泵，其流量与管路特性无关，安装调节阀非但不能改变流量（$q=\eta_N ASn$），还会造成危险，一旦出口阀门完全关闭，泵缸内的压力将急剧上升，导致机件破损或电机烧毁。因此，往复泵不能通过出口阀门来调节流量，往复泵的流量调节一般可采取如下调节手段：

（1）旁路调节。往复泵的流量一定，通过旁路阀门调节旁路流量，使一部分压出流体返回吸入管路，便可以达到调节主管流量的目的，一般容积式泵都可采用这种流量调节方式，如图 2-36 所示。

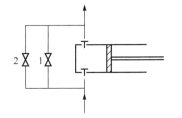

（2）改变活塞冲程或往复频率。因为电动机是通过减速装置与往复泵相连的，所以改变减速装置的传动比可以很方便地改变曲柄转速，从而改变活塞往复运动的频率，达到调节流量的目的。

图 2-36　往复泵的流量调节示意图

1. 旁路阀；2. 安全阀

2）扬程

往复泵的扬程与泵的几何尺寸和流量无关，只取决于往复泵特性曲线管路的情况。

往复泵的理论流量由活塞所扫过的体积所决定，而与管路特性无关。实际上往复泵的流量随扬程升高而略微减小，这是由容积损失增大造成的。图 2-37 所示为往复泵在特定转速下的特征曲线，在扬程较高时，流量略有减小，工作点由管路特征曲线与泵的 H-q_V 曲线交点所确定。

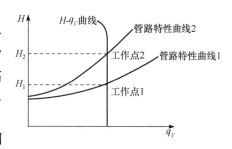

图 2-37　往复泵特征曲线与工作点

由于往复泵的操作与往复速度均有限，因此主要用于小流量、高扬程的场合，尤其适合输送高黏度液体。

2.5.3　其他类型泵

1. 旋转泵

旋转泵又称转子泵，依靠泵壳内一个或多个转子的旋转吸入和排出液体，其扬程高、流量均匀且恒定。旋转泵的结构形式较多，最常用的有齿轮泵和螺杆泵。

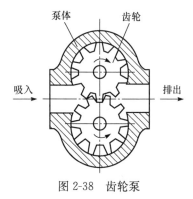

图 2-38　齿轮泵

1）齿轮泵

齿轮泵属于正位移泵，主要由椭圆形泵壳以及两个相互咬合的齿轮构成。齿轮泵工作时电机通过联轴带动主动齿轮旋转，同时主动轮带动被咬合的从动轮向相反方向旋转，两齿轮的齿相互分开，使吸入腔内形成低压而吸进液体；吸入的液体分两路被齿轮嵌住，并随齿轮旋转沿泵腔的内壁面进入排出腔。由于两个齿轮的齿相互合拢形成高压将液体排出，如图 2-38 所示。

齿轮泵适用于输送黏度较大的液体或膏状物料，压头高、流量小。

2）螺杆泵

螺杆泵也是正位移泵，如图 2-39 所示。按螺杆的个数分为单螺杆泵、双螺杆泵以及三螺杆泵。螺杆泵结构紧凑，运转时无噪声、无震动且流量均匀、高压头，适用于输送高黏度的液体。

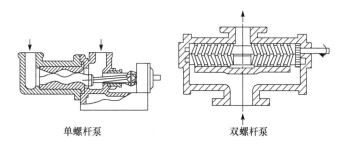

单螺杆泵　　　　　　　　　　双螺杆泵

图 2-39　螺杆泵

2. 旋涡泵

旋涡泵结构如图 2-40 所示，是一种特殊的离心泵。圆盘状的旋涡泵叶轮外缘两侧均铣有凹槽，形成辐射状排列的叶片；叶轮安装在泵壳中，叶轮外缘与泵壳内壁之间形成流体通道（引水道）；旋涡泵的入口和出口之间通过挡壁阻隔。

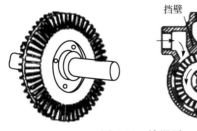

图 2-40　旋涡泵

旋涡泵工作时流体由入口进入叶轮的槽中随叶轮的旋转获得机械能,在离心力的作用下流体被抛向引水道,由于受到泵壳内壁面的限制静压能升高,被再次压入叶轮的槽中,流体如此反复在引水道和叶轮之间做旋涡运动,最后在排出口处具有很高的出口压力。旋涡泵适用于输送高压头、小流量的低黏度流体。

2.6　气体输送设备

化工生产中的气体输送机械与液体输送机械的工作原理和结构具有较大的相似性,但是由于气体具有可压缩特性,因此随气体压力的变化其体积和温度将发生一定的改变。通常以气体输送机械的出口压力与进口压力的比值即压缩比来对其进行分类,据此可将气体输送机械分为以下 4 类:

(1) 通风机。终压不大于 15kPa(表压),压缩比为 1~1.15。

(2) 鼓风机。终压为 10~300kPa(表压),压缩比小于 4。

(3) 压缩机。终压大于 300kPa(表压),压缩比大于 4。

(4) 真空泵。用于产生一定的真空,终压为当地大气压或略高于大气压。

2.6.1　离心式通风机

化工生产中的通风机有离心式和轴流式两种,轴流式通风机产生的风压较低而送风量大,适合于需要通风换气的场合,离心式通风机在化工生产中具有广泛的用途。

离心式通风机的结构如图 2-41 所示,机壳为蜗壳形,安装在蜗壳内高速旋转的叶轮将气体吸入后对其做功,气体的压力增大而排出。

低压和中压通风机的蜗壳内流体通道通常为矩形,风机叶片形状为前弯结构,有利于提高风速,但效率较低而且能量损失大;而高压通风机则为圆形流体通道,采用后弯结构的叶片。

离心式通风机与离心泵一样也用主要性能参数以及特性曲线进行表征,包括以下几个性能参数:

(1) 风量。单位时间内流过风机进口的气体体积,以 q_v 表示,单位为 m^3/s。

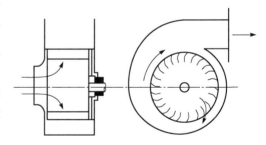

图 2-41　离心式通风机

(2) 风压。单位体积流体流经通风机所获得的总机械能称为全风压,以 p_t 表示,单位为 Pa。

(3) 功率和效率。轴功率用 P 表示,效率用 η 表示。

离心式通风机的特性曲线由风量(q_V)与全风压(p_t)、静风压(p_s)、轴功率(P)、效率(η)等四条关系曲线组成,如图 2-42 所示。

1. 旋转式鼓风机

旋转式鼓风机与旋转泵结构类似,泵壳内安装一个或多个转子,其中罗茨鼓风机在化工生产中应用较广泛,结构如图 2-43 所示。泵壳内的两个转子旋转方向相反并相互咬合,转子之间、转子与泵壳内壁之间在保证转子自由旋转的条件下保持很小的间隙。气体从一侧吸入另一侧排出。

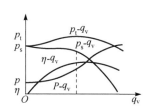

图 2-42　离心式通风机的特性曲线

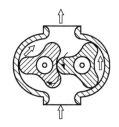

图 2-43　罗茨鼓风机

2. 往复式压缩机

往复式压缩机的基本结构和工作原理与往复泵类似。排气结束时活塞位于气缸的最左端,活塞和气缸盖之间必须留有一定的空隙,该容积称为余隙体积。活塞在由左向右移动的开始阶段缸内残余气体首先经历一个膨胀过程,当压力降至略低于吸入口压力(p_1)时吸入阀门被顶开,从而开始吸气过程,因此往复式压缩机一个工作循环包括吸气、压缩、排气和膨胀等 4 个阶段。图 2-44 中 1、2、3、4 所围成的面积是对气体所做的功。

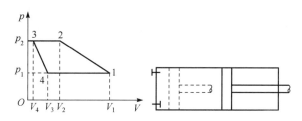

图 2-44　往复式压缩机的工作循环

对于高压缩比的压缩过程,考虑到过程的经济性、温度对设备性能的影响以及设备对高压承受能力等,一般将其改成多级压缩过程。在多级压缩的各级之间安装中间冷却器,降低气体温度以减小压缩功。

在如图 2-45 所示的压缩过程中,单级压缩过程气体压力由 p_1 经 $a \rightarrow b \rightarrow d'$ 压力升高至 p_2;若上述过程由二级压缩过程来完成,气体首先进行第一次压缩经 $a \rightarrow b$ 压力升至 p,压缩气体由中间冷却器等压降温,再经第二次压缩过程沿 $c \rightarrow d$ 气体压力升至 p_2,完成整个压缩过程。因此二级压缩过程比单级压缩过程所需压缩功的面积减少 $bd'dc$。多级压缩过程级数过多,所减少的

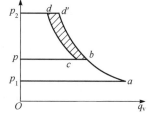

图 2-45　往复式压缩机二级压缩示功图

动力费用将被增加的设备投资费用抵消。实际生产中,压缩级数取决于最终压力和压缩机的排气量。

往复式压缩机适应性强、排出压力范围广,但结构复杂、易损件多、排出气体流量不稳定,常用于中、小流量及压力较高的场合。

2.6.2 真空泵

1. 水环式真空泵

水环式真空泵结构如图 2-46 所示,叶轮被偏心安装在泵体中,当叶轮旋转时进入水环

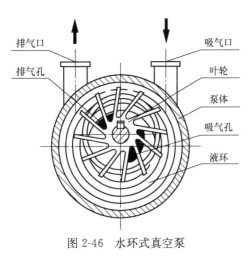

图 2-46　水环式真空泵

泵泵体的水被叶轮抛向四周,由于离心力的作用,水形成了一个与泵腔形状相似的等厚度的封闭水环。水环的上部内表面恰好与叶轮轮毂相切,水环的下部内表面刚好与叶片顶端接触(实际上,叶片在水环内有一定的插入深度)。此时,叶轮轮毂与水环之间形成了一个月牙形空间,而这一空间又被叶轮分成与叶片数目相等的若干个小腔。随叶轮的旋转,当小腔容积逐渐由小变大时,压力降低,与吸入口连通吸入气体。完成吸气过程后,随叶轮的旋转小腔容积又逐渐由大变小,气体被压缩,从排出口排出,从而完成一个吸气和排气的循环过程。如此往复达到连续抽气的目的。

2. 旋片式真空泵

旋片式真空泵主要由泵体、转子、滑片、端盖、弹簧等组成,结构如图 2-47 所示。在旋片式真空泵的腔内偏心安装一个转子,转子外圆与泵腔内表面相切(二者有很小的间隙),转子槽内装有带弹簧的两个滑片。滑片将泵壳与转子之间的空隙分成两部分,随转子转动气体从滑片与泵壳所围成的空隙扩大的一侧吸入,从空隙逐渐减小的一侧排出。

3. 喷射式真空泵

喷射式真空泵结构如图 2-48 所示,工作流体(高压水蒸气、高压水等)从喷嘴通过时静压能转化成动能,在混合室形成低压将气体从吸入口吸入,并与工作流体碰撞、混合后经喉部和扩压器排出。喷射式真空泵构造简单、无活动部分、制造方便,可用各种耐腐蚀材料制造;其缺点是效率较低,仅为 $10\% \sim 25\%$,多用于抽真空,很少用于输送目的。

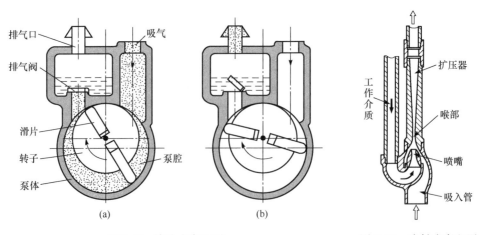

　　　　　图 2-47　旋片式真空泵　　　　　　　　　图 2-48　喷射式真空泵

本章符号说明

符号	意义	计量单位
英文		
A	面积	m^2
C_0	孔板流量计的流量系数	
C_R	转子流量计的流量系数	
d	管径	m
g	自由落体加速度	m/s^2
H	扬程	m
H_e	外加压头	m
H_f	压头损失（单位质量流体的机械能损失）	m
H_g	离心泵安装高度	m
Δh	气蚀余量	m
h_f	能量损失	J/kg
l	管长	m
l_e	局部阻力的当量长度	m
m	质量	kg
M	摩尔质量	kg/mol
M_e	平均摩尔质量	kg/mol
n	离心泵转速	r/min
p	流体的压力（压强）	Pa
p_s	静风压	Pa
p_t	全风压	Pa
p_V	液体饱和蒸气压	Pa
P	轴功率	W
P_e	有效功率	W
q_e	热交换能量	J/kg
q_m	质量流量	kg/s
q_V	体积流量	m^3/s
Q	离心泵流量	m^3/s
R	压差计读数	m
R	摩尔气体常量(8.314)	$kJ/(kmol \cdot K)$
Re	雷诺数	
r	半径	m
S	往复泵活塞冲程	m
t	温度	℃
T	热力学温度	K
u	平均流速	m/s
V	体积	m^3

符号	意义	计量单位
w	质量分数	
W_e	有效功	J/kg
y	气体的摩尔分数	
z	高度,位压头	m
希文		
ε	绝对粗糙度	m
η	机械效率	
ξ	局部阻力系数	
λ	摩擦系数	
μ	黏度	Pa·s
ρ	密度	kg/m³
ω	质量流速	kg/(m²·s)

习　题

2-1　苯和甲苯混合液中含苯 0.4(摩尔分数),试求该混合液在 20℃时的平均密度 ρ_m(苯和甲苯的密度分别为 $\rho_{苯}=879$kg/m³ 及 $\rho_{甲苯}=867$kg/m³)。

2-2　在兰州操作的苯乙烯精馏塔塔顶的真空度为 8.26×10^4Pa,在天津操作时,如果维持相同的绝对压力,真空表的读数应为多少? 已知兰州地区的大气压力为 8.53×10^4Pa,天津地区的大气压为 101.33kPa。

2-3　某设备进、出口的表压分别为-12kPa、157kPa,当地大气压为 101.3kPa,试求此设备进、出口的压力差。

2-4　为了排除煤气管中的少量积水,用如本题附图所示水封设备,水由煤气管道上的垂直支管排出,已知煤气压力为 10kPa(表压),则水封管插入液面下的深度 h 最小应为多少?

2-5　如本题附图所示,流动条件下平均密度为 1.1kg/m³ 的某种气体在水平管中流过,1-1′截面处测压口与右臂开口的 U 形管压差计相连,指示液为水,图中,$R=0.17$m,$h=0.3$m。求 1-1′截面处绝对压力 p_1(当地大气压为 101.33kPa)。

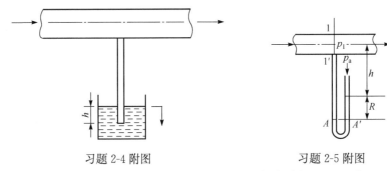

习题 2-4 附图　　　　　　　习题 2-5 附图

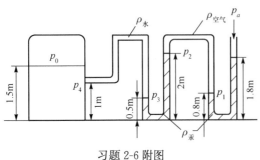

习题 2-6 附图

2-6　如本题附图所示,采用一复式压差计测定密闭容器内水上方的压力 p_0,已知两 U 形管压差计的指示液均为水银,$\rho_{水银}=13\,600$kg/m³,指示液之间是空气,右侧 U 形管压差计一端直接与大气相通,其他数据如图,$\rho_{空气}=1.2$kg/m³、$\rho_{水}=1000$kg/m³。

2-7　管路由直径为 $\phi(57\times3.5)$mm 的细管逐渐扩大到 $\phi(108\times4)$mm 的粗管。若流体在细管内的流速为 4m/s,求流体在粗管内的流速。

2-8　如本题附图所示,常温的水在管路中流动,在截面 1 处的流速为 0.5m/s,管内径为 200mm,截面 2 处的管内径为 100mm。由于水的压力,截面 1 处产生 1m 高的水柱。试计算在截面 1 与截面 2 之间所产生的水柱高度差 h(忽略从 1 到 2 处的压头损失)。

2-9　如本题附图所示,工厂用喷射泵吸收氨气以制取浓氨水,导管中稀氨水的流量为 10t/h。稀氨水入口处的压力为 1.5kgf/cm²(表压),稀氨水密度为 1000kg/m³,压头损失可忽略不计,求喷嘴出口(2-2′截面)处的绝对压力。

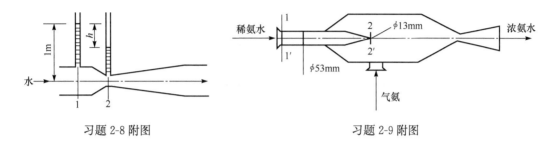

习题 2-8 附图　　　　　　　　　　　习题 2-9 附图

2-10　某车间的输水系统如本题附图(1)所示,已知出口处管径为 $\phi(44\times2)$mm,图中所示管段部分的压头损失为 $3.2\times\dfrac{u_{出}^2}{2g}$,其他尺寸见附图。(1)求水的体积流量 q_V;(2)欲使水的体积流量增加 20%,应将高位槽水面升高多少米?(假设管路总阻力仍不变)已知管出口处及液面上方均为大气压,且假设液面保持恒定。

2-11　如本题附图所示,密度与水相同的稀溶液在水平管中做定态流动,管子由 $\phi(38\times2.5)$mm 逐渐扩至 $\phi(54\times3.5)$mm。细管与粗管上各有一测压口与 U 形管压差计相连,已知两测压口间的能量损失为 2J/kg。溶液在细管的流速为 2.5m/s,压差计指示液密度为 1594kg/m³。(1)U 形管两侧的指示液面哪侧较高?(2)求压差计读数 R。

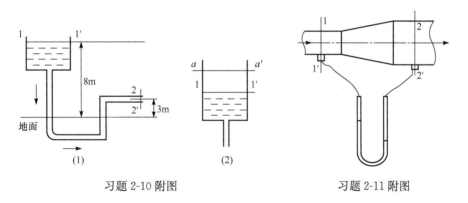

习题 2-10 附图　　　　　　　　　　　习题 2-11 附图

2-12　某车间丙烯精馏塔的回流系统如本题附图所示,塔内操作压力为 1304kPa(表压),丙烯储槽内液面上方的压力为 2011kPa(表压),塔内丙烯出口管距储槽的高度差为 30m,管内径为 145mm,送液量为 40t/h。丙烯的密度为 600kg/m³,设管路全部能量损失为 150J/kg。将丙烯从储槽送到塔内是否需要用泵?计算后简要说明。

2-13　25℃的水在内径为 50mm 的直管中流动,流速为 2m/s。试求雷诺数,并判断其流动类型。

2-14　如本题附图所示,一套液体流动系统,AB 段管长为 40m,内径为 68mm,BC 段管长为 10m(管长均包括局部阻力的当量长度),内径为 40mm;高位槽内的液面恒定,液体密度为 900kg/m³,黏度为 0.03N·s/m²,管路出口流速为 1.5m/s。求高位槽液面与管子出口的高度差。

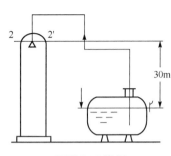

习题 2-12 附图

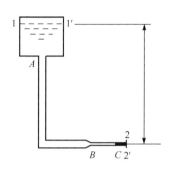

习题 2-14 附图

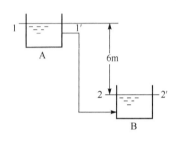

习题 2-15 附图

2-15　如本题附图所示,将密度为 $850kg/m^3$ 的油品从储槽 A 放至 B 槽,两槽液面均与大气相通。两槽间连接管长为 1000m(包括直管长度和所有局部阻力的当量长度),管子直径为 200mm,两储槽液面位差为 6m,油的黏度为 $0.1Pa \cdot s$。求此管路系统的输油量,假设为定态流动。

2-16　在实验装置上,用20℃的清水于98.1kPa的条件下测定离心泵的性能参数。泵的吸入管内径为80mm,排出管内径为50mm。实验测得一组数据:泵入口处真空度为72.0kPa,泵出口处表压力为253kPa,两测压表之间的垂直距离为0.4m,流量为 $19.0m^3/h$,电动机功率为2.3kW,泵由电动机直接带动,电动机传动效率为93%,泵的转速为2900r/min。试求该泵在操作条件下的压头、轴功率和效率,并列出泵的性能参数。

2-17　某台离心水泵,从样本上查得其气蚀余量 $\Delta h = 2m$(水柱)。利用此泵输送敞水槽中40℃清水,若泵吸入口位于距水面以上4m高度处,吸入管路的压头损失为1m(水柱),当地环境大气压力为0.1MPa时,试求该泵的安装高度。

2-18　某离心泵用15℃的水进行性能实验,水的体积流量为 $540m^3/h$,泵的出口压力表读数为350kPa,泵的入口真空表读数为30kPa。若压力表与真空表测压截面间的垂直距离为350mm,吸入管和压出管内径分别为350mm和310mm,试求泵的扬程。

思 考 题

1. 不同基准压力之间的换算关系是怎样的?

2. 静压力有什么特性?

3. 流体静力学方程式的应用有哪些方面?

4. 如何判断静止流体内部两点的压力相等?

5. 质量流量 q_m、体积流量 q_V 与流速 u 三者之间的关系如何?

6. 何谓定态流动?

7. 什么是理想流体? 引入理想流体的概念有什么意义?

8. 扼要说明伯努利方程式和流体静力学基本方程式的关系。

9. 应用伯努利方程式时,衡算系统上、下游截面的选取原则是什么?

10. 在化工厂中,伯努利方程主要应用于哪些方面?

11. 在应用机械能衡算方程解题时需要注意哪些问题?

12. 雷诺数的物理意义是什么?

13. 滞流和湍流在内部质点运动方式上有何本质区别?

14. 何谓滞流内层?

15. 流体在固体壁面上产生边界层分离的必要条件是什么?

16. 试通过流体进行动量传递的机理分析流体流动产生摩擦阻力的原因。

17. 什么是量纲分析？将其用于处理复杂的工程问题有什么好处？

18. 局部阻力的计算方法有哪些？

19. 离心泵的主要性能参数有哪些？

20. 什么是液体输送机械的扬程或压头？

21. 离心泵的工作点是怎样确定的？

22. 离心泵的流量是如何调节的？

23. 离心泵的气蚀现象是什么？怎样防止发生气蚀现象？

24. 往复泵的流量是由什么确定的？与管路有什么关系？

第3章 机 械 分 离

自然界的大多数物质为混合物。混合物分为两类:若物系内各处组成均匀且不存在相界面,则称为均相混合物,如溶液及混合气体属于此类。均相混合物组分的分离采用传质分离方法。由具有不同物理性质(如尺寸、密度)的分散物质(分散相)和连续介质(连续相)所组成的物系称为非均相物系或非均相混合物。显然,非均相物系中存在相界面,且界面两侧物料的性质不同。

根据连续相状态的不同,非均相混合物又可分为两种类型:

(1)气态非均相混合物,如含尘气体、含雾气体等。

(2)液态非均相混合物,如悬浮液、乳浊液、泡沫液等。

对于非均相混合物,工业上一般采用机械分离的方法将两相分离,即造成分散相和连续相之间的相对运动。

非均相混合物分离的目的:

(1)收集分散物质。例如,收取从气流干燥器或喷雾干燥器出来的气体以及从结晶器出来的晶浆中带有的固体颗粒,这些悬浮的颗粒作为产品必须回收。

(2)净化分散介质。某些催化反应,原料气中夹带有杂质会影响触媒的效能,必须在气体进入反应器之前清除催化反应原料气中的杂质,以保证触媒的活性。

(3)环境保护与安全生产等。为了保护人类生态环境,消除工业污染,要求对排放的废气、废液中的有害物质加以处理。

机械分离操作涉及颗粒相对于流体以及流体相对于颗粒床层的流动。本章将对颗粒及床层特性、沉降及过滤等分离方法及分离设备进行简单介绍。

3.1 颗粒及床层特性

由众多固体颗粒堆积而成的静止的颗粒床层称为固定床。许多化工操作都与流体通过固定床的流动有关,其中最常见的包括:

(1)固定床反应器(组成固定床的是粒状或片状催化剂)。

(2)悬浮液的过滤(组成固定床的是悬浮液中的固定颗粒堆积而成的滤饼)。

3.1.1 颗粒特性

单个颗粒的特性主要参数为颗粒的形状、大小(体积)及表面积,它们对颗粒在流体中的运动过程有重要影响。

1. 球形颗粒

球形颗粒尺寸由直径 d 来确定,其他有关参数均可表示为直径 d 的函数:

$$V = \frac{\pi}{6} d^3 \tag{3-1}$$

$$S = \pi d^2 \tag{3-2}$$

式中,d 为颗粒直径,m;V 为球形颗粒的体积,m^3;S 为球形颗粒的表面积,m^2。

为表征颗粒表面积的大小,常引入比表面积的概念,即单位体积颗粒所具有的表面积。

$$a = \frac{S}{V} = \frac{6}{d} \tag{3-3}$$

式中,a 为比表面积(单位体积颗粒具有的表面积),m^2/m^3。

2. 非球形颗粒

实际生产中所遇到的颗粒大多为非球形颗粒,工程上为简便和使用,把非球形颗粒当量成球形颗粒,并得到所谓的当量直径。根据不同的等效性,可以定义不同的当量直径。

(1) 等体积当量直径 d_V:即当量球形颗粒的体积等于真实颗粒的体积 V,则体积当量直径 d_V 定义为

$$d_V = \sqrt[3]{\frac{6V}{\pi}} \tag{3-4}$$

(2) 等表面积当量直径 d_S:即当量球形颗粒表面积等于真实颗粒的表面积 S,则面积当量直径 d_S 定义为

$$d_S = \sqrt{\frac{S}{\pi}} \tag{3-5}$$

(3) 等比表面积当量直径 d_a:即当量球形颗粒比表面积等于真实颗粒的比表面积 a,则表面积当量直径 d_a 定义为

$$d_a = \frac{6}{a} = \frac{6}{S/V} \tag{3-6}$$

显然,同一颗粒的不同当量直径在数值上不相等,但当颗粒为球形颗粒时,有 $d_V = d_S = d_a = d$,可见各种当量直径的差别主要与颗粒的形状有关,所以定义一个球形系数 φ

$$\varphi = \frac{\text{与非球形颗粒体积相等的球的表面积}}{\text{非球形颗粒的表面积}}$$

由于同体积不同形状的颗粒中,球形颗粒的表面积最小,因此对非球形颗粒,总有 $\varphi < 1$,颗粒的形状越接近球形,φ 越接近 1;对球形颗粒,$\varphi = 1$。

用上述的形状系数及当量直径便可表述非球形颗粒的特性,即

$$V = \frac{\pi}{6} d_V^3 \qquad S = \pi d_V^2 / \varphi \qquad a = \frac{6}{\varphi d_V}$$

3.1.2 床层特性

1. 床层空隙率 ε

固定床层中颗粒堆积的疏密程度可用空隙率来表示,其定义为

$$\varepsilon = \frac{\text{空隙体积}}{\text{床层体积}} = \frac{\text{床层体积} - \text{颗粒体积}}{\text{床层体积}}$$

ε 的大小反映了床层颗粒的紧密程度,ε 对流体流动的阻力有极大的影响。ε 越大,$\sum h_\mathrm{f}$ 越大。

空隙率的大小与颗粒形状、粒度分布、颗粒直径与床层直径的比值等因素有关。对于颗粒形状和直径均一的非球形颗粒床层,空隙率主要取决于颗粒的球形度和床层的填充方法。非

球形颗粒的球形度越小,则床层的空隙率越大。由大小不均匀的颗粒所填充成的床层,小颗粒可以嵌入大颗粒之间的空隙中,因此床层空隙率比均匀颗粒填充的床层小。粒度分布越不均匀,床层的空隙率就越小;颗粒表面越光滑,床层的空隙率也越小。

空隙率在床层同一截面上的分布是不均匀的,在容器壁面附近,空隙率较大;在床层中心处,空隙率较小。器壁对空隙率的影响称为壁效应。

壁效应使得流体通过床层的速度不均匀,流动阻力较小的近壁处流速较床层内部大。改善壁效应的方法通常是限制床层直径与颗粒直径之比不得小于某极限值。若床层的直径比颗粒的直径大得多,则壁效应可忽略。

2. 床层自由截面积

床层截面上未被颗粒占据的流体可以自由通过的面积,称为床层的自由截面积。

小颗粒乱堆床层可认为是各向同性的。各向同性床层的重要特性之一是其自由截面积与床层截面积之比在数值上与床层空隙率相等。同床层空隙率一样,由于壁效应的影响,壁面附近的自由截面积较大。

3. 床层比表面积 a_B

床层的比表面积是指单位体积床层中具有的颗粒表面积(颗粒与流体接触的表面积)。

$$a_B = \frac{颗粒表面积}{床层体积}$$

$$颗粒比表面积 \ a = \frac{颗粒表面积}{颗粒体积}$$

如果忽略床层中颗粒间相互重叠的接触面积,对于空隙率为 ε 的床层,床层的比表面积 $a_B(m^2/m^3)$ 与颗粒物料的比表面积 a 具有如下关系:

$$a_B = a(1-\varepsilon) \tag{3-7}$$

4. 流体通过固定床的压降

固定床层中颗粒间的空隙形成可供流体通过的细小、曲折、互相交联的复杂通道。流体通过如此复杂通道的流动阻力很难进行理论推算。现在介绍一种实验规划方法——数学模型法。

1) 床层的简化物理模型

固定床层内大量细小而密集的固体颗粒对流体的运动形成了很大的阻力。此阻力一方面可使流体沿床截面的速度分布变得相当均匀,另一方面却在床层两端造成很大压降。工程上感兴趣的主要是床层的压降。为解决流体流过固定床层的压降计算问题,我们必须把图 3-1(a)所示的难以用数学方程描述的颗粒层内的实际流动过程进行大幅度的简化,使之可以用数学方程式加以描述。经简化而得到的等效流动过程称为原真实流动过程的物理模型。那么如何进行简化得到等效流动过程呢?经过分析知道,单位体积床层所具有的颗粒表面积(床层比表面积 a_B)和床层空隙率 ε 对流动阻力有决定性的作用。为得到等效流动过程,简化后的物理模型中的 a_B 和 ε 应与真空模型的 a_B 和 ε 相等,为此许多研究者将床层中的不规则通道简化成长度为 L_e 的一组平行细管[图 3-1(b)],并规定:①细管的内表面积等于床层颗粒的全部表面;②细管的全部流动空间等于颗粒床层的空隙体积。

根据上述假定,可求得这些虚拟细管的当量直径 d_e。

$$d_e = 4 \times \frac{空隙体积/V}{颗粒表面积/V} = 4 \times \frac{\varepsilon}{a_B} = \frac{4\varepsilon}{a(1-\varepsilon)} \tag{3-8}$$

按此简化模型,流体通过固定床的压降等同于流体通过一组当量直径为 d_e、长度为 L_e 的细管的压降,如图 3-1 所示。

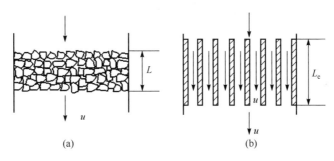

图 3-1 实际床层和简化的假设模型
(a) 实际床层;(b) 假设模型

2) 流体压降的数学描述

已将流体通过具有复杂几何边界(网络状孔道)的床层的压降简化为通过均匀圆管的压降,因此可用圆管的阻力损失进行如下的数学描述:

$$h_f = \frac{\Delta p}{\rho} = \lambda \cdot \frac{L}{d_e} \cdot \frac{u_1^2}{2} \tag{3-9}$$

式中,Δp 为流体通过床层的压降,Pa;L 为床层高度,m;d_e 为床层流道的当量直径,m;u_1 为流体在细管内的流速,m/s。由于细管内的流动过程等效于原真实流动过程,因此 u_1 可取为实际填充床中颗粒空隙间的流速。它与表现流速 u 的关系为

$$u_1 = \frac{u}{\varepsilon} \tag{3-10}$$

将式(3-8)和式(3-9)代入式(3-10)得

$$\frac{\Delta p_f}{L} = \lambda' \frac{(1-\varepsilon)a}{\varepsilon^3} \rho u^2 \tag{3-11}$$

式(3-11)即为流体通过固定床压降的数学模型,其中包括一个未知的待定系数 λ'。λ' 称为模型参数,就其物理意义而言,也可称为固定床的流动摩擦系数,其值由实验测定。

3.2 沉降及设备

沉降涉及由颗粒和流体组成的两相流动体系,属于流体相对于颗粒的绕流问题。流、固之间的相对运动有三种情况,即流体静止,固体颗粒做沉降运动;固体静止,流体对固体做绕流;流体和固体都运动,但二者保持一定的相对速度。只要相对速度相同,上述三种情况并无本质区别。

沉降运动发生的前提条件是固体颗粒与流体之间存在密度差,同时有外力场存在。外力场有重力场和离心力场,发生的沉降过程分别称为重力沉降和离心沉降。

3.2.1 重力沉降及设备

利用流体中的固体颗粒受地球引力作用而发生的沉降分离过程称为重力沉降。一般用于气、固混合物和混悬液的分离。

1. 重力沉降速度

1) 球形颗粒的自由沉降

对于单一颗粒在流体中的沉降或者颗粒群充分分散,颗粒间互不影响,不致引起相互碰撞的沉降过程称为自由沉降。

将一个表面光滑的刚性球形颗粒置于静止的流体中,如果颗粒的密度 ρ_s 大于流体的密度 ρ,则颗粒所受重力大于浮力,颗粒将在流体中降落。此时颗粒受到 3 个力的作用,即重力 F_g、浮力 F_b 与阻力 F_d,如图 3-2 所示。重力向下,浮力向上,阻力与颗粒运动方向相反(即向上)。当颗粒直径为 d 时,有

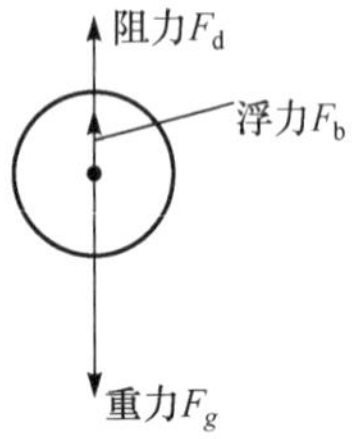

$$F_g = mg = \frac{\pi}{6} d^3 \rho_s g \tag{3-12}$$

$$F_b = \frac{\pi}{6} d^3 \rho g \tag{3-13}$$

$$F_d = \xi A \frac{\rho u^2}{2} = \xi \frac{\pi d^2}{4} \frac{\rho u^2}{2} \tag{3-14}$$

图 3-2　沉降颗粒的受力情况

式中,m 为颗粒的质量,kg;ξ 为阻力(或曳力)系数;A 为颗粒在垂直运动方向上的投影面积,m^2;u 为颗粒与流体的相对运动流速,m/s。

根据牛顿第二运动定律可知,上面 3 个力的合力应等于颗粒的质量与其加速度 a 的乘积。

$$F_g - F_b - F_d = ma \tag{3-15}$$

即
$$\frac{\pi}{6} d^3 \rho_s g - \frac{\pi}{6} d^3 \rho g - \xi \frac{\pi d^2}{4} \frac{\rho u^2}{2} = \frac{\pi}{6} d^3 \rho_s a \tag{3-16}$$

式中,a 为重力沉降加速度,m/s^2。

当颗粒开始沉降时,初速度 u 为零,则阻力 F_d 为零,此时加速度 a 最大;颗粒开始沉降后,阻力 F_d 随速度 u 的增加而加大,加速度 a 则减小,直到速度达到某一值 u_t 时。此时,阻力、浮力与重力平衡,颗粒所受合力为零,加速度也为零,此后颗粒的速度恒定,颗粒开始做速度为 u_t 的匀速沉降运动。可见,颗粒的沉降速度分为两个阶段。

匀速阶段中颗粒相对于流体的运动速度 u_t 称为沉降速度或终端速度,也称为自由沉降速度。从式(3-16)可得沉降速度的表达式。当加速度 $a = 0$ 时,$u = u_t$,代入式(3-16)

$$u_t = \sqrt{\frac{4d(\rho_s - \rho)g}{3\xi\rho}} \tag{3-17}$$

实际上,小颗粒开始沉降后,在极短的时间内所受的力即接近平衡。因此,颗粒沉降时加速阶段时间很短,对整个沉降过程来说往往可以忽略。

2) 阻力(曳力)系数 ξ

当流体以一定速度绕过静止的固体颗粒流动时,流体的黏性会对颗粒有作用力。反之,当固体颗粒在静止流体中移动时,流体同样会对颗粒有作用力。这两种情况的作用力性质相同,通常称为曳力(drag force)或阻力。

设流体的密度为 ρ,黏度为 μ,颗粒直径为 d,颗粒在运动方向上的投影面积为 A,颗粒与流体相对运动速度为 u,则颗粒所受的阻力 F_d 可用下式计算:

$$F_d = \xi A \frac{\rho u^2}{2} = \xi \frac{\pi d^2}{4} \frac{\rho u^2}{2} \tag{3-18}$$

式中,阻力(或曳力)系数 ξ 是颗粒与流体相对运动时雷诺数 $Re = du\rho/\mu$ 的函数,一般由实验确定,即

$$\xi = f(Re) = f(du\rho/\mu) \tag{3-19}$$

球形颗粒的 ξ 实验数据如图 3-3 所示,图中大致分为 3 个区域;各区域的曲线可分别用不同的计算式表示为

滞流区 $(10^{-4} < Re < 1)$ 　　　　　　　$\xi = 24/Re$ 　　　　　　　(3-20)

过渡区 $(1 < Re < 10^3)$ 　　　　　　　$\xi = 18.5/Re^{0.6}$ 　　　　　　　(3-21)

湍流区 $(10^3 < Re < 2 \times 10^5)$ 　　　　　　$\xi = 0.44$ 　　　　　　　(3-22)

式(3-20)、式(3-21)和式(3-22)分别称为斯托克斯(Stokes)区、阿伦(Allen)区、牛顿(Newton)区。由此三式可看出,斯托克斯区的计算式是准确的,其他两个区域的计算式是近似的。

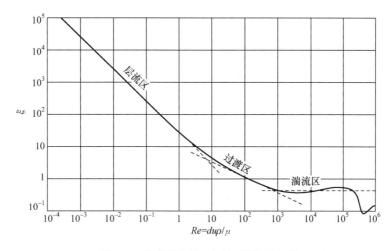

图 3-3　球形颗粒的 ξ 与 Re 的关系曲线

3) 沉降速度的计算

对于球形颗粒,将不同雷诺数 Re 范围的阻力系数 ξ 计算式(3-20)～式(3-22)分别代入式(3-17),便可得到球形颗粒在相应各区的沉降速度公式,即

滞流区 $(10^{-4} < Re < 1)$ 　　　　$u_t = \dfrac{d^2(\rho_s - \rho)g}{18\mu}$ 　　　　(3-23)

此式称为斯托克斯(Stokes)公式。

过渡区 $(1 < Re < 10^3)$ 　　　　$u_t = 0.27\sqrt{\dfrac{d(\rho_s - \rho)g}{\rho}Re^{0.6}}$ 　　　　(3-24)

湍流区 $(10^3 < Re < 2 \times 10^5)$ 　　　$u_t = 1.74\sqrt{\dfrac{d(\rho_s - \rho)g}{\rho}}$ 　　　　(3-25)

由式(3-23)～式(3-25)可知,颗粒沉降速度 u_t 与颗粒直径 d,颗粒密度 ρ_s 及和流体密度 ρ 有关。颗粒直径 d 及颗粒密度 ρ_s 越大,则沉降速度 u_t 就越大。

在层流区与过渡区中,沉降速度 u_t 还与流体黏度 μ 有关。液体的黏度比气体的黏度大得多,因此颗粒在液体中的沉降速度比在气体中的小很多。

计算球形颗粒沉降速度 u_t，需要知道雷诺数 Re，才能代入相应的公式。由于无法确定颗粒的沉降速度 u_t，所以雷诺数 Re 也是未知的，这就需用试差法。可先假设沉降属于层流区，则用斯托克斯式求出 u_t。然后用所求出的 u_t 计算雷诺数 Re，并检验雷诺数 Re 是否属于层流区。如果计算的雷诺数 Re 不在所假设的流型范围，则应另选其他区域的计算式求 u_t。直至所求的 u_t 计算出的雷诺数 Re 符合所假设的流型范围为止。

【例 3-1】 试计算直径为 $95\mu m$，密度为 $3000kg/m^3$ 的固体颗粒在 20℃水中的自由沉降速度。

解 由于不知沉降处在哪个区，因此用试差法计算。

先假设颗粒在层流区内沉降，用斯托克斯公式计算：

$$u_t = \frac{g d^2 (\rho_s - \rho)}{18\mu}$$

附录查得，水在 20℃时

$$\rho = 998.2 kg/m^3 \qquad \mu = 1.005 \times 10^{-3} Pa \cdot s$$

$$u_t = \frac{(95 \times 10^{-6})^2 (3000 - 998.2) \times 9.81}{18 \times 1.005 \times 10^{-3}} = 9.797 \times 10^{-3} (m/s)$$

核算流型：

$$Re = \frac{d u_t \rho}{\mu} = \frac{95 \times 10^{-6} \times 9.797 \times 10^{-3} \times 998.2}{1.005 \times 10^{-3}} = 0.9244 < 1$$

因此原假设层流区正确，求得的沉降速度有效。

4）影响沉降速度的因素

沉降速度由颗粒特性（ρ_s、形状、大小及运动的取向）、流体物性（ρ、μ）及沉降环境综合因素所决定。

（1）颗粒形状。球形颗粒的形状会直接影响颗粒与流体相对运动时所产生的阻力，球形颗粒比同体积的非球形颗粒的沉降要快一些。非球形颗粒的形状及其投影面积 A 均对沉降速度有影响。相同 Re 下，颗粒的球形度越小，阻力系数 ξ 越大，但对 ξ 的影响在滞流区内并不显著。随着 Re 的增大，这种影响逐渐变大。

（2）颗粒的体积浓度。当颗粒的体积浓度小于 0.2% 时，前述各种沉降速度关系式的计算偏差在 1% 以内。当颗粒浓度较高时，颗粒间相互作用明显，便发生干扰沉降。

（3）器壁效应。当颗粒靠近器壁时，容器的壁面和底面会对沉降的颗粒产生曳力，颗粒的沉降速度比自由沉降速度小，这种影响称为壁效应。

（4）干扰沉降。当非均相物系中的颗粒较多，颗粒之间距离较近时，颗粒沉降会受到其他颗粒的影响，这种沉降称为干扰沉降（hindered settling）。干扰沉降速度比自由沉降小得多。

2. 重力沉降设备

1）降尘室

降尘室是依靠重力的作用从气流中分离出尘粒的设备，分为单层降尘室和多层降尘室。

（1）单层降尘室。降尘室的结构如图 3-4（a）所示。含尘气体进入沉降室后，颗粒随气流有一水平向前的运动速度 u，同时，在重力作用下，以沉降速度 u_t 向下沉降。只要气体从沉降室入口到出口的停留时间等于或大于颗粒从沉降室顶部沉降至底部所用时间，尘粒便可从气流中分离出来。颗粒在降尘室的运动情况如图 3-4（b）所示。

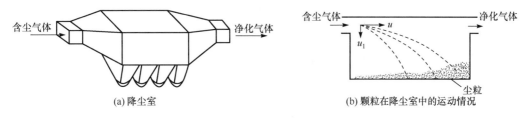

图 3-4 降尘室示意图

所以,颗粒能够被分离出来的必要条件是气体在降尘室内的停留时间等于或大于颗粒从设备最高处降至底部所需要的时间。

设降尘室的长度为 l;宽度为 b;高度为 H;降尘室的生产能力(含尘气通过降尘室的体积流量)为 V,m^3/s;气体在降尘室内的水平通过速度为 u,m/s;则气体通过降尘室的时间为 l/u;降尘室最高点的颗粒沉降到室底所需的时间为 H/u_t。

颗粒被分离出来的条件是

$$\frac{l}{u} \geq \frac{H}{u_t} \tag{3-26}$$

根据降尘室的生产能力,气体在降尘室内的水平通过速度(m/s)为

$$u = \frac{V}{Hb} \tag{3-27}$$

将此式代入式(3-26)得

$$V \leq blu_t \tag{3-28}$$

式(3-28)表明,降尘室的生产能力与沉降面积及颗粒的沉降速度有关,而与降尘室高度 H 无关。因此降尘室一般设计成扁平形,或在室内均匀设置多层水平隔板,构成多层降尘室,则水平隔板将室内分成 N 层(隔板数为 $N-1$)。

(2)多层降尘室。如图 3-5 所示,若水平隔板将室内分成 N 层(隔板数为 $N-1$),则各层的层高即隔板间距为 $h = H/N$,代入式(3-27)得气体通过各层的水平速度为

$$u = \frac{V}{Nhb} \tag{3-29}$$

将式(3-29)代入式(3-26)并整理,得

$$V \leq Nblu_t \tag{3-30}$$

显然,多层降尘室可提高含尘气体的处理量即生产能力。但降尘室高度的选取还应考虑气体通过降尘室的速度不应过高,一般应保证气体流动的雷诺数处于层流状态,气速过高会干扰颗粒的沉降或将已沉降的颗粒重新扬起。一般情况下,气体通过隔板的流速可取 $0.5 \sim 1m/s$。

通常,被处理的含尘气体中的颗粒大小不均,沉降速度 u_t 应根据需完全分离的最小颗粒尺寸计算。若某粒径的颗粒在沉降时能满足 $l/u = H/u_t$ 的条件,则此粒径称为重力降尘室能 100%除去的最小粒径,或称为临界粒径,以 d_c 表示。对于单层沉降室,与临界粒径相对应的临界沉降速度(m/s)为

$$u_{tc} = \frac{V}{bl} \tag{3-31}$$

若颗粒的沉降速度处于层流区,则将式(3-31)代入式(3-22)即得临界粒径的计算式为

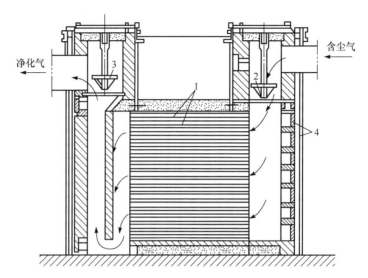

图 3-5　多层隔板降尘室
1. 隔板；2、3. 调节阀；4. 除灰口

$$d_{c}=\sqrt{\frac{18\mu}{(\rho_{s}-\rho)g}\cdot u_{tc}}=\sqrt{\frac{18\mu}{(\rho_{s}-\rho)g}\cdot\frac{V}{bl}}$$

降尘室结构简单，但设备庞大、效率低，只适用于分离粗颗粒（一般指直径 75 μm 以上的颗粒）或作为预分离设备。多层降尘室虽能分离较细的颗粒且节省占地面积，但清灰比较麻烦。

2）沉降槽

沉降槽是利用重力沉降来提高悬浮液浓度并同时得到澄清液体的设备。

工业上常用连续沉降槽，它是底部呈锥状的圆槽，直径为 1～100m，高度为 2～3m。有时可将数个沉降槽垂直叠放，共用一根中心竖轴带动各槽的旋转耙，如图 3-6 所示。悬浮液经中央进料口送到液面以下 0.3～1.0m，并迅速分散到整个横截面上，液体向上流动，经槽顶端的溢流堰流出得到清液，称为溢流；固体颗粒下沉至底部，并有缓缓旋转的齿耙将沉渣缓慢聚集到底部的中央排渣口处，连续排出，排出的稠浆称为底流。

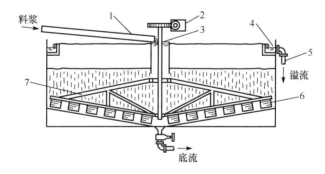

图 3-6　连续式沉降槽
1. 进料槽道；2. 转动机构；3. 料井；4. 溢流槽；5. 溢流管；6. 叶片；7. 转耙

沉降槽具有澄清液体和增稠悬浮液的双重作用，与降尘室类似，沉降槽的生产能力与高度无关，只与底面积及颗粒的沉降速度有关，沉降槽一般制造成大截面、低高度的形状。它一般

用于大流量、低浓度悬浮液的处理。沉降槽处理后的沉渣中还含有大约 50％ 的液体,必要时再用过滤机等作进一步处理。

3) 分级器

利用重力沉降可将悬浮液中不同粒度的颗粒进行粗略分离,或将两种不同密度的颗粒进行分类,这样的过程统称为分级,实现分级操作的设备称为分级器。

3.2.2　离心沉降及设备

在惯性离心力作用下实现的沉降过程称为离心沉降。当颗粒很小时,由于其重力沉降速度很小,依靠重力很难沉降下来;由于离心力比重力大很多,可用离心沉降的方法来分离。

3.2.2.1　离心沉降速度

1. 离心分离因数

设颗粒为球形颗粒,粒径为 d,密度为 ρ_s,质量为 m,流体的密度为 ρ,黏度为 μ。颗粒到旋转轴中心的距为 r,将流体置于匀速旋转的圆筒内,假设筒内流体与圆筒做同步运动,若忽略颗粒的重力沉降,则颗粒所受到的离心力为

$$F_c = mr\omega^2 \tag{3-32}$$

式中,ω 为圆筒(即颗粒)的角速度。

F_c 越大,颗粒越易于沿径向沉降,为了增大 F_c,可采取提高 ω,也可增大 r,从转筒的机械原理考虑,r 不宜太大。

根据以上分析,同一颗粒所受的离心力与重力之比,为

$$K_c = \frac{F_c}{F_g} = \frac{r\omega^2}{g} = \frac{u_T^2/r}{g} \tag{3-33}$$

式中,$u_T = r\omega$,为流体和颗粒的切线速度,m/s。

K_c 称为离心分离因数(separation factor),是表示离心力大小的指标。

气固非均相物质的离心沉降在旋风分离器中进行,液固悬浮物系的离心沉降可在旋液分离器或离心机中进行。

2. 离心沉降速度

球形颗粒在离心力作用下做沉降分离时,在径向和沉降方向上要受到离心力、浮力、阻力三个力。所受的作用力有

离心力　　　　　　　　$$F_c = mr\omega^2 = \frac{\pi}{6} d^3 \rho_s r\omega^2$$

浮力(向心力)　　　　　　$$F_b = \frac{\pi}{6} d^3 \rho r\omega^2$$

阻力(向中心)　　　　　　$$F_d = \xi \frac{\pi d^2}{4} \times \frac{\rho u_r^2}{2}$$

若这三个力达到平衡,则有

$$F_c - F_b - F_d = 0$$

即　　　　　　$$\frac{\pi}{6} d^3 \rho_s r\omega^2 - \frac{\pi}{6} d^3 \rho r\omega^2 - \xi \frac{\pi d^2}{4} \times \frac{\rho u_r^2}{2} = 0$$

此时,颗粒在径向上相对于流体的速度,就是它在这个位置上的离心沉降速度

$$u_r = \sqrt{\frac{4d(\rho_s - \rho)}{3\xi\rho}r\omega^2} \qquad\qquad (3\text{-}34)$$

比较式(3-17)与式(3-34)可知,颗粒的离心沉降速度 u_r 与重力沉降速度 u_t 具有相似的关系式,只是式(3-17)中的重力加速度换为离心加速度而已。离心沉降速度 u_r 是颗粒运动的绝对速度 u 在径向上的分量,方向向外。但在一定的条件下,重力沉降速度 u_t 是一定的,而离心沉降速度 u_r 随着颗粒在半径方向上的位置不同而变化。

3.2.2.2　离心沉降设备

1. 旋风分离器

旋风分离器是利用离心沉降的作用从气体中分离出尘粒的设备,具有结构简单、制造方便、分离效率高等优点。

1)旋风分离器的结构

如图 3-7 所示,含尘气体由圆筒上方的长方形切线进口进入,然后在圆筒内做自上而下的圆周运动。颗粒在离心力作用下被抛向器壁,沿器壁落下,最后到达圆锥底部附近,转变为上升气流,并由上部出口管排出。在气体旋转流动过程中,颗粒由于离心作用向外沉降到内壁后,沿内壁落入灰斗。净化后的气体在中心轴附近由下而上做螺旋运动,最后由顶部排气管排出。外螺旋形气流称为外旋流,内螺旋形气流称为气芯。

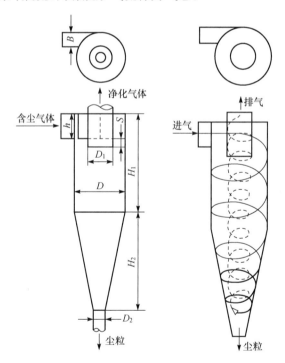

图 3-7　旋风分离器内的气流和结构

旋风分离器构造简单,分离效率较高,操作不受温度、压力的限制,分离因数为 $5 \sim 2500$,一般可分离气体中直径为 $5 \sim 75\mu m$ 的粒子。

2)旋风分离器的临界粒径和分离效率

旋风分离器性能的主要指标可用临界粒径和分离效率来表示。

（1）临界粒径即旋风分离器能够分离出最小颗粒的直径。

临界粒径的大小是判断旋风分离器分离效率高低的重要依据。推导临界粒径要用到以下几个假设：①颗粒与气体在旋风分离器内的切线速度 u_T 恒定，与所在位置无关，且等于进口处的速度 u_i；②颗粒沉降过程中所穿过的气流最大厚度等于进口宽度 B；③颗粒与气流的相对运动为层流。

颗粒在旋风分离器中能被完全分离，其沉降时间必须不大于停留时间

$$\tau \geqslant \tau_t \tag{3-35}$$

因固体颗粒的密度远大于气体密度，即 $\rho \ll \rho_s$，因此式(3-34)中的 $\rho_s - \rho \approx \rho_s$；平均旋转半径为 r_m，则气流中颗粒的离心沉降速度为

$$u_r = \frac{d^2 \rho_s u_i^2}{18 \mu r_m} \tag{3-36}$$

颗粒到达器壁所需的沉降时间为

$$\tau_t = \frac{B}{u_r} = \frac{18 \mu r_m B}{d^2 \rho_s u_i^2} \tag{3-37}$$

令气流在分离器内的螺旋线圈数为 N，则气流在分离器内的停留时间为

$$\tau = \frac{2\pi r_m N}{u_i} \tag{3-38}$$

将式(3-38)代入式(3-35)得出能被完全分离下来的最小颗粒，其直径即为临界粒径，用 d_c 表示，则

$$d_c = 3\sqrt{\frac{\mu B}{\pi N (\rho_s - \rho) u_i}} \tag{3-39}$$

（2）分离效率又称除尘效率，分离效率有总效率和粒级效率两种表示方法。

总效率 η_0 是指被除去的颗粒占气体进入旋风分离器时的总颗粒的质量分数，即

$$\eta_0 = \frac{c_{进} - c_{出}}{c_{进}} \times 100\% \tag{3-40}$$

式中，$c_{进}$、$c_{出}$ 分别为进口气体中的颗粒浓度和出口气体中的颗粒浓度，kg/m^3。

总效率是工程中最常用的，也是最易于测定的分离效率。但这种表示方法的缺点是不能表明旋风分离器对各种尺寸粒子的不同分离效率。

粒级效率 η_i 是指含尘气体中某一粒径的颗粒经分离器后被分离出的质量分数，即

$$\eta_i = \frac{c_{i,进} - c_{i,出}}{c_{i,进}} \times 100\% \tag{3-41}$$

式中、$c_{i,进}$、$c_{i,出}$ 分别为进口气体中某一粒径的颗粒浓度和出口气体中某一粒径的颗粒浓度，kg/m^3。

粒级效率 η_i 与颗粒直径 d_i 的对应关系可用曲线表示，称为粒级效率曲线。这种曲线可通过实测旋风分离器进、出气流中所含尘粒的浓度及粒度分布获得。通常，把旋风分离器的粒级效率 η_i 标绘成粒径比 d/d_{50} 的函数曲线，如图 3-8 所示。

d_{50} 是粒级效率恰为 50% 的颗粒直径，称为分割粒径。旋风分离器的圆筒直径为 D，对于标准旋风分离器，其 d_{50} 可用下式估算。

$$d_{50} \approx 0.27 \sqrt{\frac{\mu D}{u_i (\rho_s - \rho)}} \tag{3-42}$$

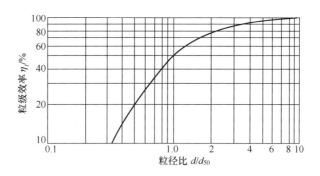

图 3-8　标准旋风分离器的 $\eta_i\text{-}d/d_{50}$ 曲线

（3）压力降是气体经旋风分离器时，由于摩擦和涡流产生的压力降，它可表示为进口气体动能的函数，即

$$\Delta p = \xi \frac{\rho u_i^2}{2} \tag{3-43}$$

旋风分离器的阻力系数 ξ 可视为常数，压力降一般为 1～2kPa。

2. 旋液分离器

旋液分离器是利用离心沉降原理从悬浮液中分离固体颗粒的设备。

它的结构与操作原理和旋风分离器类似，也由圆筒和圆锥两部分组成，如图 3-9 所示。悬浮液经入口管沿切向进入圆筒部分，向下做螺旋运动，固体颗粒受惯性离心力作用被抛向器壁，随内壁流至圆锥底部，并由底部出口排出，由底部排出的增浓液称为底流；清液或含有微细颗粒的液体则为上升的内旋流，从顶部的中心管排出，称为溢流。

旋液分离器的圆筒直径一般为 30～150mm。悬浮液进口速度一般为 2～10m/s。压力损失为 50～200kPa，分离的颗粒直径为 5～200μm。

3. 沉降离心机

沉降式离心机是利用离心沉降的原理分离悬浮液式乳浊液的机械设备。

1）管式离心机

管式离心机是一种能产生高强度离心力场的分离机，其结构特点是转鼓为细高的管式构形，如图 3-10 所示。常见的转鼓直径为 0.1～0.15m，长度约 1.5m，转速约为 15 000r/min，分离因数 K_c 为 15 000～65 000，这种离心机可用于分离乳浊液及含细颗粒的稀悬浮液。

当用于分离乳浊液时，乳浊液由底部入口进入，在管内自下而上运行的过程中，因离心力作用，依密度不同而分成内外两个同心层。外层为重液层，内层为轻液层。到达顶部后，分别自轻液溢流口与重液溢流口送出管外。当用于分离悬浊液时，则可只有一个液体出口，而微粒附着于鼓壁上，一定时间后取出。

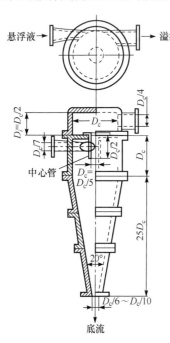

图 3-9　旋液分离器

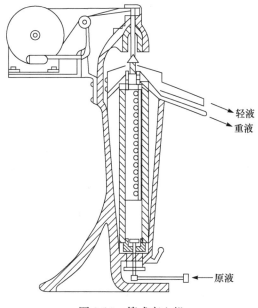

图 3-10 管式离心机

2) 碟式离心机

碟式离心机如图 3-11 所示的,转鼓内装有许多倒锥形的碟片,碟片数一般为 30～150 片,两个碟片的间隙为 0.15～1.5mm,其分离因数约为 700。

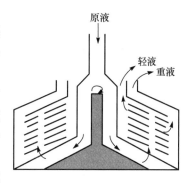

图 3-11 碟式离心机

分离乳浊液时,乳浊液通过碟片上的小孔流到碟片的间隙。在离心力作用下,较重的液体沿着碟片的斜面向下沉降,并向转鼓内壁移动,由重液出口排出。而较轻液体则沿着碟片的斜面向上移动,并由轻液出口排出。

分离澄清悬浮液时,所用的碟式离心沉降机的碟片上不需要开孔,沉积在转鼓内壁上的沉渣间歇排出。

3.3 过滤及设备

在化工生产中,过滤是分离固、液悬浮物常用单元操作之一,过滤的目的是获得清澈的液态和固体产品,常作为沉降、结晶、固液反应等操作的后续操作。与蒸发、干燥等非机械操作相比,其分离速度较快,能量消耗较低。

过滤是在外力作用下,使悬浮液中的液体通过多孔介质的孔道,而固体颗粒被截留在介质上,从而实现固、液分离的操作。本节介绍悬浮液的过滤理论与设备。

3.3.1 过滤操作的基本概念

过滤所用的多孔介质称为过滤介质,所处理的悬浮液称为滤浆或料浆,滤浆中被过滤介质截留的固体颗粒称为滤渣或滤饼,滤浆中通过滤饼及过滤介质的液体称为滤液,如图 3-12 所示。

　　驱使液体通过过滤介质的推动力可以是重力、压力(或压差)和离心力。其中应用最多的是以压力差为推动力的过滤。

　　1. 过滤方式

　　工业上的过滤操作主要分为饼层过滤和深层过滤。

　　1) 饼层过滤

　　悬浮液过滤时,悬浮液置于过滤介质的一侧,颗粒沉积于介质表面而形成滤饼层。当颗粒尺寸比过滤介质孔径小时,过滤开始会有部分颗粒进入过滤介质孔道里,迅速发生架桥现象,如图 3-12(b)所示,但也会有少量颗粒穿过过滤介质而与滤液一起流走,滤液呈浑浊状态,随着滤渣的逐渐堆积,滤饼开始形成,滤液变清,过滤真正开始进行,如图 3-12(a)。在饼层过滤中,真正起截留颗粒作用的主要是滤饼层而不是过滤介质。所以,滤饼层是有效过滤层,饼层形成前得到的浑浊初滤液,待滤饼形成后应返回滤浆槽重新过滤。

　　2) 深层过滤

　　当悬浮液中所含颗粒很小,而且含量很少时可用较厚的粒状床层做成的过滤介质进行过滤。当颗粒随流体在床层内的曲折孔道中流过时,在分子力和静电的作用下附着在孔道壁上。这种过滤适用于处理固体颗粒含量极少、颗粒很小或是黏软的絮状悬浮液,如自来水厂的饮水净化、合成纤维纺丝液中除去固体物质、中药生产中药液的澄清过滤等,如图 3-13 所示。

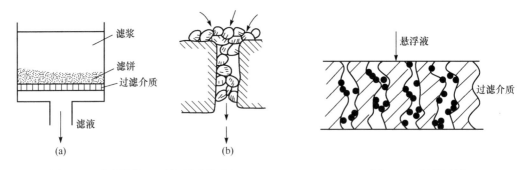

　　图 3-12　过滤操作(a)及架桥现象(b)　　　　　　　图 3-13　深层过滤

　　2. 过滤介质

　　过滤过程所用的多孔性介质称为过滤介质。过滤介质起着支撑滤饼的作用,应具有足够的机械强度、尽可能小的流动阻力、较高的耐腐蚀性和一定的耐热性。工业上常用的过滤介质有以下 4 种。

　　(1) 织物介质:这种过滤介质使用得最多。有由棉、麻、丝、毛及各种合成纤维织成的滤布,还有铜、不锈钢等金属丝编织的滤网。

　　(2) 堆积介质:由各种固体颗粒(砂、木炭、硅藻土)或非编织纤维等堆积而成,多用于深层过滤。

　　(3) 多孔性介质:由陶瓷、塑料、金属等粉末烧结成型而制得的多孔性板状或管状介质。

　　(4) 微孔滤膜:由高分子材料制成的薄膜状多孔介质。适用于精滤,可截留粒径 $0.01\mu m$ 以上的微粒,尤其适用于滤除 $0.02\sim10\mu m$ 的混悬微粒。

　　3. 滤饼的压缩性

　　如果构成滤饼的颗粒具有一定的刚性,颗粒形状和颗粒间空隙不因滤饼两侧压力差增大而发生明显变化,此类滤饼称为不可压缩滤饼;如果滤饼中的固体颗粒受压会发生变形,当滤饼两侧压力差增大时,颗粒的形状和颗粒间的空隙有明显改变,这类滤饼称为可压缩滤饼。滤饼的压缩性对过滤效率及滤材的可使用时间影响很大,是设计过滤工艺和选择过滤介质的依据。

4. 助滤剂

若悬浮液中颗粒过于细小将会使通道堵塞,或颗粒受压后变形较大,滤饼的孔隙率将大为减小,造成过滤困难,往往需要加助滤剂以增加过滤速率。

助滤剂是一种坚硬而形状不规则的小颗粒,能形成结构疏松而且几乎是不可压缩的滤饼。常用作助滤剂的物质有硅藻土、珍珠岩、炭粉、石棉粉等。

助滤剂的加法有两种:

(1) 直接以一定比例加到滤浆中一起过滤。若过滤的目的是回收固体物,则此法不适用。

(2) 将助滤剂预先涂在滤布上,然后再进行过滤。此法称为预涂。

3.3.2　过滤速率基本方程式

1. 过滤速率和过滤速度

设过滤面积为 A,过滤时间为 $d\tau$,滤液体积为 dV,单位时间获得的滤液体积称为过滤速率,$dV/d\tau$,单位为 m^3/s。单位过滤面积上的过滤速率称为过滤速度,$dV/Ad\tau$,单位为 m/s。注意不要将二者相混淆。

2. 过滤速率基本方程

1) 过滤速率

若过滤过程中其他因素维持不变,则由于滤饼厚度不断增加过滤速度会逐渐变小。

如果在一定的压力差(p_1-p_2)条件下操作,过滤速率必逐渐减小。如果想保持一定的过滤速率,可以随着过滤操作的进行,逐渐增大压力差,来克服逐渐增大的过滤阻力,如图 3-14 所示。因此,可以写成

$$过滤速率 = \frac{过滤推动力}{过滤阻力}$$

$$= \frac{滤饼 \Delta p_c + 介质 \Delta p_m}{滤饼阻力 + 介质阻力}$$

过滤阻力与滤液性质及滤饼层性质有关。在滤饼层内有很多细微孔道,滤液通过孔道的流速很小,其流动类型属于层流。因此,可按在圆管内层流流动时的哈根-泊肃叶方程式描述滤液通过滤饼的流动。

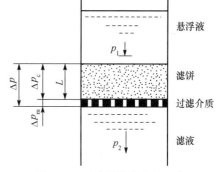

图 3-14　过滤的推动力与阻力

$$u = \frac{d^2 \Delta p_c}{32\mu l} = \frac{\Delta p_c}{32\mu l/d^2} \qquad (3-44)$$

式中,Δp_c 为滤液通过滤饼层的压力降,Pa;μ 为滤液的黏度,Pa·s;d 为滤饼层的毛细孔道的平均直径,m;l 为滤饼层中毛细孔道的平均长度,m,与滤饼层厚度 L 成正比。滤饼层厚度 L 与单位过滤面积的干滤饼体积 V_c 成正比,即 $L = \alpha V_c/A$,所以有 $l \propto \alpha V_c/A$。式(3-44)中的 u 为滤液在滤饼层毛细孔道内的流速,这个 u 没有实际意义,因为毛线孔道的数量未知,但它与前面所定义的过滤速度 $dV/Ad\tau$ 成正比,即 $u = \beta dV/Ad\tau$。由上述分析可知,式(3-44)可写成

$$\frac{dV}{Ad\tau} = \frac{\Delta p_c}{32(\alpha\beta/d^2)\mu V_c/A} \qquad (3-45)$$

令 $r = 32\alpha\beta/d^2$,则

$$\frac{dV}{Ad\tau} = \frac{\Delta p_c}{r\mu V_c/A} \qquad (3-46)$$

2）滤饼的阻力

滤液通过滤饼的推动力为 Δp_c，则滤饼的阻力为

$$R_c = r\mu V_c/A \tag{3-47}$$

或

$$R_c = r\mu\nu V_c/A \tag{3-48}$$

式中，ν 为单位体积滤液所对应的滤饼体积，m^3 滤饼$/m^3$ 滤液。此式表明在单位过滤面积上所形成的滤饼为 V_c/A 时的滤饼阻力。比例系数 r 为单位过滤面积上的滤饼为 $1m^3$ 时的阻力，称为滤饼的比阻，$1/m^2$。它在数值上等于黏度为 $1Pa \cdot s$ 的滤液以 $1m/s$ 的平均流速通过厚度为 $1m$ 的滤饼层时所产生的压力降。

3）过滤介质的阻力

过滤介质的阻力与材质、厚度等因素有关。一般把过滤介质的阻力视为常数，考虑过滤介质阻力时，可以把过滤介质阻力看作获得当量滤液量 V_e 时所形成的滤饼层的阻力，过滤介质的阻力 R_m 可表示为

$$R_m = r\mu\nu V_e/A \tag{3-49}$$

式中，V_e 为过滤介质的当量滤液体积，m^3。

滤液通过过滤介质的压力降表示为 Δp_m。由上述分析可知，滤液通过滤饼层及过滤介质的总压力降，即过滤推动力 Δp，可表示为

$$\Delta p = \Delta p_c + \Delta p_m \tag{3-50}$$

4）过滤总阻力

由于过滤介质的阻力与滤饼层的阻力无法分开，很难划定介质与滤饼之间的界面，所以过滤计算中把过滤介质与滤饼一起考虑。

过滤总阻力 R 为滤饼阻力与过滤介质阻力之和，可表示为

$$R = R_c + R_m = \frac{r\mu\nu(V+V_e)}{A} \tag{3-51}$$

因此，可得过滤速率方程

$$\frac{dV}{d\tau} = \frac{A^2 \Delta p_c}{r\mu\nu(V+V_e)} \tag{3-52}$$

式(3-52)称为过滤速率方程式。它表示过滤操作中某一瞬时的过滤速率与物系性质、压力差、该时间以前的滤液量及过滤介质的当量滤液量之间的关系。要想用式(3-52)求出过滤时间与滤液量之间的关系式，还需要依据具体操作情况进行运算。

过滤的操作方式主要有两种：一是在恒速率、变压差条件下进行的过滤操作，称为恒速过滤；另一种是在恒压差、变速条件下进行的过滤操作，称为恒压过滤。一般来说，恒压过滤较普遍，下面就恒压过滤的计算进行讨论。

3.3.3 恒压过滤

在恒定压力差下进行的过滤操作称为恒压过滤。恒压过滤时，滤饼不断变厚使得阻力逐渐增加，但推动力恒定，因而过滤速率逐渐变小。

1. 恒压过滤方程

恒压过滤时，压力差 Δp 不变，r、A、μ、ν 也都是常数。式(3-52)的积分为

$$\int_0^V (V+V_e)dV = \frac{A^2 \Delta p_c}{r\mu\nu}\int_0^\tau d\tau$$

得
$$\frac{V^2}{2}+VV_e=\frac{A^2\Delta p_c}{r\mu\nu}\tau$$

设
$$K=2\Delta p/(r\mu\nu)$$

则有
$$V^2+2VV_e=KA^2\tau \tag{3-53}$$

设 $q=V/A$,$q_e=V_e/A$,代入式(3-53)得

$$q^2+2qq_e=K\tau \tag{3-54}$$

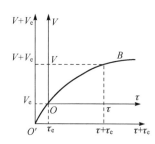

式(3-53)和式(3-54)称为恒压过滤方程,恒压过滤时滤液体积与过滤时间的关系曲线如图 3-15 所示。图中曲线 OB 段表示实际的滤液体积 V 与实际的过滤时间 τ 之间的关系,而曲线 OO' 段表示与过滤介质阻力相对应的虚拟过滤时间 τ_e 与虚拟滤液体积 V_e 之间的关系。

恒压过滤方程式中的 K 称为过滤常数,其单位为 m^2/s;q_e 是反映过滤介质阻力大小的常数,称为介质常数,单位为 m^3/m^2,二者统称为过滤常数,其数值由实验测定。

图 3-15 恒压过滤时的 V 与 τ 的关系

2. 过滤常数的测定

由于各种悬浮液的性质、浓度不同,其过滤常数也不同。须通过恒压过滤实验测定。

实验在恒压条件下进行,此时将式(3-54)改写为

$$\frac{\mathrm{d}\tau}{\mathrm{d}q}=\frac{2}{K}q+\frac{2}{K}q_e \tag{3-55}$$

上式表明,在恒压条件下,τ/q 与 q 之间有线性关系,斜率为 $2/K$,截距为 $2q_e/K$。

注意:因为 $K=2\Delta p/(r\mu\nu)$,过滤系数与悬浮液性质、温度及压差有关,因此只有在相同的实验条件与生产条件下,才能使用实验测定的 K 与 q_e 值。

3.3.4 过滤设备

根据不同生产工艺要求,过滤机有多种类型。按操作方式可分为间歇过滤机和连续过滤机;按过滤推动力产生的方式可分为压滤机、真空过滤机和离心过滤机。

1. 板框压滤机

板框压滤机是一种历史较久,但仍沿用不衰的间歇式压滤机。由若干块滤板和滤框间隔排列,靠滤板和滤框两侧的支耳架在机架的横梁上,由一端的压紧装置压紧组装而成,如图 3-16 所示。滤板和滤框是板框压滤机的主要工作部件,滤板和滤框的个数在机座长度范围内可自行调节。

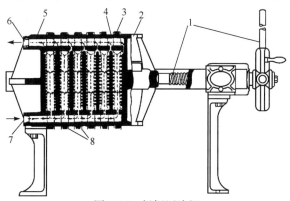

图 3-16 板框压滤机

1. 压紧装置;2. 可动头;3. 滤框;4. 滤板;5. 固定头;

6. 滤液出口;7. 滤浆进口;8. 滤布

滤板和滤框一般制成正方形,其构造如图 3-17 所示。板和框的角端均开有圆孔,装合、压紧后即构成供滤浆、滤液和洗涤液流动的通道。滤框两侧覆以滤布,空框和滤布围成了容纳滤浆及滤饼的空间。板又分为洗涤板和过滤板两种,为便于区别,常在板、框外侧铸有小钮或其他标志,通常,过滤板为一钮,框为二钮,洗涤板为三钮。

板框压滤机为间歇操作,每个操作周期由装配、压紧、过滤、洗涤、拆开、卸料、处理等操作组成,板框装合完毕,开始过滤。过滤时,滤浆送进右上角的滤浆通道,由通道流进每个滤框里。滤液穿过滤布沿滤板的凹槽流至每个滤板下角的阀门排出。固体颗粒积存在滤框内形成滤饼,直到框内充满滤饼为止,即停止过滤。

若滤饼需要洗涤,可将洗水压入洗水通道,经洗涤板左上角的洗水进口进入板面与滤布之间。此时,应关闭洗涤板下部的滤液出口,洗水便在压力差推动下横穿滤布和滤饼,然后再横穿另一层滤布,最后由过滤板下部的滤液出口排出,其作用在于提高洗涤效果。

洗涤结束后,旋开压紧装置并将板框拉开,卸出滤饼,清洗滤布,重新组合,进入下一个操作循环,如图 3-18 所示。

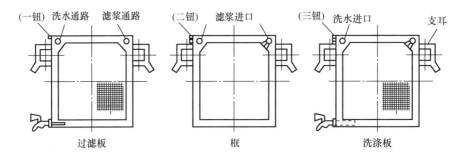

图 3-17　滤板与滤框

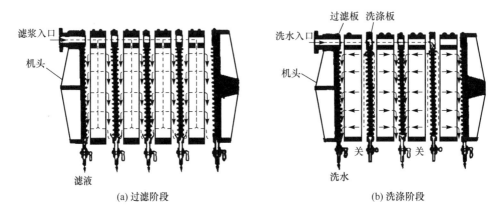

(a) 过滤阶段　　　　　　　　　(b) 洗涤阶段

图 3-18　压滤机的过滤与洗涤

板框压滤机的优点是构造简单、制造方便、价格低;过滤面积大,可根据需要增减滤板以调节过滤能力;推动力大,对物料的适应能力强,对颗粒细小而液体较大的滤浆也能适用。缺点是间歇操作、生产效率低、劳动强度大。

2. 转筒真空过滤机

转筒真空过滤机为连续式真空过滤设备,如图 3-19 所示。

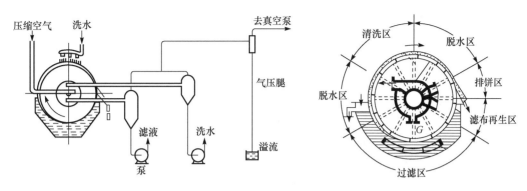

图 3-19　转筒真空过滤机和转筒

主机由滤浆槽、转筒、分配头、刮刀等部件构成。转筒表面有一层金属网,网上覆盖着滤布。转筒在旋转过程中,过滤面可依次浸入滤浆中,转速为 0.2~4r/min。转筒内沿径向分隔成若干独立的扇形格,每格都有单独的孔道通至分配头上。转筒转动时,借分配头的作用使这些孔道依次与真空管及压缩空气管相通,因而,转筒每旋转一周,每个扇形格可依次完成过滤、洗涤、吸干、吹松、卸饼等操作。

分配头是转筒真空过滤机的关键部件,它由紧密贴合着的转动盘与固定盘构成,转动盘装配在转鼓上一起旋转。固定盘不动,固定盘内侧面各凹槽分别与各种不同作用的管道相通。

转筒真空过滤机能自动连续操作、生产能力大,适于处理量大而容易过滤的料浆;缺点是附属设备较多、投资费用高、滤饼含液量高、料浆温度不能过高。

3. 离心过滤机

离心过滤机是在离心力作用下,液体产生径向压差,通过滤饼、滤网及滤框而流出。根据卸渣方式的不同,有间歇操作与连续操作之分。

1) 卧式刮刀卸料离心机

卧式刮刀卸料离心机是连续操作的过滤式离心机,其结构如图 3-20 所示。

悬浮液从加料管进入连续运转的卧式转鼓,机内设有耙齿以使沉积的滤渣均布于转鼓壁。待滤饼达到一定厚度时,停止加料,进行洗涤、沥干。然后,用液压传动的刮刀逐渐向上移动,将滤饼刮入卸料斗卸出机外,继而清洗转鼓。整个操作周期均在连续运转中完成。

刮刀卸料式离心机可以连续运转,生产能力较大,适宜于过滤连续生产过程中颗粒直径>0.1mm 的颗粒。

2) 三足式离心机

三足式离心机是间歇操作、人工卸料的立式离心机,其结构示意图如图 3-21 所示。

离心机的主要部件是转鼓,壁面上有若干个小孔。整个机座借助于拉杆弹簧悬挂于三根支柱之上,因此称为三足式离心机。料液加入转鼓后,滤液流经转鼓从机座下部排出,滤渣则沉积于转鼓内壁,当料液过滤完毕时,可停止加料并继续运转一段时间以沥干滤液。

三足式离心机的转鼓直径较大、转速不高,具有构造简单、运转平稳、适应性强等优点,尤其适用于各种盐类结晶的过滤和脱水。缺点是卸料时的劳动条件较差、生产能力低。

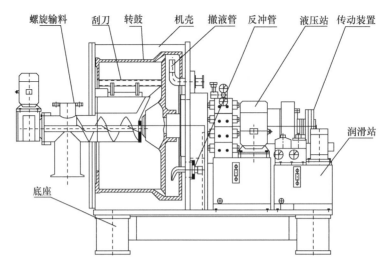

图 3-20　卧式刮刀卸料离心机

3) 活塞往复式卸料离心机

活塞往复式卸料离心机是一种连续操作的过滤式离心机。此离心机的加料、过滤、洗涤、沥干、卸料等操作同时在转鼓内的不同部位进行,其结构示意图如图 3-22 所示。料液加入旋转的锥形料斗后被洒在近转鼓底部的一小段范围内,形成一定厚度的滤渣层。转鼓底部装有与转鼓一起旋转的推料活塞,其直径稍小于转鼓内壁。

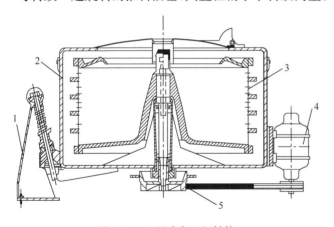

图 3-21　三足式离心机结构

1. 支脚;2. 外壳,3. 转鼓;4. 马达;5. 皮带轮

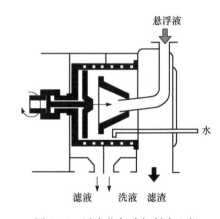

图 3-22　活塞往复式卸料离心机

活塞与料斗一起做往复运动,将滤渣间断地沿着滤框内表面向排渣口排出。该处的滤渣经洗涤、沥干后由排渣口排出。活塞的行程约为滤框全长的 1/10,往复次数约为每分钟 30 次,主要适用于处理含固体量<10%、粒径 d>0.15mm 并能很快脱水和失去流动性的悬浮液。这种离心机的分离因数为 300~700,每小时可处理 0.3~25t 的固体,其生产能力大,适用于分离固体颗粒浓度较浓、粒径较大的悬浮液,在生产中得到广泛应用。

本章符号说明

符号	意义	计量单位
英文		
a	颗粒比表面积	m^2/m^3
a_B	床层比表面积	m^2/m^3
A	面积	m^2
b	宽度	m
d	颗粒管径	m
d_e	当量直径	m
d_c	临界颗粒直径	m
g	重力加速度	m/s^2
h_f	能量损失	J/kg
H	高度	m
K	过滤常数	m^2/s
K_c	离心分离因数	
l	长度	m
L	滤饼厚度或床层高度	m
L_e	滤饼当量厚度或床层当量高度	m
N	旋转圈数	
Δp	压力降,过滤推动力	Pa
Δp_c	滤液通过滤饼层的压力降	Pa
Δp_m	滤液通过滤介质的压力降	Pa
q	单位过滤面积获得的滤液体积	m^3/m^2
q_e	过滤常数	m^3/m^2
r	半径	m
r	滤饼比阻	$1/m^2$
R_c	滤饼阻力	$1/m$
R_m	过滤介质阻力	$1/m$
Re	雷诺数	
S	颗粒表面积	m^2
u	流速,过滤速度	m/s
u_i	旋风分离器的进口气速	m/s
u_r	离心沉降速度	m/s
u_t	沉降速度	m/s
u_T	切线速度	m/s
u_{tc}	临界颗粒的沉降速度	m/s
V	颗粒体积,滤液体积	m^3
V_c	滤饼体积	m^3
V_e	过滤介质的当量滤液体积	m^3

符号	意义	计量单位
希文		
ε	床层空隙率	
λ	摩擦系数	
μ	黏度	Pa·s
ξ	阻力系数	
η	效率	
ρ	流体密度	kg/m³
ρ_s	颗粒密度	kg/m³
τ	时间	s
ν	滤饼体积与滤液体积之比	m³ 滤饼/m³ 滤液
φ	球形系数	
ω	角速度	rad/s

习　题

3-1　密度为 $1030kg/m^3$、直径为 $400\mu m$ 的球形颗粒在 150℃的热空气中降落,求其沉降速度。

3-2　直径为 90mm,密度为 $3000kg/m^3$ 的固体颗粒分别在 25℃的空气和水中自由沉降,试计算其沉降速度。

3-3　密度为 $2650kg/m^3$ 的球形石英颗粒在 20℃空气中自由沉降,计算服从斯托克斯公式的最大颗粒直径及服从牛顿公式的最小颗粒直径。

3-4　降尘室的长度为 10m,宽为 5m,其中用隔板分为 20 层,间距为 100mm,气体中悬浮的最小颗粒直径为 $10\mu m$,气体密度为 $1.1kg/m^3$,黏度为 $21.8\times10^{-6}Pa·s$,颗粒密度为 $4000kg/m^3$。试求:(1)最小颗粒的沉降速度;(2)若需要最小颗粒沉降,气体的最大流速不能超过多少? (3)此降尘室每小时能处理多少气体?

3-5　在底面积为 $40m^2$ 的除尘室内回收气体中的球形固体颗粒。气体的处理量为 $3600m^3/h$,固体的密度 $\rho_s=3600kg/m^3$,操作条件下气体的密度 $\rho=1.06kg/m^3$,黏度为 $3.4\times10^{-5}Pa·s$。试求理论上完全除去的最小颗粒直径。

3-6　某降尘室长 3m,在常压下处理 $2500m^3/h$ 含尘气体,设颗粒为球形,密度为 $2400kg/m^3$,气体密度为 $1kg/m^3$,黏度为 $2\times10^{-5}Pa·s$,现要求该降尘室能够除去的最小颗粒直径为 $4\times10^{-5}m$,计算降尘室的宽度。

3-7　浮液中固体颗粒浓度(质量分数)为 0.025kg 固体每千克悬浮液,滤液密度为 $1120kg/m^3$,湿滤渣与其中固体的质量比为 2.5kg 湿滤渣每千克干渣,试求与 $1m^3$ 滤液相对应的湿滤渣体积 v,单位为 m³(湿滤渣)m³(滤液)。固体颗粒密度为 $2900kg/m^3$。

3-8　已知过滤常数 $k=4.97\times10^{-5}$,$q_e=1.64\times10^{-2}$,用板框压滤机过滤某悬浮液,共有 20 个滤框,每个滤框的两侧有效过滤面积为 $0.85m^2$,试求 1h 过滤所得滤液量。

思　考　题

1. 气态悬浮物的分离方法主要有哪些?

2. 分别说明阻力系数在层流区、过渡区和湍流区的计算表达式。

3. 什么是沉降速度? 球形颗粒从静止开始沉降经历哪些阶段?

4. 阐述球形颗粒在层流区、过渡区和湍流区沉降速度的计算表达式。

5. 影响沉降速度的因素有哪些?

6. 重力沉降室分离含尘气体中的尘粒的分离条件是什么?

7. 什么是临界粒径? 什么是临界沉降速度?

8. 什么是离心分离因数? 如何提高离心分离因数?

9. 重力沉降和离心沉降有何不同?

10. 过滤速率和过滤速度有何不同?

11. 什么是过滤速率方程?

12. 离心分离设备和过滤设备分别有哪些?

第4章 传　热

4.1　概　述

传热是自然界中普遍存在的物理现象。只要物系之间存在温度差,热量就会从高温处向低温处传递。这种由于温度差引起的能量传递称为热量传递(或传热)。

化学工业与传热的关系紧密,化工生产中的很多过程和单元操作均涉及传热的问题,主要有三类:①物料的加热与冷却。化学反应过程通常要在一定的温度下进行,因此,原料进入反应器前,常需加热或冷却到适当温度;反应进行过程中,反应物常需要吸收或放出热量,因此需要不断地输入或输出热量。另外,在部分单元操作中,需要对物料进行必要的加热或冷却,如蒸发、蒸馏以及干燥与结晶等。②热量的回收利用。热量的合理利用和废热的回收是降低生产成本的重要措施。例如,利用锅炉排出的烟道气废热来预热燃料燃烧所需的空气。③设备与管路的保温。高温或低温下操作的化工设备或管路,常在设备或管路的外表面包上绝热材料的保温层,以减少与外界的热量传递,达到保温的目的。

传热过程在化工生产中有广泛应用,是重要的化工单元操作之一。传热过程的强化和削弱是生产过程对热量传递的两个基本要求。

本章讨论的重点是传热的基本原理及其在化工中的应用。

4.1.1　传热的基本方式

按照传热机理的不同,热传递共有三种基本方式:热传导、热对流和热辐射。一个化工操作过程往往同时包含上述两种或两种以上的传热方式。在无外功输入时,净的热流方向总是由高温处向低温处流动。

1. 热传导

热传导又称导热。物体各部分之间不发生相对位移,但物体内部或者与之接触的另一物体之间存在温度差,热量就从高温部分传递到低温部分,或从高温物体传向与其接触的低温物体。这种仅借分子、原子和自由电子等微观粒子的热运动而引起的热量传递称为热传导。热传导在固体、液体和气体中均可进行,但导热机理有所差异。在固体中,良好的导电固体依靠自由电子的迁移实现热能的传递;而非导电固体一般通过晶格结构的振动来实现。在气体中,通过分子的不规则运动将热量从高温处传到低温处。液体的导热机理较复杂,一种观点认为其与非导电固体导热类似,主要依靠晶格结构的振动;另一种观点认为其与气体导热类似,因为液体分子间距较气体小,所以分子间作用力影响更大。目前,前一种理论解释得到更多专业学者的认可。

2. 热对流

流体流动时,各部分的流体质点发生相对位移而引起的热量传递称为对流传热。根据对流成因的不同,可分为强制对流和自然对流。强制对流是指通过外力作用使流体质点发生位移引起的对流;自然对流是指因流体中温度差异的存在,使得流体冷、热不同部分的密度不同,从而导致对流发生。相应地,强制对流传热与自然对流传热也有各自的规律。虽然对流传热只是传热基本方式中的一种,但在化工生产中常伴随热传导的发生。例如,流体流过固体表面时,热能由流体传到壁面,流体主体以对流传热为主,靠近壁面的流层中以导热为主。

3. 热辐射

物体因具有温度而产生的电磁波向空间传播,称为热辐射。热辐射的电磁波波长主要为 $0.38 \sim 100 \mu m$。一切温度高于绝对零度的物体都能产生热辐射,温度越高,辐射出的总能量就越大,但只有在高温下热辐射才是主要的传热方式。由于电磁波的传播无需任何介质,所以热辐射是真空中唯一的传热方式。

与热传导和对流传热不同,热辐射不仅包含能量的转移,还伴有能量形式的转化。物体放热,热能变为辐射能,以电磁波的形式在空间传播;当遇到另一物体时,就会部分或全部被吸收,吸收的辐射能重新变为热能。

4.1.2　换热器

化工生产中需要进行的热量交换常通过换热器来完成。由于生产规模、物料性质、工艺要求等差异,换热器的类型多样,需要根据具体的工艺特点进行选取。

1. 基本概念

1) 传热速率与热通量

传热速率和热通量均是评价换热器性能的重要指标。传热速率 Q 又称热流量,表示传热的快慢程度,是指单位时间内通过传热面积的热量,单位为 W(或 J/s)。

热通量 q 又称热流密度,是指单位时间内通过单位传热面积的热量,即单位传热面积的传热速率,单位为 W/m^2。热通量与传热速率的关系为 $q = Q/A$。

2) 稳态传热与非稳态传热

传热系统中各点温度不随时间而变化的传热过程,称为稳态传热。连续生产过程中的热量传递多属于稳态传热。非稳态传热过程中各点温度随时间而变化。间歇操作或连续操作中的开车、停车阶段所涉及的热量传递多属于非稳态传热。但化工生产中以稳态传热居多,所以稳态传热为本章的讨论重点。

2. 传热过程中冷、热流体热交换的方式

传热过程中冷、热流体热交换可分为三种基本方式,每种方式所用换热设备的结构各不相同。

1) 直接接触式

如果工艺上允许冷、热流体直接接触,多采用直接接触式换热器,如图 4-1 所示。该换热器具有传热效果好、设备结构简单等优势。常用于气体冷却或水蒸气冷凝。直接接触式换热器的机理比较复杂,在传热的同时往往伴有传质过程。

2) 蓄热式

蓄热式换热需在蓄热器中进行。蓄热器由热容量较大的蓄热室构成,室中填有耐火砖等固体填充物,如图 4-2 所示。冷、热流体交替地流过蓄热器,利用固体填充物积蓄和释放热量来实现热量交换。此类蓄热器结构简单、耐高温,缺点是设备体积大、两种流体交替时不可避免地发生混合。

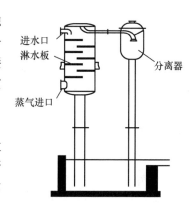

图 4-1　混合式冷凝器

此类设备在化工生产中使用不多。

3）间壁式

间壁式换热器在化工生产中应用最广泛,其传热特征是换热器内具有隔开冷、热流体的固体间壁,具有固定的传热面积,热量的传递通过冷、热流体与间壁的对流传热和间壁内的导热来实现,即间壁式换热通常由对流、导热等方式串联而成,如图 4-3 所示。冷、热流体与壁面之间的热量传递属于对流传热,而壁面两侧的热量传递则为热传导。

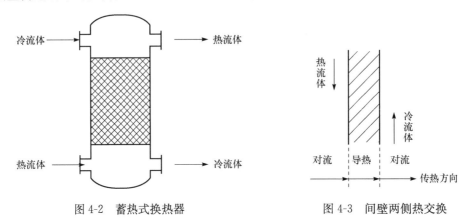

图 4-2 蓄热式换热器　　　　　　　　　图 4-3 间壁两侧热交换

3. 典型的间壁式换热器

1）夹套式换热器

图 4-4 夹套式换热器

夹套式换热器广泛用于反应器或容器内物料的加热与冷却,结构特点是由钢或铸铁制成的夹套安装于容器外壁,将加热介质或冷却介质通入夹套内,通过夹套的间壁与反应器内的物料进行换热,如图 4-4 所示。夹套壁一般低于容器上口而高于容器内的液面。当用蒸气加热时,蒸气从夹套上部接管进入,冷凝水从下部接管排出。冷却时,冷却水从夹套下部接管进入,从上部接管流出。由于结构限制,夹套式换热器的传热面积较小,传热量不大。为改善传热性能,可在夹套中安装挡板,在容器中加设搅拌装置。

2）板式换热器

板式换热器是由一系列具有一定波纹形状的金属片叠装而成的一种新型高效换热器,如图 4-5 所示,适用于温度、压力要求不太高的场合。每片金属板四个角上均开有圆孔,两个与流道相通,另两个不通,它们的位置在相邻板上错开,形成流体的进、出通道。冷、热流体分别在同一板片两侧的通道逆向流过,热量经由该金属板进行传递。除两端的板外,其余板片均为传热面;为了增大板片刚度和传热面积,金属板表面常被压制成各种槽形或波纹形。

板式换热器具有换热效率高、热损失小、结构紧凑轻巧、占地面积小、安装清洗方便、应用广泛、使用寿命长等特点。但处理量不大、操作温度不能太高、允许的操作压力较低,一般低于 1.5MPa,最高不超过 2MPa。

3）螺旋板式换热器

螺旋板式换热器与板式换热器类似,依靠金属板进行热量传递,如图 4-6 所示。两块平行的薄金属板卷成螺旋形状,在其中心处焊接一块分隔挡板,形成两个互相隔开的流体通道。在

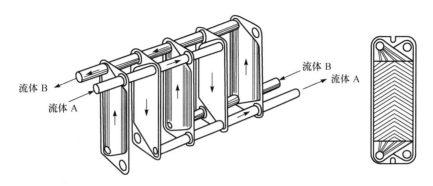

图 4-5　板式换热器

顶部、底部分别焊有盖板或封头以及两流体的出入口接管。传热过程中,冷、热流体在各自通道内逆流流动,通过螺旋板传递热量。

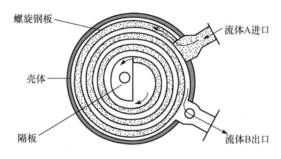

图 4-6　螺旋板式换热器

4) 套管式换热器

套管式换热器是将两种直径不同的直管连接而成的同心圆套管,外面的称为壳程,内部的称为管程。传热时,一种流体在内管中流动,另一种流体则在管套间的环隙中流动,如图 4-7 所示。

此类换热器耐高压、结构简单、传热面积可按需增减。但存在接头多、易泄漏、单位传热面消耗金属量大及单位长度传热面积较小等问题。一般适用于流体压力较高或流量不大的场合。

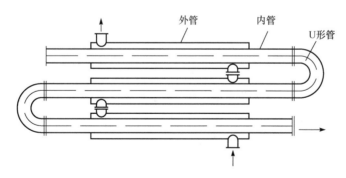

图 4-7　套管式换热器

5) 蛇管式换热器

蛇管式换热器分为浸没式和喷淋式两大类。

浸没式蛇管换热器一般将蛇管安装于容器中并沉浸于液体内。金属管弯制成适应容器要求的形状,两种流体分别在容器中和蛇管中流动,从而进行热量交换,如图 4-8 所示。此换热器结构简单、耐高压、防腐,缺点是管外流体的对流传热系数较小,导致总传热系数也较小。

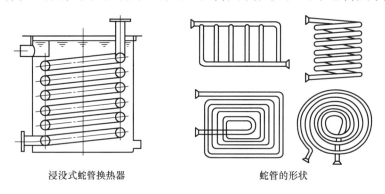

浸没式蛇管换热器　　　　　　蛇管的形状

图 4-8　浸没式蛇管换热器

喷淋式蛇管换热器将蛇管成排地固定在支架上,被冷却的流体在管内流动,冷却水由顶端的淋水管均匀流下,依次流经蛇管表面,最后流入水池中,如图 4-9 所示。喷淋式换热器通常安装于室外,冷却水气化时可带走部分气化热,提高传热速率,较浸没式蛇管换热器易于清洗、检修,但喷淋不易均匀。

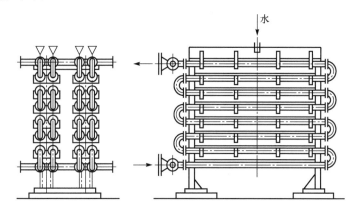

图 4-9　喷淋式蛇管换热器

6)管壳式换热器

管壳式换热器又称列管式换热器,由于单位体积的传热面积较大,传热效果好,设备结构紧凑、坚固,适应能力强,是目前化工生产领域应用最广泛的换热设备,常用在高温、高压和大型装置上。在生产过程中冷、热流体温度不同,管束与壳体由于温度差异导致不同程度的热膨胀。鉴于此引起的热应力会损坏设备,工厂中引入了各种补偿方法。按热补偿方法的不同,管壳式换热器又可分为固定管板式、U 形管式和浮头式。

固定管板式换热器由壳体、管束、管板(也称花板)、封头和挡板等部件组成,且两端管板和壳体连为一体。进行热交换时,一种流体走管程,另一种流体走壳程。若要提高管程流速,可在封头内装上隔板将全部管子分成若干组,形成多管程;若要提高壳程流速,可在壳体内装上与管束垂直的折流挡板(如圆缺形挡板和圆盘形挡板)。此类换热器通过在外壳的相应部位焊接补偿圈进行热补偿,适用于壳体和管束间温差较大(不大于 70℃),而壳体承受压力不太高的场合,如图 4-10 所示。此外,壳程不易拆装、清洗,应选择比较清洁的流体走壳程。

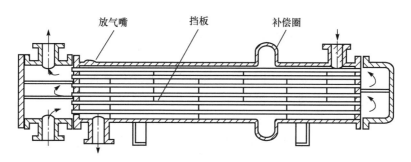

图 4-10　具有补偿圈的固定管板式换热器

　　U 形管式换热器中的每根管子都弯成 U 形,两端固定在同一管板上,如图 4-11 所示。每根管子可自由伸缩,互不影响,也与外壳无关。该换热器结构简单、质量轻、耐高温高压,但管内清洗不方便,应选择比较清洁的流体走管程。

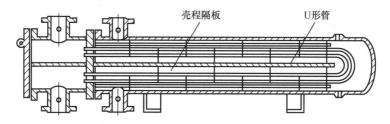

图 4-11　U 形管式换热器

　　浮头式换热器两端的管板有一端不与壳体相连,可在壳体内沿管长方向自由伸缩,如图 4-12 所示。这种结构不但消除了热膨胀隐患,还利于清洗管束,多用于壳体和管束间温差较大、需经常清洗管束空间的场合。缺点是结构复杂、造价较高。

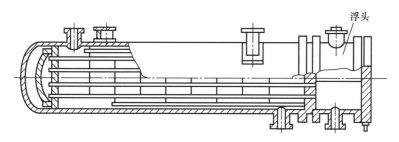

图 4-12　浮头式换热器

4.2　热　传　导

4.2.1　傅里叶定律

1. 温度场和温度梯度

　　热传导的必要条件是物体或系统内各点间存在温度差。由热传导方式引起的传热速率取决于物体内温度的分布情况。某一瞬间物体(或空间)各点的温度分布情况称为温度场,其数学表达式为

$$t = f(x, y, z, \theta) \qquad (4\text{-}1)$$

式中，t 为某点温度，℃ 或 K；x,y,z 为某点坐标；θ 为时间，s。

温度场分为稳态温度场和非稳态温度场。若温度场内各点温度随时间而变化称为非稳态温度场，反之则为稳态温度场。

某一时刻，温度场中所有温度相同的点所组成的面称为等温面。由于温度场中任一点在同一瞬间只有一个温度值，因此不会出现两等温面相交的情况。

等温面上温度处处相等，因此沿等温面无热量传递；沿非等温面任意方向移动，因温度发生变化而有热量传递。在引起温度变化的方向中，沿等温面垂直方向移动的温度变化率最大，称为温度梯度，其数学表达式为

$$\mathrm{grad}t=\lim_{\Delta n\to 0}\frac{\Delta t}{\Delta n}=\frac{\partial t}{\partial n} \tag{4-2a}$$

式中，t 为某点温度；Δt 为两等温面的温度差；Δn 为两等温面间的垂直距离。

温度梯度 $\dfrac{\partial t}{\partial n}$ 为向量，其正方向为垂直于等温面且温度增加的方向，如图 4-13 所示。在一维稳态温度场中，温度梯度可表示为

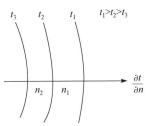

图 4-13 温度梯度示意图

$$\mathrm{grad}t=\frac{\mathrm{d}t}{\mathrm{d}n} \tag{4-2b}$$

2. 傅里叶定律

傅里叶定律为热传导的基本定律，表示传热速率与温度梯度和垂直于热流方向的导热面的乘积成正比，其表达式为

$$\mathrm{d}Q=-\lambda\mathrm{d}A\frac{\partial t}{\partial n} \tag{4-3}$$

式中，Q 为传热速率，单位时间内传导的热，其方向与温度梯度的方向相反，W；λ 为导热系数，W/(m·℃)；A 为导热面积，m^2。

4.2.2 导热系数

由式(4-3)可得导热系数的定义式，即

$$\lambda=\frac{-\mathrm{d}Q}{\mathrm{d}A\dfrac{\partial t}{\partial n}} \tag{4-4}$$

导热系数在数值上等于单位温度梯度下的热通量。它是物质的物理性质之一，表征物质导热能力的强弱，通常由实验测定。导热系数与物质组成、结构、密度、压力和温度等有关，其中物质种类和温度是主要影响因素。一般来说，金属的导热系数最大，非金属固体次之，液体较小，气体最小。表 4-1 列出了各类物质的导热系数范围。

表 4-1 各类物质的导热系数

物质类别	λ 值范围/[W/(m·℃)]	常温下代表物质的 λ 值/[W/(m·℃)]
金属	10～420	铜 390，不锈钢 16
建筑和绝缘材料	0.02～3.0	混凝土 1.3，玻璃 0.8
液体	0.05～0.7	水 0.6，乙醇 0.17
气体	0.008～0.6	(常压下)干空气 0.026，甲烷 0.032

4.2.3　平壁的热传导

1. 单层平壁的稳态热传导

单层平壁的热传导，如图 4-14 所示。假设平壁材质均匀，导热系数 λ 不随温度而改变；平壁内的温度仅沿垂直于壁面的 x 方向发生变化，因此等温面皆为垂直于 x 轴的平面；平壁面积 A 与壁厚 b 相比很大，壁边缘处的热损失可以忽略。若平壁两侧面的温度 t_1 及 t_2 恒定，结合傅里叶定律表达[式(4-3)]和边界条件($x=0$ 时，$t=t_1$；$x=b$ 时，$t=t_2$，且 $t_1>t_2$)，可推导出一维稳态平壁的传热速率方程式

$$Q=\frac{\lambda}{b}A(t_1-t_2) \qquad (4-5)$$

或

$$Q=\frac{t_1-t_2}{\dfrac{b}{\lambda A}}=\frac{\Delta t}{R}=\frac{\text{传热推动力}}{\text{阻力}} \qquad (4-6)$$

和

$$q=\frac{Q}{A}=\frac{t_1-t_2}{\dfrac{b}{\lambda}}=\frac{\Delta t}{R} \qquad (4-7)$$

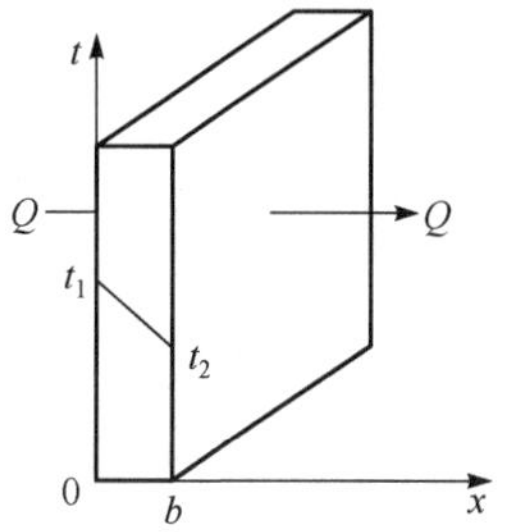

图 4-14　单层平壁稳态热传导

由式(4-6)可知，传热速率 Q 与传热推动力 Δt 成正比，与热阻 R 成反比。

由于物体内不同位置温度不同，导热系数也有所差异，一般的热传导计算取固体两侧温度下 λ 值的算术平均值，或两侧温度算术平均值下的 λ 值。

【例 4-1】　有一黏土砖墙(平壁)，其两侧温度各异，分别为 300℃ 和 80℃。若墙厚 200mm，平均导热系数为 0.52W/(m・℃)，试求其壁面处的热通量。

解　热通量 q 与传热速率 Q 的相互关系为

$$q=\frac{Q}{A}$$

结合传热速率方程式，可得

$$q=\frac{\lambda}{b}(t_1-t_2)=\frac{0.52}{0.2}(300-80)=624(\text{W/m}^2)$$

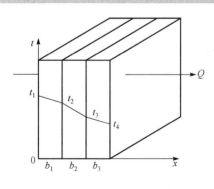

图 4-15　多层平壁稳态热传导

2. 多层平壁的稳态热传导

平壁有时并非由单一材料组成，而是由多层厚度不一、导热系数不同的材料共同组成，下面以三层平壁为例加以分析，如图 4-15 所示。

假设平壁各层的厚度分别为 b_1、b_2、b_3，对应的导热系数分别为 λ_1、λ_2、λ_3，平壁的面积均为 A，层与层之间接触良好，即相接触的两表面温度相同，分别为 t_1、t_2、t_3、t_4，且 $t_1>t_2>t_3>t_4$。该传热过程系稳态导热，传热速率相等，即 $Q=Q_1=Q_2=Q_3$ 或

$$Q=\frac{t_1-t_2}{\dfrac{b_1}{\lambda_1 A}}=\frac{t_2-t_3}{\dfrac{b_2}{\lambda_2 A}}=\frac{t_3-t_4}{\dfrac{b_3}{\lambda_3 A}}$$

由 $\Delta t = t_1 - t_4 = (t_1 - t_2) + (t_2 - t_3) + (t_3 - t_4)$，可得

$$Q = \frac{\Delta t_1 + \Delta t_2 + \Delta t_3}{\dfrac{b_1}{\lambda_1 A} + \dfrac{b_2}{\lambda_2 A} + \dfrac{b_3}{\lambda_3 A}} = \frac{\Delta t}{\sum\limits_{i=1}^{3} R_i} = \frac{总推动力}{阻力} \tag{4-8}$$

对 n 层平壁，热传导速率方程式为

$$Q = \frac{t_1 - t_{n+1}}{\sum\limits_{i=1}^{n} \dfrac{b_i}{\lambda_i A}} = \frac{\sum \Delta t}{\sum R} \tag{4-9}$$

由式(4-9)可知，多层平壁稳态热传导的推动力为总温度差，总热阻为各层热阻之和。

实际上由于接触热阻的存在，不同材料构成的界面之间会出现温度差异。目前，接触热阻主要依靠实验测得。

【例 4-2】 某生产工段使用 3 种材料组成燃烧炉，炉壁内层为耐火砖，中间层为保温砖，外层为建筑砖。3 种材料的导热系数与厚度分别为：耐火砖 1.15W/(m·℃)，250mm；保温砖 0.14W/(m·℃)，250mm；建筑砖 0.9W/(m·℃)，100mm。已测得耐火砖层内表面温度为 1200℃，建筑砖层外表面温度为 60℃，试求炉壁的热通量和各层温度降。

解 (1) 热通量 q

因系稳态传热，所以 $\qquad\qquad q_1 = q_2 = q_3 = q$

由多层平壁传热速率方程 $\qquad Q = \dfrac{\Delta t_1 + \Delta t_2 + \Delta t_3}{\dfrac{b_1}{\lambda_1 A} + \dfrac{b_2}{\lambda_2 A} + \dfrac{b_3}{\lambda_3 A}}$

可得 $\qquad q = \dfrac{Q}{A} = \dfrac{\Delta t_1 + \Delta t_2 + \Delta t_3}{\dfrac{b_1}{\lambda_1} + \dfrac{b_2}{\lambda_2} + \dfrac{b_3}{\lambda_3}} = \dfrac{1200 - 60}{\dfrac{0.25}{1.15} + \dfrac{0.25}{0.14} + \dfrac{0.1}{0.9}} = 539.2(\text{W/m}^2)$

即炉壁的热通量 q 为 539.2W/m²。

(2) 各层温度降

按单层平壁传热速率方程式可依次求出耐火砖与保温砖之间的界面温度 t_2 和保温砖与建筑砖之间的界面温度 t_3。

由 $q = \dfrac{\lambda_1}{b_1}(t_1 - t_2)$，可得 $\qquad t_2 = 1200 - \dfrac{539.2 \times 0.25}{1.15} = 1083(℃)$

由 $q = \dfrac{\lambda_2}{b_2}(t_2 - t_3)$，可得 $\qquad t_3 = 1083 - \dfrac{539.2 \times 0.25}{0.14} = 120(℃)$

所以 $\qquad\qquad\qquad \Delta t_1 = 1200 - 1083 = 117(℃)$

$$\Delta t_2 = 1083 - 120 = 963(℃)$$

$$\Delta t_3 = 120 - 60 = 60(℃)$$

由此可见，热阻越大，对应的温度降也越大。

4.2.4　圆筒壁的热传导

化工生产中很多设备、管路等都是圆筒形，所以圆筒壁热传导较平壁热传导应用更为广泛。二者的主要区别在于圆筒壁的传热面积不是常量，随半径而发生变化；同时温度也随半径发生变化。

1. 单层圆筒壁的稳态热传导

单层圆筒壁的热传导如图 4-16 所示。

设圆筒的内、外半径分别为 r_1 和 r_2；内、外壁温度分别为 t_1 和 t_2；圆筒长度为 L。当 L 很长时，沿轴向的导热可忽略，则通过圆筒壁的热传导可视为一维稳态。在半径 r 处沿半径方向取一厚度为 dr 的薄层，其传热面积 $A=2\pi rL$，通过该薄层的温度变化为 dt。根据傅里叶定律，通过该圆筒壁薄层的传热速率可表示为

$$Q=-\lambda A\frac{\mathrm{d}t}{\mathrm{d}r}=-2\pi rL\lambda\frac{\mathrm{d}t}{\mathrm{d}r} \qquad (4\text{-}10)$$

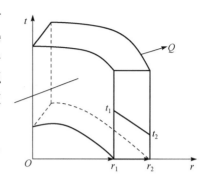

图 4-16　单层圆筒壁稳态热传导

分离变量积分并整理，可得

$$Q=2\pi\lambda L\frac{t_1-t_2}{\ln\dfrac{r_2}{r_1}}=\frac{t_1-t_2}{\dfrac{1}{2\pi\lambda L}\ln\dfrac{r_2}{r_1}}=\frac{\Delta t}{R} \qquad (4\text{-}11)$$

式中，温度差 $\Delta t=t_1-t_2$，导热热阻 $R=\dfrac{1}{2\pi\lambda L}\ln\dfrac{r_2}{r_1}$。式(4-11)即为单层圆筒壁的稳态传热速率方程式。

将式(4-11)改写成与平壁热传导速率方程类似的形式

$$Q=\lambda A_{\mathrm{m}}\frac{t_1-t_2}{b}=\lambda A_{\mathrm{m}}\frac{t_1-t_2}{r_2-r_1} \qquad (4\text{-}12)$$

式中，A_{m} 为对数平均传热面积，$A_{\mathrm{m}}=\dfrac{2\pi L(r_2-r_1)}{\ln\dfrac{r_2}{r_1}}=\dfrac{A_2-A_1}{\ln\dfrac{A_2}{A_1}}$ 或 $A_{\mathrm{m}}=2\pi r_{\mathrm{m}}L$，$r_{\mathrm{m}}$ 为对数平均半径，$r_{\mathrm{m}}=\dfrac{r_2-r_1}{\ln\dfrac{r_2}{r_1}}$。当 $\dfrac{A_2}{A_1}<2$ 或 $\dfrac{r_2}{r_1}<2$ 时，可用算术平均值计算，即 $A_{\mathrm{m}}=\dfrac{A_2+A_1}{2}$ 或 $r_{\mathrm{m}}=\dfrac{r_1+r_2}{2}$。

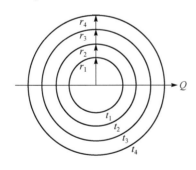

图 4-17　三层圆筒壁稳态热传导

此时，算术平均值与对数平均值仅相差 4%，符合一般工程计算的要求。

2. 多层圆筒壁的稳态热传导

多层圆筒壁的稳态导热过程，以三层圆筒壁为例加以说明，如图 4-17 所示。

假设各层材料的导热系数为 λ_1、λ_2、λ_3，厚度分别为 $b_1=r_2-r_1$、$b_2=r_3-r_2$、$b_3=r_4-r_3$，层与层之间的接触良好，相互接触面温度相等。稳定导热过程中传热速率均相等，即 $Q_1=Q_2=Q_3=Q$。因而由式(4-11)有

$$Q=\frac{2\pi L\lambda_1(t_1-t_2)}{\ln\dfrac{r_2}{r_1}}=\frac{2\pi L\lambda_2(t_2-t_3)}{\ln\dfrac{r_3}{r_2}}=\frac{2\pi L\lambda_3(t_3-t_4)}{\ln\dfrac{r_4}{r_3}} \qquad (4\text{-}13)$$

则

$$Q = \frac{2\pi L(t_1 - t_4)}{\frac{1}{\lambda_1}\ln\frac{r_2}{r_1} + \frac{1}{\lambda_2}\ln\frac{r_3}{r_2} + \frac{1}{\lambda_3}\ln\frac{r_4}{r_3}} \tag{4-14}$$

将式(4-14)改写成与多层平壁相似的传热方程式

$$Q = \frac{t_1 - t_4}{\dfrac{b_1}{\lambda_1 A_{m1}} + \dfrac{b_2}{\lambda_2 A_{m2}} + \dfrac{b_3}{\lambda_3 A_{m3}}} = \frac{\Delta t}{R_1 + R_2 + R_3} \tag{4-15}$$

式中, A_{m1}、A_{m2}、A_{m3} 分别为各层圆筒壁的平均面积,即

$$A_{m1} = \frac{2\pi L(r_2 - r_1)}{\ln\dfrac{r_2}{r_1}}, A_{m2} = \frac{2\pi L(r_3 - r_2)}{\ln\dfrac{r_3}{r_2}}, A_{m3} = \frac{2\pi L(r_4 - r_3)}{\ln\dfrac{r_4}{r_3}}$$

对 n 层圆筒壁,其稳态热传导可表示为

$$Q = \frac{t_1 - t_{n+1}}{\displaystyle\sum_{i=1}^{n} \frac{\ln\dfrac{r_{i+1}}{r_i}}{2\pi L\lambda_i}} = \frac{t_1 - t_{n+1}}{\displaystyle\sum_{i=1}^{n} \frac{b_i}{\lambda_i A_{mi}}} \tag{4-16}$$

式中,下标 i 表示圆筒壁各层序号。

　　圆筒壁各层内、外表面积均不相等,所以单位时间通过各层内、外壁单位面积的热量是不相同的,即热通量不同。

【例 4-3】 为了减小热损失,施工人员通常会在管道外部包裹一些保温材料。例如,在 $\phi(50\times5)$mm 的钢管外包一厚度为 25mm 的石棉层,已知管壁和石棉的导热系数分别为 45W/(m·℃)和 0.2W/(m·℃)。若管内壁温度为 240℃,石棉层的外表面温度为 50℃,试求每米管长的热损失。

　　解　由题意,钢管内半径 $r_1 = (50 - 5\times2)/2 = 20$(mm),外半径 r_2 为 $50/2 = 25$(mm)。

　　石棉层的外半径　　　　　　　　$r_3 = r_2 + 25 = 50$(mm)

　　由多层圆筒壁传热速率方程式

$$Q = \frac{2\pi L(t_1 - t_3)}{\frac{1}{\lambda_1}\ln\frac{r_2}{r_1} + \frac{1}{\lambda_2}\ln\frac{r_3}{r_2}}$$

可得,单位管长的热损失

$$\frac{Q}{L} = \frac{2\pi(t_1 - t_3)}{\frac{1}{\lambda_1}\ln\frac{r_2}{r_1} + \frac{1}{\lambda_2}\ln\frac{r_3}{r_2}} = \frac{2\times3.14\times(240-50)}{\frac{1}{45}\ln\frac{25}{20} + \frac{1}{0.2}\ln\frac{50}{25}} = 344(W/m)$$

4.3　对 流 传 热

　　对流传热是依靠流体质点移动进行热量传递的传热基本方式,生产中多存在于流体流过固体壁面时的传热过程。对流传热按流体在传热过程中的状态分为流体无相变的对流传热和流体有相变的对流传热。因其传热机理较复杂,影响因素多,一般的理论不能完全解释比较复杂的实际过程。

4.3.1 对流传热速率方程和对流传热系数

1. 对流传热速率方程

对流传热过程的影响因素较多,工程计算中常运用半经验的方法处理。由生产实践可知,稳态传热过程中,传热速率与温度差、传热面积成正比,引入比例系数 α 后,对流传热速率方程可表示为

$$Q=\alpha A\Delta t \tag{4-17a}$$

式中,Q 为对流传热速率,W;α 为对流传热系数,W/(m² · ℃);A 为传热面积,m²;Δt 为流体与壁面的温度差,℃。

式(4-17a)又称牛顿冷却公式,将原本比较复杂的对流传热关系式进行了简化处理,式中的对流传热系数为管长的平均值。

2. 对流传热系数

由式(4-17a)可得到对流传热系数的定义式,即

$$\alpha=\frac{Q}{A\Delta t} \tag{4-17b}$$

对流传热系数在数值上等于单位温度差下,单位传热面积的对流传热速率。若传热面积一定,对流传热系数越大,则传热热阻越小,传热效果也越好。

对流传热系数 α 不是物质的物性参数,只反映对流传热的快慢,其数值需结合具体的影响因素加以确定,工程应用中常采用经验值,如表 4-2 所示。

表 4-2 不同对流传热类型的 α 值范围

物质类别	气体			液体		
传热方式	自然对流	强制对流	蒸气冷凝	自然对流	强制对流	液体沸腾
$\alpha/[\text{W}/(\text{m}^2 \cdot \text{℃})]$	3~25	10~10²	500~1.5×10⁴	10²~10³	500~10⁴	10³~3×10⁴

4.3.2 对流传热机理

对流传热受流体流动状况影响很大,其一般过程为冷、热流体的传热方向总是垂直于它们的流动方向,取流体流动方向上的任一垂直截面作为讨论对象,则热流体湍流主体中的热量经过渡区、层流底层传至壁面一侧,而壁面另一侧的热量又经层流底层、过渡区传至冷流体的湍流主体,如图 4-18 所示。

当固体壁面两侧流体湍流流动时,紧靠壁面处总会存在一薄层流体呈层流流动,即层流底层。层流底层中流体分层运动,层与层之间无流体的宏观运动,因此垂直于流动方向上仅有热传导而无热对流。由于流体的导热系数普遍较小,因而该层的热阻较大,温度梯度也较大。层流底层与湍流主体之间称为过渡区,该区域内热量传递依靠热对流与热传导共同作用,且二者的影响大致相当。在湍流主体中,流体质点剧烈运动并充满旋涡,使各处的动量和热量充分传递,传热阻力很小,温度基本上相同。所以,对流传热是热对流与热传导联合作用的传热过程,传热热阻主要集中在层流底层。

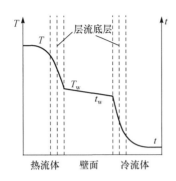

图 4-18　对流传热的温度分布
（垂直于流动方向的某一截面）

与流动边界层形成过程类似,当流体温度和壁面温度不同时,各层流体间存在温度差,靠近壁面的薄层流体集中了几乎全部的温度变化,这一薄层称为热边界层。热边界层的厚薄会影响温度在此区域的分布,热边界层越薄则层内温度梯度越大。热边界层之外的区域通常视为温度基本相同。

在工程应用中,为了简化处理,常根据上述对流传热的基本特征提出各种实用的理论模型。在膜理论模型中,假设有一靠近壁面的流体膜,膜内流体做层流流动,膜外做湍流流动,所有热阻都叠加在膜内。所以,湍流程度越大,该膜厚度越薄,其他条件一定时,对流传热效果更好。为了进一步分析层流底层对传热的影响,也有学者提出了边界层双层模型,即忽略过渡区,流体只分为层流底层与湍流主体两部分,且湍流主体中的流体质点只能达到层流底层的边缘。

4.3.3　对流传热系数的影响因素及其经验关联式

4.3.3.1　影响对流传热系数的主要因素

实验研究表明,对流传热系数 α 主要受以下因素影响。

（1）流体物理性质。在相同外部条件下,流体的物理性质不同,对流传热系数也会有所差异。其中,黏度、密度、比热容、导热系数和体积膨胀系数的影响尤为突出。黏度越大,湍流程度越小,相应的对流传热系数越小;密度与比热容的乘积可表征单位体积该流体携带热量的能力,其值越大,对流传热系数越大;导热系数越大,对流传热系数越大;体积膨胀系数越大,则能够产生较大的密度差,可促进自然对流的传热,对流传热系数越大。

（2）流体流动状态。当流体呈层流流动时,由于分层流动,无流体质点的混杂,热传导成为热量传递的主要形式;当流体呈湍流流动时,湍流主体中有质点的混杂运动并伴随旋涡生成,传热更加充分,即 α 增大。湍流时的对流传热系数较层流时的大。

（3）流体流动起因。对流传热分为自然对流和强制对流。自然对流是流体内部因温度差异而引起各部分的密度不同所产生的流体质点呈上升或下降运动而引起的流动。强制对流是流体在外力作用下产生的流动。通常,强制对流的流速比自然对流的高,因而 α 也大。

（4）流体相变。流体有无相态变化对对流传热系数影响较大。通常传热过程中流体发生相变时(如蒸气在冷壁面上的冷凝或热壁面上的沸腾)的对流传热系数比不发生相变时大得多。蒸气冷凝或液体沸腾时,放出或吸收了气化热 r(J/kg),对同一液体,其 r 值较比热容 C_p 大,因此相变时的 α 值较无相变时的大。

（5）传热面影响。传热面的形状、相对位置及尺寸等均对对流传热系数产生影响。传热面的形状有管式、板式、翅片式等;传热面有水平放置、垂直放置及管内流动、管外沿轴向流动或垂直于轴向流动等;传热面尺寸有管内径及外径、管长、平板的宽与长等。

由于影响对流传热系数 α 值的因素太多,目前尚未建立能确定多因素影响下对流传热系数的理论计算公式。生产过程中多采用实验方法测定 α 值,考虑到减少实验工作量,引入量纲分析法。该方法可将影响对流传热系数的因数归纳成若干个量纲为一的数群(也称准数),再通过实验确定各数群之间的关系,得到不同情况下对流传热系数的关联式。相关经验关联式可在化工手册上查询。

4.3.3.2 流体无相变时的对流传热系数经验关联式

1. 流体在管内的强制对流传热系数

1) 圆形直管内强制湍流时的对流传热系数

对于低黏度流体,一般选用下列关联式

$$Nu = 0.023 Re^{0.8} Pr^n \tag{4-18a}$$

式中,Re 为雷诺数;Pr 为普朗特数。为了便于计算,式(4-18a)也可表示为

$$\alpha = 0.023 \frac{\lambda}{d} \left(\frac{du\rho}{\mu} \right)^{0.8} \left(\frac{C_p \mu}{\lambda} \right)^n \tag{4-18b}$$

式(4-18a)和式(4-18b)中,定性温度取流体进、出口温度的算术平均值,特征尺寸取管内径 d;应用范围为 $Re > 10^4$,$0.7 < Pr < 120$,管长与管径比 $l/d > 60$,流体黏度 $\mu < 2mPa \cdot s$;指数 n 的值为 0.3(流体被冷却时)或 0.4(流体被加热时)。应注意 $Pr = C_p \mu / \lambda$,C_p 的单位是 J/(kg·K)。

对于高黏度液体,一般选用关联式

$$Nu = 0.027 Re^{0.8} Pr^{1/3} \left(\frac{\mu}{\mu_w} \right)^{0.14} \tag{4-19a}$$

或

$$\alpha = 0.027 \frac{\lambda}{d} \left(\frac{du\rho}{\mu} \right)^{0.8} \left(\frac{C_p \mu}{\lambda} \right)^{\frac{1}{3}} \left(\frac{\mu}{\mu_w} \right)^{0.14} \tag{4-19b}$$

式(4-19a)和式(4-19b)中,定性温度除 μ_w 取壁温外,其余均取流体进、出口温度的算术平均值;特征尺寸取管内径 d;应用范围为 $Re > 10^4$,$0.7 < Pr < 16700$,$l/d > 60$。$\left(\frac{\mu}{\mu_w} \right)^{0.14}$ 为校正项。一般情况下,壁温未知,需用试差法计算。为了计算方便,工程应用中常取其近似值,即液体被加热时,取 $\left(\frac{\mu}{\mu_w} \right)^{0.14} = 1.05$;液体被冷却时,取 $\left(\frac{\mu}{\mu_w} \right)^{0.14} = 0.95$。

> 【例 4-4】 清水以 1.5m/s 的平均速度流经一长度为 6m、内径为 53mm 的钢管后,温度由 20℃ 上升到 80℃,试求水与管内壁之间的对流传热系数。
>
> **解** 首先确定水的定性温度,即 $t = (20+80)/2 = 50(℃)$。
>
> 查得水在 50℃ 下的物性数据如下:
>
> $$\rho = 988.1 kg/m^3, \mu = 0.5494 \times 10^{-3} Pa \cdot s$$
> $$\lambda = 0.6478 W/(m \cdot ℃), Pr = 3.54$$
>
> 因为 $l/d = 6/0.053 = 113.2 > 60, 0.7 < Pr < 120$
>
> 又因为 $Re = \frac{du\rho}{\mu} = \frac{0.053 \times 1.5 \times 988.1}{0.5494 \times 10^{-3}} = 14.3 \times 10^4 > 10^4$,即呈湍流流动。
>
> 所以可利用式(4-18)进行计算,本题中(流体被加热)n 取 0.4,则
>
> $$\alpha = 0.023 \frac{\lambda}{d} Re^{0.8} Pr^{0.4} = 0.023 \times \frac{0.6478}{0.053} \times (14.3 \times 10^4)^{0.8} \times (3.54)^{0.4} = 6205 [W/(m^2 \cdot ℃)]$$

2) 圆形直管内强制过渡流时的对流传热系数

当 Re 为 2300~10 000 时,流体介于湍流与层流之间。可先用式(4-18)和式(4-19)计算出对流传热系数 α,再乘以校正系数 Φ。

$$\Phi = 1 - \frac{6 \times 10^5}{Re^{1.8}} \tag{4-20}$$

3）圆形直管内强制层流时的对流传热系数

当管径较小，管路水平放置，壁面与流体间温差较小，流体的 $\dfrac{\mu}{\rho}$ 值较大时，自然对流对强制层流传热的影响可忽略。此时，可用关联式表示为

$$Nu = 1.86\, Re^{1/3} Pr^{1/3} \left(\frac{d}{l}\right)^{1/3} \left(\frac{\mu}{\mu_w}\right)^{0.14} \tag{4-21}$$

式中，定性温度除 μ_w 取壁温外，其余均取流体进、出口温度的算术平均值；特征尺寸取管内径 d；应用范围为 $Re < 2300$，$0.6 < Pr < 6700$，$\left(RePr\dfrac{d}{l}\right) > 10$。

由于流体在管内做强制层流时往往伴有自然对流传热，所以情况较复杂。当自然对流影响不能忽略时，应在式(4-21)计算结果的基础上乘以相应的校正系数。

【例 4-5】 在一个标准大气压下，空气以 0.3m/s 的流速在内径为 20mm、长度为 0.3m 的水平钢管内流动，空气温度由 20℃上升到 40℃。已知管壁平均温度为 90℃，试计算空气与管壁之间的对流传热系数。

解 空气的定性温度 $t = (20+40)/2 = 30(℃)$。

查得空气在 30℃下的物性数据如下：

$$\rho = 1.165 \text{kg/m}^3, \mu = 1.86 \times 10^{-5} \text{Pa} \cdot \text{s}$$

$$\lambda = 0.026\,75 \text{W/(m} \cdot ℃), Pr = 0.701, \beta = \frac{1}{273+30} = 3.3 \times 10^{-3} \text{K}^{-1}$$

此外，查得 $\mu_w = 2.15 \times 10^{-5} \text{Pa} \cdot \text{s}$

由题意知，$0.6 < Pr < 6700$，$Re = \dfrac{du\rho}{\mu} = \dfrac{0.02 \times 0.3 \times 1.165}{1.86 \times 10^{-5}} = 375.8 < 2300$，即呈层流流动。

又 $RePr\dfrac{d}{l} = 375.8 \times 0.701 \times \dfrac{0.02}{0.3} = 17.6 > 10$

$$Gr = \frac{\beta g \Delta t d^3 \rho^2}{\mu^2} = \frac{3.3 \times 10^{-3} \times 9.81 \times (90-30) \times (0.02)^3 \times (1.165)^2}{(1.86 \times 10^{-5})^2} = 6.1 \times 10^4 > 2.5 \times 10^4$$

因此自然对流的影响不可忽略，计算时应乘以校正系数 $f = 0.8(1+0.015Gr^{1/3})$，求得

$$f = 0.8 \times [1 + 0.015 \times (6.1 \times 10^4)^{1/3}] = 1.272$$

因此

$$\alpha = 1.86 \frac{\lambda}{d} Re^{1/3} Pr^{1/3} \left(\frac{d}{l}\right)^{1/3} \left(\frac{\mu}{\mu_w}\right)^{0.14} \times 1.272$$

$$= 1.86 \times \frac{0.026\,75}{0.02} \times (17.6)^{1/3} \times \left(\frac{1.86 \times 10^{-5}}{2.15 \times 10^{-5}}\right)^{0.14} \times 1.272 = 8.07[\text{W/(m}^2 \cdot ℃)]$$

4）流体在非圆形管内做强制对流

当流体在非圆形管内做强制对流时，只需将特征尺寸由管内径 d 改为当量直径 d_e 即可，仍采用上述各关联式。

$$d_e = 4 \times \frac{流体流动截面积}{润湿周边}$$

此外，有些场合也要求使用传热当量直径 $d_e{}'$

$$d_e{}' = 4 \times \frac{流体流动截面}{传热周边}$$

2. 流体在管外的强制对流传热系数

在换热器的相关计算中会遇到大量流体垂直流过管束的情况。此时，管与管之间影响明

显,传热情况比流体垂直流过单管的对流传热更加复杂。

通常,管束的排列分为直列和错列两种,如图 4-19 所示。流体在管束外垂直流过时的对流传热系数可按下式计算

$$Nu = c_1 c_2 Re^n Pr^{0.4} \qquad (4\text{-}22)$$

式中,c_1、c_2、n 的取值均由实验确定(表 4-3)。

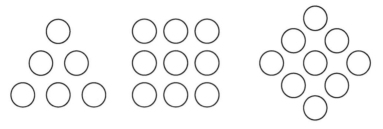

图 4-19　管束的排列方式

式(4-22)中,定性温度取流体进、出口温度的算术平均值;特征尺寸取外径 d_0;流速取各排最窄通道处的流速;应用范围为 $Re = 5 \times 10^3 \sim 7 \times 10^4$,$\dfrac{x_1}{d_0} = 1.2 \sim 5$,$\dfrac{x_2}{d_0} = 1.2 \sim 5$,其中 x_1、x_2 分别为纵向、横向的管间距。当 $\dfrac{x_1}{d_0} = 1.2 \sim 3$ 时,$c_1 = 1 + 0.1\dfrac{x_1}{d_0}$;当 $\dfrac{x_1}{d_0} > 3$ 时,$c_1 = 1.3$。

表 4-3　式(4-22)中 c_2 及 n 值选择

管子排数	直列		错列	
	c_2	n	c_2	n
1	0.6	0.171	0.6	0.171
2	0.65	0.157	0.6	0.228
3	0.65	0.157	0.6	0.290
4	0.65	0.157	0.6	0.290

应指出,无论是直列还是错列,流体流经第 1 排管子时,流动情况相同。从第 2 排开始,流体因在错列管束间通过受阻,湍动程度增大,所以错列时的对流传热系数更大。从第 3 排以后,直列或错列的对流传热系数基本不再改变。

管束的平均对流传热系数计算公式为

$$\alpha = \frac{\alpha_1 A_1 + \alpha_2 A_2 + \cdots + \alpha_n A_n}{A_1 + A_2 + \cdots + A_n} \qquad (4\text{-}23)$$

式中,A_1,A_2,$\cdots$,A_n 为各排传热管的传热面积;α_1,α_2,$\cdots$,α_n 为各排的对流传热系数。

3. 流体的自然对流传热系数

自然对流传热系数仅与 Gr 准数(格拉斯霍夫数)和 Pr 准数有关。其准数关系式为

$$Nu = C (GrPr)^n \qquad (4\text{-}24a)$$

或

$$\alpha = C \frac{\lambda}{l} \left(\frac{\rho^2 g \beta \Delta t l^3}{\mu^2} \times \frac{\mu C_p}{\lambda} \right)^n \qquad (4\text{-}24b)$$

式中，C、n 均由实验测得，其数值选择见表 4-4。此时的定性温度取膜温 t_m，即流体进、出口平均温度 t 与壁温 t_w 的算术平均值。

在生产中，管路或传热设备表面与周围大气之间传热时可用式(4-24a)或式(4-24b)计算相应的对流传热系数。

表 4-4　式(4-24)中 C 及 n 值选择

传热面	特征尺寸	$GrPr$	C	n
垂直管或板	高度	$10^4 \sim 10^9$	0.59	1/4
		$10^9 \sim 10^{12}$	0.1	1/3
水平圆管	外径	$10^4 \sim 10^9$	0.53	1/4
		$10^9 \sim 10^{12}$	0.13	1/3

【例 4-6】 有一水平放置的水蒸气管，其管外径为 100mm、管长为 4.5m，若已测得管外壁温度为 110℃，周围空气温度为 10℃，试计算该管因自然对流而散失的热量。

解 据题意，空气的定性温度 $t = (110+10)/2 = 60(℃)$。

查得空气在 60℃ 下的物性数据如下：

$$\rho = 1.06 kg/m^3, \mu = 2.01 \times 10^{-5} Pa \cdot s$$

$$\lambda = 0.02896 W/(m \cdot ℃), Pr = 0.696, \beta = \frac{1}{273+60} = 3.0 \times 10^{-3} (K^{-1})$$

由于水蒸气管水平放置，特征尺寸应为管外径 d，因此

$$Gr = \frac{\beta g \Delta t d^3 \rho^2}{\mu^2} = \frac{3.0 \times 10^{-3} \times 9.81 \times (110-10) \times (0.1)^3 \times (1.06)^2}{(2.01 \times 10^{-5})^2} = 8.18 \times 10^6$$

$$GrPr = 8.18 \times 10^6 \times 0.696 = 5.69 \times 10^6$$

即为 $10^4 \sim 10^9$，查表 4-4 得 $C = 0.53$，$n = 1/4$。

由式(4-24)得

$$\alpha = C\frac{\lambda}{d}(GrPr)^n = 0.53 \times \frac{0.028\,96}{0.1} \times (5.69 \times 10^6)^{1/4} = 7.50 [W/(m^2 \cdot ℃)]$$

因此耗散的热量为

$$Q = \alpha A \Delta t = 7.50 \times (\pi \times 0.1 \times 4.5) \times (110-10) = 1059.8(W)$$

4.3.3.3　流体有相变时的对流传热系数经验关联式

1. 蒸气冷凝时的对流传热系数

如图 4-20 所示，蒸气冷凝有膜状冷凝和滴状冷凝两种方式。当饱和蒸气与低于饱和温度的壁面接触时，蒸气放出潜热并冷凝成液体。若冷凝液能润湿壁面，在壁面上形成一层连续的液膜并向下流动，称为膜状冷凝；若冷凝液不能润湿壁面，而是在壁面上聚集成许多液滴，并沿壁面落下，称为滴状冷凝。膜状冷凝时形成的液膜阻碍了壁面与冷凝蒸气间的热量传递，成为其主要热阻；而滴状冷凝时无液膜覆盖，壁面大部分面积直接暴露在蒸气中，其对流传热系数比膜状冷凝时要大几倍到十几倍。工业生产中大多为膜状冷凝，因此冷凝器的设计总是按膜状冷凝处理。下面仅讨论单组分饱和蒸气膜状冷凝时的对流传热系数计算方法。

1) 蒸气在水平管外冷凝

蒸气在水平管外冷凝时的对流传热系数计算式为

$$\alpha = 0.725 \left(\frac{\rho^2 g \lambda^3 r}{n^{2/3} d_0 \mu \Delta t} \right)^{1/4} \tag{4-25}$$

式中，ρ 为冷凝液的密度，kg/m^3；λ 为冷凝液的导热系数，$W/(m \cdot \text{℃})$；r 为饱和蒸气的冷凝热，J/kg；μ 为冷凝液的黏度，$Pa \cdot s$；d_0 为管外径，m；Δt 为蒸气饱和温度 t_s 与壁面温度 t_w 之差，$\Delta t = t_s - t_w$，℃；n 为水平管束在垂直列上的管数，若为单根水平管，则 $n = 1$。

定性温度除蒸气冷凝热 γ 取饱和温度 t_s 外，其余均取膜温 t_m；特征尺寸取管外径 d_0。

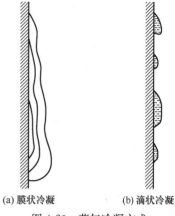

(a) 膜状冷凝　　(b) 滴状冷凝

图 4-20　蒸气冷凝方式

2) 蒸气在垂直管外或垂直平板侧冷凝

蒸气在垂直管外或垂直平板侧冷凝时的对流传热系数同液膜的流动方式有关。当液膜为层流时的计算式为

$$\alpha = 1.13 \left(\frac{\rho^2 g \lambda^3 r}{\mu l \Delta t} \right)^{1/4} \tag{4-26}$$

式中，l 为垂直管或是板的高度，同时也是特征尺寸。

当液膜为湍流（$Re > 1800$）时，其对流传热系数可按下式计算

$$\alpha = 0.0077 \left(\frac{\rho^2 g \lambda^3}{\mu^2} \right)^{1/3} Re^{0.4} \tag{4-27}$$

判断液膜流型时，可使用以下 Re 表达式

$$Re = \frac{d_e u \rho}{\mu} = \frac{4W}{b\mu} \tag{4-28}$$

式中，W 为冷凝液的质量流量，kg/s；b 为湿润周边，m。

由 $Q = Wr$ 和 $Q = \alpha A \Delta t = \alpha b l \Delta t$ 可得

$$\frac{W}{b} = \frac{\alpha l \Delta t}{r} \tag{4-29}$$

因此，式(4-28)可表示为

$$Re = \frac{4\alpha l \Delta t}{r\mu} \tag{4-28a}$$

式中，α 为对流传热系数，$W/(m^2 \cdot \text{℃})$；l 为壁面高度，m；r 为比气化热，取饱和温度 t_s 下的数值，J/kg；μ 为冷凝液在膜温 $t = \frac{t_s + t_w}{2}$ 下的黏度，$Pa \cdot s$；Δt 为蒸气饱和温度 t_s 与壁面温度 t_w 之差，$\Delta t = t_s - t_w$，℃。

在计算 α 时，应先假设液膜的流型。求出 α 值后需要计算 Re，看是否在所假设的流型范围内。

【例 4-7】 143.3kPa 下的饱和水蒸气在单根管外冷凝,已知管外径为 80mm、管长为 2m,管外壁温度测得为 90℃,试分别求出管子垂直和水平放置时的对流传热系数。

解　143.3kPa 下的饱和水蒸气对应的饱和温度 t_s 为 110℃,比气化热 $r=2232$kJ/kg。

冷凝液膜的定性温度　　　　$t_m=(t_s+t_w)/2=(110+90)/2=100(℃)$

查得水在 100℃下的物性数据如下:

$$\rho=958.4\text{kg/m}^3, \mu=28.38\times10^{-5}\text{Pa}\cdot\text{s}, \lambda=0.6827[\text{W/(m}\cdot℃)]$$

(1) 当管子垂直放置时

假定此时液膜呈层流流动,则

$$\alpha=1.13\left(\frac{\rho^2 g\lambda^3 r}{\mu l\Delta t}\right)^{1/4}=1.13\times\left(\frac{958.4^2\times9.81\times0.6827^3\times2232\times10^3}{28.38\times10^{-5}\times2\times20}\right)^{1/4}=4873[\text{W/(m}^2\cdot℃)]$$

检验流型

$$Re=\frac{4\alpha l\Delta t}{r\mu}=\frac{4\times4873\times2\times20}{2232\times10^3\times28.38\times10^{-5}}=1238<1800$$

经检验,该液膜呈层流流动,与假设一致。

(2) 当管子水平放置时

对流传热系数　　　　　　$\alpha'=0.725\left(\frac{\rho^2 g\lambda^3 r}{d_0\mu\Delta t}\right)^{1/4}$

直接代值计算即可求得此时的对流传热系数。此外,还可以将式(4-26)和式(4-25)相除,通过二者的比例关系求出此时的对流系数大小,即

$$\frac{\alpha}{\alpha'}=\frac{1.13}{0.725}\left(\frac{d_0}{l}\right)^{1/4}$$

所以　　　　　$\alpha'=\frac{0.725}{1.13}\left(\frac{2}{0.08}\right)^{1/4}\alpha=1.435\times4873=6993[\text{W/(m}^2\cdot℃)]$

检验流型

$$Re'=1.435Re=1.435\times1231=1766<1800$$

经检验,该液膜呈层流流动,符合计算式的流型要求。

2. 液体沸腾时的对流传热系数

当液体温度高于饱和温度时,液相内部产生气泡,部分液相转变为气相,液体沸腾。液体沸腾可划分为大容器沸腾和管内沸腾两种类型。将加热面浸入液体中,液体在加热面外的大容器内加热沸腾,为大容器沸腾,由自然对流和气泡扰动引起;液体在管内流动过程中受热沸腾,为管内沸腾,传热机理比前者更加复杂。本节主要讨论大容器沸腾。

液体沸腾时可以观察到浸于液体中的加热面上不断有气泡生成、长大、脱离并上升到液体表面。达到沸腾状态需满足两个条件:一是液体过热度,即液体主体温度与饱和温度的差 $\Delta t=t-t_s$;二是能够提供气化核心。研究表明,液体的过热度越大,越容易生成气泡,而壁面处的温度与饱和温度的差值最大,因此加热面上最易生成气泡;此时,加热面并非完全平整,其上有凹陷的小坑并残有微量气体,一旦受热则成为气化核心,满足了沸腾的条件。

以常压下水在大容器中沸腾传热为例,饱和沸腾时壁面处的温度差 $\Delta t=t_w-t_s$ 对沸腾传热 α 产生一定影响,其关系曲线又称沸腾曲线。根据曲线走势,沸腾过程可分为自然对流、泡状沸腾和膜状沸腾 3 个阶段,如图 4-21 所示。自然对流阶段时,Δt 较小($\Delta t\leqslant5℃$),液体自然对流,无沸腾现象,α 值略有增大;泡状沸腾阶段时,Δt 不断增大,气化核心处的气泡生成速度随之增加,并浮升至蒸气空间,此时液体受到剧烈扰动,α 值迅速增大;膜状沸腾阶段时,Δt 继续增大,大量气泡在脱离壁面前形成气膜,阻断了液体与加热面的接触,α 值急剧下降至临界

点,此时,传热面完全被气膜覆盖,α 值基本不变。

影响沸腾传热系数的主要因素有液体性质、温度差、操作压力和加热面情况等。通常情况下,α 值随液体密度、导热系数的增加而增大,随液体的黏度、表面张力的增加而减小。温度差是发生沸腾的重要影响因素,其与沸腾传热系数的关系可参考沸腾曲线。提高操作压力即提高液体饱和温度,降低了黏度和表面张力,有利于沸腾传热。加热面的表面状况及材料性质都会影响沸腾传热,一般来说,表面清洁、无油垢时,α 值较大。壁面粗糙使气化核心增多,也能促进沸腾传热。

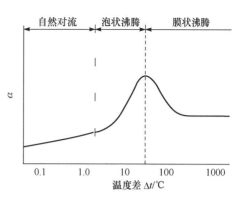

图 4-21 常压下水的沸腾曲线

4.4 传热过程计算

传热过程的计算分为设计型计算和操作型计算。根据生产要求的热负荷,确定换热器的传热面积为设计型计算;计算给定换热器的流量、温度等参数为操作型计算。两种计算均以前面的热传导和热对流相关理论及经验公式为基础。

4.4.1 热量衡量

假设换热器保温很好,可忽略热损失时,根据能量守恒定律,单位时间内热流体放出的热量等于冷流体吸收的热量。对于整个换热器,其热量衡算式可表示为

$$Q = W_1(I_1 - I_2) = W_2(i_2 - i_1) \tag{4-30}$$

式中,Q 为换热器的热负荷,W;W_1、W_2 为热、冷流体的质量流量,kg/s;I_1、I_2 为热流体进、出口的比焓,J/kg;i_1、i_2 为冷流体进、出口的比焓,J/kg。

若冷、热流体在热量交换过程中均无相变化,且流体的比热容 C_p 可视为不随温度变化或可取平均温度下的比热容时,式(4-30)可表示为

$$Q = W_1 C_{p1}(T_1 - T_2) = W_2 C_{p2}(t_2 - t_1) \tag{4-31}$$

式中,C_{p1}、C_{p2} 分别为热、冷流体的平均比热容,J/(kg·℃);T_1、T_2 分别为热流体进、出口温度,℃;t_1、t_2 分别为冷流体进、出口温度,℃。

若换热器中的热流体发生相变,如饱和蒸气冷凝,同时冷流体无相变时,式(4-30)又可表示为

$$Q = W_1 r = W_2 C_{p2}(t_2 - t_1) \tag{4-32}$$

式中,r 为饱和蒸气的冷凝潜热,J/kg。

当冷凝液出口温度 T_2 低于其饱和温度 T_s 时,则有

$$Q = W_1[r + C_{p1}(T_s - T_2)] = W_2 C_{p2}(t_2 - t_1) \tag{4-33}$$

4.4.2 总传热速率方程式

与对流传热速率方程的处理方法相似,可建立以冷、热流体温度差为推动力的传热速率方程式,并引入总传热系数 K。

$$Q=KA\Delta t_{m} \tag{4-34}$$

式中,Q 为传热速率,W;K 为总传热系数,W/(m²·℃);A 为传热面积,m²;Δt_{m} 为冷、热流体的平均温度差,℃。

式(4-34)为总传热速率方程的一般形式。总传热系数和传热面积的选择有关,工程应用中大多以换热器管外表面积作为计算基准。

4.4.3　总传热系数

如何正确确定总传热系数 K 是传热过程计算中的一个重要问题。K 值可通过公式计算、实验测取和经验数据表获取。

1. 圆筒壁的总传热系数计算

冷、热流体通过间壁式换热器的传热过程,由对流传热、热传导、对流传热 3 个过程串联而成。

热流体侧对流传热速率　$\mathrm{d}Q=\alpha_{1}(T-T_{\mathrm{w}})\mathrm{d}A_{1}=\dfrac{T-T_{\mathrm{w}}}{\dfrac{1}{\alpha_{1}\mathrm{d}A_{1}}}$

间壁的传热速率　　　　$\mathrm{d}Q=\dfrac{\lambda}{b}(T_{\mathrm{w}}-t_{\mathrm{w}})\mathrm{d}A_{\mathrm{m}}=\dfrac{T_{\mathrm{w}}-t_{\mathrm{w}}}{\dfrac{b}{\lambda\mathrm{d}A_{\mathrm{m}}}}$

冷流体侧对流传热速率　$\mathrm{d}Q=\alpha_{2}(t_{\mathrm{w}}-t)\mathrm{d}A_{2}=\dfrac{t_{\mathrm{w}}-t}{\dfrac{1}{\alpha_{2}\mathrm{d}A_{2}}}$

以上各式中,α_{1}、α_{2} 分别为热、冷流体的对流传热系数,W/(m²·℃);$\mathrm{d}A_{1}$、$\mathrm{d}A_{2}$ 分别为热、冷流体微元段传热面积,m²;T、t 分别为热、冷流体温度,℃;T_{w}、t_{w} 分别为热、冷流体侧壁面温度,℃;$\mathrm{d}A_{\mathrm{m}}$ 为以管内、外平均传热面积表示的微元段传热面积,m²;$\mathrm{d}Q$ 为各微元段传热速率,W。

在稳态传热过程中,各微元段的传热速率相等,由以上三式可得

$$\mathrm{d}Q=\dfrac{T-t}{\dfrac{1}{\alpha_{1}\mathrm{d}A_{1}}+\dfrac{b}{\lambda\mathrm{d}A_{\mathrm{m}}}+\dfrac{1}{\alpha_{2}\mathrm{d}A_{2}}}$$

结合总传热速率方程,$\mathrm{d}Q=K(T-t)\mathrm{d}A$,得

$$\dfrac{1}{K\mathrm{d}A}=\dfrac{1}{\alpha_{1}\mathrm{d}A_{1}}+\dfrac{b}{\lambda\mathrm{d}A_{\mathrm{m}}}+\dfrac{1}{\alpha_{2}\mathrm{d}A_{2}} \tag{4-35a}$$

当传热面为圆筒壁时,虽然 $\mathrm{d}A_{1}\neq\mathrm{d}A_{2}\neq\mathrm{d}A_{\mathrm{m}}$,但只要使 K 值随着所取的传热面不同而不同,以保持 $K\mathrm{d}A=K_{1}\mathrm{d}A_{1}=K_{2}\mathrm{d}A_{2}=K_{\mathrm{m}}\mathrm{d}A_{\mathrm{m}}$ 即可。而 $\mathrm{d}A_{1}=(\pi d_{1})\mathrm{d}L$,$\mathrm{d}A_{2}=(\pi d_{2})\mathrm{d}L$,$\mathrm{d}A_{\mathrm{m}}=(\pi d_{\mathrm{m}})\mathrm{d}L$。

若取 $\mathrm{d}A=\mathrm{d}A_{1}$,则式(4-35a)可以表示为

$$\dfrac{1}{K_{1}}=\dfrac{1}{\alpha_{1}}+\dfrac{bd_{1}}{\lambda d_{\mathrm{m}}}+\dfrac{d_{1}}{\alpha_{2}d_{2}} \tag{4-35b}$$

若取 $\mathrm{d}A=\mathrm{d}A_{2}$,式(4-35a)可表示为

$$\dfrac{1}{K_{2}}=\dfrac{d_{2}}{\alpha_{1}d_{1}}+\dfrac{bd_{2}}{\lambda d_{\mathrm{m}}}+\dfrac{1}{\alpha_{2}} \tag{4-35c}$$

若取 $dA = dA_m$，式(4-35a)可表示为

$$\frac{1}{K_m} = \frac{d_m}{\alpha_1 d_1} + \frac{b}{\lambda} + \frac{d_m}{\alpha_2 d_2} \tag{4-35d}$$

从式(4-35b)、式(4-35c)及式(4-35d)看出，选择不同的传热面作为基准，对应的总传热系数各异。各式中，d_m 为 d_1、d_2 的对数平均值。

2. 污垢热阻

在换热器的操作过程中，污垢会在传热面上积存，形成污垢热阻，使总传热系数降低。由于污垢层厚度及导热系数难以估计，工程上一般选用其经验值，如表 4-5 所示。

若管壁两侧表面的污垢热阻分别用 R_{d1} 和 R_{d2} 表示，则式(4-35b)可表示为

$$\frac{1}{K_1} = \frac{1}{\alpha_1} + R_{d1} + \frac{b d_1}{\lambda d_m} + R_{d2} \frac{d_1}{d_2} + \frac{d_1}{\alpha_2 d_2} \tag{4-36}$$

式中，R_{d1}、R_{d2} 为管壁两侧的污垢热阻，$m^2 \cdot \text{℃/W}$。

污垢热阻的形成势必会影响传热效果，因此生产中都会对换热器进行定期的除垢操作。

表 4-5　常用流体的污垢热阻

流体类型	污垢热阻/$(m^2 \cdot \text{℃/kW})$	流体类型	污垢热阻/$(m^2 \cdot \text{℃/kW})$
海水	0.09	空气	0.26~0.53
焦油有机物	1.76	溶剂蒸气	0.14
	0.176	优质(不含油)水蒸气	0.052
蒸馏水	0.09	劣质(不含油)水蒸气	0.09
燃料油	1.06	经往复机排除蒸气	0.176
清净河水	0.21	未处理的凉水塔用水	0.58
硬水、井水	0.58	处理后的凉水塔用水	0.26
处理后的盐水	0.264	处理后的锅炉用水	0.26

注：液体中水的污垢热阻经验值适用于流速小于 1m/s，温度小于 50℃ 的情况。

3. 总传热系数计算的简化

当传热面为平壁或薄管壁时，各传热面面积近似相等，即 $A_1 \approx A_m \approx A_2$，此时，式(4-36)可化简为

$$\frac{1}{K} = \frac{1}{\alpha_1} + R_{d1} + \frac{b}{\lambda} + R_{d2} + \frac{1}{\alpha_2} \tag{4-37}$$

若管壁热阻与污垢热阻均可忽略，式(4-37)可化简为

$$\frac{1}{K} = \frac{1}{\alpha_1} + \frac{1}{\alpha_2} \tag{4-37a}$$

由式(4-37a)可知，α_1 与 α_2 相差较大时，提高对流传热系数较小者可有效提高 K 值；α_1 与 α_2 相差不大时，需同时提高两侧的对流传热系数才能提高 K 值。

【例 4-8】　生产中欲对热空气进行冷却操作,已有规格为 $\phi(38\times3)$mm 的钢管组成的列管式换热器可供使用。若使热空气走管程,冷却水走壳程,试求基于 3 种不同表面积时的总传热系数。已知空气侧的对流传热系数为 60W/(m² · ℃),冷却水侧的对流传热系数为 2000W/(m² · ℃)。

　　解　空气侧的污垢热阻取 0.5×10^{-3}m² · ℃/W;

　　冷却水侧的污垢热阻取 0.21×10^{-3}m² · ℃/W;

　　查得管壁的导热系数为 45W/(m · ℃);

　　此时的管径规格为 $\phi(38\times3)$mm;

　　因此管内径 $d_1=38-2\times3=32$(mm),管外径 $d_2=38$mm,管内、外平均管径 $d_m=\dfrac{32+38}{2}=35$(mm),

管厚度 $b=3$mm。

　　若以管内表面积 A_1 为基准,则

$$\frac{1}{K_1}=\frac{1}{\alpha_1}+R_{d1}+\frac{bd_1}{\lambda d_m}+R_{d2}\frac{d_1}{d_2}+\frac{d_1}{\alpha_2 d_2}$$

$$=\frac{1}{60}+0.5\times10^{-3}+\frac{0.003\times0.032}{45\times0.035}+0.21\times10^{-3}\times\frac{0.032}{0.038}+\frac{0.032}{2000\times0.038}$$

$$=0.017\,83(\text{m}^2 · ℃/\text{W})$$

　　所以　　　　　　　　　　　　　　　　$K_1=56.1$W/(m² · ℃)

　　若以平壁表面积 A_m 为基准,则

$$\frac{1}{K_m}=\frac{d_m}{\alpha_1 d_1}+R_{d1}\frac{d_m}{d_1}+\frac{b}{\lambda}+R_{d2}\frac{d_m}{d_2}+\frac{d_m}{\alpha_2 d_2}$$

$$=\frac{0.035}{60\times0.032}+0.5\times10^{-3}\times\frac{0.035}{0.032}+\frac{0.003}{45}+0.21\times10^{-3}\times\frac{0.035}{0.038}+\frac{0.035}{2000\times0.038}$$

$$=0.019\,50(\text{m}^2 · ℃/\text{W})$$

　　所以　　　　　　　　　　　　　　　　$K_m=51.3$W/(m² · ℃)

　　若以管外表面积 A_2 为基准,则

$$\frac{1}{K_2}=\frac{d_2}{\alpha_1 d_1}+R_{d1}\frac{d_2}{d_1}+\frac{bd_2}{\lambda d_m}+R_{d2}+\frac{1}{\alpha_2}$$

$$=\frac{0.038}{60\times0.032}+0.5\times10^{-3}\times\frac{0.038}{0.032}+\frac{0.003\times0.038}{45\times0.035}+0.21\times10^{-3}+\frac{1}{2000}$$

$$=0.021\,17(\text{m}^2 · ℃/\text{W})$$

　　所以　　　　　　　　　　　　　　　　$K_2=47.2$W/(m² · ℃)

　　综上所述,取不同的表面积作为基准时得到的 K 值不同,K 值接近于对流传热系数较小值(此处热阻较大)。此题中,当其他条件相同时,单独提高 α_1 的大小比单独提高 α_2 的大小对总对流传热系数的提高影响明显。

　　4. 确定 K 值的其他方法

　　化工生产中还常利用实验测取和查询总传热系数经验值来确定总传热系数。实验测取可以获得较可靠的 K 值,但使用范围有限,必须使用情况与测定情况一致;一般可从相关手册上查得需要的总传热系数经验值,这些数据都是从生产实践中总结出来的,可供设计型计算时参考(表 4-6)。

表 4-6 列管式换热器的 K 值范围

热交换流体组合	$K/[\text{W}/(\text{m}^2 \cdot ℃)]$	热交换流体组合	$K/[\text{W}/(\text{m}^2 \cdot ℃)]$
水-水	750～1 800	有机溶剂-有机溶剂	50～340
水-有机溶剂	50～800	水蒸气冷凝-水	1 400～4 700
水-气体	10～60	水蒸气冷凝-气体	25～300
气体-气体	10～35	水蒸气冷凝-水沸腾	2 000～4 700

4.4.4 平均温度差法

1. 恒温传热

当传热温度差不随位置而变化时即为恒温传热。若间壁式换热器的一侧为饱和蒸气冷凝,冷凝温度为 T,另一侧为液体在恒定温度 t 下的沸腾,此时温度差恒定且处处相等,即 $\Delta t_m = (T - t)$。

2. 变温传热

当传热温度差随位置而变化时即为变温传热。此时,流体流向的选择是影响温度差的重要因素。换热器的设计中流体流向常有并流、逆流、错流和折流之分。

1) 并流和逆流时的平均温度差

冷、热流体在传热面两侧流向相同,称为并流;若冷、热流体流向相反,则称为逆流。图 4-22 是并流和逆流时两侧流体的温度差变化情况。

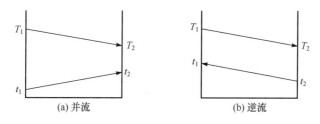

图 4-22 变温传热时温度差变化

假设稳态传热,且热、冷流体质量流量 W_1、W_2 为常数;热、冷流体的比热容 C_{p1}、C_{p2} 及总传热系数 K 均为常量;不计换热器的热损失。

在换热器中取一微元段作为研究对象,其传热面积为 dA,dA 内热流体因放热而使温度下降 dT,冷流体因受热而使温度上升 dt,传热量为 dQ。热、冷流体衡算关系如下

$$dQ = -W_1 C_{p1} dT = W_2 C_{p2} dt$$

所以 $\dfrac{dQ}{dT}$ 与 $\dfrac{dQ}{dt}$ 均为常数,Q-T 和 Q-t 都是直线关系。也可以得出 $\dfrac{d(T-t)}{dQ} = \dfrac{d(\Delta t)}{dQ}$ 为一常数,即 Δt 与 Q 也呈直线关系。

作图分析,Δt 与 Q 直线斜率为

$$\frac{d(\Delta t)}{dQ} = \frac{\Delta t_1 - \Delta t_2}{Q}$$

代入总传热速率方程 $dQ = K\Delta t dA$ 得

$$\frac{d(\Delta t)}{K\Delta t dA} = \frac{\Delta t_1 - \Delta t_2}{Q}$$

积分求解,得

$$Q = KA \frac{\Delta t_1 - \Delta t_2}{\ln \dfrac{\Delta t_1}{\Delta t_2}}$$

与式(4-34)比较,得

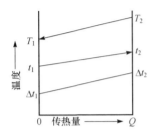

图 4-23　平均温度差推导

$$\Delta t_m = \frac{\Delta t_1 - \Delta t_2}{\ln \dfrac{\Delta t_1}{\Delta t_2}} \tag{4-38}$$

式中,Δt_m 为对数平均温度差,可同时适用于并流、逆流操作;Δt_1、Δt_2 为换热器进、出口处两侧流体的温度差,℃,计算时,常取 Δt 中数值较大者为 Δt_1,较小者为 Δt_2。在工程应用中,当 $\dfrac{\Delta t_1}{\Delta t_2} \leqslant 2$ 时,可用算术平均值代替对数平均值,其误差不超过 4%。平均温度差推导如图 4-23 所示。

【例 4-9】　在列管式换热器中,使用热柴油加热原油。其中,热柴油走管程,进、出口温度分别为 200℃、150℃;原油走壳程,进、出口温度为 80℃、120℃。试求冷、热流体在并流和逆流时的平均温度差。

解　并流时

$$\Delta t_1 = T_1 - t_1 = 200 - 80 = 120(℃)$$
$$\Delta t_2 = T_2 - t_2 = 150 - 120 = 30(℃)$$

因为 $\dfrac{\Delta t_1}{\Delta t_2} > 2$,所以此时的平均温度差应为对数平均温度差

$$\Delta t_{m(并)} = \frac{\Delta t_1 - \Delta t_2}{\ln \dfrac{\Delta t_1}{\Delta t_2}} = \frac{120 - 30}{\ln \dfrac{120}{30}} = 64.9(℃)$$

逆流时

$$\Delta t_1 = T_1 - t_2 = 200 - 120 = 80(℃)$$
$$\Delta t_2 = T_2 - t_1 = 150 - 80 = 70(℃)$$

因为 $\dfrac{\Delta t_1}{\Delta t_2} < 2$,所以此时的平均温度差既可用对数平均温度差表示,也可用这两个温度差的算术平均值表示。

$$\Delta t_{m(逆)} = \frac{\Delta t_1 - \Delta t_2}{\ln \dfrac{\Delta t_1}{\Delta t_2}} = \frac{80 - 70}{\ln \dfrac{80}{70}} = 74.9(℃) \qquad \Delta t'_{m(逆)} = \frac{\Delta t_1 + \Delta t_2}{2} = \frac{80 + 70}{2} = 75(℃)$$

经比较,二者的误差仅为 $\dfrac{75 - 74.9}{74.9} = 1.3 \times 10^{-3}$,符合一般工程应用中简便计算的准确度要求。

由例题可知,当两流体进、出口的温度一定时,选用逆流操作的平均温度差较并流时大,对应所需的传热面积较小,所以化工生产中多采用逆流操作。

2）错流和折流时的平均温度差

冷、热流体在传热面两侧垂直方向流动称为错流;若一侧流体只沿一个方向流动,另一侧流体不断改变流向,或两流体均不断改变流向,称为折流(图 4-24)。

计算错流和折流时的平均温度差,先按逆流算出对流平均温度差 $\Delta t'_m$,再乘以温差校正系数

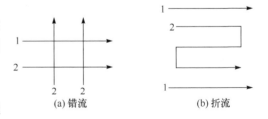

图 4-24　错流、折流示意图

Ψ,即

$$\Delta t_{\mathrm{m}} = \Psi \Delta t'_{\mathrm{m}} \tag{4-39}$$

校正系数 Ψ 与冷、热流体的温度变化有关,是 P、R 因数的函数,即

$$\Psi = f(P,R)$$

其中

$$P = \frac{t_2 - t_1}{T_1 - t_1} = \frac{冷流体温升}{两流体最初温差}$$

$$R = \frac{T_1 - T_2}{t_2 - t_1} = \frac{热流体温降}{冷流体温升}$$

P、R 因数可从相应图中查得,如图 4-25 所示。若找不到 P、R 的组合则表示此换热器无法达到规定的传热要求。

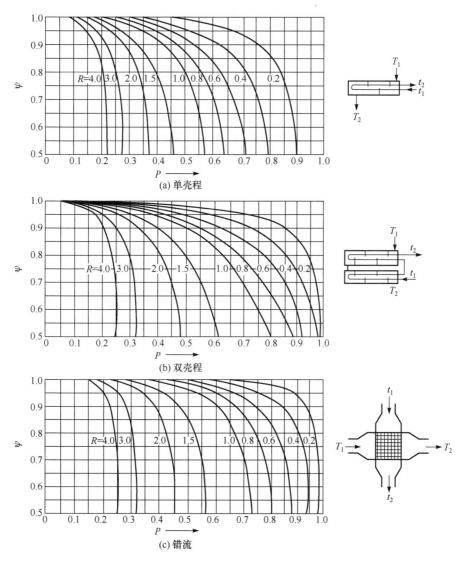

图 4-25　温差校正系数值

校正系数 Ψ 的值恒小于1,表明错流和折流的平均温度差总小于逆流。通常换热器的设

计中会要求 Ψ 值不小于 0.8,若达不到此要求,可考虑增加壳程数或将多台换热器串联使用。

【例 4-10】 在单壳程、双管程的列管式换热器中,热流体温度由 150℃ 下降至 90℃,冷流体温度由 20℃ 上升至 60℃,试求该情形下的平均温度差。

解 据题意,该换热器由单壳程、双管程构成,因此流体呈折流流动。

先求出逆流时的平均温度差,逆流时

$$\Delta t_1 = T_1 - t_2 = 150 - 60 = 90(℃)$$

$$\Delta t_2 = T_2 - t_1 = 90 - 20 = 70(℃)$$

$$\Delta t'_m = \frac{\Delta t_1 - \Delta t_2}{\ln \dfrac{\Delta t_1}{\Delta t_2}} = \frac{90 - 70}{\ln \dfrac{90}{70}} = 79.6(℃)$$

又

$$P = \frac{t_2 - t_1}{T_1 - t_1} = \frac{60 - 20}{150 - 20} = 0.31 \qquad R = \frac{T_1 - T_2}{t_2 - t_1} = \frac{150 - 90}{60 - 20} = 1.5$$

从图 4-25 中查得温差校正系数 $\quad \Psi = 0.93$

所以 $\quad \Delta t_m = \Psi \Delta t'_m = 0.93 \times 79.6 = 74.03(℃)$

4.4.5 壁温计算

在部分对流传热系数的求取、换热器选型及管材选用时需知道壁温,设计时可根据易获取的管内、外流体的平均温度估算出壁温的大小。考虑污垢热阻的影响,可用下式计算壁温

$$Q = \frac{T - T_w}{\left(\dfrac{1}{\alpha_1} + R_{d1}\right)\dfrac{1}{A_1}} = \frac{T_w - t_w}{\dfrac{b}{\lambda A_m}} = \frac{t_w - t}{\left(\dfrac{1}{\alpha_2} + R_{d2}\right)\dfrac{1}{A_2}} \tag{4-40a}$$

式中,Q 为传热速率,W;T、t 分别为热、冷流体平均温度,℃;T_w、t_w 分别为管壁热、冷流体侧的温度,℃;α_1、α_2 分别为热、冷流体对流传热系数,W/(m²·℃);b 为管厚度,m;λ 为管壁导热系数,W/(m²·℃);A_1、A_2、A_m 分别为管壁热、冷流体侧及平均传热面积,m²。

若忽略管壁热阻,管壁两侧温度 $T_w \approx t_w$,计算式可简化为

$$\frac{T - t_w}{\left(\dfrac{1}{\alpha_1} + R_{d1}\right)\dfrac{1}{A_1}} = \frac{t_w - t}{\left(\dfrac{1}{\alpha_2} + R_{d2}\right)\dfrac{1}{A_2}} \tag{4-40b}$$

生产经验表明,管壁温度总是接近对流传热系数大、热阻小一侧的流体温度。

【例 4-11】 有一管径为 $\phi(38 \times 3)$mm、管长为 4.5m 的钢管,热流体走管内,冷流体走管外。已知热流体的平均温度为 120℃,对流传热系数为 600W/(m²·℃);冷流体的平均温度为 80℃,对流传热系数为 11 000W/(m²·℃)。若忽略污垢热阻及管壁导热热阻,试计算管壁的平均温度。

解 由题意,设管的内、外表面积分别为 A_1、A_2,则

$$A_1 = \pi d_1 l = 3.14 \times (38 - 2 \times 3) \times 10^{-3} \times 4.5 = 0.452(\text{m}^2)$$

$$A_2 = \pi d_2 l = 3.14 \times 38 \times 10^{-3} \times 4.5 = 0.537(\text{m}^2)$$

若忽略管壁导热热阻,可用式(4-40a)计算

$$\frac{T - t_w}{\left(\dfrac{1}{\alpha_1} + R_{d1}\right)\dfrac{1}{A_1}} = \frac{t_w - t}{\left(\dfrac{1}{\alpha_2} + R_{d2}\right)\dfrac{1}{A_2}}$$

不计污垢热阻，上式可改写为

$$\frac{T-t_w}{\dfrac{1}{\alpha_1}\cdot\dfrac{1}{A_1}}=\frac{t_w-t}{\dfrac{1}{\alpha_2}\cdot\dfrac{1}{A_2}}$$

即

$$\frac{120-t_w}{\dfrac{1}{600}\cdot\dfrac{1}{0.452}}=\frac{t_w-80}{\dfrac{1}{11\,000}\cdot\dfrac{1}{0.537}}$$

可求得

$$t_w=81.8℃$$

4.4.6　传热计算示例

【例 4-12】　在一逆流操作的列管式换热器中，用热气体将水的温度从 20℃加热到 80℃，同时气体的温度由 130℃下降至 90℃。已知换热器中钢管的规格为 $\phi(25\times2.5)$mm，水走管程，且流量为 2kg/s，水侧和气体侧的对流传热系数分别为 1200W/(m²·℃)和 100W/(m²·℃)，忽略污垢热阻的影响，试计算换热器的传热外表面积。

解　查得水的平均比热容为 4.174kJ/(kg·℃)，管壁的导热系数为 45W/(m·℃)；

此时的管径规格为 $\phi(25\times2.5)$mm；

因此管内径 $d_1=25-2\times2.5=20$(mm)，管外径 $d_2=25$mm，管内、外平均管径 $d_m=\dfrac{20+25}{2}=22.5$(mm)，管厚度 $b=2.5$(mm)。

由热量衡算可求得传热速率

$$Q=W_水 C_{p水}\Delta t=2\times4.174\times10^3\times(80-20)=500.9(kW)$$

以管外表面积 A_2 为基准

$$\frac{1}{K_2}=\frac{d_2}{\alpha_1 d_1}+\frac{bd_2}{\lambda d_m}+\frac{1}{\alpha_2}$$

$$=\frac{0.025}{1200\times0.02}+\frac{0.0025\times0.025}{45\times0.0225}+\frac{1}{100}$$

$$=0.0111(m^2\cdot℃/W)$$

所以

$$K_2=90.1W/(m^2\cdot℃)$$

取

$$\Delta t_1=90-20=70(℃)\qquad\Delta t_2=130-80=50(℃)$$

$$\Delta t_m=\frac{\Delta t_1-\Delta t_2}{\ln\dfrac{\Delta t_1}{\Delta t_2}}=\frac{70-50}{\ln\dfrac{70}{50}}=59.4(℃)$$

根据总传热速率方程可计算出 A_2

$$A_2=\frac{Q}{K_2\Delta t_m}=\frac{500.9\times10^3}{90.1\times59.4}=93.6(m^2)$$

【例 4-13】　有一传热外表面积为 150m² 的列管式换热器，现欲通过冷却水和甲苯在换热器中的逆流操作使甲苯的温度由 80℃下降到 30℃。已知水的质量流量为 2.5kg/s，进、出口温度分别为 20℃、45℃，若换热器的总传热系数为 210W/(m²·℃)，则该换热器能否满足生产要求？

解 据题意,可通过总传热速率方程求出该换热器中的传热速率

取　　　　　　　　　$\Delta t_1 = 80-45=35℃$　　　$\Delta t_2 = 30-20=10(℃)$

$$\Delta t_m = \frac{\Delta t_1 - \Delta t_2}{\ln\dfrac{\Delta t_1}{\Delta t_2}} = \frac{35-10}{\ln\dfrac{35}{10}} = 20.0(℃)$$

所以　　　　　　　$Q_{换热器} = KA\Delta t_m = 210 \times 150 \times 20 = 630(kW)$

生产任务中要求的传热速率可由热量衡算得到,查得水的平均比热容为 4.174kJ/(kg·℃),则

$$Q_{要求} = W_水 C_{p水} \Delta t = 2.5 \times 4.174 \times 10^3 \times (45-20) = 260.9(kW)$$

$Q_{换热器} > Q_{要求}$,即换热器中的传热速率能够满足生产任务要求。

【例 4-14】 列管式换热器中,饱和温度为 150℃ 的饱和水蒸气在管外冷凝,管内流量为 1kg/s 的苯温度从 25℃ 上升到 75℃。若此时将苯流量提高至 1.8kg/s,同时其进、出口温度保持不变,那么需将管外蒸气的压力调至多少?

解 查表得,150℃ 时饱和水蒸气压为 476.24kPa。

原工况中,$Q=KA\Delta t_m$,则

$$\Delta t_m = \frac{\Delta t_1 - \Delta t_2}{\ln\dfrac{\Delta t_1}{\Delta t_2}} = \frac{(150-25)-(150-75)}{\ln\left(\dfrac{150-25}{150-75}\right)} = 97.9(℃)$$

因为蒸气冷凝时的对流传热系数远大于管内无相变时的对流传热系数,因此总传热系数近似等于苯侧的对流传热系数,即

$$K \approx \alpha_苯$$

新工况中,$Q' = K'A\Delta t_m'$,比较各项知

$$\frac{Q'}{Q} = \frac{W_苯{}' C_{p苯} \Delta t}{W_苯 C_{p苯} \Delta t} = \frac{1.8}{1} = 1.8$$

$$\frac{K'}{K} = \frac{\alpha_苯{}'}{\alpha_苯} = (1.8)^{0.8}$$

所以,新工况中的总传热速率方程可改写为

$$1.8Q = (1.8)^{0.8} KA\Delta t_m'$$

$$\Delta t_m' = \frac{1.8}{1.8^{0.8}} \times 97.9 = 110.1(℃)$$

又　　　　$$\Delta t_m' = \frac{(T'-25)-(T'-75)}{\ln\left(\dfrac{T'-25}{T'-75}\right)} = \frac{50}{\ln\left(\dfrac{T'-25}{T'-75}\right)} = 110.1$$

得　　　　　　　　　　　　　$T' = 162.0℃$

查饱和水蒸气表知,此时的饱和水蒸气压为 653.14kPa。

综上所述,为满足新的生产要求,应将管外蒸气压从 476.24kPa 调至 653.14kPa。

4.4.7　传热过程的强化

换热传热过程的强化是指尽可能提高冷、热流体间的传热速率。传热速率的提高有一定的限度,视实际的经济预算和生产条件而定,不能为了增大传热速率而盲目扩展设备尺寸等。根据总传热速率方程 $Q = KA\Delta t_m$,增大总传热系数 K、传热面积 A 或平均温度差 Δt_m,均可有效提高设备的传热速率。

1. 平均温度差 Δt_m

平均温度差的大小由两流体的温度条件和流动形式决定。冷、热流体温度一般由生产工

艺决定,不能依靠提高热流体温度或降低冷流体温度来增大传热速率。不过,有时可采用加热或冷却介质来增大 Δt_{m},当换热器中两侧流体均为变温时,可改进设备结构,使流体在换热器中以逆流或接近逆流的流向流动以得到较大的 Δt_{m}。

2. 传热面积 A

增大传热面积可强化传热,但从节约经济成本的角度出发,增大设备尺寸的手段并不可取,应该考虑提高换热设备单位体积的换热面积。工业上已经使用了许多巧妙的技术手段来扩展传热面积。例如,在翅片式换热器中,在管外表面加装翅片;将传热面制作成波纹形、凹凸形等;使用波纹管、螺纹槽管等强化传热管。直接接触式换热器则直接增大两流体的接触面积。

3. 总传热系数 K

增大总传热系数 K 是化工生产中强化传热的主要途径。总传热系数大小与金属壁热阻、污垢热阻和两侧流体的对流传热系数密切相关。通常金属壁热阻可忽略不计,污垢热阻与两侧流体的对流热阻成为强化传热的决定因素。传热热阻越小,总传热系数 K 值就越大,传热效果越好。污垢热阻可通过定期除垢使其减小,对流传热热阻可通过提高两侧流体的对流传热系数 α_1、α_2 使其减小。当 α_1 与 α_2 接近时,应同时提高 α_1、α_2;当 α_1 与 α_2 相差很大时,提高对流传热系数较小值可显著增大 K 值。工业上常采用多种措施来提高对流传热系数。例如,在管壳式换热器中增加管程数或在壳程中设置挡板,以加剧流体湍动程度,减小对流热阻;在管内装入螺旋圈、纽带等旋流元件增大湍流程度,强化传热;增加传热面粗糙度、采用短管换热器提高对流传热系数。增大流速和流体湍动程度虽能强化传热,但是也会增加流动阻力,使设备的清洁、检修工作增加困难,所以应综合考虑,选择经济合理、技术可行的强化传热方案。

4.5　列管式换热器的设计与选用

列管式换热器的设计过程中,部分参数是已知的,如流体物性、处理量以及工艺要求的进、出口温度等,但部分参数,如流体流向、流道选择等尚未确定。这些未确定的因素关乎总传热系数和平均温度差的大小,须通过多次试算得出合理的数值。在化工生产中,换热器的设计型计算通常会先选定一些参数,然后参照相关行业标准,多次核算、比较后确定出各主要参数的最终值,进而确定换热器的各部分尺寸及型号。

为了方便工程人员选用适宜的列管式换热器型号,国家相关单位制定了系列化标准,列出了常见型号换热器的基本参数,包括公称直径、公称压力、公称换热面积、换热管长度和排列等。

1. 设计时应考虑事项

1）流程的选择

（1）不清洁或易结垢的流体宜走易清洗的一侧,如直管管束的管程和 U 形管管束的壳程。

（2）压力高的流体走管程,可使外壳不承受高压。

（3）腐蚀性流体宜走管程,避免壳体受腐蚀。

（4）需提高流速的流体宜走管程,因为管内截面积比壳程的小,也可采用多管程以增大流速。

（5）有毒流体宜走管程,可减小泄漏概率。

（6）黏度大的流体一般走壳程,由于可流经折流板,流速和流向不断改变,在低 Re 值（$Re > 100$）下即可达到湍流。

（7）饱和蒸气宜走壳程,可及时排出冷凝液,且较清洁。

（8）需冷却的流体宜走壳程,有利于散热。

当各点不能同时满足时,应根据实际情况,抓住问题的主要方面,做出合理的选择。

2）流速的选择

流体流速能直接影响对流传热系数和总传热系数的大小。流速增大,对流传热系数和总传热系数均增大,同时可减小污垢沉积的概率。但是,流速越大,流体阻力也就越大,设备的动力消耗相应增大,所以要综合考虑以选择合适的流速。表 4-7～表 4-9 为工业上常用的流速范围。

表 4-7　列管式换热器中的常用流速范围

流体种类	管程流速/(m/s)	壳程流速/(m/s)	流体种类	管程流速/(m/s)	壳程流速/(m/s)
新鲜水	0.8～1.5	0.5～1.5	一般液体	0.5～3	0.2～1.5
循环水	1～2	0.5～1.5	易结垢液体	>1	>0.5
低黏度油	0.8～1.8	0.4～1	气体	5～30	3～15
高黏度油	0.5～1.5	0.3～0.8			

表 4-8　列管式换热器中不同黏度液体的流速

液体黏度/(mPa·s)	<1	1～35	35～100	100～500	500～1 500	>1 500
最大流速/(m/s)	2.4	1.8	1.5	1.1	0.75	0.6

表 4-9　列管式换热器中易燃、易爆流体的安全流速

流体种类	苯、乙醚、二硫化碳	甲醇、乙醇、汽油	丙酮	氢气
安全流速/(m/s)	<1	<2～3	<10	≤8

3）管子的规格及在管板上的排列方法

对于清洁流体,可选用管径较小的传热管,这样换热器单位体积的传热面积相对较大;对于黏度大、易结垢的流体,管径可取大些,以便清洗和避免堵塞管子。我国目前试行的系列标准中有 $\phi(25×2.5)$mm 和 $\phi(19×2)$mm 等管径规格。管程应与壳程相适应,一般管长与壳径的比值维持在 4～6,同时兼顾管长的合理利用及易于清洁的要求。一般出厂的标准管长为6m,系列标准中换热器的长度分为 1.5m、2m、3m、4.5m、6m、9m。

管子在管板上的排列方法有正三角形、正方形直列和正方形错列等。正三角形排列使管外流体扰动增大,传热效果较好,相同壳程内可排列较多的管子,但不易清洗;正方形直列排列虽然传热效果较正三角形排列差,但便于清洗,多应用于流体易结垢的场合;正方形错列排列可适当改善直列排列时的传热效果。

4）折流挡板

在换热器中安装折流挡板可使壳程内的流体流速增大,从而提高对流传热系数。生产中常用圆缺形挡板,切去的弓形高度约为外壳内径的 15%～45%,一般取 20%～25%,如图 4-26 所示。挡板间距 h 应为壳体内径的 0.2～1 倍,间距过大会使流体沿非垂直方向流过管束,从而减小对流传热系数;间距过小使检修难度加大,流动阻力增加。系列标准中挡板间距有多种选择,但都大于 100mm。

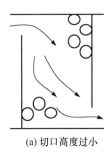
(a) 切口高度过小

(b) 切口高度合适

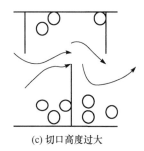
(c) 切口高度过大

图 4-26　挡板切口大小对流动的影响

当缺口面积为壳体内截面积的 25%，且 Re 值为 $2 \times 10^3 \sim 10^6$ 时，可用下式计算对流传热系数

$$Nu = 0.36 Re^{0.55} Pr^{1/3} \left(\frac{\mu}{\mu_w}\right)^{0.14} \tag{4-41a}$$

或

$$\alpha = 0.36 \left(\frac{\lambda}{d_e}\right) \left(\frac{d_e u_0 \rho}{\mu}\right)^{0.55} \left(\frac{C_p \mu}{\rho}\right)^{1/3} \left(\frac{\mu}{\mu_w}\right)^{0.14} \tag{4-41b}$$

式(4-41a)和式(4-41b)中，定性温度除 μ_w 取壁温外，其余均取流体进、出口温度的算术平均值；特征尺寸为当量直径 d_e，当量直径的计算方法如下：

管子正方形排列时
$$d_e = \frac{4\left(t^2 - \frac{\pi}{4}d_0^2\right)}{\pi d_0} \tag{4-42}$$

管子正三角形排列时
$$d_e = \frac{4\left(\frac{\sqrt{3}}{2}t^2 - \frac{\pi}{4}d_0^2\right)}{\pi d_0} \tag{4-43}$$

式中，t 为相邻两管中心距离，m；d_0 为管外径，m。

应指出，对气体，取 $\left(\frac{\mu}{\mu_w}\right)^{0.14} = 1.0$；液体被加热时，取 $\left(\frac{\mu}{\mu_w}\right)^{0.14} = 1.05$；液体被冷却时，取 $\left(\frac{\mu}{\mu_w}\right)^{0.14} = 0.95$。$u_0$ 由流体流过管间的最大截面积 A_0 求得

$$A = hD\left(1 - \frac{d_0}{t}\right) \tag{4-44}$$

式中，h 为折流挡板间距，m；D 为换热器的壳体内径，m。

5) 流动阻力(压力降)的计算

(1) 管程流动阻力。管程总阻力为各程直管阻力、回弯阻力及进、出口局部阻力之和。管程总阻力的计算式为

$$\Delta p_t = (\Delta p_1 + \Delta p_2) F N_s N_p \tag{4-45}$$

式中，Δp_t 为管程总阻力，Pa；Δp_1 为直管的压力降，Pa；Δp_2 为回弯管及进、出口局部阻力引起的压力降，Pa；F 为结垢校正系数，$\phi(25 \times 2.5)$mm 管取 1.4，$\phi(19 \times 2)$mm 管取 1.5；N_s 为壳程数；N_p 为管程数。

式(4-45)中 $\Delta p_1 = \lambda \frac{l}{d} \frac{u^2 \rho}{2}$，$\Delta p_2 = \frac{3}{2} u^2 \rho$，$d$ 为管内径，l 为每根管的长度。

（2）壳程流动阻力。由于壳程中流体流动状态复杂，各壳程流动阻力计算公式的结果相差较大，下面为常用的计算式

$$\Delta p_t = \lambda' \frac{D(N_B+1)}{d_e} \frac{u_0^2 \rho}{2} \tag{4-46}$$

式中，D 为壳体内径，m；N_B 为折流板数；d_e 为当量直径，m；u_0 为壳程流通截面积 A_0 计算的壳程流速，m/s；h 为折流挡板间距，m；d_0 为管外径，m；t 为管中心距，m；λ' 为壳程流体摩擦系数，$\lambda' = 1.72 Re^{-0.19} = 1.72 \left(\dfrac{d_e u_0 \rho}{\mu} \right)^{-0.19}$。

一般来说，液体流经换热器的流动阻力为 $10 \sim 100$kPa，气体为 $1 \sim 10$kPa。设计者应从整体上把握传热面积与流动阻力的选择，在二者之间取平衡。

2. 列管式换热器的选用和设计计算一般步骤

（1）明确传热任务（流体流量，进、出口温度等），查取流体的物性数据备用。

（2）计算热负荷。

（3）计算平均温度差。先按单壳程多管程计算，若温差校正系数小于 0.8，考虑增加壳程数。

（4）依据经验（或表 4-6）选取估计总传热系数，估算传热面积。

（5）选择换热器。确定两流体流经管程或壳程，选择流体流速；由流速和流量估算单管程的管子根数，由管子根数及传热面积估算管长；由系列标准选适当型号的换热器。

（6）计算壳程、管程压力降，若不符合工艺要求，应重设流速等参数，或选用其他型号换热器，直至符合要求。

（7）计算管程和壳程的对流传热系数，确定污垢热阻，求出当前总传热系数，并将其与估计值比较。若二者相差较大，应重新估算 K 值和选择合适型号的换热器，直至计算值与估计值相接近（计算值一般为估计值的 $1.15 \sim 1.25$ 倍）。

（8）根据核算后的 K 值和平均温度差 Δt_m，计算传热面积，并与选定的换热器传热面积比较。选定的换热器传热面积一般比计算值大 $10\% \sim 25\%$。

【例 4-15】 欲用冷却水使某油品的温度由 90℃下降到 50℃。已知油品的处理量为 35 000kg/h，冷却水进、出口温度分别为 20℃和 40℃。试选用一适当型号的列管式换热器。管壁热阻与热损失可忽略不计。

解 冷却水的定性温度为$(20+40)/2 = 30$（℃）。

油品的定性温度为$(90+50)/2 = 70$（℃）。

查得两流体在各自定性温度下的物性数据为

冷却水，$\rho_1 = 995.7$kg/m³，$\mu_1 = 0.8007 \times 10^{-3}$Pa·s，$C_{p1} = 4.174$kJ/(kg·℃)，$\lambda_1 = 0.6176$W/(m·℃)；

油品，$\rho_2 = 820$kg/m³，$\mu_2 = 6.40 \times 10^{-3}$Pa·s，$C_{p2} = 2.2$kJ/(kg·℃)，$\lambda_2 = 0.12$W/(m·℃)。

本题中拟使冷却水走管程，油品走壳程。

（1）**热量衡算**

热负荷　　　　　$Q = W_2 C_{p2} \Delta t_油 = \dfrac{35\ 000}{3600} \times 2.2 \times 10^3 \times (90-50) = 860$（kW）

冷却水流量　　　$W_1 = \dfrac{3600Q}{C_{p1} \Delta t_水} = \dfrac{3600 \times 860 \times 10^3}{4.174 \times 10^3 \times (40-20)} = 37\ 087$（kg/h）

（2）求取平均温度差，一般按单壳程、多管程计算

逆流时的平均温度差　　$\Delta t_{m(逆)} = \dfrac{\Delta t_1 - \Delta t_2}{\ln\dfrac{\Delta t_1}{\Delta t_2}} = \dfrac{(90-40)-(50-20)}{\ln\left(\dfrac{90-40}{50-20}\right)} = 39.2(℃)$

又　　　　　　　　　$R = \dfrac{T_1 - T_2}{t_2 - t_1} = \dfrac{90-50}{40-20} = 2$　　　$P = \dfrac{t_2 - t_1}{T_1 - t_1} = \dfrac{40-20}{90-20} = 0.29$

查图 4-25 得温差校正系数 $\Psi = 0.87$，则

$$\Delta t_m = \Psi \Delta t_{m(逆)} = 0.87 \times 39.2 = 34.1(℃)$$

（3）初步选型

假设总传热系数 $K_设 = 270 W/(m^2 \cdot ℃)$，则

$$A_设 = \frac{Q}{K_设 \Delta t_m} = \frac{860 \times 10^3}{270 \times 34.1} = 93.4(m^2)$$

初步选择换热器型号为 BES 600-2.5-92-6/25-2 I。

其对应的参数为：公称直径 600mm、公称压力 2.5MPa、公称面积 92m²、管长 6m、管子规格 $\phi(25 \times 2.5)$mm、管程数 2、管子总数 198 根、管子采用正方形错列的排列方式。

因此，选定的换热器的总传热系数和传热面积为

$$A_选 = n\pi d_2 l = 198 \times 3.14 \times 0.025 \times 6 = 93.3(m^2)$$

$$K_选 = \frac{Q}{K_选 \Delta t_m} = \frac{860 \times 10^3}{93.3 \times 34.1} = 270.3 W/(m^2 \cdot ℃)$$

（4）核算管程、壳程压降

可按式（4-45）和式（4-46）分别计算出管程压力降和壳程压力降。因题目中并未对其进行限定，所以略去计算过程。

（5）核算总传热系数

管内水流速度　　$u_1 = \dfrac{W_1}{3600\rho_1 \dfrac{\pi}{4} d_1^2 \dfrac{n}{N_p}} = \dfrac{37\,087}{3600 \times 995.7 \times 0.785 \times 0.02^2 \times 99} = 0.33(m/s)$

判断流型　　　　$Re_1 = \dfrac{d_1 u_1 \rho_1}{\mu_1} = \dfrac{0.02 \times 0.33 \times 995.7}{0.8007 \times 10^{-3}} = 0.82 \times 10^4$

属于过渡流动状态。

$$Pr_1 = \frac{C_{p1}\mu_1}{\lambda_1} = \frac{4.174 \times 10^3 \times 0.8007 \times 10^{-3}}{0.6176} = 5.41$$

所以，管内流体的对流传热系数为

$$\alpha_1 = \left(1 - \frac{6 \times 10^5}{Re_1^{1.8}}\right) \times 0.023 \frac{\lambda_1}{d_1} Re_1^{0.8} Pr_1^{0.4}$$

$$= \left[1 - \frac{6 \times 10^5}{(0.82 \times 10^4)^{1.8}}\right] \times 0.023 \times \frac{0.6176}{0.02} \times (0.82 \times 10^4)^{0.8} \times (5.41)^{0.4}$$

$$= 1785[W/(m^2 \cdot ℃)]$$

取折流挡板间距 $h = 150mm$，管中心距 $t = 32mm$。

流通截面积　　$A_截 = hD(1 - d_2/t) = 0.15 \times 0.6 \times (1 - 0.025/0.032) = 0.0197(m^2)$

壳程油品的流速　　$u_2 = \dfrac{W_2}{3600\rho_2 A_截} = \dfrac{35\,000}{3600 \times 820 \times 0.0197} = 0.60(m/s)$

当量直径　　$d_e = \dfrac{4\left(t^2 - \dfrac{\pi}{4}d_2^2\right)}{\pi d_2} = \dfrac{4 \times \left(0.032^2 - \dfrac{\pi}{4} \times 0.025^2\right)}{0.025\pi} = 0.027(m)$

$$Re_2 = \frac{d_e u_2 \rho_2}{\mu_2} = \frac{0.027 \times 0.6 \times 820}{6.4 \times 10^{-3}} = 2076$$

$$Pr_2 = \frac{C_{p2}\mu_2}{\lambda_2} = \frac{2.2\times10^3\times6.4\times10^{-3}}{0.12} = 117.3$$

可按式(4-41)计算壳程流体的对流传热系数，因油品被冷却，所以$\left(\dfrac{\mu_2}{\mu_w}\right)^{0.14}$取0.95。

$$\alpha_2 = 0.36\left(\frac{\lambda_2}{d_e}\right)\left(\frac{d_e u_2 \rho_2}{\mu_2}\right)^{0.55}\left(\frac{C_{p2}\mu_2}{\rho_2}\right)^{1/3}\left(\frac{\mu_2}{\mu_w}\right)^{0.14}$$

$$= 0.36\times\left(\frac{0.12}{0.027}\right)(2076)^{0.55}(117.3)^{1/3}\times0.95$$

$$= 497[\text{W}/(\text{m}^2\cdot\text{℃})]$$

管壁两侧的污垢热阻均取0.0002m²·℃/W，因此，以管外表面积为基准可求出对应的总传热系数

$$\frac{1}{K_2} = \frac{d_2}{\alpha_1 d_1}+R_{d1}\frac{d_2}{d_1}+R_{d2}+\frac{1}{\alpha_2} = \frac{0.025}{1785\times0.02}+0.0002\times\frac{0.025}{0.02}+0.0002+\frac{1}{497}$$

可得
$$K_{计算}=K_2=316\text{W}/(\text{m}^2\cdot\text{℃})$$

将总传热系数的计算值与换热器中的理论值进行比较，$K_{计算}/K_{选}=316/270.3=1.17$，它们的比值为1.15～1.25，符合设计要求。

(6) 核算传热面积

$$A_{计算} = \frac{Q}{K_{计算}\Delta t_m} = \frac{860\times10^3}{316\times34.1} = 79.8(\text{m}^2)$$

$A_{选}/A_{计算}=93.3/79.8=1.17$，即选定换热器的换热面积为计算值的1.17倍，裕量为10%～25%，因此符合设计要求。

综上，选择 BES 600-2.5-92-6/25-2 I 型列管式换热器能够满足题中的生产要求。

本章主要符号

符号	意义	计量单位
英文		
a	温度系数	1/℃
A	传热面积	m²
b	厚度	m
b	润湿周边	m
C	常数	
C_p	定压比热容	J/(kg·℃)
d	直径	m
D	壳体内径	m
g	重力加速度	m/s²
Gr	格拉斯霍夫数	
h	折流挡板间距	m
I 或 i	流体的比焓	J/kg
K	总传热系数	W/(m²·℃)
L 或 l	长度	m

符号	意义	计量单位
n	指数	
n	管数	
N	程数	
N_B	折流板数	
p	压力	Pa
P	因数	
Pr	普朗特数	
q	热通量	W/m^2
Q	传热速率	W
r	半径	m
r	气化或冷凝潜热	J/kg
R	传热热阻	$m^2 \cdot ℃/W$
Re	雷诺数	
t	冷流体温度	℃或 K
t	管中心距	m
T	热流体温度	℃或 K
u	流速	m/s
W	质量流量	kg/s
x,y,z	某点坐标	
希文		
α	对流传热系数	$W/(m^2 \cdot ℃)$
β	体积膨胀系数	$1/℃$
Δ	有限差值	
ε	管入口效应的校正系数	
ε'	弯管效应校正系数	
θ	时间	s
λ	导热系数	$W/(m \cdot ℃)$
λ'	壳程流体摩擦系数	
μ	黏度	Pa·s
ρ	密度	kg/m^3
Ψ	温差校正系数	

习 题

4-1 有一用普通砖砌成的墙壁,其厚度为 210mm,两侧壁面温度分别为 60℃和 35℃,已知普通砖的导热系数为 0.92W/(m·℃),试求此砖墙的热通量。

4-2 在上题的条件下,若在距高温壁面 80mm 处安装一热电偶,则此时热电偶测得的温度为多少?

4-3 某一工业炉壁由两层材料组成,内层为 500mm 厚的耐火砖,外层为 250mm 厚的绝缘砖。若炉的内表面温度 t_1 为 1200℃,外表面温度 t_3 为 150℃。已知耐火砖的导热系数为 1.09W/(m·℃),绝缘砖的导热系数为 $\lambda_2 = 0.27 + 0.0003t$。假设两层砖接触良好,试求两砖间的界面温度和导热的热通量。

4-4 某燃烧炉的平壁由耐火砖、绝热砖和普通砖 3 种砌成,已知它们的导热系数分别为 1.06W/(m·℃)、0.14W/(m·℃)和 0.93W/(m·℃);厚度分别为 420mm、280mm 和 300mm。若炉内壁温为 1400℃,外壁温度为 75℃,设备各层砖间接触良好,求层与层之间的界面温度和炉壁的热通量。

4-5 生产中用 $\phi(38 \times 3)$mm 的钢管做蒸气管道,为减少热损失,计划在管外包扎一层保温层,平均导热系数为 0.09W/(m·℃)。若管内壁温度与保温层外表面温度分别为 160℃和 42℃,保温层厚度取 200mm,这样能否使每米管长的热损失控制在 200W/m 以内? 若不能,应该如何调整保温层厚度?

4-6 蒸气管道外包扎有两层导热系数不同的绝热层 A 和 B,若 A、B 层厚度相等,均为管外径长度的 0.25 倍,A 层的导热系数为 B 层的 0.4 倍。试分析哪一绝热层包扎在里面会使每米管长的热损失相对较小。

4-7 冷却水以 1.4m/s 的流速在 $\phi(38 \times 3)$mm 的圆形直管内流动,进、出口温度分别为 20℃和 50℃。已知管长为 4.5m,试求水与管内壁之间的对流传热系数。

4-8 水在曲率半径为 0.36m 的蛇管中流动,流速为 0.4m/s,温度由 25℃上升至 45℃。已知管径规格为 $\phi(25 \times 2.5)$mm,管长为 6m,试求水与蛇管内壁之间的对流传热系数。

4-9 有一套管式换热器,外管规格为 $\phi(38 \times 3)$mm,内管规格为 $\phi(25 \times 2.5)$mm。冷冻盐水(25% 的 $CaCl_2$ 溶液)在内管中流动,以冷却环隙中的油品,冷冻盐水的流速为 0.4m/s,进、出口温度分别为 -5℃和 20℃。试求冷冻盐水与管壁之间的对流传热系数。该冷冻盐水的部分物性数据为:$\rho = 1230$kg/m³,$\mu = 4 \times 10^{-3}$Pa·s,$C_p = 2.85$kJ/(kg·℃),$\lambda = 0.57$W/(m·℃)。

4-10 常压下,80℃的空气经列管式换热器换热后温度降至 35℃。已知空气以 14m/s 的速度在壳体中沿管长方向流动,该换热器外壳内径为 240mm,共有 32 根 $\phi(25 \times 2.5)$mm 的钢管。试计算空气对管壁的对流传热系数。

4-11 炼油厂内一大型储油罐存有某种油品,通过在罐内加设水平蒸气管为油品供给热量。已知油品温度为 20℃,蒸气管外径为 80mm,管外壁温度为 140℃,试求蒸气对该油品单位面积的传热速率。油品的部分物性数据为:$\rho = 810$kg/m³,$\mu = 5.1 \times 10^{-3}$Pa·s,$C_p = 2.01$kJ/(kg·℃),$\lambda = 0.15$W/(m·℃),$\beta = 2.8 \times 10^{-4}$℃$^{-1}$。

4-12 管径规格 $\phi(38 \times 3)$mm、管长 3m 的单根钢管外有饱和水蒸气冷凝,已知饱和水蒸气压力为 101.325kPa,管外壁平均温度为 92℃。试分别求出钢管竖直放置和水平放置时每小时的蒸气冷凝量。

4-13 流量为 4000kg/h 的煤油在换热器中由 150℃冷却至 90℃,冷却水进、出口温度分别为 15℃和 40℃,已知煤油的比热容为 2.6kJ/(kg·℃),试求水的消耗量。若将水的消耗量减少 1/5,保持冷却水的进口温度不变,则其出口温度怎样变化?

4-14 有一传热面积为 10m² 的列管式换热器,壳程用 120℃饱和水蒸气将管程某溶液由 20℃加热至 80℃,溶液的处理量为 20 000kg/h,比热容为 4.5kJ/(kg·℃),试求此操作条件下的总传热系数。

4-15 在题 4-14 中,若总传热系数保持不变,欲使溶液出口温度上升至 90℃,则应如何调节水蒸气的压力?

4-16 在一管壳式换热器中,用管程流体热柴油来加热壳程流体原油,其中,热柴油的进、出口温度分别为 190℃和 110℃;原油的进、出口温度分别为 30℃和 80℃。试分别求并流与逆流操作时的对数平均温度差。

4-17 流量为 1.4kg/s、初温为 160℃的热油将流量为 1.2kg/s 的水由 20℃加热至 70℃,油的比热容为 2.6kJ/(kg·℃),则可否选用单壳程、双管程的列管式换热器? 若可以,当分别选用单壳程、单管程和单壳程、双管程的列管式换热器时,其对应的平均温度差为多少?

4-18 套管式换热器中,管内流体与管外流体可视为强制湍流传热,已知其对流传热系数分别为

560W/(m²·℃)和 600W/(m²·℃),忽略管壁热阻与污垢热阻,当管内流体流速增大 1 倍时,总传热系数变为原来的多少?

4-19 在列管式换热器中,用水蒸气加热原油,其中水蒸气走壳程,原油走管程。已知管径为 $\phi(19 \times 2)$mm,管外蒸气冷凝传热系数和管内原油的对流传热系数分别为 12kW/(m²·℃)和 3kW/(m²·℃),管壁导热系数 λ 为 45W/(m²·℃),原油侧的污垢热阻为 0.000 18m²·℃/W,蒸气侧污垢热阻可忽略不计,试分别计算基于管内、外表面积的总传热系数。

4-20 在列管式换热器中,用 $T_s = 90$℃的饱和水蒸气给某油品加热,水蒸气走壳程,油品走管程。刚开始油品的进、出口温度分别为 20℃和 40℃,随着操作时间的增加,管内的污垢热阻增大,出口温度降至 34℃。已知油品的处理量为 2.2kg/s,比热容为 2.08kJ/(kg·℃),换热器的传热面积为 12m²,忽略蒸气侧污垢热阻,则管程的污垢热阻为多少?

4-21 在逆流操作的列管式换热器中,用冷却水将 1.3kg/s 的液体由 85℃冷却到 35℃,液体比热容为 1.9kJ/(kg·℃),密度为 840kg/m³,水的进、出口温度分别为 20℃和 45℃。换热器的列管直径为 $\phi(25 \times 2.5)$mm,冷却水走管程。已知水侧和液体侧的对流传热系数分别为 800W/(m²·℃)和 1500W/(m²·℃),污垢热阻均取 0.0002m²·℃/W,试求换热器的传热面积。

4-22 在一列管式换热器中,初温为 20℃、流量为 12 000kg/h 的原油将初温为 160℃的重油冷却至 110℃。已知该换热器的总传热系数为 180W/(m²·℃),重油的处理量为 18 000kg/h,原油与重油的比热容分别为 2.18kJ/(kg·℃)和 2.01kJ/(kg·℃),当分别使用并流、逆流操作时对应所需的传热面积为多少?

4-23 在一单壳程、单管程列管式换热器中,用饱和温度为 130℃的饱和水蒸气加热空气,水蒸气走壳程,其对流传热系数为 1.5×10^4 W/(m²·℃),空气以 20m/s 的速度在管程内流动,进、出口温度分别为 20℃和 90℃。管子规格为 $\phi(25 \times 2.5)$mm 的钢管,管子数共 198 根。试求该换热器的管长。

4-24 欲用循环水将苯从 80℃冷却到 20℃,已知苯的处理量为 12 000kg/h,循环水的进口温度为 25℃,试设计适宜的列管式换热器。定性温度下苯的部分物性数据为:$\rho = 860$kg/m³,$\mu = 0.45 \times 10^{-3}$ Pa·s,$C_p = 1.8$kJ/(kg·℃),$\lambda = 0.14$W/(m·℃)。

思 考 题

1. 列举传热过程的基本方式及其划分依据,并用生活实例加以说明。
2. 阐述气体、液体和固体的导热机理,概括各自主要特点。
3. 多层平壁热传导中各层中的温度降与何种因素密切相关?
4. 比较对流传热系数与导热系数,包括单位、物理意义等方面。
5. 试分析流体有相变时的对流传热系数比无相变时大的原因。
6. 试说明滴状冷凝与膜状冷凝的特点。
7. 蒸气冷凝时定期排放不凝性气体的目的是什么?
8. 液体沸腾的两个前提条件是什么?
9. 总传热系数的主要影响因素有哪些?
10. 总传热系数除了用理论计算求得,还有哪些获取渠道?
11. 逆流与并流操作各自在生产中的优势有哪些?
12. 常见的传热过程强化措施包括哪些?阐述各措施的作用原理。
13. 化工生产中何种类型的换热器应用最广?简要说明其结构特点。
14. 新型换热器类型有哪几种?
15. 在列管式换热器的设计选型中如何确定管程数和壳程数?

第5章 吸 收

5.1 概 述

5.1.1 基本概念

在化工生产中,经常会遇到气体混合物的分离问题,而吸收就是利用混合气体中各组分在某一溶剂中溶解度的不同而实现气体混合物分离的一种重要方法。对于欲吸收分离的目标组分,应使其尽可能地溶解,而其余组分则尽量少溶或不溶。例如,用水处理空气-氨混合气体,由于氨在水中的溶解度很大,而空气在水中的溶解度很小,所以可将氨和空气分离。

气体吸收操作处理的对象即混合气体称为原料气,其中能溶解在溶剂中的组分称为溶质或吸收质,用 A 表示;吸收所用的溶剂(液体)称为吸收剂,用 S 表示;经吸收操作后的气体称为尾气,用 B 表示。其中包括原料气中不溶或微溶的组分,即惰性气体和剩余的未溶解的溶质组分。

5.1.2 吸收的主要用途

吸收过程往往同时兼有净化与回收双重作用。

(1) 回收或捕获气体混合物中的有用组分。例如,合成氨厂用水回收空气中的氨,用水吸收 HCl、SO_3 蒸气制备盐酸、硫酸产品,用洗油处理焦炉气以回收其中的芳烃等。

(2) 除去有害成分以净化气体,保护环境。例如,在以天然气为原料合成氨的原料气中,用乙醇胺吸收反应气体以除去硫化氢气体;电厂锅炉尾气含 SO_2、硝酸生产尾气含 NO_2 等有害气体,均需用吸收方法加以除去,以保护环境。

5.1.3 吸收的分类与流程

吸收操作通常有以下三种分类方法。

(1) 按吸收过程中有无发生化学反应可分为物理吸收和化学吸收。

物理吸收:吸收过程仅是溶质在溶剂中的溶解过程,而溶质与吸收剂不发生明显的化学反应,如用水吸收二氧化碳的操作。

化学吸收:吸收过程中溶质除在吸收剂中溶解外还与吸收剂或吸收剂中的其他物质发生化学反应,如用氢氧化钠溶液吸收二氧化碳的过程。

(2) 按被吸收的组分数目可以分为单组分吸收和多组分吸收。

单组分吸收:吸收过程中只有一种溶质组分被吸收。

多组分吸收:吸收过程中有两种或两种以上溶质组分被同时吸收。

(3) 按吸收过程有无温度变化可以分为等温吸收和变温吸收。

等温吸收:吸收时气液两相温度不发生明显变化。

非等温吸收:吸收时气液两相温度发生明显变化。

一般对热效应很小的吸收过程或低浓度吸收过程,可近似地看成等温吸收。

本章重点介绍单组分的等温物理吸收,包括吸收过程的气液相平衡和物料衡算、填料吸收塔的填料层高度与塔径的计算等。

吸收流程通常在板式塔或填料塔中完成,典型的气液两相一般采用逆流操作。吸收剂自塔顶进入,自上往下流动。混合气体自塔底而上,气液两相在塔内进行气液逆流接触,溶质溶解于溶剂中。吸收后的尾气从塔顶排出,吸收液由塔底放出。单塔逆流吸收流程如图 5-1 所示。

溶质从吸收液中解脱出来的操作过程称为解吸或脱吸。为了使吸收剂循环使用或得到纯净的溶质组分,常将吸收与解吸操作组合起来,形成完整的工艺过程,即联合流程,如图 5-2 所示。

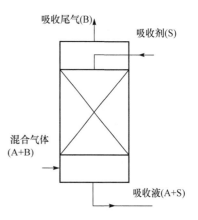

图 5-1　单塔逆流吸收流程

在实际生产过程中可以将多个吸收塔根据需要进行组合连接。图 5-3(a)通过多个塔的串联连接,达到增加塔高的目的;图 5-3(b)通过多个塔的并联连接,达到增加塔径的目的,以上方案均可解决塔高与塔径过大时设备制造及安装中的实际工程问题。

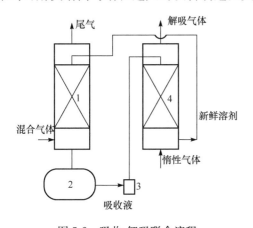

图 5-2　吸收-解吸联合流程

1. 吸收塔;2. 吸收液储槽;3. 泵;4. 解吸塔

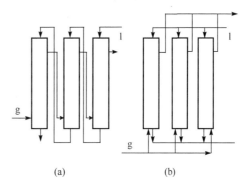

图 5-3　吸收组合流程

5.1.4　吸收剂的选择

吸收操作能否成功很大程度上取决于所选吸收剂的性质,选择吸收剂时应主要考虑以下几点:

(1) 溶解度。溶剂应对被吸收组分(选定组分)有较大的溶解度,溶解度大,吸收过程的推动力大,可以提高吸收速率。同时对于一定量的混合气体,可以减少吸收剂用量。

(2) 选择性。溶剂除了对被吸收组分有较大溶解度外,还要求对其他组分的溶解度尽可能小,否则不能实现有效的分离。

(3) 温度敏感性。溶质在溶剂中的溶解度应对温度变化比较敏感,即不仅在低温下溶解度较大,而且随着温度的上升,溶解度迅速下降,利于被吸收组分解吸,溶剂再生。

(4) 挥发度。溶剂的蒸气压即挥发性要低,以减少吸收或再生时吸收剂的挥发损失。

(5) 黏度。溶剂应有较低的黏度,同时在吸收过程中不易起泡,以实现塔内气液相有良好的接触和塔顶气液相分离。

（6）价廉易得，腐蚀性小，低毒或无毒，不易燃及具有化学稳定性等。

5.2　气液相平衡

5.2.1　气体在液体中的溶解度

气体吸收是一种典型的相际间的传质过程，气液平衡关系是研究气体吸收过程的基础，该关系通常用气体在液体中的溶解度及亨利（Henry）定律表示。

在一定的温度和压力条件下，使一定量的吸收剂与混合气体接触，气相中的溶质向液相转移。随着过程的进行，液相中溶质浓度逐渐增大，直至液相中的溶质组成达到饱和为止。此时，并非没有溶质分子进入液相，只是在任何时候进入液相中的溶质分子与从液相中逸出的溶质分子恰好相等，即溶质在气液两相中的浓度达到动态平衡，把这种状态称为相际动平衡，简称相平衡或平衡。平衡状态下气相中的溶质分压称为平衡分压或饱和分压，液相中溶质浓度称为平衡浓度或平衡溶解度，即溶解度。

平衡溶解度与该组分在气相中的分压之间的关系曲线称为溶解度曲线。图5-4、图5-5和图5-6分别为低压下氨、二氧化硫和氧在水中的溶解度曲线图。

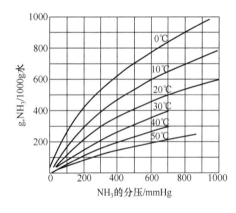

图 5-4　NH_3 在水中的溶解度

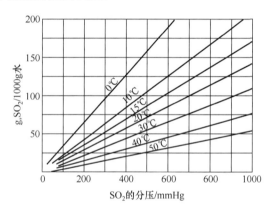

图 5-5　SO_2 在水中的溶解度

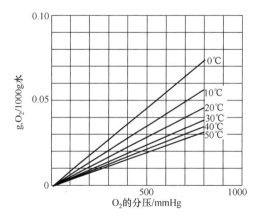

图 5-6　氧气在水中的溶解度

从溶解度曲线图中可以得出如下结论:不同气体在同一溶剂中的溶解度有很大差异。对于绝大多数气体,溶解度随气体分压增大而增大,随温度的升高而减少,如氨溶解度很高,二氧化硫适中,氧属难溶气体。当温度为 20℃,溶质的分压为 20kPa 时,1000kg 水中所能溶解的 NH_3、SO_2 和 O_2 的质量分别为 170kg、22kg 和 0.009kg,这表明 NH_3 易溶于水,O_2 难溶于水,而 SO_2 则介于两者之间。还可以看出,在 20℃时,若分别有 100kg 的 NH_3 和 100kg 的 SO_2 各溶于 1000kg 的水中,则 NH_3 在其溶液上方的分压仅为 9.3kPa,而 SO_2 在其溶液上方的分压为 93.0kPa。至于 O_2,即使在 1000kg 水中溶解 0.1kg 时,其溶液上方 O_2 的分压也超过 220kPa。显然,对于同样组成的溶液,易溶气体溶液上方的分压小,而难溶气体溶液上方的分压大。

5.2.2 亨利定律与相平衡表示方式

亨利定律于 1803 年被提出,用来描述稀溶液(或难溶气体)在一定温度下,当总压不太高(一般不超过 0.5MPa)时,互成平衡的气液两相组成间的关系,即一定温度下稀溶液上方气相中溶质的平衡分压与其在溶液中的摩尔分数成正比。用数学式表示为

$$p_A^* = E x_A \tag{5-1}$$

式中,p_A^* 为溶质在气相中的平衡分压,kPa;x_A 为溶质在液相中的摩尔分数;E 为亨利系数,kPa。

亨利系数由实验测定。常见物系的亨利系数 E 可从有关手册中查得。几种常见气体水溶液的亨利系数见表 5-1。

表 5-1 常见气体水溶液的亨利系数

气体	温度/℃														
	0	5	10	15	20	25	30	35	40	45	50	60	70	80	100
$E \times 10^{-6}$/kPa															
H_2	5.87	6.16	6.44	6.70	6.92	7.16	7.39	7.52	7.61	7.70	7.76	7.75	7.71	7.65	7.55
N_2	5.35	6.05	6.77	7.48	8.15	8.76	9.36	9.98	10.5	11.0	11.4	12.2	12.7	12.8	12.8
空气	4.38	4.94	5.56	6.15	6.73	7.30	7.81	8.34	8.82	9.23	9.59	10.2	10.6	10.8	10.8
CO	3.57	4.01	4.48	4.95	5.43	5.88	6.28	6.68	7.05	7.39	7.71	8.32	8.57	8.57	8.57
O_2	2.58	2.95	3.31	3.69	4.06	4.44	4.81	5.14	5.42	5.70	5.96	6.37	6.72	6.96	7.10
CH_4	2.27	2.62	3.01	3.41	3.81	4.18	4.55	4.92	5.27	5.58	5.58	6.34	6.75	6.91	7.10
NO	1.71	1.96	2.21	2.45	2.67	2.91	3.14	3.35	3.57	3.77	3.95	4.24	4.44	4.54	4.60
$E \times 10^{-5}$/kPa															
C_2H_4	5.59	6.62	7.78	9.07	10.3	11.6	12.9	—	—	—	—	—	—	—	—
CO_2	0.738	0.888	1.05	1.24	1.44	1.66	1.88	2.12	2.36	2.60	2.87	3.46	—	—	—
C_2H_2	0.73	0.85	0.97	1.09	1.23	1.35	1.48	—	—	—	—	—	—	—	—
Cl_2	0.272	0.334	0.399	0.461	0.537	0.604	0.699	0.74	0.80	0.86	0.90	0.97	0.99	0.97	—
H_2S	0.272	0.319	0.372	0.418	0.489	0.552	0.617	0.686	0.755	0.825	0.689	1.04	1.21	1.37	1.50
$E \times 10^{-4}$/kPa															
SO_2	0.167	0.203	0.245	0.294	0.355	0.413	0.485	0.567	0.661	0.763	0.871	1.11	1.39	1.70	—

对一定物系,亨利系数 E 随温度而变化。通常,气体的溶解度随温度升高而减小,即 E 随温度升高而增大。可以根据 E 的大小将气体分为难溶性气体和易溶气体。

当气液两相组成用其他方式表示时,亨利定律的表示形式也相应改变。

(1)当气相组成用分压表示,液相组成用物质的量浓度表示时,则亨利定律可表示为

$$p_A^* = \frac{c_A}{H} \tag{5-2}$$

式中,c_A 为液相中溶质的摩尔浓度,$kmol/m^3$;H 为溶解度系数,$kmol/(m^3 \cdot kPa)$。

同理,溶解度系数 H 也是温度的函数。与 E 相反,H 随着温度的升高而减小。易溶气体的 H 大,难溶性气体的 H 小。

对于密度为 $\rho(kg/m^3)$、平均相对分子质量为 M 的溶液,单位体积溶液的总物质的量为 ρ/M。若该溶液中溶质的摩尔分数为 x_A,则单位体积溶液中溶质的物质的量为 $x_A\rho/M$,即有

$$c_A = \frac{x_A\rho}{M} \tag{5-3}$$

将式(5-3)代入式(5-2)并整理得

$$H = \frac{\rho}{EM} \tag{5-4}$$

式(5-4)可用于 H 与 E 之间的相互换算。

(2)当气液两相均用摩尔分数表示时,亨利定律可表示为

$$y_A^* = mx_A \tag{5-5}$$

式中,y_A^* 为平衡时溶质在气相中的摩尔分数;m 为相平衡常数,无因次。

$$m = \frac{E}{p} \tag{5-6}$$

由式(5-6)可知,对于一定物系,相平衡常数是温度和压力的函数。易溶气体的 m 值小,难溶气体的 m 值大。降低吸收温度和提高总压,使相平衡常数 m 变小,有利于吸收操作。

(3)当气液两相均用比摩尔分数表示时,为方便吸收过程工艺计算,常采用比摩尔分数 Y_A 和 X_A 来表示气液两相的组成。

比摩尔分数 Y_A 和 X_A 的定义分别为

Y_A＝气相中溶质物质的量/气相中惰性组分物质的量＝$y_A/(1-y_A)$

X_A＝液相中溶质物质的量/液相中溶剂物质的量＝$x_A/(1-x_A)$

摩尔分数与比摩尔分数关系可表示为

$$x_A = \frac{X_A}{1+X_A} \tag{5-7}$$

$$y_A = \frac{Y_A}{1+Y_A} \tag{5-8}$$

则亨利定律表示为
$$Y_A = \frac{mX_A}{1+(1-m)X_A} \tag{5-9}$$

当溶液很稀时,X_A 很小,$1+(1-m)X_A \approx 1$,式(5-9)可简化为

$$Y_A = mX_A \tag{5-10}$$

【例 5-1】　25℃下，N_2 水溶液的亨利系数 E 为 8.76×10^6 kPa。试求：(1)常压下含 70％(体积分数)N_2 的水可能达到的最大浓度，分别用摩尔分数 x 和摩尔浓度 c 表示；(2)相应的溶解度系数 H 和相平衡系数 m。

　　解　气相溶质分压　　　　　　　　$p_A = 0.7 \times 101.3$ kPa $= 70.91$ kPa

(1) 根据式(5-1)

$$x_A^* = p/E = 70.91/(8.76 \times 10^6) = 8.095 \times 10^{-6}$$

对稀溶液，取溶液密度 $\rho = 1000$ kg/m³，溶液的摩尔质量 $M = 18$ kg/kmol，则

$$c_A^* = x_A^* \times \rho/M = 8.095 \times 10^{-6} \times 1000/18 = 4.497 \times 10^{-4}\ (\text{kmol/m}^3)$$

(2) 根据式(5-6)

$$H = \rho/(EM) = 1000/(8.76 \times 10^6 \times 18) = 6.342 \times 10^{-6}\ [\text{kmol/(m}^3 \cdot \text{kPa)}]$$

$$m = E/p = 8.76 \times 10^6\ \text{kPa}/101.3 \times 10^5\ \text{kPa} = 0.8648$$

5.2.3　相平衡的影响因素

　　气液相平衡关系受气液相组成、温度、压力等因素的影响。当体系确定后，温度、压力将影响相平衡关系。根据亨利定律 $y = mx$，由公式(5-6)可知，相平衡系数与亨利系数成正比而与体系总压成反比。亨利系数随温度的升高而增加，不同温度下的相平衡关系可以查相应手册或利用公式计算。由此可知，相平衡系数将随温度升高而增大，随体系压力增加而减小。

【例 5-2】　在例 5-1 中当总压增大 1 倍，其他条件不变时，每立方米溶液中可溶解多少氮气？

　　解　总压增大，H 不变，但气体混合物中氮气的分压也随着增大，此时

$$p_A^* = p y_A = 2 \times 101.3 \times 10^3 \times 0.7 = 141.8\ (\text{kPa})$$

与之平衡的液相浓度为

$$c_A^* = p_A^* \times H = 141.8\ \text{kPa} \times 6.342 \times 10^{-6}\ \text{kmol/(m}^3 \cdot \text{kPa)} = 8.993 \times 10^{-4}\ \text{kmol/m}^3$$

由此可见，总压增大，溶解度也随之增大。

5.2.4　相平衡与吸收过程的关系

　　1. 判断传质过程进行的方向

　　当不平衡的气液两相接触时，是发生吸收过程还是解吸过程，由相平衡关系决定。当气相中溶质浓度 Y 大于与液相组成平衡的气相组成 Y^* 时，即 $Y > Y^*$，如图 5-7 中的 A 点，即体系相点处于平衡线的上方，则溶质由气相转入液相，发生吸收过程。反之，当气相中溶质浓度 Y 小于与液相组成平衡的气相组成 Y^* 时，即 $Y < Y^*$，如图 5-7 中的 B 点，体系相点处于平衡线的下方，则溶质必然从液相中解吸出来，发生解吸过程。

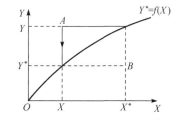

图 5-7　气液传质过程方向的确定

　　2. 确定吸收进行的限度

　　如图 5-7 所示，当组成分别为 Y、X 的气液两相接触时，气相中的 A 组分将向液相转移，气相 A 组成将沿着箭头方向降低，即体系相点下移直至与平衡线相交，达到平衡状态，此时净传递速率为零，所以平衡是过程进行的极限。利用相图可以计算液相最高浓度 $X_{\max}$ 和气相最低浓度 $Y_{\min}$：

$$X_{\max} = X_A^* = Y_A/m$$

$$Y_{\min} = Y_A^* = mX_A$$

3. 计算过程的推动力

平衡是过程的极限,当不平衡的气液两相接触时,将发生溶质的转移。其组成(X,Y)偏离平衡组成越远,则过程的推动力越大。在吸收(解吸)过程计算中,通常用实际组成与平衡组成的差值来表示过程推动力的大小。如图 5-7 所示,若状态点为 $A(X,Y)$,过程进行的推动力可用气相浓度差来表示,即$(Y-Y^*)$,也可用液相浓度差(X^*-X)表示。

5.3　传质机理与吸收速率方程

传质过程可以在一相中进行,也可以在两相之间进行,一相中的传质称为单相传质,两相之间的传质称为相间传质。一相中的传质单元操作有热扩散、膜分离等;两相间的传质单元操作有吸收与解吸、蒸馏、液液萃取、吸附、干燥等。相间传质是分离过程的基础。下面将以吸收操作为例从传质过程机理讨论相间传质规律和推导吸收速率方程。

5.3.1　分子扩散和菲克定律

混合气体中的吸收质从气相转移到液相的过程一般可分成三个步骤:
(1) 物质从气相的主体转移到两相界面。
(2) 界面上的物质从气相进入液相。
(3) 进入液相的物质从界面向液相主体转移。

可见,吸收质从气相至液相的传质过程可以分为气液单相中的传质和相界面上的传质。其中在气液两相内的传质方式有两种:分子扩散和对流传质。

在静止的流体内当流体内部某组分存在着浓度差时,由于微观的分子热运动使该组分由高浓度处传至低浓度处,这种传质方式称为分子扩散。分子扩散速率可用菲克(Fick)定律来描述:

$$J_A = -D_{AB}\frac{\mathrm{d}c_A}{\mathrm{d}z} \tag{5-11}$$

式中,J_A 为组分 A 在单位时间、单位面积上的扩散量,称为扩散速率,$\mathrm{kmol/(m^2 \cdot s)}$;$\dfrac{\mathrm{d}c_A}{\mathrm{d}z}$ 为组分 A 在 z 方向上的浓度梯度,$\mathrm{kmol/m^4}$;D_{AB} 为组分 A 在 B 中的扩散系数,$\mathrm{m^2/s}$。

菲克定律表明,只要混合物中存在浓度梯度,就一定会产生由分子扩散引起的质量传递,但菲克定律仅适用于描述由于分子无规则热运动而引起的扩散过程。菲克定律作为描述物质分子扩散现象的基本规律,其表现形式与牛顿黏性定律、傅里叶热传导定律类似。

对于由理想气体组成的混合物,组分 A 的浓度与其分压的关系为:$c_A = p_A/(RT)$,$\mathrm{d}c_A = \mathrm{d}p_A/(RT)$,代入式(5-11)求得菲克定律的另外一种表达式:

$$J_A = -\frac{D_{AB}}{RT}\frac{\mathrm{d}p_A}{\mathrm{d}z}$$

在传质单元操作过程中,分子扩散有两种形式,即双向扩散(等摩尔反向扩散)和单向扩散,现在分别予以讨论。

1. 等摩尔反向扩散

如图 5-8 所示,用一段等直径的直管将两个很大的容器连通。两容器内分别充有浓度不同的 A、B 两种气体,其中 $p_{A1} > p_{A2}$,$p_{B1} < p_{B2}$,并保持两容器内混合气体的温度及总压都相同。两容器内均装有搅拌器,用以保持各自浓度均匀。显然,由于连接管两端容器存在浓度差异,在连通管中将发生分子扩散现象,即 A 物质向右传递而 B 物质向左传递。由于容器很大而连通管较细,在有限时间内扩散作用不会使两容器内的气体组成发生明显的变化,因此可以认为 1,2 两截面上的 A、B 分压都维持不变,连通管中发生的分子扩散过程是稳定的。

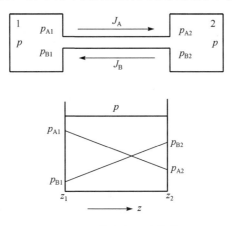

图 5-8　等摩尔反向扩散

因为两容器内气体总压相同,所以连通管内任一截面上单位时间单位面积向右传递的 A 分子数与向左传递的 B 分子数必定相等。这种情况属于稳定的等摩尔反向扩散。即 $J_A = -J_B$。

在任一固定的空间位置上,单位时间通过单位面积的 A 的物质的量,称为 A 的传递速率,以 N_A 表示。对于等摩尔反向扩散过程,有

$$N_A = -N_B$$

因此得

$$N = N_A + N_B = 0$$

将以上关系代入式(5-11),可得

$$N_A = J_A = -D \frac{\mathrm{d}c_A}{\mathrm{d}z} = -\frac{D}{RT} \frac{\mathrm{d}p_A}{\mathrm{d}z} \tag{5-12}$$

即在单纯的等摩尔反向扩散中,物质 A 的传递速率应等于 A 的扩散通量。而且,对于上述条件下的稳定过程,连通管内各横截面上的 N_A 值应为常数,因而 $\mathrm{d}p_A/\mathrm{d}z$ 也是常数,因此 p_A-z 应呈直线关系(图 5-8)。参考图 5-8,式(5-12)的边界条件为

$$z_1 = 0 \qquad p_A = p_{A1}（截面 1） \tag{1}$$
$$z_2 = z \qquad p_A = p_{A2}（截面 2） \tag{2}$$

则可得到

$$N_A \int_0^z \mathrm{d}z = -\frac{D}{RT} \int_{p_{A1}}^{p_{A2}} \mathrm{d}p_A$$

解得

$$N_A = \frac{D}{RTz}(p_{A1} - p_{A2}) \tag{5-13}$$

【例5-3】 NH_3 和 N_2 在一等径圆管两端互相扩散(图5-8),管内温度均匀为25℃,总压恒定为 1×10^5 Pa。在左端,$p_1(NH_3)=2\times10^4$ Pa,在右端,$p_2(NH_3)=1\times10^4$ Pa,左右两端距离为0.1m。已知 NH_3-N_2 的扩散系数 $D=2.36\times10^{-5}$ m²/s。试求 N_2 的传质通量(均视为理想气体)。

解 由于管内压力、温度均匀,因此若有1mol的 N_2 从点1扩散到点2,则必有1mol的 NH_3 从点2扩散到点1。此题属于等摩尔反向扩散,在1、2两端点处 N_2 分压为

$$p_1(N_2)=p-p_1(NH_3)=1\times10^5-2\times10^4=8\times10^4\text{(Pa)}$$
$$p_2(N_2)=p-p_2(NH_3)=1\times10^5-1\times10^4=9\times10^4\text{(Pa)}$$

在本题的条件下 NH_3 和 N_2 均可视为理想气体,因此由式(5-12)可得

$$N_{(N_2)}=\frac{D[p_1(N_2)-p_2(N_2)]}{RTz}=\frac{2.36\times10^{-5}(9\times10^4-8\times10^4)}{8.314\times(273+25)\times0.1}=9.525\times10^{-4}[\text{kmol}/(\text{m}^2\cdot\text{s})]$$

2. 单向扩散

如图5-9所示在吸收过程中,当混合气体与吸收剂接触时,在相界面处组分A溶解,其浓度降低,分压减小,因此,在气相主体与气相界面之间产生浓度及分压梯度,则A组分从气相主体向界面扩散。同时,界面附近的总压因A组分的溶解而比气相主体的总压稍低一点,将A、B混合气体从主体向界面移动,我们将这种现象称为总体流动。

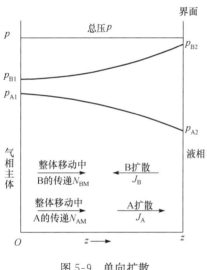

图 5-9 单向扩散

由于惰性组分B不溶解,同时随着混合气体从气相主体向界面传递,因此界面处B组分的浓度增大。而主体向界面的整体移动所携带的B组分,其传递速率用 N_{BM} 表示。在总压力恒定的条件下,界面处A组分的分压减小,B组分的分压增大,造成B组分界面处的分压高于主体分压,会有B组分从界面向主体扩散,扩散速率用 J_B 表示。J_B 与 N_{BM} 两者数值相等,方向相反,在宏观表现上没有B组分的传递,即 $J_B=N_{BM}$ 或 $N_B=0$。

对于A组分,其扩散方向与整体移动方向相同,所以,与等摩尔反相扩散比较,组分A的传质速率较大,即 $N_A=J_A+N_{AM}$

总体流动是A、B两种物质并行的传递运动。因此,单从总体流动的角度来看,两种物质具有相同的传递方向和传递速度。所以,它们在总体流动通量中各自所占的份额与其各自的物质的量浓度成正比,即与其摩尔分数相同:

$$\frac{N_{AM}}{N_{BM}}=\frac{x_A}{x_B}\qquad\qquad N_{AM}=\frac{x_A N_{BM}}{x_B}$$

代入上式得

$$N_A=J_A+N_{AM}=J_A+\frac{x_A N_{BM}}{x_B}$$

由式 $J_B=-N_{BM}$,$J_A=-J_B$ 有

$$N_A=J_A\left(1+\frac{x_A}{x_B}\right)=J_A/x_B=\frac{J_A}{(1-x_A)}$$

将式 $J_A=-D_A dc_A/dz$ 代入上式得

$$N_A = \frac{-D_A dc_A}{dz}(1 + x_A/x_B) = -D_A \frac{dc_A}{dz} \cdot \frac{c}{c - c_A} \tag{5-14}$$

式中,总浓度 $c = c_A + c_B$,由该式可知,单向扩散时的 N_A 比等摩尔反向扩散时的 N_A 大,是其 c/c_B 倍。在稳态吸收过程中,N_A 为定值,操作条件一定,D_A 均为常数,将式(5-14)在 $z = 0$, $c_A = c_{A1}$ 与 $z = z$,$c_A = c_{A2}$ 之间积分,得

$$N_A = D_A \frac{c}{z} \ln \frac{c - c_{A2}}{c - c_{A1}} = D_A \frac{c}{z} \ln \frac{c_{B2}}{c_{B1}} \tag{5-14a}$$

因 $c = c_{A1} + c_{B1} = c_{A2} + c_{B2}$,将式(5-14a)改为

$$N_A = D_A \frac{c}{z} \cdot \frac{c_{A1} - c_{A2}}{c_{B2} - c_{B1}} \ln \frac{c_{B2}}{c_{B1}} = \frac{D_A}{z} \cdot \frac{c}{c_{Bm}}(c_{A1} - c_{A2}) \tag{5-14b}$$

$$c_{Bm} = \frac{c_{B2} - c_{B1}}{\ln \dfrac{c_{B2}}{c_{B1}}} \tag{5-14c}$$

式中,c/c_{Bm} 称为漂流因子,其值总是大于 1,说明单向扩散的传质速率比等摩尔反向扩散时的传质速率大。原因在于单向扩散中除了分子扩散外还有混合物的整体移动。c/c_{Bm} 越大,整体移动在传质中所占的比例就越大。当气相中 A 组分浓度很小时,c/c_{Bm} 接近于 1,此时整体移动可以忽略不计,看作等摩尔反相扩散。上式中组分浓度用分压表示式有

$$N_A = \frac{D_A p}{RTz} \cdot \frac{p_{A1} - p_{A2}}{p_{B2} - p_{B1}} \ln \frac{p_{B2}}{p_{B1}} = \frac{D_A}{RTz} \cdot \frac{p}{p_{Bm}}(p_{A1} - p_{A2}) \tag{5-14d}$$

5.3.2　涡流扩散与对流传质

工业生产中,流体常呈湍流流动,此时主要借助流体质点的脉动与混合,将组分从高浓度处携带至低浓度处,实现组分的传递,这一现象称为涡流扩散。涡流扩散时,流体质点是大量分子的微团,因此在浓度梯度方向上质点脉动与混合所产生的物质扩散将比分子扩散快得多。涡流现象很复杂,由它所导致的物质扩散也要比分子扩散复杂得多。为讨论方便,借用菲克定律的形式表示涡流扩散速率:

$$J_{AE} = -D_E \frac{dc_A}{dz} \tag{5-15}$$

式中,D_E 为涡流扩散系数,m^2/s。

涡流扩散系数不是物质的属性,它与湍流程度有关,且随位置的不同而不同,因此,它与扩散系数有本质的不同。

湍流流体中进行涡流扩散的同时存在由浓度差产生的分子扩散,只是在不同区域中,两种扩散所起的作用不同。在湍流区,涡流扩散远大于分子扩散;在层流底层,涡流扩散不存在;介于湍流区与层流底层之间的过渡区,涡流扩散与分子扩散都占有相当的地位。因此有

$$J_{AE} = -(D_E + D) \frac{dc_A}{dz} \tag{5-16}$$

由此可见,流动流体的传质过程是湍流主体的涡流扩散与界面附近的分子扩散的总结果。这种传质称为对流传质。对流传质过程分两种情况。

第一种情况是在与传质方向垂直的方向呈滞留流动的流体内,此时物质的传递机理仍为分子扩散,但流体流动将改变横截面上的浓度分布。以气相与界面的传质为例,组分 A 的浓度分布由静止气体的直线 1 变为曲线 2,如图 5-10 所示,根据扩散速率方程 $N_A = J_A = $

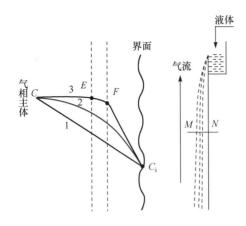

图 5-10　气膜层内的浓度分布

1. 气体静止；2. 层流；3. 湍流

$-D\dfrac{\mathrm{d}c_A}{\mathrm{d}z}$，由于浓度梯度变大，强化了传质过程。

第二种情况是当流体湍流程度加强时，横向的湍流脉动促进了横向的物质传递，流体主体的浓度分布被均化，浓度梯度（图 5-10 中曲线 3）在靠近界面的区域进一步变大，在主体与界面浓度差相同的情况下，传递速率得到进一步提高。

5.3.3　吸收过程机理及吸收速率方程

前面已提到吸收过程是溶质从气相转移到液相的质量传递过程。从机理的角度观察，吸收过程由两步单相中的传质过程和一步相界面上的传质过程组成。溶质传递可借助于分子扩散，也可依靠对流扩散（对流分散）。传质过程是复杂的，多因素的。对此，研究者提出了各种传质模型，其中双膜理论是化简的，也是本源性的理论模型，应用比较普遍。

双膜理论的基本要点包括以下三点。

（1）互相接触的气液流体间有固定界面，界面两侧分别存在着呈滞流流动的气膜和液膜，溶质以分子扩散穿过膜层。

（2）界面上气液两相构成溶解平衡。

（3）膜层外两流体主体内，流体湍动充分，浓度均匀。全部浓度梯度集中在膜层内，也就是说过程阻力集中在膜层之中。双膜理论将两相中的传质过程分解成两个单相中的扩散和相界面上的传质过程的组合。同时假设相界面上传质阻力很小，达到平衡状态，因此，就可以用菲克定律来描绘两相之间的传质过程。下面以吸收过程为例，用双膜理论推导吸收速率方程。

图 5-11 为双膜理论示意图。设气相主体中溶质分压为 p，以 i 为相界面处参数的下标，气相溶质分压、液相溶质物质的量浓度分别为 p_i 和 c_i，液相主体中溶质物质的量浓度为 c，则气膜内存在溶质分压差（$p-p_i$），液膜内存在溶质物质的量浓度差（c_i-c）。

气膜内以分压差表示的传质推动力为 $p-p_i$，液膜内以物质的量浓度差表示的传质推动力为 c_i-c，则溶质通过气膜、液膜的传质速率分别为

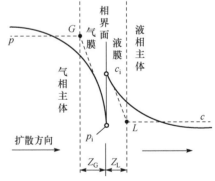

图 5-11　双膜理论示意图

$$N_G=k_G(p-p_i)\quad N_L=k_L(c_i-c)\qquad(5\text{-}17)$$

式中，k_G 为气膜传质系数；k_L 为液膜传质系数。

界面上　　　　　　　$$p_i=\frac{c_i}{H}\qquad N_G=k_G(p-p_i)=k_G\left(p-\frac{c_i}{H}\right)$$

由于　　　　　　　　$$N_L=k_L(c_i-c)\qquad c_i=\frac{N_L}{k_L}+c$$

整理上式得

$$\frac{N_G}{k_G}=p-\frac{1}{H}\left(\frac{N_L}{k_L}+c\right)=p-\frac{1}{H}\frac{N_L}{k_L}-\frac{c}{H}=p-\frac{1}{H}\frac{N_L}{k_L}-p^*$$

$$\frac{N_G}{k_G} + \frac{N_L}{Hk_L} = p - p^*$$

在稳定传质过程中，$N_G = k_G(p - p_i) = N_L = k_L(c_i - c)$，可用 N 表示传质速率，所以

$$N = \frac{p - p^*}{\dfrac{1}{k_G} + \dfrac{1}{Hk_L}} = K_G(p - p^*) \tag{5-18}$$

其中 $\dfrac{1}{K_G} = \dfrac{1}{k_G} + \dfrac{1}{Hk_L}$，总系数 K_G 的倒数称为以气相分压为推动力的传质方程气相总阻力。

$\dfrac{1}{k_G}$、$\dfrac{1}{k_L}$ 分别称为气膜阻力和液膜阻力；对于易溶气体，溶解度 H 很大，$\dfrac{1}{Hk_L} \ll \dfrac{1}{k_G}$，$K_G \approx k_G$，阻力主要来自气膜，此过程称为气膜控制过程。$p - p^*$ 为吸收过程推动力。

若气相浓度用比摩尔分数表示时，吸收速率方程可推导如下

因为 $\qquad\qquad y = \dfrac{Y}{Y+1} \qquad p = p_{总} y = p_{总} \dfrac{Y}{1+Y}$

所以

$$N = K_G(p - p^*) = K_G p_{总}(y - y^*) = K_G p_{总}\left(\frac{Y}{1+Y} - \frac{Y^*}{1+Y^*}\right)$$

$$= \frac{K_G p_{总}}{(1+Y)(1+Y^*)}(Y - Y^*) = K_Y(Y - Y^*) \tag{5-19}$$

式中，$K_Y = \dfrac{K_G p_{总}}{(1+Y)(1+Y^*)}$ 为气相总吸收系数，$\text{kmol}/(\text{m}^2 \cdot \text{s})$。当 Y 很小时，$K_Y \approx K_G p_{总}$

同理可推导以液相浓度为推动力的吸收速率方程为

$$N = K_L(c^* - c) = K_L\left(c_{总}\frac{X^*}{1+X^*} - c_{总}\frac{X}{1+X}\right)$$

$$= \frac{K_L c_{总}}{(1+X^*)(1+X)}(X^* - X) = K_X(X^* - X) \tag{5-20}$$

式中，$K_X = \dfrac{K_L c_{总}}{(1+X^*)(1+X)}$ 为液相总吸收系数，$\text{kmol}/(\text{m}^2 \cdot \text{s})$。对于难溶气体，$H$ 很小，$K_L \approx k_L$，此过程称为液膜控制。当组分 A 浓度很低时，$(X^* + 1)(X + 1)$ 可近似为 1，$K_X = K_L c_{总}$。

【例 5-4】 已知某低浓度气体溶质被吸收时，平衡关系符合亨利定律，气膜传质系数 $k_G = 5 \times 10^{-6}$ $\text{kmol}/(\text{m}^2 \cdot \text{s} \cdot \text{kPa})$，液膜传质系数 $k_L = 1.5 \times 10^{-4} \text{m/s}$，溶解度系数 $H = 0.73 \text{kmol}/(\text{m}^3 \cdot \text{kPa})$。试求气相总传质系数 K_G，并分析该吸收过程的控制因素。

解 因为系统符合亨利定律，因此

$$\frac{1}{K_G} = \frac{1}{k_G} + \frac{1}{Hk_L} = \frac{1}{5 \times 10^{-6}} + \frac{1}{0.73 \times 1.5 \times 10^{-4}} = 2.09 \times 10^5 [(\text{m}^2 \cdot \text{s} \cdot \text{kPa})/\text{kmol}]$$

所以 $\qquad\qquad\qquad K_G = 4.78 \times 10^{-6} \text{kmol}/(\text{m}^2 \cdot \text{s} \cdot \text{kPa})$

气膜阻力

$$\frac{1}{k_G} = \frac{1}{5 \times 10^{-6}} = 2 \times 10^5 [(\text{m}^2 \cdot \text{s} \cdot \text{kPa})/\text{kmol}]$$

而液膜阻力

$$\frac{1}{Hk_L} = \frac{1}{0.73 \times 1.5 \times 10^{-4}} = 9.13 \times 10^3 [(\text{m}^2 \cdot \text{s} \cdot \text{kPa})/\text{kmol}]$$

因为液膜阻力远小于气膜阻力,所以该吸收过程为气膜控制

$$\frac{气膜阻力}{总阻力}=\frac{2\times10^5}{2.09\times10^5}=0.957$$

即气膜阻力占总阻力的 95.7%,所以该吸收过程为气膜控制。

5.3.4 传质系数

由前面分析可见,可用多种速率吸收方程描绘吸收过程,吸收速率方程中的传质系数将随气液浓度表示方法的不同而有所不同。通过与传热过程对比,发现吸收过程与传热过程在机理和速率计算上十分相似。表 5-2 列出了两者的对比情况。

表 5-2 传质系数与传热系数对比

	吸收	传热
膜速率方程式	$N_A=k_G(p-p_i)=k_L(c_i-c)$	$\frac{Q}{S}=\alpha_1(T-T_w)=\alpha_2(t_w-t)$
总速率方程式	$N_A=K_G(p-p^*)=K_L(c^*-c)$	$\frac{Q}{S}=K(T-t)$
膜系数	k_G,k_L	α_1,α_2
总系数	K_G,K_L	K_0,K_1

传质过程的影响因素十分复杂,对于不同的物系、不同类型和尺寸填料、不同的流动状况,传质系数各不相同,目前还没有通用的计算方法。目前,获取传质系数的途径主要有三种:一是实验测定;二是选用经验公式计算;三是选用适当的推导关联式进行计算。一般都是针对具体的物系,在一定的操作条件和设备条件下,通过实验测定。这里给出几个经典的经验公式。

传质系数的经验公式是物系在一定的实验条件下得到的,应用时要注意其适用范围。

1) 用水吸收氨

用水吸收氨属于易溶气体的吸收,吸收的主要阻力在气膜内,液膜阻力约占 10%。其气膜体积传质系数的经验公式为

$$k_Ga=6.07\times10^{-4}G^{0.9}W^{0.39} \tag{5-21}$$

式中,k_Ga 为气膜体积传质系数,kmol/(m³·h·kPa);G 为气相空塔质量速度,kg/(m²·h);W 为液相空塔质量流速,kg/(m²·h)。

式(5-21)适用条件:在直径为 12.5mm 的陶瓷环形填料塔中用水吸收氨。

2) 常压下用水吸收二氧化碳

用水吸收二氧化碳属于难溶气体的吸收,吸收的主要阻力在液膜内。根据实验数据得出的计算液膜体积吸收系数的经验公式为

$$k_La=2.57U^{0.96} \tag{5-22}$$

式中,k_La 为液膜体积传质系数,1/h;U 为喷淋密度,即单位时间内喷淋在单位塔截面积上的液体体积,m³/(m²·h)或者 m/h。

式(5-22)的适用条件:

(1) 常压下用水吸收二氧化碳。

(2) 填料直径为 10~32mm 的陶瓷环。

(3) 喷淋密度 $U=3\sim20\text{m}^3/(\text{m}^2\cdot\text{h})$。

(4) 气相空塔质量流速为 130~580kg/(m²·h)。

(5) 温度为 21~27℃。

3）用水吸收二氧化硫

用水吸收二氧化硫属于中等溶解度气体的吸收，气膜阻力和液膜阻力相当。其气膜和液膜体积传质系数的经验公式为

$$k_G a = 9.81 \times 10^{-4} G^{0.7} W^{0.25} \tag{5-23}$$

$$k_L a = \alpha W^{0.82} \tag{5-24}$$

式（5-24）中的 α 值见表 5-3。

表 5-3　式（5-24）中 α 值

温度	10℃	15℃	20℃	25℃	30℃
α	0.0093	0.0102	0.0116	0.0128	0.0143

式（5-23）、式（5-24）的适用条件：

（1）气相空塔质量流速 G 为 320～4150kg/（m² · h）。

（2）液相空塔质量流速 W 为 4400～58 500kg/（m² · h）。

（3）直径为 25mm 的环形填料。

5.4　吸收塔的计算

化工单元设备的计算，按给定条件、任务和要求的不同，一般可分为设计型计算和操作型计算两大类，前者是按给定的生产任务和工艺条件来设计满足任务要求的单元设备，后者则根据已知的设备参数和工艺条件来计算所能完成的任务。两类计算所遵循的基本原理和所用的方程都相同，只是具体的计算方法和步骤有些不同而已。

吸收操作多采用塔式设备，既可采用气液两相在塔内逐级接触的板式塔，也可采用气液两相在塔内连续接触的填料塔。在工业生产中，以采用填料塔为主，因此本节对吸收过程计算的讨论结合填料塔进行。

在填料塔内的气液两相可做逆流流动也可做并流流动。在一般情况下多采用逆流操作，与传热过程相似，在对等条件下，逆流的平均推动力大于并流。同时，逆流时下降至塔底的液体与刚进塔的气体接触，有利于提高出塔的液体浓度，且减小吸收剂的用量；上升至塔顶的气体与刚进塔的新鲜吸收剂接触，有利于降低出塔的气体浓度，从而提高溶质的回收率。

但是，逆流操作时向下流的液体受到上升气体的作用（又称曳力），这种曳力过大时会阻碍液体的顺利下流，因而限制了吸收塔所允许的液体和气体流量，但设计、操作恰当，这一缺点可以克服，因此一般吸收操作多采用逆流。

5.4.1　物料衡算

通过吸收塔的气体混合物中含有溶质和不被吸收的惰性组分，而液体中含有吸收剂和溶解于其中的溶质。在吸收过程中，气相中的溶质不断转移到液相中，使其在气体混合物中的量不断减少，而在溶液中的量不断增多。但气相中惰性气体量和液相中吸收剂的量始终不变。因此，在进行物料衡算过程中，以不变的惰性气体流量和吸收剂的流量作为计算的基准，并用物质的量比表示气相和液相的组成最为方便。

1. 物料衡算

在填料塔内，吸收操作通常采用逆流接触运行。下面以气液两相逆流接触的填料吸收塔为例进行讨论。下标 1 为塔底，下标 2 为塔顶。

作全塔物料衡算，如图 5-12 所示。

$$VY_1 + LX_2 = VY_2 + LX_1$$

整理得
$$V(Y_1 - Y_2) = L(X_1 - X_2)$$

$$\frac{L}{V} = \frac{Y_1 - Y_2}{X_1 - X_2} \qquad (5\text{-}25)$$

式中，V 为单位时间内通过吸收塔的惰性气体量，kmol/s；L 为单位时间内通过吸收塔的纯吸收剂量，kmol/s；Y_1、Y_2 分别为进塔和出塔气体中溶质的物质的量比；X_1、X_2 分别为出塔和进塔吸收剂中溶质的物质的量比。

式(5-25)表明了逆流吸收塔中气液两相的流量和塔底、塔顶两端的气液两相组成 Y_1、X_1 与 Y_2、X_2 之间的关系。在设计型计算中，进塔混合气的组成与流量是由吸收任务规定的，而吸收剂的初始组成和流量往往根据生产工艺要求确定。如果吸收任务又规定了溶质的回收率 φ_A，则气体出塔时的组成 Y_2 为

$$Y_2 = Y_1(1 - \varphi_A) \qquad (5\text{-}26)$$

式中，φ_A 为溶质 A 的吸收率或回收率。

由此，V、Y_1、L、X_2 及 Y_2 均为已知，再通过全塔物料衡算式便可求得塔底排出的吸收液组成 X_1。

2. 操作线方程

在逆流操作的吸收塔内，气、液相组成沿塔高连续变化。气体自下而上，其组成由 Y_1 逐渐降至 Y_2，液体自上而下，其组成由 X_2 逐渐增至 X_1。

填料塔内气液两相做逆流流动时，作塔内任一截面 mn 至塔顶的物料衡算(图 5-12)。

由
$$VY + LX_2 = VY_2 + LX$$

得
$$Y = \frac{L}{V}(X - X_2) + Y_2 \qquad (5\text{-}27)$$

式(5-27)称为逆流操作时吸收塔的操作线方程。

由操作线方程可知，塔内任一截面上的气相组成 Y 与液相组成 X 呈线性关系，直线的斜率 L/V，通常称为液气比。

在以 Y 为纵坐标、X 为横坐标的直角坐标图上，吸收操作线方程可标绘成一条斜率为 L/V 的直线。当相平衡关系用 $Y^* = f(X)$ 来表示时，将它和吸收操作线标绘在同一坐标图，如图 5-13 所示。吸收操作时，塔内任一截面上溶质在气相中的浓度必定高于平衡浓度，所以，吸收操作线应位于相平衡线的上方。两线间的垂直距离 $(Y - Y^*)$ 称为以气相浓度差表示的吸收推动力。两线间的水平距离 $(X^* - X)$ 即是以液相浓度差表示的吸收推动力。

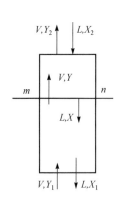

图 5-12 逆流吸收塔的物料衡算

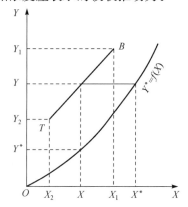

图 5-13 逆流吸收塔的操作线

图 5-13 中曲线 $Y^* = f(X)$ 为相平衡曲线,当进行吸收操作时,在塔内的任一截面上,溶质在气相中的实际组成 Y 总是高于与其相平衡的液相平衡组成 Y^*,所以吸收操作线 BT 总是位于平衡线的上方。反之,如果操作线位于相平衡线的下方,则应进行解析过程。

应当指出,以上的任何讨论都是针对逆流操作而言的。对于气液并流操作的情况,吸收塔的操作线方程可采用同样的办法求得。无论是逆流操作还是并流操作的吸收塔,其操作线方程及操作线都是由物料衡算求得,与吸收系统的平衡关系、操作条件以及设备的结构型式等均无任何关系。

5.4.2 吸收剂的用量

吸收剂用量是影响吸收操作的重要因素之一,它直接影响设备的尺寸和操作费用,所以合适的吸收剂用量是吸收塔设计计算的首要任务。设计计算时,气体的处理量、组成和所用吸收剂组成都已给定,即 V、Y_1 和 X_2 为已知条件。出塔尾气中溶质浓度 Y_2,一般由工艺要求规定,或由工艺要求的吸收率 φ_A 来确定。

1. 吸收率

吸收率也称吸收程度,是指吸收过程的吸收效果。吸收率 φ_A 的定义是

$$\varphi_A = \frac{被吸收溶质量}{进塔气体中溶质量} = \frac{V(Y_1 - Y_2)}{VY_1} \tag{5-28}$$

于是

$$Y_2 = (1 - \varphi_A)Y_1 \tag{5-29}$$

2. 吸收剂用量的确定

吸收塔设计计算的首要任务是确定合适的吸收剂用量。在气量 V 一定的情况下,确定吸收剂的用量也即确定液气比 L/V。通常情况下,可先求出吸收过程中的最小液气比,然后根据工程经验,确定适宜(操作)液气比。

参阅图 5-14,在 Y_2、X_2 已知情况下,操作线的上端点 T 已固定,已知 Y_1 则另一端点的 B 应在 $Y = Y_1$ 的水平线上移动,B 点的横坐标将取决于操作线的斜率 L/V。

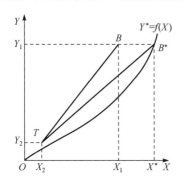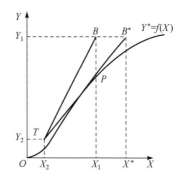

图 5-14　吸收剂用量的求取

当进塔气体流量 V 保持一定,若不断减少吸收剂用量,则吸收操作线的斜率不断变小。当操作线与相平衡线相交或相切于点 B^* 或 P 处时,则吸收推动力等于零。吸收推动力为零时的吸收剂用量称为最小吸收剂用量 L_{min}。该状况下的液气比称为最小液气比 $(L/V)_{min}$。

必须注意,液气比的这一限制来自规定的分离要求,并非吸收塔不能在更低的液气比下操作。操作时液气比小于最低值,将不能达到规定的分离要求。

在液气比下降时只要塔内某一截面处气液两相趋近平衡,达到指定分离要求所需的塔高

即为无穷大,此时的液气比即为最小液气比。

对于多数相平衡关系曲线,最小吸收剂用量可用下式计算

$$\left(\frac{L}{V}\right)_{min} = \frac{Y_1 - Y_2}{X_1^* - X_2} \tag{5-30a}$$

$$L_{min} = V\frac{Y_1 - Y_2}{X_1^* - X_2} \tag{5-30b}$$

若相平衡关系符合亨利定律,则

$$X_1^* = \frac{Y_1}{m}$$

实际吸收剂用量按下式计算

$$L = V\frac{Y_1 - Y_2}{X_1 - X_2} \tag{5-30c}$$

式(5-30c)说明,吸收剂用量的大小决定了吸收液出塔的组成;反之,若吸收液出塔组成已定,则吸收剂用量也被确定,其值必然大于最小吸收剂用量。

对于特定的吸收操作而言,吸收剂用量大小与设备费和操作费密切相关。在吸收剂实际用量 L 大于最小用量 L_{min} 的前提下,增大吸收剂用量,吸收塔的塔高会降低,但是因为吸收剂量大导致的吸收操作的动力消耗费用增大;反之,减少吸收剂用量,吸收操作的动力消耗费用将减少,但塔高增加,设备费用增大。因此应选择适宜的液气比,以便两项费用之和最小。根据生产实践经验,一般取吸收剂用量为最小用量的 $1.1 \sim 2.0$ 倍较为适宜,即

$$\frac{L}{V} = (1.1 \sim 2.0)\left(\frac{L}{V}\right)_{min} \tag{5-31a}$$

$$L = (1.1 \sim 2.0)L_{min} \tag{5-31b}$$

应当指出,在填料吸收塔中,填料表面必须被液体润湿,才能起到传质作用。为了保证填料表面能被液体充分润湿,液体量不得小于某一最低允许值。如果按式(5-31a)算出的吸收剂用量不能满足充分润湿填料的起码要求,则应采用较大的液气比。

【例 5-5】 用清水在操作条件为 101.3kPa、20℃下,在填料塔中逆流吸收某混合气中的硫化氢。已知混合气进塔的组成 0.055(摩尔分数,下同),尾气出塔的组成为 0.001。操作条件下系统的平衡关系为 $p^* = 4.89 \times 10^4 x$ kPa,操作时吸收剂用量为最小用量的 1.65 倍。(1)计算吸收率和吸收液的组成;(2)若维持气体进出填料塔的组成不变,操作压力提高到 1013kPa,求吸收液的组成。

解　(1)　　　　　　$Y_1 = \frac{0.055}{1-0.055} = 0.0582$　　　$Y_2 = \frac{0.001}{1-0.001} = 0.001$

吸收率为

$$\varphi_A = \frac{0.0582 - 0.001}{0.0582} = 0.983$$

相平衡常数为

$$m = E/p_1 = \frac{4.89 \times 10^4}{101.3} = 482.7$$

吸收剂为清水,$X_2 = 0$,最小液气比为

$$\left(\frac{L}{V}\right)_{min} = \frac{Y_1 - Y_2}{X_1^* - X_2} = \frac{0.0582 - 0.001}{\frac{0.0582}{482.7} - 0} = 474.4$$

操作液气比为

$$\frac{L}{V} = 1.65 \times \left(\frac{L}{V}\right)_{\min} = 1.65 \times 474.4 = 782.8$$

对全塔进行物料衡算可得

$$Y_1 - Y_2 = \frac{L}{V}(X_1 - X_2)$$

吸收液的组成为

$$X_1 = \left(\frac{V}{L}\right)(Y_1 - Y_2) + X_2 = \frac{1}{782.8} \times (0.0582 - 0.001) = 7.3 \times 10^{-5}$$

(2) 操作压力提高到 1013kPa,相平衡常数为

$$m' = \frac{4.89 \times 10^4}{1013} = 48.27$$

最小液气比为

$$\left(\frac{L}{V}\right)'_{\min} = 47.44$$

操作液气比为

$$\left(\frac{L}{V}\right)' = 1.65\left(\frac{L}{V}\right)'_{\min} = 1.65 \times 47.44 = 78.28$$

吸收液组成为

$$X_1 = \left(\frac{V}{L}\right)'(Y_1 - Y_2) + X_2 = \frac{1}{78.28} \times (0.0582 - 0.001) = 7.3 \times 10^{-4}$$

5.4.3 强化吸收途径

在填料吸收塔中,吸收剂自塔顶进入,由上往下流动,混合气体则自塔底而上,气液两相在塔内进行气液逆流接触,溶质溶解于溶剂中。吸收后的尾气从塔顶排出,吸收液由塔底放出。当物系在已有的吸收塔中进行吸收操作时,通常已知气体的入口浓度 Y_1 和处理量 V,要求通过操作获得尽可能高的溶质吸收率,即获得尽可能低的气体出口浓度 Y_2。

一般来说,增大吸收剂用量、降低吸收剂入口温度和浓度可增大吸收推动力,从而提高溶质吸收率。当吸收剂循环使用时,溶剂的入口浓度受再生操作条件制约。

当 $\frac{L/V}{m} < 1$(或 $m > L/V$)时,吸收操作易在塔的底部出现平衡,此时,应增大吸收剂用量 L。

当 $\frac{L/V}{m} > 1$(或 $m < L/V$)时,吸收操作易在塔的顶部出现平衡。若出口气体与入口溶剂已接近平衡,则应降低操作温度或溶剂入口浓度 X_2。

当相平衡常数 m 很小,计算出的溶剂用量不能充分润湿填料时,可将部分吸收液循环操作,以增大溶剂循环量。

如果条件允许,采用化学吸收能有效提高溶质的吸收率。

另外,在填料吸收塔操作前,首先需要进行预液泛操作,使填料充分润湿。液泛是指当填料塔中气速超过泛点速度时,由于液体不能顺利向下流动,使填料层的持液量不断增大,填料层内几乎充满液体的现象。

5.4.4　塔径的计算

填料塔的塔径按下列公式进行设计计算

$$D=\sqrt{\frac{4V_s}{\pi u}} \tag{5-32}$$

式中,D 为塔内径,m;V_s 为操作条件下混合气体的体积流量,m^3/s;u 为空塔气速,m/s。

在吸收操作中,由于溶质不断地进入液相,所以混合气体进塔之后的体积流量逐渐减少。为安全起见,在计算塔径时,通常以进塔气体的流量为依据,对逆流操作的吸收塔而言,按塔底气体的体积流量计。

空塔气速 u 是以空塔截面积计算的混合气体的线速度。在计算塔径时,应选择适宜的空塔气速。应该注意,根据式(5-32)计算出的塔径,还需要根据我国压力容器公称直径的系列标准进行圆整,作为实际塔径。

5.4.5　填料层高度的计算

填料塔是连续接触式的气液传质设备,气液两相的传质过程在填料塔进行,因此吸收塔的有效高度是指填料层的高度。

对低浓度气体的吸收过程,有两个特点:一方面当吸收温度基本不变时,相平衡常数可视为一定,因此总吸收传质系数 K_Y、K_X 可视为常数;另一方面由于气体浓度低(溶质含量不高于10%),气液两相在塔内的流动情况基本不变,因而可以认为其气膜、液膜传质系数 k_G、k_L 在塔内基本恒定。

填料层计算通常采用传质单元法现予以介绍。

1. 填料层高度的基本计算式

填料层高度连续变化将改变气液两相中溶质的组成,塔内各截面上的传质推动力是变化

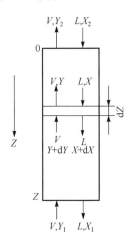

图 5-15　微元填料层的物料衡算

的,塔内各截面上真实的吸收速率并不相同。因此,前面所讲的吸收速率方程式,都只适用于塔内任一截面,不能直接用于全塔。在进行填料层高度计算时,通常是先在填料塔内任意截取一段微元填料层进行分析,并且进行物料衡算,最后推求出填料层高度的基本计算式。

如图 5-15 所示,在填料塔内对微元填料层 dZ 作物料衡算。

对定态吸收操作过程,气液两相流体经过 dZ 段填料层后,气相中溶质的减少量 $dG_A=VdY$ 等于液相中溶质的增加量 $dG_A=LdX$,也必等于溶质从气相转移到液相的传质量。

设 dZ 段填料层提供的有效气液接触面积为 dS,吸收速率为 N_A,则

$$dS=a\Omega dZ \tag{5-33}$$

$$dG_A = N_A(a\Omega dZ) \tag{5-34}$$

因此有
$$dG_A = VdY = LdX = N_A(a\Omega dZ) \tag{5-35}$$

式中，G_A 为单位时间内溶质的吸收量，kmol/s；a 为单位体积填料具有的有效传质面积，m^2/m^3；Ω 为塔截面积，m^2，$\Omega = \frac{\pi}{4}D^2$。

将式(5-35)自塔顶至塔底积分，分别可得

$$\int_0^Z dZ = \int_{Y_2}^{Y_1} \frac{VdY}{N_A a\Omega} \tag{5-36}$$

$$\int_0^Z dZ = \int_{X_2}^{X_1} \frac{LdX}{N_A a\Omega} \tag{5-37}$$

将吸收速率方程 $N_A = K_Y(Y - Y^*)$ 代入式(5-36)，得

$$Z = \int_{Y_2}^{Y_1} \frac{VdY}{K_Y(Y - Y^*)a\Omega} \tag{5-38}$$

对于定态吸收过程，V、L、a 及 Ω 均为常数；低浓度气体吸收过程中总吸收传质系数 K_Y 可视为常数，则式(5-38)可写成

$$Z = \frac{V}{K_Y a\Omega} \int_{Y_2}^{Y_1} \frac{dY}{Y - Y^*} \tag{5-39}$$

同理可得

$$Z = \frac{L}{K_X a\Omega} \int_{X_2}^{X_1} \frac{dX}{X^* - X} \tag{5-40}$$

式(5-39)和式(5-40)中，单位体积填料所具有的有效传质面积 a，在数值上不仅与填料的尺寸、形状及填充方式有关，而且还与填料表面润湿程度及流体流动情况有关，因此 a 值很难确定。而工程计算中，为避开难以确定的 a 值，通常，将 a 与总吸收传质系数 K_Y、K_X 的乘积视为一个总体参数来对待，即 $K_Y a$、$K_X a$，称 $K_Y a$ 为气相总体积传质系数，$K_X a$ 为液相总体积传质系数，其单位均为 $kmol/(m^3 \cdot s)$。而且总体积传质系数 $K_Y a$、$K_X a$ 可由实验测定。体积吸收系数的物理意义是在推动力为一个单位的情况下，单位时间单位体积填料层内所吸收的溶质的量。

2. 传质单元高度与传质单元数

分析式(5-39)可知，填料层高度 Z 可由两部分确定。积分量 $\int_{Y_2}^{Y_1} \frac{dY}{Y - Y^*}$ 是由过程目标因素决定的，是待求变化量的主体，而 $\frac{V}{K_Y a\Omega}$ 值则由操作条件及过程物性因素决定。

令
$$H_{OG} = \frac{V}{K_Y a\Omega} \tag{5-41}$$

$$N_{OG} = \int_{Y_2}^{Y_1} \frac{dY}{Y - Y^*} \tag{5-42}$$

则式(5-39)变成

$$Z = H_{OG} \cdot N_{OG} \tag{5-43}$$

同理可得

$$H_{OL} = \frac{L}{K_X a \Omega} \tag{5-44}$$

$$N_{OL} = \int_{x_2}^{x_1} \frac{dX}{X^* - X} \tag{5-45}$$

式(5-43)似形式

$$Z = H_{OL} \cdot N_{OL} \tag{5-46}$$

式中，H_{OG}、H_{OL} 分别称为气相总传质单元高度和液相总传质单元高度，单位为 m。H_{OG}、H_{OL} 物理意义为塔内取某段高度填料层，若该段填料层的气(液)相浓度变化等于该段填料层以气(液)相浓度表示的总推动力，则该段填料层高度为一个传质单元。

N_{OG}、N_{OL} 是无量纲的数，分别称为气相总传质单元数和液相总传质单元数。N_{OG}(N_{OL})的物理意义是全塔气(液)相浓度变化与全塔以气(液)相浓度表示的总推动力之比。

传质单元数 N_{OG} 中所含的变量 Y_1、Y_2 为气体的进、出塔组成。对于一定的分离目标(Y_1、Y_2一定)，若 $Y - Y^*$ 值小，说明吸收过程的推动力小，吸收过程进行困难，此时，全塔的 N_{OG} 值必然增大；反之，若 $Y - Y^*$ 值大，说明吸收过程推动力大，吸收过程相对容易进行，N_{OG} 值必然减小。可见，总传质单元数值的多少反映了吸收过程进行的难易程度。

总传质单元高度的 H_{OG} 值，表示完成相对应的一个传质单元数所需的填料层高度。由式(5-41)可见，H_{OG} 值的大小不仅与填料塔的结构型式有关，而且与吸收的操作条件等因素有关。因此 H_{OG} 大小反映了吸收设备性能的优劣。常用吸收设备的总传质单元高度值为 0.15～1.5m，具体数值由实验测定。

3. 传质单元数的计算

传质单元数的计算，根据相平衡关系有不同的计算方法，现主要介绍如下五种方法。

1) 对数平均推动力法

采用塔顶、塔底两端面上推动力的平均值来计算总传质单元数。

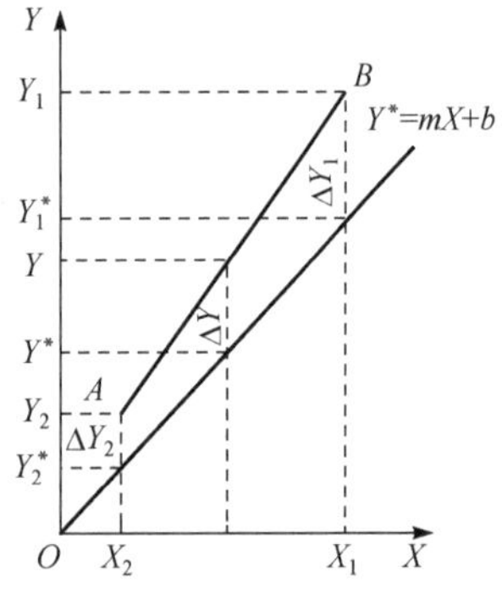

如图 5-16 所示，塔底端面推动力为 $\Delta Y_1 = Y_1 - Y_1^*$，塔顶端面推动力为 $\Delta Y_2 = Y_2 - Y_2^*$，由于塔内任一断面的推动力 $Y - Y^*$ 与 Y 呈线性关系，则有

$$\frac{d(\Delta Y)}{dY} = \frac{\Delta Y_1 - \Delta Y_2}{Y_1 - Y_2}$$

$$dY = \frac{d\Delta Y}{\dfrac{\Delta Y_1 - \Delta Y_2}{Y_1 - Y_2}}$$

图 5-16　气相对数平均推动力

将上式代入式(5-42)，则

$$N_{OG} = \int_{Y_2}^{Y_1} \frac{dY}{Y - Y^*} = \int_{Y_2}^{Y_1} \frac{d\Delta Y}{\dfrac{\Delta Y_1 - \Delta Y_2}{Y_1 - Y_2} \cdot \Delta Y}$$

$$= \frac{Y_1 - Y_2}{\Delta Y_1 - \Delta Y_2} \int_{Y_2}^{Y_1} \frac{d\Delta Y}{\Delta Y} = \frac{Y_1 - Y_2}{\Delta Y_1 - \Delta Y_2} \ln \frac{\Delta Y_1}{\Delta Y_2} = \frac{Y_1 - Y_2}{\Delta Y_m} \tag{5-47}$$

式中，$\Delta Y_{m}=\dfrac{\Delta Y_{1}-\Delta Y_{2}}{\ln\dfrac{\Delta Y_{1}}{\Delta Y_{2}}}=\dfrac{(Y_{1}-Y_{1}^{*})-(Y_{2}-Y_{2}^{*})}{\ln\dfrac{Y_{1}-Y_{1}^{*}}{Y_{2}-Y_{2}^{*}}}$ 为以气相浓度差 Y 表示的对数平均推动力。

因而得到气相总传质单元数 N_{OG} 的计算式为

$$N_{OG}=\frac{Y_{1}-Y_{2}}{\Delta Y_{m}} \tag{5-48}$$

同理，可以得出液相总传质单元数 N_{OL} 的计算式为

$$N_{OL}=\int_{X_{2}}^{X_{1}}\frac{dX}{X^{*}-X}=\frac{X_{1}-X_{2}}{\Delta X_{m}} \tag{5-49a}$$

式中，ΔX_{m} 为以液相浓度差 X 表示的对数平均推动力，其计算式为

$$\Delta X_{m}=\frac{\Delta X_{1}-\Delta X_{2}}{\ln\dfrac{\Delta X_{1}}{\Delta X_{2}}}=\frac{(X_{1}-X_{1}^{*})-(X_{2}-X_{2}^{*})}{\ln\dfrac{X_{1}-X_{1}^{*}}{X_{2}-X_{2}^{*}}} \tag{5-49b}$$

当 $\dfrac{\Delta Y_{1}}{\Delta Y_{2}}\leqslant 2$ 或 $\dfrac{\Delta X_{1}}{\Delta X_{2}}\leqslant 2$ 时，可以用算术平均值进行进算

$$\Delta Y_{m}=\frac{\Delta Y_{1}+\Delta Y_{2}}{2} \tag{5-50}$$

$$\Delta X_{m}=\frac{\Delta X_{1}+\Delta X_{2}}{2} \tag{5-51}$$

【例 5-6】　一填料吸收塔，填料层高度为 3m，操作压力为 1atm，温度为 20℃。用清水吸收空气-氨混合气中的氨，混合气体的质量速度为 580kg/(m²·h)，其中含氨 6％（体积分数），要求吸收率为 99％，水的质量速度为 770kg/(m²·h)。已知该塔在等温下逆流操作，操作条件下的平衡关系为 $y^{*}=0.755x$。试求：(1)出口氨水浓度；(2)以气相组成表示的平均推动力；(3)气相总传质单元高度 H_{OG}；(4)如果 $K_{G}a$ 与气体质量速度的 0.8 次方成正比，试估算当操作压力增大 1 倍，气体质量速度也增大 1 倍时，为保持原来的吸收率，在塔径和水的质量速度不变的情况下，填料层高度为多少？

解　(1)　　　　　$Y_{1}=y_{1}/(1-y_{1})=0.06/(1-0.06)=0.0638$
　　　　　　　　　$Y_{2}=Y_{1}(1-\varphi)=0.0638(1-0.99)=0.000\ 638$

水的摩尔流率为

$$L=770/18=42.78\ (kmol/m^{2}\cdot h)$$

混合气体的平均相对分子质量为

$$M_{m}=29\times0.94+17\times0.06=28.28$$

惰性气体的摩尔流率为

$$V=\frac{580}{28.28}(1-0.06)=19.28\ [kmol/(m^{2}\cdot h)]$$

$X_{2}=0$，又因 $\dfrac{L}{V}=\dfrac{Y_{1}-Y_{2}}{X_{1}-X_{2}}$，所以

$$X_{1}=\frac{V}{L}(Y_{1}-Y_{2})=\frac{19.28}{42.78}(0.0638-0.000\ 638)=0.0285$$

出口氨水浓度　　　$x_{1}=\dfrac{X_{1}}{1+X_{1}}=\dfrac{0.0285}{1+0.0285}=0.0277$

(2) $y^{*}=0.755x$，即 $Y^{*}\approx0.755X$，则

$$Y_{1}^{*}=0.755X_{1}=0.755\times0.0285=0.0215$$
$$Y_{2}^{*}=0.755X_{2}=0$$

$$\Delta Y_1 = Y_1 - Y_1^* = 0.0638 - 0.0215 = 0.0423$$

$$\Delta Y_2 = Y_2 - Y_2^* = 0.000\ 638$$

$$\Delta Y_m = \frac{\Delta Y_1 - \Delta Y_2}{\ln \dfrac{\Delta Y_1}{\Delta Y_2}} = \frac{0.0423 - 0.000\ 638}{\ln \dfrac{0.0423}{0.000\ 638}} = 0.0099$$

(3)
$$N_{OG} = \frac{Y_1 - Y_2}{\Delta Y_m} = \frac{0.0638 - 0.000\ 638}{0.0099} = 6.38$$

$$H_{OG} = \frac{Z}{N_{OG}} = 3/6.38 = 0.470(m)$$

(4) 当压力增加 1 倍,水质量速率不变,x_1 增加 1 倍,$m = E/p$。所以 $Y = mX$ 维持不变,即 N_{OG} 不变,对气膜控制,$K_Y \approx k_Y$。

$$H_{OG} = \frac{V}{K_Y a \Omega} = \frac{V/\Omega}{K_G pa} = \frac{V/\Omega}{V^{0.8} p}$$

$$\frac{H_{OG1}}{H_{OG2}} = \frac{V_1/(\Omega V_1^{0.8} p_1)}{V_2/(\Omega V_2^{0.8} p_2)} = 1.74$$

$$Z_2 = N_{OG2} H_{OG2} = 6.38 \times 0.470/1.74 = 1.72(m)$$

【例 5-7】 在一直径为 0.8m 的填料塔内,用清水吸收某工业废气中所含的二氧化硫气体。已知混合气的流量为 45kmol/h,二氧化硫的体积分数为 0.032。操作条件下气液平衡关系为 $Y = 34.5X$,气相总体积吸收系数为 0.0562kmol/($m^3 \cdot s$)。若吸收液中二氧化硫的物质的量比为饱和物质的量比的 76%,要求回收率为 98%。求水的用量(kg/h)及所需的填料层高度。

解 (1)
$$Y_1 = \frac{y_1}{1 - y_1} = \frac{0.032}{1 - 0.032} = 0.0331$$

$$Y_2 = Y_1(1 - \varphi_A) = 0.0331 \times (1 - 0.98) = 0.000\ 662$$

$$X_1^* = \frac{Y_1}{m} = \frac{0.0331}{34.5} = 9.594 \times 10^{-4}$$

$$X_1 = 0.76 X_1^* = 0.76 \times 9.594 \times 10^{-4} = 7.291 \times 10^{-4} \quad X_2 = 0$$

惰性气体的流量为
$$V = 45 \times (1 - 0.032)kmol/h = 43.56kmol/h$$

水的用量为
$$L = \frac{V(Y_1 - Y_2)}{X_1 - X_2} = \frac{43.56 \times (0.0331 - 0.000\ 662)}{7.291 \times 10^{-4} - 0} = 1.938 \times 10^3 (kmol/h)$$

(2)填料层高度
$$H_{OG} = \frac{V}{K_Y a \Omega} = \frac{43.56/3600}{0.0562 \times 0.785 \times 0.8^2} = 0.429(m)$$

$$\Delta Y_m = \frac{\Delta Y_1 - \Delta Y_2}{\ln \dfrac{\Delta Y_1}{\Delta Y_2}} = \frac{0.007\ 95 - 0.000\ 662}{\ln \dfrac{\Delta 0.007\ 95}{\Delta 0.000\ 662}} = 0.002\ 93$$

$$N_{OG} = \frac{Y_1 - Y_2}{\Delta Y_m} = \frac{0.0331 - 0.000\ 662}{0.002\ 93} = 11.07$$

$$Z = N_{OG} H_{OG} = 11.07 \times 0.429 = 4.749(m)$$

2) 吸收因数法

当气液两相间的平衡关系服从亨利定律$(Y^*=mX)$时,可用吸收因数法求解总传质单元数。以气相总传质单元数为例,讨论如下:

相平衡方程
$$Y^*=mX$$

逆流操作时操作线方程
$$X=X_2+\frac{V}{L}(Y-Y_2)$$

将以上两式代入式(5-42)得

$$N_{OG}=\int_{Y_2}^{Y_1}\frac{dY}{Y-mX}=\int_{Y_2}^{Y_1}\frac{dY}{Y-mX_2-\frac{mV}{L}(Y-Y_2)}=\int_{Y_2}^{Y_1}\frac{dY}{\left(1-\frac{mV}{L}\right)Y+\left(\frac{mV}{L}Y_2-mX_2\right)}$$

$$=\frac{1}{1-\frac{mV}{L}}\ln\frac{\left(1-\frac{mV}{L}\right)Y_1+\left(\frac{mV}{L}Y_2-mX_2\right)}{\left(1-\frac{mV}{L}\right)Y_2+\left(\frac{mV}{L}Y_2-mX_2\right)}$$

$$=\frac{1}{1-\frac{mV}{L}}\ln\frac{\left(1-\frac{mV}{L}\right)(Y_1-mX_2)+\left(\frac{mV}{L}Y_2-\frac{m^2V}{L}X_2\right)}{Y_2-mX_2}$$

整理后可得

$$N_{OG}=\frac{1}{1-\frac{mV}{L}}\ln\left[\left(1-\frac{mV}{L}\right)\frac{Y_1-mX_2}{Y_2-mX_2}+\frac{mV}{L}\right]$$

$$=\frac{1}{1-S}\ln\left[(1-S)\frac{Y_1-Y_2^*}{Y_2-Y_2^*}+S\right] \tag{5-52}$$

式中,$S=\frac{mV}{L}$称为脱吸因数,无因次。脱吸因数的倒数$\frac{L}{mV}$称为吸收因数。

由式(5-52)不难看出,气相总传质单元数N_{OG}是$\frac{mV}{L}$和$\frac{Y_1-mX_2}{Y_2-mX_2}$的函数。当$\frac{mV}{L}$一定时,$N_{OG}$仅与$\frac{Y_1-mX_2}{Y_2-mX_2}$有关。

【例 5-8】 在常压逆流操作的填料塔内,用纯溶剂 S 吸收混合气体中的可溶组分 A。入塔气体中 A 的摩尔分数 $y_1=0.03$,要求其收率 $\varphi_A=95\%$。已知操作条件下 $mV/L=0.8$(m 可取作常数),平衡关系为 $Y=mX$,与入塔气体成平衡的液相浓度 $x_1^*=0.03$。试计算:(1)操作气比为最小气比的倍数;(2)吸收液的浓度 x_1;(3)完成上述分离任务所需的气相总传质单元数 N_{OG}。

解 (1) $Y_1=3/97=0.030\,93$　　$X_2=0$

$Y_2=Y_1(1-\varphi)=0.030\,93\times(1-0.95)=0.001\,55$

由最小溶剂用量公式

$$\left(\frac{L}{V}\right)_{min}=\frac{Y_1-Y_2}{Y_1/m-X_2}=\frac{m(Y_1-Y_2)}{Y_1}=0.95$$

$$m=\frac{y_1}{x_1^*}=\frac{0.03}{0.03}=1$$

已知 $mV/L=0.8$,则

$$L/V=1/0.8=1.25$$

$$\frac{L/V}{(L/V)_{\min}}=1.25/0.95=1.316$$

（2）由物料衡算式得

$$X_1=\frac{Y_1-Y_2}{L/V}=\frac{0.030\,93-0.001\,55}{1.25}=0.0228$$

（3）

$$N_{OG}=\frac{1}{1-\dfrac{mV}{L}}\ln\left[\left(1-\frac{mV}{L}\right)\frac{Y_1-mX_2}{Y_2-mX_2}+\frac{mV}{L}\right]$$

$$=\frac{1}{1-0.8}\times\ln\left[(1-0.8)\frac{Y_1}{0.05Y_1}+0.8\right]=7.84$$

3）关系计算图求算法

当气液相平衡关系服从亨利定律$(Y^*=mX)$时，总传质单元数也可用图 5-17 的传质单元数关系计算图求算。

图 5-17 是依据式(5-52)标绘出的传质单元数关系计算图。当确定了$\dfrac{mV}{L}$、$\dfrac{Y_1-mX_2}{Y_2-mX_2}<20$和 N_{OG}三项中的两项，则可应用图 5-17 快速地查得第三项，进而计算其他参数，避免不必要的试差过程。图 5-17 在$\dfrac{mV}{L}<0.75$时，$\dfrac{Y_1-mX_2}{Y_2-mX_2}$的范围比较准确。

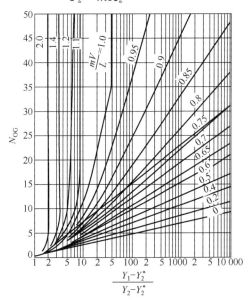

图 5-17　传质单元数关系计算图

4. 图解梯级法

当相平衡线为直线或弯曲度不大的曲线时，或者说相平衡关系与亨利定律偏差不大时，N_{OG}可用图解梯级法估算。

在如图 5-18 所示的相平衡线 OE 与操作线 TB 之间作一条垂直间距的中分线 NM，从 T 点作水平线交于线 NM 上的 F 点，延长 TF 至 F' 使$FF'=TF$，再从 F' 作垂线向上交于 TB 线的 A 点。再从 A 点出发作水平线交 NM 于点 S，延长 AS 至点 S'，使$SS'=AS$，过点 S' 作垂线交 TB 于点 D。再从 D 点出发……如此进行，直至达到或超过操作线上代表塔底的端点 B

为止,所画出的梯级数即为气相总传质单元数 N_{OG}。

不难证明,按上述方法作出的每一梯级都代表一个气相总传质单元数。因为 $TF'=2TF$,由三角形相似关系得出 $AF'=2TF$,而 F 位于中分线上,即 $2HF=HH^*$。所以,表示溶质浓度变化的 AF' 等于代表平均推动力的 HH^*,表明 $TF'A$ 经历一个单元。

5. 图解积分法

当相平衡关系为曲线时,常采用图解积分法求解 N_{OG},因为公式中积分项的解析解不易得到。图解积分法是求解 N_{OG} 的通用方法。

图解积分法的指导思想是依据操作线和相平衡线的具体数据,在 Y 为横坐标,$1/(Y-Y^*)$ 为纵坐标的直角坐标系上,按照操作中的平衡关系,计算并作出 $Y=f[1/(Y-Y^*)]$ 曲线。那么,按照积分的概念,曲线下方在 Y_1 和 Y_2 之间所包围的面积就是

$$N_{OG}=\int_{Y_2}^{Y_1}\frac{dY}{Y-Y^*}$$,如图 5-19 所示。

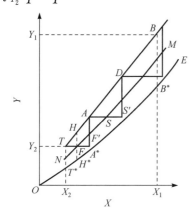

图 5-18　图解梯级法求 N_{OG}

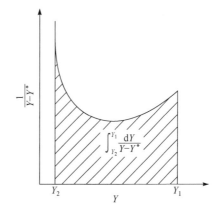

图 5-19　图解积分法求 N_{OG}

【例 5-9】 某逆流操作的吸收塔,用清水洗去气体中的有害组分。已知该塔填料层总高度为 9m,平衡关系 $Y=1.4X$,测得气体进、出口浓度 $Y_1=0.03$,$Y_2=0.002$,液体出口浓度 $X_1=0.015$(均为物质的量比)。试求:(1)操作液气比 L/V;(2)气相总传质单元高度 H_{OG};(3)如果限定气体出口浓度 $Y_2=0.0015$,为此拟增加填料层高度,在保持液气比不变的条件下应增加多少?

解　(1)操作液气比 L/V

$$L/V=\frac{Y_1-Y_2}{X_1-X_2}=\frac{0.03-0.002}{0.015-0}=1.87$$

(2)气相总传质单元高度 H_{OG}

$$Z=H_{OG}\times N_{OG}\qquad S=mV/L=1.4/1.87=0.749$$

$$N_{OG}=\frac{1}{1-S}\ln\left[(1-S)\frac{Y_1-mX_2}{Y_2-mX_2}+S\right]=\frac{1}{1-0.749}\ln\left[(1-0.749)\frac{0.03-0}{0.002-0}+0.749\right]=6.004$$

因此

$$H_{OG}=Z/N_{OG}=9/6=1.5(m)$$

(3)由题意知 $Y_2'=0.0015$,其他条件不变,则 $H_{OG}=1.5$ 不变。新情况下的传质单元数为

$$N_{OG}'=\frac{1}{1-S}\ln\left[(1-S)\frac{Y_1-mX_2}{Y_2'-mX_2}+S\right]=\frac{1}{1-0.749}\ln\left[(1-0.749)\frac{0.03-0}{0.0015-0}+0.749\right]=6.98$$

因此

$$Z'=H_{OG}\times N_{OG}=1.5\times6.98=10.47(m)$$

$$Z'-Z=10.47-9=1.47(m)$$

【**例 5-10**】 某制药厂现有一直径为 1.2m,填料层高度为 3m 的吸收塔,用纯溶剂吸收某气体混合物中的溶质组分,入塔混合气的流量为 40kmol/h,溶质含量为 0.06(摩尔分数);要求溶质的回收率不低于95%;操作条件下的气液平衡为 $Y=2.2X$;溶剂用量为最小用量的 1.5 倍;气相总吸收系数为 0.35kmol/$(m^2 \cdot h)$。填料的有效比表面积近似为填料比表面积的 90%。试计算:(1)出塔的液相组成;(2)所用填料的总比表面积和等板高度。

解 (1)
$$Y_1 = \frac{y_1}{1-y_1} = \frac{0.06}{1-0.06} = 0.0638$$

$$Y_2 = Y_1(1-\varphi_A) = 0.0638 \times (1-0.95) = 0.003\,19$$

惰性气体的流量为

$$V = 40 \times (1-0.06) = 37.6(kmol/h)$$

$$\left(\frac{L}{V}\right)_{min} = m\varphi_A = 2.2 \times 0.95 = 2.09$$

$$L_{min} = 2.09 \times 37.6 = 78.58(kmol/h)$$

$$L = 1.5 \times 75.58 = 117.9(kmol/h)$$

$$X_1 = \frac{V}{L}(Y_1-Y_2) + X_2 = \frac{37.6}{117.9} \times (0.0638-0.003\,19) + 0 = 0.0193$$

(2)
$$\Delta Y_1 = Y_1 - Y_1^* = 0.0638 - 2.2 \times 0.0193 = 0.0213$$

$$\Delta Y_2 = Y_2 - Y_2^* = 0.0319 - 2.2 \times 0 = 0.0319$$

$$\Delta Y_m = \frac{\Delta Y_1 - \Delta Y_2}{\ln\dfrac{\Delta Y_1}{\Delta Y_2}} = \frac{0.0213 - 0.003\,19}{\ln\dfrac{0.0213}{0.0319}} = 0.0954$$

$$N_{OG} = \frac{Y_1 - Y_2}{\Delta Y_m} = \frac{0.0638 - 0.003\,19}{0.00954} = 6.355$$

$$H_{OG} = \frac{Z}{N_{OG}} = \frac{3}{6.353} = 0.472(m)$$

因为
$$H_{OG} = \frac{V}{K_Y a \Omega}$$

填料的有效比表面积为

$$a = \frac{V}{H_{OG} K_Y \Omega} = \frac{37.6}{0.472 \times 0.35 \times 0.785 \times 1.2^2} = 201.35(m^2/m^3)$$

填料的总比表面积为

$$a_t = \frac{201.35}{0.9} = 223.72(m^2/m^3)$$

由
$$\frac{N_{OG}}{N_T} = \frac{\ln S}{S-1}$$

$$S = \frac{mV}{L} = \frac{2.2 \times 37.6}{117.9} = 0.702$$

$$N_T = \frac{6.353 \times (0.702-1)}{\ln 0.702} = 5.351$$

由
$$Z = HETP \times N_T$$

填料的等板高度为

$$HETP = \frac{3}{5.351} = 0.56(m)$$

5.4.6 解吸塔的计算

为了吸收剂的循环使用或得到纯净的溶质,常需要对吸收液进行解吸(脱吸)处理,把吸收液里的溶质气体释放出来的过程称为解吸,是气体吸收的逆过程。

填料塔、板式塔同样适用于吸收液的解吸。以汽提解吸为例,从原理上讲,汽提解吸与逆流吸收是相同的,只是在解吸中传质的方向与吸收相反,即两者的推动力互为相反数,在 X-Y 坐标图上,操作线在平衡线下方,如图 5-20 所示,因此,吸收过程的分析和计算方法均适用于解吸过程,只是在解吸计算式中表示推动力的项前加负号。

关于吸收的理论和计算方法同样适用于解吸过程,但在解吸过程中,由于溶质组分在液相中的实际浓度大于与气相成平衡的浓度,因而解吸过程的操作线位于平衡线的下方。所以,只需将吸收速率方程式中的推动力(浓度差)前后对换,所得公式便可用于解吸计算。

解吸气体的用量计算

$$\left(\frac{V}{L}\right)_{\min}=\frac{X_2-X_1}{Y_2^*-Y_1} \tag{5-53}$$

一般取 $V=(1.1\sim 2.0)V_{\min}$。

解吸塔的液相总传质单元 N_{OL} 计算式为

$$N_{OL}=\frac{1}{1-\dfrac{L}{mV}}\ln\left[\left(1-\frac{L}{mV}\right)\frac{Y_1-Y_2^*}{Y_1-Y_1^*}+\frac{L}{mV}\right] \tag{5-54}$$

解吸塔的填料层高度可用式(5-46)计算

$$Z=H_{OL}\cdot N_{OL}=\frac{L}{K_X a\Omega}\cdot N_{OL} \tag{5-55}$$

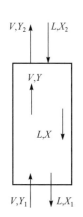
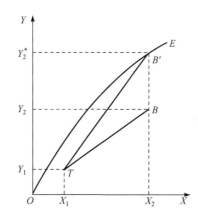
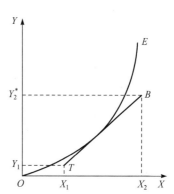

图 5-20 解吸操作线和最小气液比

【**例 5-11**】　用填料塔解吸某含二氧化碳的碳酸丙烯酯吸收液,已知进、出解吸塔的液相组成分别为 0.0085 和 0.0016(均为物质的量比)。解吸所用载气为含二氧化碳 0.0005(摩尔分数)的空气,解吸的操作条件为 35℃、101.3kPa,此时平衡关系为 $Y=106.03X$。操作气液比为最小气液比的 1.45 倍。若取 $H_{OL}=0.82m$,求所需填料层的高度。

解　进塔载气中的二氧化碳的物质的量比为

$$Y_1 \approx y_1 = 0.0005$$

最小液气比为

$$\left(\frac{L}{V}\right)_{min} = \frac{X_2-X_1}{Y_2^*-Y_1} = \frac{X_2-X_1}{mX_2-Y_1} = \frac{0.0085-0.0016}{0.0085\times106.03-0.0005} = 0.007\,66$$

操作的液气比为

$$\frac{L}{V} = 1.45\left(\frac{L}{V}\right)_{min} = 1.45\times0.007\,66 = 0.0111$$

吸收因数为

$$A = 1/S = \frac{L}{Vm} = \frac{0.0111}{106.03} = 0.000\,105$$

液相总传质单元数为

$$N_{OL} = \frac{1}{1-A}\ln\left[(1-A)\frac{X_2-X_1^*}{X_1-X_1^*}+A\right]$$

$$= \frac{1}{1-0.000\,105}\ln\left[(1-0.000\,105)\frac{0.0085-\dfrac{0.0005}{106.03}}{0.0016-\dfrac{0.0005}{106.03}}+0.000\,105\right] = 1.67$$

填料层高度为

$$Z = H_{OL}N_{OL} = 0.82\times1.67 = 1.372(\text{m})$$

5.5 填 料 塔

5.5.1　填料塔的结构

填料塔为连续接触式的气、液传质设备。它的结构如图 5-21 所示,塔身是直立圆筒,两端有封头。塔底部装有填料支承板,填料乱堆或整砌放置在支承板上。液体从塔顶经分布器淋到填料上,自上而下沿填料表面下流,润湿填料表面形成流动的液膜。气体从塔底通入,自下而上穿过填料层的空隙,气、液两相在填料层进行逆流接触,相际间的传质通常在填料表面的液体与气相间的界面上进行,两相的组成沿塔高连续变化。由于液体沿乱堆填料层下流时有流向塔壁的趋势,从而使下层填料表面不能被液体充分润湿,影响传质效果。因此,当设计的填料层较高时,常将其分段,段间装设液体再分布器,以使液体在塔内分布均匀。

填料塔的主要部件有支承板、液体分布装置和液体再分布器。

1. 支承板

填料支撑装置的作用是支撑塔内的填料床层,其机械强度应足以支承填料和填料层中持液的质量,同时要有较大的开孔率(通常大于 80%)。支承板上的开孔率应不小于填料的空隙率,以防止在此发生液泛,进而导致整个填料层的液泛。

支承板上的栅板常用坚扁钢制成,如图 5-22(a)所示。通常,栅缝宽取填料外径的 0.6~0.8 倍,也有的栅缝宽大于所选用填料的外径,此时应先在栅板上放一层大尺寸填料以支承小填料。为了适应高空隙率填料的要求,可采用如图 5-22(b)所示的升气管式支承板,利用升气管顶部的孔及侧面的缝加大通道。

2. 液体分布装置

为使液体的初始分布均匀,需要设置液体分布装置。分布装置的结构形式较多,常见几种如图 5-23 所示。(a)为莲蓬头喷洒器,莲蓬头直径为塔径的 1/3~1/5,小孔径为 3~10mm,按同心圆排列。适用于直径小于 600mm 的塔体。液体压头须维持稳定,才能保证分布均匀。因易堵塞,不适于处理污浊液体。(b)和(c)为盘式分布器,盘底装有许多直径及高度均相同的溢流管的(b)称为溢流管式;液体

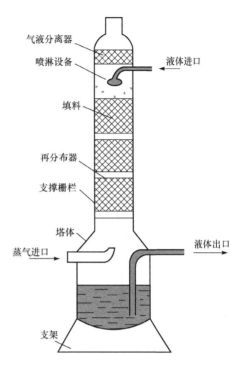

图 5-21 填料塔结构简图

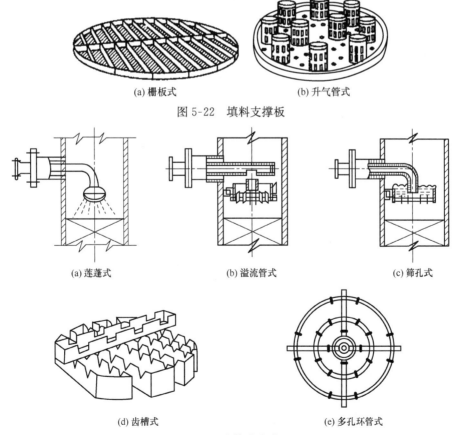

(a) 栅板式   (b) 升气管式

图 5-22 填料支撑板

(a) 莲蓬式   (b) 溢流管式   (c) 筛孔式

(d) 齿槽式   (e) 多孔环管式

图 5-23 液体分布装置

加到分布盘上,盘底开有筛孔的(c)称为筛孔式。液体经筛孔或溢流管分布均匀,可适用于大塔,但造价高。(d)为齿槽式分布器,多用于大直径塔,液体先经主齿槽向其下层各齿槽分布,然后再向填料层分布,不易堵塞,工作可靠,但分布器水平度安装要求高。(e)多孔环管式分布器,由开有小孔的管子组成,可适用于大塔,设备整体安装水平要求不高,气体流动阻力小,尤其适用于液量小而气量大的场合,但易阻塞。

3. 液体再分布器

为了将向壁流动的液体导回填料,每隔一段距离的乱堆填料层应设液体再分布器。对拉西环段距为2.5~5倍塔径,对鲍尔环等较好填料的段距可为5~10倍塔径,但不应超过6m。

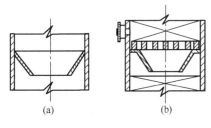

图5-24 截锥式液体再分布器

图5-24所示为两种截锥式再分布器,(a)形式截锥没有支承板,锥内能全部堆放填料,若考虑分段卸出填料,可采用有支承板的(b)形式,截锥下要空出一段距离再装填料。锥体与塔壁的夹角一般为35°~45°,锥下口径为塔径的0.7~0.8倍,截锥式适用于塔径在0.6m以下的塔。

图5-24中升气管式承板,也可作为大塔的液体再分布器。

5.5.2 常用填料的种类和特性

1. 常用填料种类

填料种类繁多,较常用的有如图5-25所示几种。

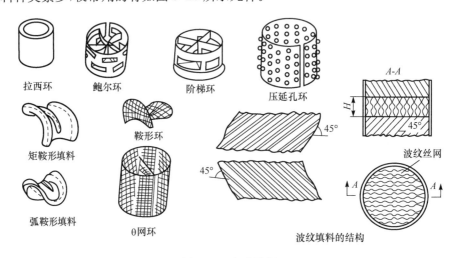

拉西环　　鲍尔环　　阶梯环　　压延孔环

矩鞍形填料　　鞍形环

弧鞍形填料　　θ网环　　　波纹丝网

波纹填料的结构

图5-25 各种填料

(1)拉西环。拉西环是最早使用的一种填料。其外径与高度相等,常用填料直径为25~175mm。直径在50mm以下的都采用乱堆,尺寸大的可整砌堆放。其材料可为陶瓷、塑料、金属等。虽然结构简单、价格低廉,但气液分布性能较差、传质效率低、阻力大、通量小,目前工业上已很少使用。

（2）鲍尔环与阶梯环。鲍尔环的构造是在拉西环的侧壁开有两层长方形窗口，被切开的环壁形成向环内弯曲的叶片，以增大气液通道，降低压降，有利于液体分布。阶梯环可视为改进后的鲍尔环，其环高仅为环径的一半，圆环一端制成向外卷的喇叭口，比表面和空隙率都较大，填料个体呈点接触，可使液膜不断更新，提高传质效率。阶梯环的综合性能优于鲍尔环，是目前环形填料性能优良的填料。

（3）鞍形填料。一种没有内表面的填料，填料面积的利用率好，气流压降也较小，填料加工较鲍尔环容易。

（4）金属鞍形填料。综合了环形填料流通量较大和鞍形填料液体再分布性能较好的两个优点，全部表面被有效利用，流体湍动效果好，尤其适用于真空操作。

（5）压延孔环、θ网环和鞍形网填料。压延孔环是由内轧有小刺孔的厚 0.1mm 左右的薄不锈钢带制成的，常用填料直径为 3～10mm 不等。由 60～100 目不锈钢丝网或铜网制成的 θ 网环和鞍形网填料也是性能相近的高效填料，常适用于小塔。

（6）波纹填料。波纹填料是一种新型规整填料，目前工业上应用的规整填料绝大部分属于此类。波纹填料是由许多波纹薄片组成的一种规整填料。由多片高度相同但长短不等的波纹薄片搭配组合成圆盘状，波纹与水平方向成 45°倾角，组装时相邻两波纹板反向重叠使其波纹互相垂直。间盘直径略小于塔内径，圆盘填料逐盘水平放入塔内，从支承板一直叠放到塔顶，上下两盘的波纹薄片互成 90°角。

波纹填料又有板波纹填料与网波纹填料之分。其材质有金属、塑料、陶瓷等之分，板波纹填料所用的波纹薄板由薄板或钻孔薄板加工而成；金属丝网波纹填料是网波纹填料的主要形式，它由金属波纹丝网加工而成。工程上主要依据填料塔的操作温度及流体介质的腐蚀性对其进行选用。

波纹填料空隙率大、通量大、阻力小、比表面大、表面利用率高，是一种高效规则的填料，其缺点是不适合处理黏度大、易聚合或有悬浮物的物料，且装卸、清理困难，造价较高。

2. 填料的主要性能

填料性能的优劣直接影响填料塔的分离效果。为了使气液两相在填料塔内进行良好的接触，对填料性能有一定要求。例如，填料的表面积要大，表面润湿性能要好，以提供足够大的有效传质面积；填料要有高的空隙率，以降低气、液两相在塔内的流动阻力；填料结构应有利于促进流体湍动以降低传质阻力。此外，填料还需有一定的机械强度和耐腐蚀性能。填料的主要特性数据包括：

（1）比表面积 a。单位体积填料层所具有的表面积，单位为 m^2/m^3。填料的比表面积越大，所提供的气液传质面积越大。若表面润湿良好，a 接近气液有效接触面积（m^2/m^3）。

（2）空隙率 ε。单位体积填料层具有的空隙体积，单位为 m^3/m^3。填料的空隙率越大，气体通过的能力越大且压降低。

（3）干填料因子 a/ε^3 及填料因子 ϕ。a/ε^3 是填料比表面积与空隙率的复合量，其单位为 $1/m$，反映填料几何形状特征对流体力学性能的影响。ϕ 是有液体通过时，即部分空隙被液体所占据情况下的填料因子，能更准确地反映填料形状对流体力学的影响。ϕ 值越小，表明流动阻力越小。ϕ 值和 a/ε^3 值都需实验测定。

（4）单位填料层体积中填料个数 n。n 与填料大小有关。小填料相应的 n、a 大，但 ε 小，阻力相对较大;填料过大,塔壁与填料之间空隙大,易造成气体短路。为此,填料尺寸不应大于塔径的 1/8。

(5) 堆积密度 ρ_p。单位填料层体积具有的质量,单位为 kg/m³。填料基材越薄,其值越小。

5.5.3　气液两相逆流通过填料层的流动状况

当气液两相在填料塔内作逆流操作时,通过改变不同的液体流量 L,测定气体通过填料层的压力降 Δp 与气体空塔速度 u 的关系,可以在对数坐标上得出如图 5-26 所示的曲线。

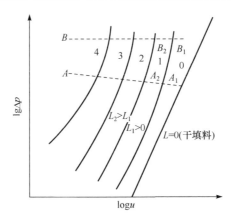

图 5-26　填料层的 Δp 与 u 的关系

当液体喷淋量 $L=0$ 时,Δp 与 u 的关系为一直线,其斜率为 1.80~2,Δp 与 u 的 1.8~2 次方成比例,与流体按湍流方式通过管道时 Δp 与 u 的关系类似。

当有喷淋液 $L>0$ 时,Δp 与 u 关系变为曲线,曲线上有两个转折点,如 $L=L_1$ 时的 A_1,B_1;$L=L_2$ 时的 A_2,B_2 等。

现以 $L=L_1$ 曲线为例,分析如下:

当空塔气速低于 A_1 点时,气流对向下流动的液体几乎无牵制作用,液体流动不受气流变化影响。填料表面上覆盖的液膜厚度基本不变,填料层持液量保持不变,则气体向上流动的通道不变,情况与气体通过干填料层一样,Δp 仍与 u 的 1.8~2 次方成比例,即两关系线平行,只不过液流占去部分气流通道,$L>0$ 的关系线必在 $L=0$ 关系线的左侧。L 越大其关系线越靠左。

当空塔气速超过 A_1 点后,气流开始对液流产生阻滞作用,致使液膜增厚,填料层持液量随气速增加而增大,气流通道变小,气流在空隙中的实际速度不但随空塔速度 u 的增加而增大,而且还随气流通道的减小而增大,所以 Δp 与 u 关系线斜率开始大于 2。A_1 点操作状态开始发生拦液现象时的空塔气速称为载点气速,曲线上的转折点 A_1 称为载点。

当空塔气速达到 B_1 点时,填料层中的液体由于持续增多而变为连续相,气体转为分散相呈气泡形式穿过液层。空塔气速的少许增加便会引起流动阻力猛增,使 Δp 与 u 的关系曲线斜率急剧增大。这时,液体下流受阻并发生液泛,称 B 点为泛点,泛点状态相应的气体空塔速度称为泛点气速。气速超过泛点速度后,气流脉动,大量液体被气体从塔顶带出。泛点速度作为填料塔操作气速的上限。从载点到泛点的区域称为载液区,泛点以上的区域称为液泛区。

实验表明,在载点与泛点之间的空塔速度下操作,气液两相湍动剧烈,接触良好,传质效率高。

工程上常采用埃克特(Eckert)泛点关联图来计算填料塔的泛点速度。关联图如图 5-27 所示,它以 $\dfrac{G_L}{G_Y}\left(\dfrac{\rho_Y}{\rho_L}\right)^{\frac{3}{2}}$ 为横坐标,以 $\dfrac{u^2\phi\Psi\rho_V\mu_L^{0.2}}{g\rho_L}$ 为纵坐标。

坐标图中各参数的意义如下:

u 为空塔气速,m/s;ϕ 为填料因子,m^{-1};Ψ 为水密度与操作液体密度之比,$\Psi=\rho_w/\rho_L$;ρ_V、ρ_L 分别为气体与液体的密度,kg/m^3;μ_L 为液体黏度,mPa·s;G_V、G_L 分别为气体与液体的质量流量,kg/s;g 为重力加速度,$9.81m/s^2$。

此图适用于乱堆的拉西环、矩鞍、鲍尔环等实体填料的泛点速度及压降计算,还绘制有整砌拉西环和弦栅填料的泛点线,从关联图中的曲线可以了解影响泛点气速的主要因素。

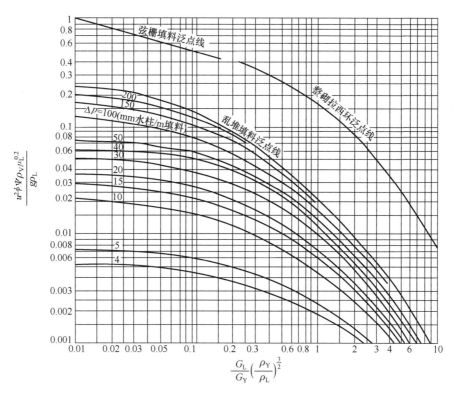

图 5-27 埃克特通用关联图

5.5.4 填料塔直径的计算

前面已经讲过,塔径 D 与空塔气速 u 及气体流量 V_s 的关系是 $D=\sqrt{\dfrac{4V_s}{\pi u}}$,其中最重要的是空塔气速 u。需要强调的是,由于组成、温度、压力变化,塔中不同截面的 V_s 有所不同,计算时一般取全塔中最大的体积流量,通常以进塔处为准。

u 值小,塔压降则小,动力消耗少,但塔径大,设备投资要大,且低速不利于气液接触传质。

u 值大,塔径小,设备投资少,但塔压降大,动力消耗大,且操作较难平稳。实际情况应进行多方案比较,以经济上合理、操作上可行,前已叙述,泛点气速为填料塔气速的上限。一般取空塔气速为泛点气速的 $60\%\sim85\%$,大致数值为 $0.2\sim1.0\mathrm{m/s}$。

填料塔内传质效率与液体分布及填料润湿情况有关,为此,在算出塔径 D 值后,还应进行两项校验:

(1) D 与填料直径之比 D/d 应在 10 以上,以免液体分布不匀(有的文献提出,对拉西环 $D/d>20$,鲍尔环 $D/d>10$,矩鞍 $D/d>10\sim15$)。

(2) 单位塔截面受喷淋的液体体积流量,称为喷淋密度 U,$\mathrm{m^3/(m^2 \cdot s)}$。喷淋密度 U 与填料比表面 a 的比值,称为喷淋速率 L_W,即

$$L_\mathrm{W}=U/a \tag{5-56}$$

L_W 为单位长度的填料上液体的体积流量,$\mathrm{m^3/(m \cdot s)}$。为保证填料表面被充分润湿;对直径小于 75mm 的填料,要求最小喷淋速率 $(L_\mathrm{W})_\mathrm{min}$ 为 $2.22\times10^{-5}\mathrm{m^3/(m \cdot s)}$;对直径 75mm 以上的填料,取 $(L_\mathrm{W})_\mathrm{min}$ 为 $3.33\times10^{-5}\mathrm{m^3/(m \cdot s)}$。在确定塔径 D 时,或操作时应保证

$$U\geqslant(L_\mathrm{W})_\mathrm{min} \cdot a \tag{5-57}$$

填料塔既适用于吸收操作,也适用于蒸馏等传质操作。

【例 5-12】 某填料吸收塔内装有 5m,比表面积为 $221\mathrm{m^2/m^3}$ 的金属阶梯环填料,在该填料塔中,用清水逆流吸收某混合物中的溶质组分。已知混合物的流量为 50kmol/h,溶质的含量为 5%(体积分数);进塔清水流量为 200kmol/h,其用量为最小用量的 1.6 倍;操作条件下的平衡关系为 $Y=2.75X$;气相总吸收系数为 $3\times10^{-4}\mathrm{kmol/(m^2 \cdot s)}$;填料的有效比表面积近似取填料比表面积的 90%。试计算:(1)填料塔的吸收系数;(2)填料塔的直径。

解 (1)惰性气体的流量为

$$V=50\times(1-0.05)=47.5(\mathrm{kmol/h})$$

对于纯溶剂吸收

$$\left(\frac{L}{V}\right)_\mathrm{min}=\frac{Y_1-Y_2}{Y_1/m-X_2}=m\varphi_\mathrm{A}$$

依题意

$$\left(\frac{L}{V}\right)_\mathrm{min}=\frac{200}{47.5\times1.6}=2.632$$

$$\varphi_\mathrm{A}=\frac{(L/V)_\mathrm{min}}{m}=\frac{2.632}{2.75}=95.71\%$$

(2)

$$Y_1=\frac{y_1}{1-y_1}=\frac{0.05}{1-0.05}=0.0526$$

$$Y_2=Y_1(1-\varphi_\mathrm{A})=0.0526\times(1-0.9571)=0.002\,26$$

$$X_1=\frac{V}{L}(Y_1-Y_2)+X_2=\frac{47.5}{200}(0.0526-0.002\,26)+0=0.0120$$

$$\Delta Y_1=Y_1-Y_1^*=0.0526-2.75\times001\,20=0.0196$$

$$\Delta Y_2=Y_2-Y_2^*=0.002\,26-2.75\times0=0.002\,26$$

$$\Delta Y_\mathrm{m}=\frac{\Delta Y_1-\Delta Y_2}{\ln\dfrac{\Delta Y_1}{\Delta Y_2}}=\frac{0.0196-0.002\,26}{\ln\dfrac{0.0196}{0.002\,26}}=0.008\,03$$

$$N_\mathrm{OG}=\frac{Y_1-Y_2}{\Delta Y_\mathrm{m}}=\frac{0.0526-0.002\,26}{0.008\,03}=6.269$$

$$H_{OG} = \frac{Z}{N_{OG}} = \frac{5}{6.269} = 0.798 \text{(m)}$$

由

$$H_{OG} = \frac{V}{K_Y a \Omega}$$

$$\Omega = \frac{V}{K_Y a H_{OG}} = \frac{47.5/3600}{3 \times 10^{-4} \times 221 \times 0.9 \times 0.798} = 0.277 \text{(m}^2)$$

填料塔的直径为

$$D = \sqrt{\frac{4 \times 0.277}{3.14}} = 0.594 \text{(m)}$$

本章主要符号

符号	意义	计量单位
英文		
a	单位体积填料的有效表面积或比表面积	m^2/m^3
A	吸收因数	
c	总浓度	kmol/m^3
c_i	i 组分浓度	kmol/m^3
D	分子扩散系数	m^2/s
D	塔径	m
E	亨利系数	kPa
g	重力加速度	m/s^2
G	质量流量	kg/s
G	气相的空塔质量速度	$\text{kg}/(\text{m}^2 \cdot \text{s})$
G_A	单位时间内溶质的吸收量	kmol/s
H	溶解度系数	$\text{kmol}/(\text{m}^3 \cdot \text{kPa})$
H_{OG}	气相总传质单元高度	m
H_{OL}	液相总传质单元高度	m
J	扩散通量	$\text{kmol}/(\text{m}^2 \cdot \text{s})$
k_G	气膜传质系数	$\text{kmol}/(\text{m}^2 \cdot \text{s} \cdot \text{kPa})$
k_L	液膜传质系数	$\text{kmol}/(\text{m}^2 \cdot \text{s} \cdot \text{kPa})$
K_G	气相总吸收系数	$\text{kmol}/[\text{m}^2 \cdot \text{s} \cdot (\text{kmol}/\text{m}^3)]$ 或 m/s
K_L	液相总吸收系数	$\text{kmol}/[\text{m}^2 \cdot \text{s} \cdot (\text{kmol}/\text{m}^3)]$ 或 m/s
K_X	液相总吸收系数	$\text{kmol}/(\text{m}^2 \cdot \text{s})$
K_Y	气相总吸收系数	$\text{kmol}/(\text{m}^2 \cdot \text{s})$

符号	意义	计量单位
L	吸收剂用量	kmol/s
m	相平衡常数	
N	总体流动通量	kmol/(m² · s)
N	传质速率	kmol/(m² · s)
N_A	组分 A 的传质通量	kmol/(m² · s)
N_{OG}	气相总传质单元数	
N_{OL}	液相总传质单元数	
N_T	理论板层数	
p	组分分压	kPa
$p_总$	总压	kPa
Δp	压力降	kPa
R	通用气体常数	kJ/(kmol · K)
S	脱吸因数	
T	热力学温度	K
u	气体的空塔速度	m/s
U	喷淋密度	m³/(m² · s)
v	分子体积	cm³/mol
v	物质传递速度	m/s
V	惰性气体的摩尔流量	kmol/s
W	液相的空塔质量速度	kg/(m² · s)
x	组分在液相中的摩尔分数	
X	组分在液相中的物质的量比	
y	组分在气相中的摩尔分数	
Y	组分在气相中的物质的量比	
z	扩散距离	m
Z	填料层高度	m
希文		
Ψ	水密度与操作液体密度之比	
Ω	塔截面积	m²
ε	填料层的空隙率	
ρ	密度	kg/m³
μ	黏度	Pa · s
φ_A	吸收率或回收率	

习 题

5-1 在温度为 40℃、压力为 101.3kPa 的条件下,测得溶液上方氨的平衡分压为 15.0kPa 时,氨在水中的溶解度为 76.6g(NH$_3$)/1000g(H$_2$O)。试求在此温度和压力下的亨利系数 E、相平衡常数 m 及溶解度系数 H。

5-2 在温度为 25℃ 及总压为 101.3kPa 的条件下,使含二氧化碳为 3.0%(体积分数)的混合空气与含二氧化碳为 350g/m^3 的水溶液接触。试判断二氧化碳的传递方向,并计算以二氧化碳的分压表示的总传质推动力。已知操作条件下,亨利系数 $E=0.9737$kPa,水溶液的密度为 997.8kg/m^3。

5-3 某混合气体中含 2%(体积)CO$_2$,其余为空气。混合气体的温度为 30℃,总压为 $5×1.013×10^5$Pa。从手册中查得 30℃ 时 CO$_2$ 在水中的亨利系数 $E=1.41×10^6$mmHg。试求溶解度系数 H 及相平衡常数 m,并计算 100g 与该气体相平衡的水中溶有多少 CO$_2$。

5-4 在 $1.013×10^5$Pa、0℃ 下的 O$_2$ 与 CO 混合气体中发生稳定扩散过程。已知相距 0.2cm 的两截面上 O$_2$ 的分压分别为 100Pa 和 50Pa,又知扩散系数为 0.18cm^2/s,试计算下列两种情形下 O$_2$ 的传递速率:(1) O$_2$ 与 CO 两种气体进行等分子反向扩散;(2)CO 气体为停滞组分。

5-5 在一逆流操作的吸收塔内用吸收剂吸收混合气中的溶质 A。混合气的摩尔流量为 105kmol/h,溶质浓度为 0.05(摩尔分数,下同),回收率为 95%。进入系统的吸收液量为 65kmol/h,其中溶质浓度为 0.01。操作压力为 202.7kPa,操作温度下的溶液的亨利系数为 16.2kPa,要求:(1)在 Y-X 图上画出吸收过程的操作线和平衡线,并标出塔顶、塔底的状态点,再计算气相总传质单元数;(2)若采用吸收液部分循环流程,循环量为 20kmol/h,进入系统的吸收剂量和组成不变,回收率不变。且知吸收过程为气膜控制,试绘出该过程的操作线并求出气相传质单元数。

5-6 于 $1.013×10^5$Pa、27℃ 下用水吸收混于空气中的甲醇蒸气。甲醇在气液两相中的浓度很低,平衡关系服从亨利定律。已知 $H=1.955$kmol/(m^3·kPa),气膜吸收分系数 $k_G=1.55×10^{-5}$kmol/(m^2·s·kPa),液膜吸收分系数 $k_L=2.08×10^{-5}$kmol/(m^2·s·kmol·m^{-3})。试求吸收总系数 K_G 并算出气膜阻力在总阻力中所占的百分数。

5-7 某逆流操作的吸收塔,用清水洗去气体中的有害组分。已知该塔填料层总高度为 9m,平衡关系 $Y=1.4X$,测得气体进、出口浓度 $Y_1=0.03$,$Y_2=0.002$,液体出口浓度 $X_1=0.015$(均为物质的量比)。试求:(1)操作液气比 L/V;(2)气相总传质单元高度 H_{OG};(3)如果限定气体出口浓度 $Y_2=0.0015$,为此拟增加填料层高度,在保持液气比不变的条件下应增加多少?

5-8 某厂吸收塔填料层高度为 4m,用水吸收尾气中的有害组分 A,已知平衡关系为 $Y=1.5X$,塔顶 $X_2=0$,$Y_2=0.004$,塔底 $X_1=0.008$,$Y_1=0.02$,求:(1)气相总传质单元高度;(2)操作液气比为最小液气比的多少倍;(3)由于法定排放浓度 Y_2 必须小于 0.002,所以拟将填料层加高,若液气流量不变,传质单元高度的变化也可忽略不计,则填料层应加高多少?

5-9 一吸收塔于常压下操作,用清水吸收焦炉气中的氨。焦炉气处理量为 5000 标准 m^3/h,氨的浓度为 10g/标准 m^3,要求氨的回收率不低于 99%。水的用量为最小用量的 1.5 倍,焦炉气入塔温度为 30℃,空塔气速为 1.1m/s。操作条件下的平衡关系为 $Y^*=1.2X$,气相体积吸收总系数为 $K_Ya=0.0611$kmol/(m^3·s)。试分别用对数平均推动力法及数学分析法求气相总传质单元数,再求所需的填料层高度。

5-10 有一填料吸收塔,在 28℃ 及 101.3kPa,用清水吸收 200m^3/h 氨-空气混合气中的氨,使其含量由 5% 降低到 0.04%(均为摩尔分数)。填料塔直径为 0.8m,填料层体积为 3m^3,平衡关系为 $Y=1.4X$,已知 $K_Ya=38.5$kmol/h。(1)出塔氨水浓度为出口最大浓度的 80% 时,该塔能否使用?(2)若在上述操作条件下,将吸收剂用量增大 10%,该塔能否使用?(注:在此条件下不会发生液泛)

5-11 有一直径为 880mm 的填料吸收塔,所用填料为 50mm 拉西环,处理 3000m^3/h 混合气(气体体积按 25℃ 与 $1.013×10^5$Pa 计算),其中含丙酮 5%,用水作吸收剂。塔顶送出的废气含 0.263% 丙酮。塔底送出的溶液含丙酮 61.2g/kg,测得气相总体积传质系数 $K_Ya=211$kmol/(m^3·h),操作条件下的平衡关系 $Y^*=2.0X$。求所需填料层高度。(1)在上述情况下每小时可回收多少丙酮?(2)若把填料层加高 3m,则可多回收多少丙酮?（提示:填料层加高后,传质单元高度 H_{OG} 不变。）

　　5-12　矿石焙烧炉送出的气体冷却后送入填料塔中,用清水洗涤以除去其中的二氧化硫。已知入塔的炉气流量为 $2400m^3/h$,其平均密度为 $1.315kg/m^3$;洗涤水的消耗量为 $50000kg/h$。吸收塔为常压操作,吸收温度为 $20℃$。填料采用 DN 50 塑料阶梯环,泛点率取 60%。试计算该填料吸收塔的塔径。

思 考 题

　　1. 温度和压力如何影响吸收过程的平衡关系?

　　2. 对于难溶和易溶气体,E、m、H 的大小各如何? E、m、H 与哪些因素有关?

　　3. 在气体吸收操作中,过程的推动力受哪些因素影响? 可以采取哪些措施增大推动力?

　　4. 液体和气体的分子扩散系数与哪些因素有关? 温度升高,压力降低,液体和气体的分子扩散系数将如何变化?

　　5. 什么是漂流因子? 它对传质速率有何影响?

　　6. 简述双膜理论的要点。

　　7. 吸收速率方程为何具有不同的表达形式? 膜吸收速率方程与总吸收速率方程有何异同?

　　8. 何谓气膜控制? 何谓液膜控制? 易溶气体和难溶气体的阻力主要集中在液膜还是气膜?

　　9. 传质单元高度和传质单元数有何物理意义?

　　10. 试写出吸收塔并流操作时的操作线方程,并在 X-Y 坐标图上画出相应的操作线。

　　11. 吸收剂用量对吸收操作有何影响? 如何确定其大小?

　　12. 传质单元数与哪些因素有关? 其大小反映吸收过程的什么问题?

第6章 蒸　馏

蒸馏是化工生产工艺过程中,对于液体混合物最常用的分离手段,也是传质过程中最典型的单元操作之一。例如,在石油炼制中蒸馏原油以获得汽油、煤油、柴油产品;酿造业通过蒸馏操作从发酵液中提取葡萄酒。蒸馏还可以分离液化后的气体或熔化后的固体混合物。

蒸馏是利用液体混合物中各组分挥发度的不同而完成组分间分离的。在一定外界条件下,混合物中沸点低的组分容易挥发,较多地转移到气相中,而沸点高的组分难挥发,较多地存留在液相中。因此,通过外界及自身连续不断的加热与冷凝,蒸馏使混合物所产生的气液两相充分接触而进行传热和传质,最后得到分离提纯。

蒸馏有许多不同的操作方式,如按照是否有液体回流,可分成有回流蒸馏和无回流蒸馏。无回流的蒸馏又分为间歇操作的简单蒸馏与连续操作的平衡蒸馏。有回流的蒸馏是将蒸馏出的部分馏出液送回到蒸馏设备中,进一步提纯上升蒸气中的轻组分,使产品纯度更高。有回流的蒸馏又称精馏。精馏也有连续操作与间歇操作之分。

当混合液中组分间的挥发度相差不多,或溶液可能形成恒沸物时,用一般的精馏方法难以完成组分间的分离。在此情况下,可以加入第三种组分,用萃取精馏或恒沸精馏等方法进行分离。

蒸馏一般在塔设备内进行,操作压力可根据物性选择常压、减压或加压。工业生产中,蒸馏操作分离的混合物可以是双组分,也可以是多组分,但基本原理相同。本章重点讨论二元物系连续精馏的原理和计算。

6.1 二组分溶液的气液平衡

溶液的气液相平衡是分析蒸馏原理的基础,也是蒸馏过程计算的重要依据。本节主要讨论二元理想物系的气液平衡关系。

6.1.1 气液平衡关系式

1. 用饱和蒸气压计算平衡关系

当由溶质 A 与溶剂 B 组成的稀溶液在一定温度下气液两相达到平衡时,二组分在气相中的蒸气分压 p 与其在液相中的组成 x 之间的关系满足拉乌尔定律,即

$$p_A = p_A^\circ x_A \tag{6-1}$$
$$p_B = p_B^\circ x_B \tag{6-1a}$$

式中,x_A、x_B 为液相中组分 A、B 的摩尔分数;p_A°、p_B° 为设定温度下纯组分 A、B 的饱和蒸气压,为温度的函数。通常可用下列经验方程[安托因(Antoine)方程]表示:$\ln p^\circ = A - B/(T + c)$,其中,$A$、$B$、$C$ 为与组分相关的常数(安托因常数),书附录列出部分液体安托因常数。

体系总压等于分压之和

$$p = p_A + p_B = p_A^\circ x_A + p_B^\circ x_B = p_A^\circ x_A + p_B^\circ (1 - x_A)$$

整理后可得

$$x_A = \frac{p - p_B^\circ}{p_A^\circ - p_B^\circ} \tag{6-2}$$

式(6-2)表示气液平衡时,液相组成与平衡温度的关系。

对于平衡的气相体系,根据道尔顿分压定律可得

$$y_A = \frac{p_A}{p} = \frac{p_A^\circ x_A}{p} \tag{6-3}$$

式(6-3)表示平衡时气相组成与温度和体系压力的关系。

利用式(6-2)和式(6-3),可以在平衡条件下由液相组成求取平衡温度和气相组成,或由气相组成求取平衡温度和液相组成,或由温度求取平衡时的气液两相的组成。平衡气液相温度又可分别称为露点和泡点。

2. 用相对挥发度关联平衡关系

挥发度是用来表示物质挥发能力大小的物理量。对于任何液体物质,蒸气压越大,越易挥发,因此可用一定温度下液体的饱和蒸气压表示纯组分的挥发度。对于混合溶液,由于组分间相互影响,各组分的挥发度 v_A、v_B 用该组分在气相中的平衡分压与其在液相中的摩尔分数之比表示,即

$$v_A = \frac{p_A}{x_A} \tag{6-4}$$

$$v_B = \frac{p_B}{x_B}$$

两个组分挥发度之比称为两组分的相对挥发度,以 α 表示。一般将易挥发组分(轻组分)作为分子,即

$$\alpha = \frac{v_A}{v_B} = \frac{p_A/x_A}{p_B/x_B} \tag{6-5}$$

操作压力不高($p \leqslant 0.5\text{MPa}$)时,气相满足道尔顿分压定律,则式(6-5)可表示为

$$\alpha = \frac{v_A}{v_B} = \frac{\dfrac{p y_A}{x_A}}{\dfrac{p y_B}{x_B}} = \frac{\dfrac{y_A}{x_A}}{\dfrac{y_B}{x_B}} = \frac{y_A x_B}{y_B x_A} \tag{6-6}$$

式(6-6)为相对挥发度的定义式。从式(6-6)可以看出,相对挥发度 α 越大,则 A、B 组分在气液两相中比例相差越大,越有利于分离。若只观察组分 A,略去下标,由式(6-6)可推出二元理想物系的相平衡关联式为

$$y = \frac{\alpha x}{1 + (\alpha - 1)x} \tag{6-7}$$

式(6-7)称为气液平衡方程。

对于理想溶液,联立式(6-1)和式(6-5),可得

$$\alpha = \frac{p_A^\circ}{p_B^\circ} \tag{6-8}$$

对于理想体系,α 的值可在处理的温度范围内取平均值,这样,就可方便地用气液平衡方程求得平衡的气液组成关系。

【例 6-1】 苯（A）与甲苯（B）的饱和蒸气压和温度的关系数据如本题附表 1 所示。试利用拉乌尔定律和相对挥发度，分别计算苯-甲苯混合液在总压为 101.33kPa 下的气液平衡数据。该溶液可视为理想溶液。

例 6-1 附表 1

温度/℃	80.1	85	90	95	100	105	110.6
p_A°/kPa	101.33	116.9	135.5	155.7	179.2	204.2	240.0
p_B°/kPa	40.0	46.0	54.0	63.3	74.3	86.0	101.33

解 （1）利用拉乌尔定律计算气液平衡数据，在某一温度下由本题附表 1 可查得该温度下纯组分苯与甲苯的饱和蒸气压 p_A° 与 p_B°，由于总压为定值（101.33kPa），则应用式（6-2）求液相组成 x，再应用式（6-3）求平衡的气相组成 y，即可得到在平衡温度下气液相平衡组成。

以 $t=95$℃为例，计算过程如下：

$$x=\frac{p-p_B^\circ}{p_A^\circ-p_B^\circ}=\frac{101.33-63.3}{155.7-63.3}=0.412$$

和

$$y=\frac{p_A^\circ}{p}x=\frac{155.7}{101.33}\times0.412=0.633$$

其他温度下的计算结果列于本题附表 2 中。

例 6-1 附表 2

t/℃	80.1	85	90	95	100	105	110.6
x	1.000	0.780	0.581	0.412	0.258	0.130	0
y	1.000	0.900	0.777	0.633	0.456	0.262	0

（2）利用相对挥发度计算气液平衡数据，因苯-甲苯混合液为理想溶液，所以其相对挥发度可用式（6-8）计算，即

$$\alpha=\frac{p_A^\circ}{p_B^\circ}$$

以 95℃为例，则

$$\alpha=\frac{155.7}{63.3}=2.46$$

其他温度下的 α 值列于本题附表 3 中。

通常，在利用相对挥发度法求 x-y 关系时，可取温度范围内的平均相对挥发度，在本题条件下，附表 3 中两端温度下的 α 数据应除外（80.1℃和 110.6℃对应的是纯组分，即为 x-y 曲线上两端点），因此可取温度为 85℃和 105℃下 α 的平均值，即平均相对挥发度可分别采用算术平均法和几何平均法计算。

算术平均法

$$\alpha_m=\frac{2.54+2.37}{2}=2.46$$

几何平均法

$$\alpha_m=\sqrt{2.54\times2.37}=2.45$$

将平均相对挥发度代入式（6-7）中，即

$$y=\frac{\alpha x}{1+(\alpha-1)x}=\frac{2.46x}{1+1.46x}$$

并按附表 2 中的各 x 值，由上式即可算出气相平衡组成 y，计算结果也列于附表 3 中。

比较本题附表 2 和附表 3，可以看出两种方法求得的 x-y 数据基本一致。对两组分溶液，利用平均相对挥发度表示气液平衡关系比较简单。

例 6-1 附表 3

$t/℃$	80.1	85	90	95	100	105	110.6
α		2.54	2.51	2.46	2.41	2.37	
x	1.000	0.780	0.581	0.412	0.258	0.130	0
y	1.000	0.897	0.773	0.633	0.461	0.269	0

此外,通过本例题的计算,可以从本题附表 3 中看出 α 的值随温度升高而降低。因此,在可能的条件下降低平衡温度(或降低操作压力)有利于蒸馏分离。

6.1.2　二组分理想溶液的气液平衡相图

1. 温度-组成 $(t\text{-}x\text{-}y)$ 图

在总压恒定下,二组分溶液的平衡温度与组成的关系可用图来表示,即为温度-组成图 ($t\text{-}x\text{-}y$ 图)。由例 6-1 计算所得的数据绘图,即可得到苯-甲苯混合液在总压 101.3kPa 下的温度-组成图,如图 6-1 所示。图中横坐标为易挥发组分的摩尔分数(x 或 y),纵坐标为温度(t)。图中有两条曲线,下方曲线($t\text{-}x$ 线)为饱和液体线或泡点线,表示平衡时液相组成与泡点温度(加热溶液至产生第一个气泡时的温度)的关系,与泡点方程式(6-2)相对应。上方曲线($t\text{-}y$ 线)为饱和蒸气线或露点线,表示平衡时气相组成与露点温度(冷却气体至出现第一个液滴时的温度)的关系,与露点方程式(6-3)相对应。饱和液体线以下,为液相区;饱和蒸气线以上,溶液全部气化,称为过热蒸气区;两条线之间气液两相同时存在称为气液共存区。

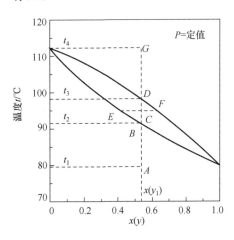

图 6-1　苯-甲烷混合液体的 $t\text{-}x\text{-}y$ 图

若将处于液相区组成为 x、温度为 t_1 的混合液(图 6-1 中 A 点)加热至泡点(B 点),开始产生气相;继续升温,进入气液两相区的 C 点,在该温度(约 95℃)下,两曲线上对应的两点 E、F 即为此平衡温度下的液相与气相的组成。可以明显看出气相 F 点对应的苯含量高于液相 E 点对应的苯含量;继续升温至 D 点,液相全部气化为气相,气相组成与原料液组成理应相同;再加热就进入过热蒸气区,组成也不再变化。同一组成下,两曲线上对应的两点 B、D 分别为液相的泡点温度和气相的露点温度。恒压下的温度-组成图是分析蒸馏原理的基础。

2. 气液平衡组成 $(x\text{-}y)$ 图

在蒸馏计算中用得更多的是气液平衡组成图,即 $x\text{-}y$ 图。图 6-2 所示是在 101.3kPa 下苯-甲苯混合物系的 $x\text{-}y$ 图,表示不同温度下互成平衡的气液两相组成的关系,该图可由 $t\text{-}x\text{-}y$ 图通过坐标变换或通过气液平衡方程式(6-7)绘得。在 $x\text{-}y$ 图中一般还画出对角线 $x=y$ 作为参考线。由于气液组成均为易挥发组分的摩尔分数,气相组成 y 总大于对应的平衡的液相组成 x,因此平衡线位于对角线的左上方。

不同 α 值的物系 x-y 图如图 6-3 所示,从该图中可得到如下结论:

(1) α 越大,平衡线离对角线越远,即与 x 相平衡的 y 的数值越大,表示该物系越容易分离。

(2) $\alpha=1$,则 $x=y$,说明该物系不能用普通蒸馏的方法进行分离。

因此,根据 x-y 图(或 α 值的大小)可判断蒸馏分离的难易程度。

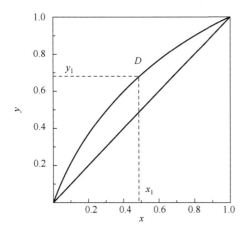

图 6-2　苯-甲烷混合液的 x-y 图

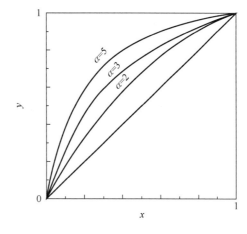

图 6-3　不同 α 的 x-y 图

6.1.3　非理想溶液的气液平衡

气液两相中只要有一相不满足理想条件,该物系即为非理想物系。但是低压下的气相,一般情况下能满足理想气体的条件(符合道尔顿分压定律),因此只需讨论非理想溶液的情形,就能够处理普通的工业生产问题。

凡与拉乌尔定律有偏差的溶液均为非理想溶液,其原因在于两种物质分子间作用力不同。若同分子间作用力大于异分子间作用力时,溶液的蒸气压比拉乌尔定律计算值高,称为正偏差溶液;反之,为负偏差溶液。常见的非理想溶液大多为正偏差溶液,如甲醇-水,乙醇-水、苯-乙醇等。当正偏差大到一定程度时,两组分的饱和蒸气压之和会出现最大值,与此对应的两组分的泡点达到最低(低于两纯组分的沸点)。在该点上,气相组成与液相组成相同($x=y$),称为恒沸点。图 6-4 为常压下乙醇-水溶液相图,该体系的最低恒沸点为 78.15℃,与该点对应的恒沸组成为 0.894。与之相反,当负偏差大到一定程度时,就会出现最高恒沸点。图 6-5 为常压下硝酸-水溶液相图,该体系的最高恒沸点为 121.9℃,对应的恒沸组成为 0.383。

同一种溶液的恒沸组成随总压而改变,因此,可用改变压力的方法来分离恒沸溶液,但要考虑其技术经济的合理性。

非理想溶液的平衡分压可通过修正的拉乌尔定律求得。

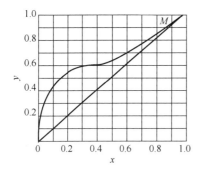
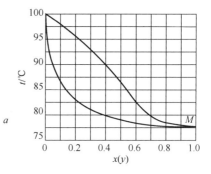

图 6-4 常压下乙醇-水溶液相图

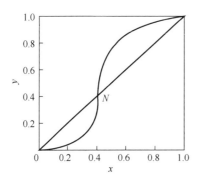
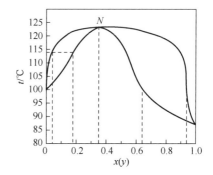

图 6-5 常压下硝酸-水溶液相图

6.2 蒸馏与精馏

6.2.1 平衡蒸馏与简单蒸馏

平衡蒸馏与简单蒸馏是混合液体经过一次部分气化分离的蒸馏操作。对于分离程度要求不高且组分间相对挥发度较大的场合,可采用平衡蒸馏或简单蒸馏的技术方式处理。

平衡蒸馏是加热液体混合物使易挥发组分挥发,达到平衡后,再将共存的气液两相分开收集,使原料混合物得到一定程度分离。闪蒸是平衡蒸馏在实际生产中的应用,其流程如图 6-6 所示。被分离的混合液可连续地进入加热器中升温(温度应高于闪蒸塔压力下溶液的泡点),然后经节流阀降压;由于压力突然下降,过热液体部分气化,平衡的气液两相分别在闪蒸塔塔顶(设冷凝器)与塔底被导出,达到分离目的。

简单蒸馏是实验室中较常用的液体混合物分离方法,其流程如图 6-7 所示。将料液分批加入蒸馏釜中,在恒压下加热至沸腾,釜内的饱和液体不断气化,所产生的蒸气随即被冷凝,冷凝液作为蒸出产品进入接受器中。随着过程的进行,釜液中的易挥发组分不断降低,与其对应的蒸出的平衡气相组成也随之降低,根据温度与组成的对应关系,泡点温度和露点温度也将随之改变。因此,简单蒸馏为间歇的、非稳态的蒸馏过程。蒸出的不同浓度的产品一般是分罐收集。当蒸出液组成或釜液组成降到预定值后,蒸馏结束,釜残液被一次排放。平衡蒸馏和简单蒸馏一般只能使混合物得到初步分离。

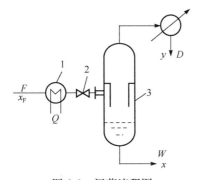

图 6-6 闪蒸流程图

1. 加热器；2. 减压阀；3. 分离器

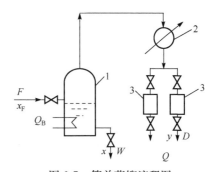

图 6-7 简单蒸馏流程图

1. 蒸馏釜；2. 冷凝器；3. 接受器

6.2.2 精馏

1. 精馏原理

由于混合物中各组分的挥发度存在差异，加热气化能够使易挥发组分（轻组分）相对富集于气相，在液相得到相对高浓度的难挥发组分（重组分）。所以，连续地将气相产物分步冷凝，将液相产物反复加热分步收集，最终一定会得到两组分的高纯度产物，达到完全的分离效果。这个过程能够在 t-x-y 图上得以说明。如图 6-8 所示，组成为 x_F 的原料液，加热到 t_1 后的气相点应该处在气相线上的 1 点，气相中轻组分摩尔分数为 y_1，冷凝物中的摩尔分数为 x_1。将该气相在 t_2 下冷凝，平衡气相点应该是 2，组分摩尔分数为 y_2，液相为 x_2。依次操作，类推到 3 点以至更多。显然，$y_3 > y_2 > y_1$，若如此继续下去，将获得易挥发组分的高纯度产物。液相也是如此，加热 t_1 下的冷凝液，分离出气相（图中未标出）剩余液体的摩尔分数为 x_2；同理，加热与分离气相，将得到摩尔分数为 x_3 的液体。图中显示，$x_1 > x_2 > x_3$，即剩余液体中的易挥发组分越来越少，重组分越来越多。可见，通过对气相的多次部分冷凝和对液相的多次部分气化，从理论上可分别获得高纯度的轻重组分。

但是，多次部分气化和部分冷凝并不依赖多个蒸发器与冷凝器，也不重复消耗热能，而是在蒸馏塔内将气化热与冷凝热偶合起来，充分利用就可以满足需要。当然，重组分浓度最高一端的加热与轻组分最浓一端的冷却是必不可少的。

2. 精馏流程

图 6-9 所示为连续操作精馏过程示意图，精馏装置由精馏塔（板式塔或填料塔）、塔顶冷凝

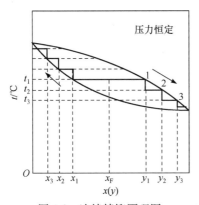

图 6-8 连续精馏原理图

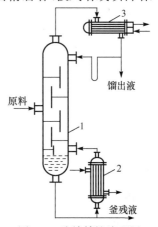

图 6-9 连续精馏流程图

1. 精馏塔；2. 再沸器；3. 冷凝器

器、塔底再沸器等设备组成。

　　塔板或填料是实现气液两相接触并进行传质、传热的场所;塔顶冷凝器使上升的轻组分蒸气冷凝,并将部分冷凝液回流入塔,以提供沿塔下降的液流;再沸器是使下降液体部分气化而返回塔内,以提供上升的气流。上升的气流与下降的液流在精馏塔中每一块板上同时进行传质、传热,从而使易挥发组分在上升气流中逐板增浓,使难挥发组分在下降液流中逐板富集。也就是说,轻组分气化所需的气化热是由下降来的重组分凝结所放出的冷凝热提供的,其间不再需要外热;即热交换是由分步冷凝和分步气化联合操作而实现的。与此同时,组分浓度也发生变化;传热与传质同时进行。原料液从塔中部适当的位置加入塔中,在保证有足够气液流量的情况下,只要塔板数量充分,传质传热良好,二元混合物就可以获得比较完全的分离。

　　加入原料处的板称为加料板。加料板以上塔段称为精馏段,加料板以下塔段(包括加料板)称为提馏段。一个完整的精馏塔应当包括精馏段和提馏段。但是,具体的化工工艺安排针对不同的精馏目的或原料特点,也有只有精馏段或只有提馏段的精馏过程;精馏塔可以连续操作或间歇操作。此外,精馏塔可以是板式塔也可以是填料塔。

6.3　二组分连续精馏的计算

　　本节以板式精馏塔为例,着重讨论二组分连续精馏过程的计算,即对于指定的分离要求,进行物料衡算、确定所需的塔板数、回流比、适宜的加料位置;同时分析沿塔气液组成变化与气液流量的关系、进料热状态对精馏操作的影响等。

6.3.1　理论板及恒摩尔流假定

　　1. 理论板

　　气液两相在塔板上的传热传质过程涉及物性、操作条件、塔板结构等因素,为解决此类复杂问题,工程上常采用先简化后修正的方法。为此,引入理论板的概念,所谓理论板是理想化塔板,指气液两相能够充分混合,板上传质与传热的阻力为零,离开理论板的气液两相已经达到平衡且温度相等。也就是说,离开理论板的气液组成和温度就可分别利用相平衡关系和泡点方程来描述,使精馏过程的分析和计算得以简化。实际塔板与理论塔板的差距可用塔板效率予以校正。

　　2. 恒摩尔流假定

　　恒摩尔流是假定在全塔的精馏段和提馏段中,任何一板上上升的气相摩尔流率均相等,各板下降的液相摩尔流率也相等;而精馏段和提馏段塔板上的气液相摩尔流率数值有所不同,两者之间的差别与进塔物料状况有关。因此,可用 V、L 来表示精馏段的气相和液相摩尔流率,用 V'、L' 表示提馏段的气相和液相摩尔流率。为满足这一假定,两组分的摩尔气化潜热必然相等,并忽略热损失,忽略显热差,实际上,大多数物系基本能符合这一条件。

　　引入恒摩尔流假定后,可大大简化精馏段与提馏段的物料衡算关系,便于理论塔板的图解计算和精馏过程的分析。

6.3.2　全塔物料衡算

　　对如图 6-10 所示的二组分连续精馏塔作全塔物料衡算

$$F=D+W \tag{6-9a}$$

对易挥发组分衡算

$$Fx_F = Dx_D + Wx_W \qquad (6\text{-}9b)$$

式中，F 为原料液流量，kmol/h；D 为塔顶馏出液流量，kmol/h；W 为塔釜液流量，kmol/h；x_F 为原料液中易挥发组分的摩尔分数；x_D 为馏出液中易挥发组分的摩尔分数；x_W 为釜液中易挥发组分的摩尔分数。

利用全塔物料衡算可以确定馏出液和釜液的流量及进料流量和组成的关系。

联立式(6-9a)和式(6-9b)可得

馏出液采出率　　　　$$\frac{D}{F} = \frac{x_F - x_W}{x_D - x_W} \qquad (6\text{-}10)$$

釜液采出率　　　　$$\frac{W}{F} = \frac{x_D - x_F}{x_D - x_W} \qquad (6\text{-}11)$$

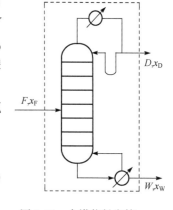

图 6-10　全塔物料衡算

塔顶易挥发组分的回收率　　　　$$\eta = \frac{Dx_D}{Fx_F} \times 100\% \qquad (6\text{-}12)$$

应该指出，当进料流量和组成已经确定并已规定分离纯度要求时，应满足全塔物料衡算的约束条件是 $Dx_D \leqslant Fx_F$。因此，要求产量 D 过大时，势必使产品质量 x_D 下降。

【例 6-2】　每小时将 15 000kg 含苯 40%（质量分数，下同）和甲苯 60% 的溶液在连续精馏塔中进行分离，要求釜残液中含苯不高于 2%，塔顶馏出液中苯的回收率为 97.1%。试求馏出液和釜残液的流量及组成，以摩尔流率和摩尔分数表示。

解　苯的相对分子质量为 78；甲苯的相对分子质量为 92。

进料组成　　　　　　　　$$x_F = \frac{40/78}{40/78 + 60/92} = 0.44$$

釜残液组成　　　　　　　$$x_W = \frac{2/78}{2/78 + 98/92} = 0.0235$$

原料液的平均相对分子质量　$M_F = 0.44 \times 78 + 0.56 \times 92 = 85.8$

原料液流量　　　　　　　$F = 15\,000/85.8 = 175.0(\text{kmol/h})$

依题意知　　　　　　　　$$\frac{Dx_D}{Fx_F} = 0.971 \qquad (1)$$

所以　　　　　　　　　　$Dx_D = 0.971 \times 175 \times 0.44 \qquad (2)$

全塔物料衡算　　　　　　$D + W = F = 175$

　　　　　　　　　　　　$Dx_D + Wx_W = Fx_F$

或　　　　　　　　　　　$Dx_D + 0.0235W = 175 \times 0.44 \qquad (3)$

联立(1)、(2)、(3)三式，解得

　　　　$D = 80.0\text{kmol/h}$　　　$W = 95.0\text{kmol/h}$　　　$x_D = 0.935$

6.3.3　精馏段物料衡算及其操作线方程

由理论塔板的概念可知，离开塔板的气液组成满足相平衡关系，而塔板之间的气液组成也必然满足物料衡算关系。由于原料液的加入使精馏段和提馏段具有不同的物料衡算关系，因此分别进行讨论。

对如图 6-11 所示中虚线划定范围作物料衡算，以单位时间为基准。总物料衡算式

$$V = L + D \qquad (6\text{-}13a)$$

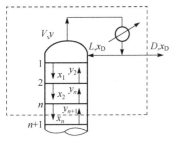

图 6-11　精馏段物料衡算图

易挥发组分(A 组分)衡算式

$$Vy_{n+1} = Lx_n + Dx_D \tag{6-13b}$$

式中,x_n 为精馏段第 n 层板下降液相中易挥发组分的摩尔分数;y_{n+1} 为精馏段第 $n+1$ 层板上升蒸气中易挥发组分的摩尔分数。

由式(6-13b)得

$$y_{n+1} = \frac{L}{V}x_n + \frac{D}{V}x_D \tag{6-14a}$$

令 $R = L/D$,称为回流比,即流回精馏塔的冷凝液与馏出液的物质的量比,则

$$L = RD \qquad V = (R+1)D$$

代入式(6-14a)得

$$y_{n+1} = \frac{R}{R+1}x_n + \frac{x_D}{R+1} \tag{6-14b}$$

式(6-14)表示在一定操作条件下精馏段内自第 n 层板下降的液相组成(x_n)与其相邻的下一层板(第 $n+1$ 层板)上升的蒸气组成(y_{n+1})之间的关系,称为精馏段操作线方程。

在一定的操作条件下,R、D、x_D 均为定值,因此,精馏段操作线方程在 x-y 图上为一直线,斜率为 $R/(R+1)$,截距为 $x_D/(R+1)$,且经过对角线上的点(x_D,x_D)。

【例 6-3】　一精馏塔中,测得进入和离开第 n 层理论板(属精馏段)的液相组成分别为 0.78 和 0.62,精馏段内的液气比 $L/V = 0.75$,物系的相对挥发度为 2.5,试求回流比和精馏操作线方程。

解　(1) 求回流比

由

$$\frac{R}{R+1} = \frac{L}{V} = 0.75$$

得

$$R = 3$$

(2) 求精馏段操作线方程

离开第 n 层理论板的气液组成(y_n 与 x_n)满足平衡关系

即

$$y_n = \frac{\alpha x_n}{1+(\alpha-1)x_n} = \frac{2.5 \times 0.62}{1+1.5 \times 0.62} = 0.803$$

y_n 与 x_{n-1} 满足操作线方程

$$y_n = \frac{R}{R+1}x_{n-1} + \frac{x_D}{R+1}$$

即

$$0.803 = \frac{3}{4} \times 0.78 + \frac{x_D}{4}$$

得

$$x_D = 0.872$$

则精馏段操作线方程为

$$y_n = \frac{R}{R+1}x_{n-1} + \frac{x_D}{R+1} = \frac{3}{4}x_{n-1} + \frac{0.872}{4} = 0.75x_{n-1} + 0.281$$

6.3.4　提馏段物料衡算及其操作线方程

对图 6-12 中所示虚线划定的范围作物料衡算:

总物料衡算式

$$L' = V' + W \tag{6-15a}$$

易挥发组分衡算式

$$L'x_m = V'y_{m+1} + Wx_W \quad (6\text{-}15\text{b})$$

式中，x_m 为提馏段第 m 层板下降液相中易挥发组分的摩尔分数；y_{m+1} 为提馏段第 $m+1$ 层板上升的蒸气中易挥发组分的摩尔分数。

整理式(6-15)可得

$$y_{m+1} = \frac{L'}{V'}x_m - \frac{W}{V'}x_W \quad (6\text{-}16\text{a})$$

或

$$y_{m+1} = \frac{L'}{L'-W}x_m - \frac{W}{L'-W}x_W \quad (6\text{-}16\text{b})$$

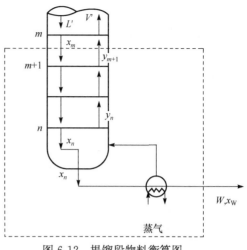

图 6-12　提馏段物料衡算图

与精馏段类似，式(6-16a)或式(6-16b)表示在一定操作条件下提馏段内自第 m 层板下降的液相组成(x_m)与其相邻的下一层板(第 $m+1$ 层板)上升的蒸气组成(y_{m+1})之间的关系，称为提馏段操作线方程。

在一定的操作条件下，L'、W、x_W 均为定值，因此，提馏段操作线方程在 x-y 图上为直线，斜率为 $\dfrac{L'}{V'}$，截距为 $\dfrac{W}{V'}x_W$，且经过对角线上的(x_W,x_W)点。

6.3.5　进料热状态的影响

进料量与进料热状态将影响精馏段与提馏段内气液摩尔流率的大小及两者之间的关系。

1. 进料热状态

原料入塔时的温度和状态称为进料的热状态。进料共有以下 5 种可能的热状态：①冷液体(低于泡点温度)；②饱和液体(泡点温度)；③气液混合物(温度介于泡点和露点之间)；④饱和蒸气(露点温度)；⑤过热蒸气(高于露点温度)。进料热状态不同，对精馏段与提馏段的气液两相流量产生不同的影响，如图 6-13 所示。

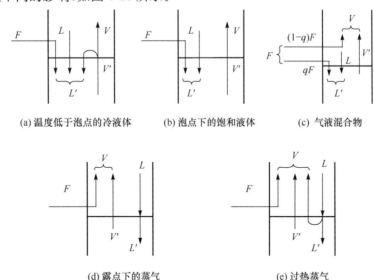

(a) 温度低于泡点的冷液体　　(b) 泡点下的饱和液体　　(c) 气液混合物

(d) 露点下的蒸气　　　(e) 过热蒸气

图 6-13　5 种可能的进料热状态图

(1) 冷进料时,料液必然吸收上升蒸气中的热量,使其部分液化,造成 $V' > V$,$L' > F + L$。

(2) 泡点下的饱和液体进料,因为板上各物流温度相等,$V = V'$,$L' = F + L$。

(3) 气液混合物进料,其中包含部分气体,因此 $V > V'$,$F + L > L'$。

(4) 露点下蒸气进料,料液全部是饱和蒸气,则 $V = V' + F$,$L = L'$。

(5) 过热蒸气进料,料液温度大于下降液体温度,下降液流部分气化而使 $V > F + V'$,$L' < L$。

2. 精馏段与提馏段两相流量的关系

为了分析进料的流量及其热状态对精馏操作的影响,找出精馏段与提馏段两相流量的相互关系,需要对如图 6-13 所示的加料板作物料和热量衡算:

总物料衡算 $\qquad\qquad F + V' + L = V + L' \qquad\qquad$ (6-17)

热量衡算 $\qquad\qquad FI_F + V'I_{V'} + LI_L = VI_V + L'I_{L'} \qquad\qquad$ (6-18)

式中,I_F 为原料液的焓,kJ/kmol;I_V、$I_{V'}$ 分别为进料板上、下处饱和蒸气的焓,kJ/kmol;I_L、$I_{L'}$ 分别为进料板上、下处饱和液体的焓,kJ/kmol。

根据恒摩尔流量和相变热(气化热与液化热)相等的设定,$I_V = I_{V'}$,$I_L = I_{L'}$,联立式(6-17)和式(6-18)可得

$$\frac{L' - L}{F} = \frac{I_V - I_F}{I_V - I_L} \qquad\qquad (6\text{-}19)$$

令 $\qquad q = \dfrac{I_V - I_F}{I_V - I_L} = \dfrac{1\text{kmol 原料变为饱和蒸气所需的热}}{1\text{kmol 原料的气化潜热}} = \dfrac{L' - L}{F} \qquad$ (6-20)

则 $\qquad\qquad\qquad L' = L + qF \qquad\qquad$ (6-21)

$$V' = V - (1 - q)F \qquad\qquad (6\text{-}22)$$

q 称为进料热状态参数(气化分率)。式(6-21)和式(6-22)表示了精馏段与提馏段两相流量间的相互关系。

由式(6-22)可得到 5 种进料状态下 q 值的相对大小:①冷液进料,$q > 1$;②泡点进料,$q = 1$;③气液混合进料,$0 < q < 1$;④饱和蒸气进料,$q = 0$;⑤过热蒸气进料,$q < 0$。

【例 6-4】 分离例 6-2 中的溶液时,若进料为饱和液体,选用的回流比 $R = 2.0$,试求提馏段操作线方程式,并说明操作线的斜率和截距的数值。

解 由例 6-2 知

$$x_W = 0.0235 \qquad W = 95\text{kmol/h} \qquad F = 175\text{kmol/h} \qquad D = 80\text{kmol/h}$$

而 $\qquad\qquad\qquad L = RD = 2.0 \times 80 = 160(\text{kmol/h})$

因泡点进料,所以

$$q = \frac{I_V - I_F}{I_V - I_L} = 1$$

将以上数值代入式(6-16)、式(6-21)、式(6-22),即可求得提馏段操作线方程式

$$y_{m+1} = \frac{160 + 1 \times 175}{160 + 175 - 95} x_m - \frac{95}{160 + 175 - 95} \times 0.0235$$

或 $\qquad\qquad\qquad y_{m+1} = 1.4x_m - 0.0093$

该操作线的斜率为 1.4,在 y 轴上的截距为 -0.0093。由计算结果可以看出,本题提馏段操作线的截距值很小,一般情况下也是如此。

3. 进料方程

进料方程又称 q 线方程,是精馏段操作线与提馏段操作线交点的轨迹方程,由两操作线方程联解而得。联解方程 $Vy=Lx+Dx_D$ 与 $V'y=L'x-Wx_W$,整理后得

$$y=\frac{q}{q-1}x-\frac{x_F}{q-1} \tag{6-23}$$

式(6-23)为进料方程。对一定的进料状态 (q,x_F),q 线在 x-y 图中表示为一直线,斜率为 $\frac{q}{q-1}$,截距为 $-\frac{x_F}{q-1}$,且过对角线上的 (x_F,x_F) 点。不同的进料热状态,有不同的 q 值,斜率也就不同,q 线与精馏段操作线的交点也随之变动,从而影响提馏段操作线的位置。

对一定的 x_F、x_D、x_W、回流比、5 种不同进料热状态的 q 线及提馏段操作线的影响如图6-14所示。

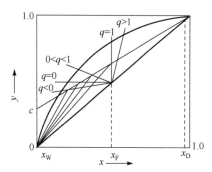

图 6-14　进料热状态提馏线的影响

6.3.6　理论塔板数的计算

在一定的操作条件(如操作压力、回流比 R 等)下,已知进料量和组成,并规定塔的分离任务(如 D、x_D 或 η)后,利用相平衡关系和物料衡算关系(操作线方程)可求得所需的理论板数。对于二元物系的分离,通常采用逐板计算和图解两种方法。

1. 逐板计算法

图 6-15 所示为一连续精馏塔,塔顶设有全凝器,泡点回流,塔釜采用间接蒸气加热。

逐板计算法一般从塔顶开始计算。塔顶为全凝器时,从第一块板上升的蒸气组成等于塔顶产品的组成,即 $y_1=x_D$;从第一块板下降的液相组成 x_1 与 y_1 互成平衡,可利用相平衡方程由 y_1 求 x_1;第二块板上升的蒸气组成 y_2 与 x_1 满足操作线方程,则可用精馏段操作线方程由 x_1 求 y_2⋯⋯依此类推,如此交替地运用相平衡方程与操作线方程,便能够进行逐板计算,直至求得的 $x_n \leqslant x_q$(x_q 为 q 线与精馏段操作线交点的坐标值。当泡点进料时 $x_q=x_F$)。第 n 层板即为理论加料板,精馏段所需理论塔板数为 $n-1$ 块。从加料板开始,改用提馏段操作线方程与平衡方程进行逐板的交替计算,直至 $x_N \leqslant x_W$ 为止。进行逐板计算的总次数即为总理论塔板数 N。塔底再沸器内气液两相可视为平衡,即再沸器相当于一块理论塔板。提馏段所需理论塔板数为 $N-n+1$ 块。除去加料板与再沸器,塔内总理论塔板数为 $N-2$ 块。

逐板计算法虽然烦琐,但计算结果准确,同时又能得到各层塔板上的气液组成,而且随着计算机应用的普及,逐板计算变得既快捷又方便。

2. 图解法

图解法的原理与逐板计算法完全相同,只是在 x-y 图上用平衡曲线和操作线代替平衡关系和操作线方程,用作图的方法代替逐板计算。此法准确度虽然差些,但是简明直观。图解法的基本步骤归纳如下(图 6-16):

(1) 在 x-y 图中作出平衡曲线和对角线。

(2) 作精馏段操作线,在对角线上定出点 $a(x_D)$,在 y 轴上定出点 $b[x_D/(R+1)]$,连接 a、b 两点即为精馏段操作线。

(3) 作 q 线。在对角线上定出点 $e(x_F)$,过点 e 作斜率为 $q/(q-1)$ 的直线,与精馏段操作

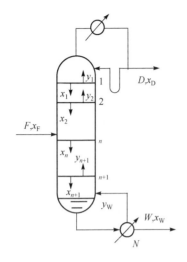

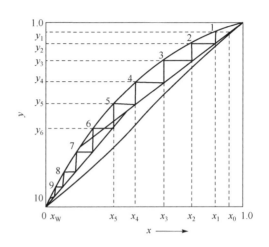

图 6-15　逐板计算法示意图

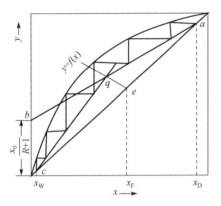

图 6-16　图解法示意图

线相交于点 q。

（4）作提馏段操作线。在对角线上定出点 $c(x_W)$，连接 c、q 两点即为提馏段操作线。

（5）画梯级。从点 a 开始在平衡线与精馏段操作线之间画直角梯级。当梯级跨过 q 点（即 $x_n \leqslant x_F$）后，改换在平衡线与提馏段操作线之间画梯级，直到梯级跨过 c 点（即 $x_N \leqslant x_W$）为止。

每个梯级都与平衡线相交一次，即代表一块理论塔板，跨过交点 q 的梯级为理论加料板，最后一个梯级为再沸器。因此，总理论板数即为总梯级数（包括再沸器），其中在交点 q 以上的梯级数即为精馏段的理论板数，交点以下包括交点处的梯级数为提馏段的理论板数（包括再沸器）。

【例 6-5】　用一常压操作的连续精馏塔，分离含苯为 0.44（摩尔分数，下同）的苯-甲苯混合液，要求塔顶产品中含苯不低于 0.975，塔底产品中含苯不高于 0.0235。操作回流比为 3.5。试用图解法求以下两种进料情况时的理论板层数及加料板位置。

（1）原料液为 20℃的冷液体；

（2）原料为液化率等于 1/3 的气液混合物。

已知数据如下：操作条件下苯的气化热为 389kJ/kg；甲苯的气化热为 360kJ/kg。苯-甲苯混合液的气液平衡数据及 t-x-y 图见例 6-1 和图 6-1。

解　（1）温度为 20℃的冷液进料

① 利用平衡数据，在直角坐标图上绘平衡曲线及对角线，如本题附图 1 所示。在图上定出点 $a(x_D, x_D)$、点 $e(x_F, x_F)$ 和点 $c(x_W, x_W)$ 三点。

② 精馏段操作线截距 $= \dfrac{x_D}{R+1} = \dfrac{0.975}{3.5+1} = 0.217$，在 y 轴上定出点 b。连接 ab，即得到精馏段操作线。

③ 先按下法计算 q 值。原料液的气化热为

$$r_m = 0.44 \times 389 \times 78 + 0.56 \times 360 \times 92 = 31\,900(\text{kJ/kmol})$$

由图 6-1 查出进料组成 $x_F = 0.44$ 时溶液的泡点为 93℃，平均温度 $= \dfrac{93+20}{2} = 56.5$(℃)。由附录查得在 56.5℃ 下苯和甲苯的比热容均为 1.84kJ/(kg·℃)，因此原料液的平均比热容为

$$C_p = 1.84 \times 78 \times 0.44 + 1.84 \times 92 \times 56 = 158[\text{kJ/(mol·℃)}]$$

所以

$$q = \frac{C_p \Delta t + r}{r} = \frac{158(93-20) + 31\,900}{31\,900} = 1.362$$

$$\frac{q}{q-1} = \frac{1.362}{1.362-1} = 3.76$$

再从点 e 作斜率为 3.76 的直线，即得 q 线。q 线与精馏段操作线交于点 d。

④ 连 cd，即为提馏段操作线。

⑤ 自点 a 开始在操作线和平衡线之间绘梯级，图解得理论板层数为 11(包括再沸器)，自塔顶往下数第 5 层为加料板，如本题附图 1 所示。

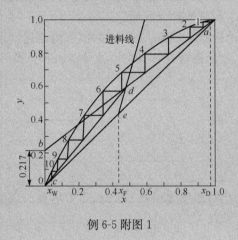

例 6-5 附图 1　　　　　　例 6-5 附图 2

(2) 气液混合物进料

①、②内容同(1)中;①和②两项的结果如本题附图 2 所示。

③ 由 q 值定义知，$q = 1/3$，因此

$$q \text{ 线斜率} = \frac{q}{q-1} = \frac{1/3}{1/3-1} = -0.5$$

过点 e 作斜率为 -0.5 的直线，即得 q 线。q 线与精馏段操作线交于点 d。

④ 连 cd，即为提馏段操作线。

⑤ 按上法图解得理论板层数为 13(包括再沸器)，自塔顶往下的第 7 层为加料板，如本题附图 2 所示。

由计算结果可知，对一定的分离任务和要求，若进料热状况不同，所需的理论板层数和加料板的位置均不相同。冷液进料较气液混合进料所需的理论板层数少。这是因为精馏段和提馏段内循环量增大，分离程度增高或理论板数减少。

6.3.7 回流比的选择

使塔顶的冷凝液流回塔内，可以为最上层塔板提供热质交换条件，保证精馏塔稳定操作并达到产品所需的纯度。按回流比的定义，其数值在零到无穷大之间变化。而事实上，对于一定的分离要求，回流比过小，即使有无穷多的塔板也达不到规定的分离要求。反之，增大回流比，既可增大精馏段的液相流量，也相应增大了提馏段的气相流量，两者均使精馏过程的传质推动力增大，从而有利于提高精馏塔理论板的分离效果。但是，增大回流比，将导致塔顶冷凝量和

塔釜气化量的增大，意味着精馏过程能耗将增大，同时也将增大精馏的设备费用（塔径、冷凝器和再沸器增大），即影响到经济上的合理性。因此，回流比的选择，必须综合考虑技术上的可行性与经济上的合理性两个方面。

1. 全回流

全回流是指上升至塔顶的蒸气冷凝成液体后全部流回塔内，整个精馏塔处于不进料，也无出料的循环操作状态。全回流操作时精馏塔具有以下几个特点：

（1）塔内上升蒸气量与下降液相量相等。因为 $F=0$，$D=0$（$R=L/D=\infty$），$W=0$，所以 $L=V$。

（2）因为无进料，也就无精馏段与提馏段之分，整个塔只有一条操作线，两塔板之间上升蒸气组成与下降液体组成相等，即 $y_{n+1}=x_n$。

（3）对一定的分离任务，所需理论板数最少。因为全回流时，操作线与对角线重叠，这时的操作线离平衡线的距离最远，传质推动力最大，所画的梯级数最少。

全回流时所对应的理论板数，称为最少理论板数，以 N_{min} 表示。其值可由前述的逐板计算或图解法求得。相对挥发度可视为固定值时，利用逐板计算方法可推导得如下公式：

$$N_{min}=\dfrac{\lg\left[\left(\dfrac{x_A}{x_B}\right)_D\left(\dfrac{x_B}{x_A}\right)_W\right]}{\lg\alpha} \tag{6-24a}$$

对二元物系

$$N_{min}=\dfrac{\lg\left[\left(\dfrac{x_D}{1-x_D}\right)\left(\dfrac{1-x_W}{x_W}\right)\right]}{\lg\alpha} \tag{6-24b}$$

式（6-24）称为芬斯克方程。当塔顶、塔底的相对挥发度相差不大时，可取塔顶与塔底相对挥发度的几何平均值，即

$$\alpha=\sqrt{\alpha_顶\ \alpha_底}$$

全回流一般只在精馏塔开工、调试及实验研究时才采用。

2. 最小回流比

在确定的分离任务下，减小回流比，两操作线向平衡线靠近，传质推动力减小，所需的理论板数将增多。当回流比减小到某一值时，两操作线的交点 d 落在平衡线上（图 6-17 中的 e），此时，即使有无穷多的理论板数也无法跨越 e 点。

这时，对应的回流比即为最小回流比，以 R_{min} 表示。最小回流比是指定分离任务下所需回流比的下限。

应当指出，最小回流比与物系的相平衡有关，也与规定的分离任务有关。对于指定物系，最小回流比取决于规定的分离要求。

最小回流比的计算有以下两种方法：

（1）作图法。如果物系的平衡曲线正常，无拐点（图 6-17），则由精馏段操作线的斜率可得

$$\dfrac{R_{min}}{R_{min}+1}=\dfrac{ah}{he}=\dfrac{x_D-y_e}{x_D-x_e} \tag{6-25a}$$

解得

$$R_{min}=\dfrac{x_D-y_e}{y_e-x_e} \tag{6-25b}$$

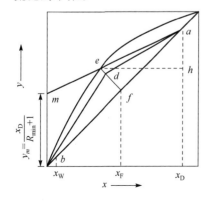

图 6-17　最小回流比的确定

式中，y_e、x_e为 q 线与平衡线交点的气液相浓度参数值，可从图中读得。

对于非理想溶液，平衡曲线有拐点（图 6-18），应根据操作线与平衡线第一个相切的位置（如 g），再由对应的精馏段的操作线的斜率按式（6-25a）确定 R_{min}。

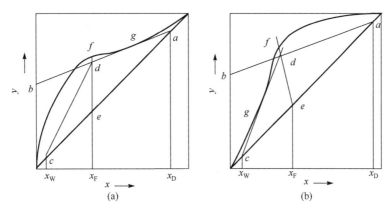

图 6-18　不正常平衡曲线的最小回流比的确定

（2）解析法。理想溶液的 x_e、y_e由平衡方程确定。按照进料状态，可推出 R_{min} 的计算式：

泡点进料时　　　　　　$x_e = x_F$　　$R_{min} = \dfrac{1}{\alpha-1}\left[\dfrac{x_D}{x_F} - \dfrac{\alpha(1-x_D)}{1-x_F}\right]$ 　　　　　（6-26）

露点进料时　　　　　　$y_e = y_F$　　$R_{min} = \dfrac{1}{\alpha-1}\left(\dfrac{\alpha x_D}{y_e} - \dfrac{1-x_D}{1-x_F}\right) - 1$ 　　　　　（6-27）

【例 6-6】　分离正庚烷与正辛烷的混合液（正庚烷为易挥发组分）。要求馏出液组成为 0.95（摩尔分数，下同），釜液组成不高于 0.02。原料液组成为 0.45，泡点进料，气液平衡数据列于附表中。求

（1）全回流时最少理论板数；

（2）最小回流比及操作回流比（取为 $1.5R_{min}$）时的理论塔板数。

例 6-6 附表气液平衡数据

x	y	x	y
1.0	1.0	0.311	0.491
0.656	0.81	0.157	0.280
0.487	0.673	0.000	0.000

解　（1）全回流时操作线方程为

$$y_{n+1} = x_n$$

在 y-x 图上为对角线。

自 a 点（x_D，x_D）开始在平衡线与对角线间作直角梯级，直至 $x_W=0.02$，得最少理论板数为 9 块。不包括再沸器时 $N_{min}=9-1=8$。见例 6-6 附图 1。

（2）进料为泡点下的饱和液体，故 q 线为过 e 点的垂直线 ef。由 $x_F=0.45$ 作垂直线交对角线得 e 点，过 e 点作 q 线。

由 y-x 图读得　　　　　　　$x_q = x_F = 0.45$　　$y_q = 0.64$

根据式（6-25b）　　　　　　$R_{min} = \dfrac{x_D - y_q}{y_q - x_q} = \dfrac{0.95 - 0.64}{0.64 - 0.45} = 1.63$

$$R = 1.5R_{min} = 1.5 \times 1.63 = 2.45$$

取回流比为 2.45,作图得,理论塔板数为 15 块,加料板在第 6 块板,见例 6-6 附图 2。

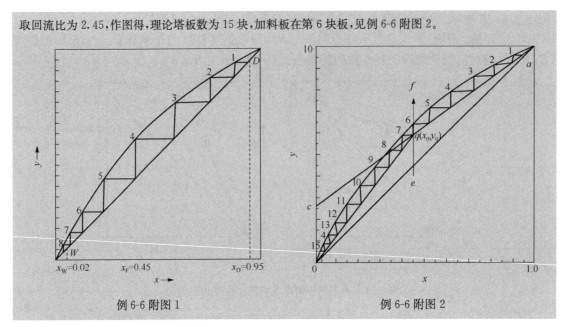

例 6-6 附图 1　　　　　　　　　　　　　　例 6-6 附图 2

3. 适宜回流比的选择

全回流时,无产出量;最小回流比时需要无穷多塔板。因此,对于正常生产,精馏操作回流比的值应介于全回流和最小回流比之间,最佳的操作回流比(适宜回流比)的确定应作经济衡算,使精馏过程的总费用(包括操作费用和设备费用)最少。

精馏装置的设备费用主要与精馏塔、冷凝器、再沸器等设备的大小有关。当回流比从最小回流比开始增大,塔板数从无穷大迅速下降,设备费会明显下降。但当回流比进一步增大,塔板数下降趋于缓慢;与此同时,随着回流比的增大,塔内气液流量也随之增大,致使塔径、冷凝器、再沸器等设备尺寸增大。因此,设备费随回流比的增大,先下降而后上升(图 6-19 中曲线 1 称设备费用线)。

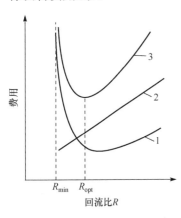

图 6-19　适宜回流比的确定

精馏过程的操作费用主要包括塔顶冷凝器的冷却介质消耗量、塔底再沸器加热介质消耗量和泵的动力消耗。这些消耗量取决于塔内上升蒸气量的大小。在加料量、产量和分离要求一定时,增大回流比,则意味着加大冷凝器和再沸器的热负荷,操作费用也就随之增加(图 6-19 中曲线 2 称操作费用线)。

精馏过程的总费用是两者的和,关系如图 6-19 所示的曲线 3(总费用线)。总费用最小值所对应的回流比即为适宜回流比。

根据经验,适宜回流比一般为最小回流比的 $1.1 \sim 2.0$ 倍。

6.3.8　理论板数的简捷算法

综上所述,对于确定的分离任务,精馏塔在操作中,当 $R=\infty$(全回流)时,$N=N_{\min}$;当 $R=R_{\min}$ 时,$N=\infty$。回流比与理论板数之间的对应关系,很早以前就有研究,并有多种经验关联方法,其中被广泛采用的是吉利兰(Gililand)关联图(图 6-20)。

吉利兰图中曲线在 $0.1<\dfrac{R-R_{\min}}{R+1}<0.5$ 的范围内,也可用下式关联:

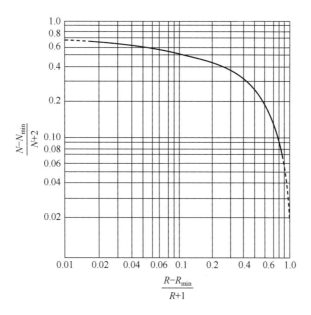

图 6-20 吉利兰关联图

$$Y = 0.75(1 - X^{0.5667}) \tag{6-28a}$$

其中
$$Y = \frac{N - N_{\min}}{N + 2} \tag{6-28b}$$

$$X = \frac{R - R_{\min}}{R + 1} \tag{6-28c}$$

式中，N 及 $N_{\min}$ 为包括再沸器在内的全塔理论塔板数。

吉利兰关系图可以对所需理论塔板数进行初步的估算，计算步骤如下：

(1) 根据设计求出 $R_{\min}$，并确定操作回流比。

(2) 求出全回流下的 $N_{\min}$。

(3) 利用吉利兰关联图或关联式，先算出 $\dfrac{R - R_{\min}}{R + 1}$，在横坐标上找到坐标点，向上查找曲线

由纵坐标可得 $\dfrac{N - N_{\min}}{N + 2}$，即可求得所需要的理论塔板数 N。

吉利兰图也可以用于多组分和部分非理想物系精馏的计算。

【例 6-7】 用简捷算法解例 6-5，并与图解法相比较。塔顶、塔底条件下纯组分的饱和蒸气压如下所示。

物质	塔顶	塔釜	进料
正庚烷	101.325kPa	205.3kPa	145.7kPa
正辛烷	44.4kPa	101.325kPa	66.18kPa

解 已知 $x_D = 0.95, x_F = 0.45, x_W = 0.02, R_{\min} = 1.63, R = 2.45$。

塔顶相对挥发度 $\quad\quad\quad\quad\quad \alpha_D = \dfrac{p_A^{\circ}}{p_B^{\circ}} = \dfrac{101.325}{44.44} = 2.28$

塔釜相对挥发度 $\quad\quad\quad\quad\quad \alpha_W = \dfrac{205.3}{101.325} = 2.03$

全塔平均相对挥发度

$$\bar{\alpha}=\sqrt{2.28\times2.03}=2.15$$

全回流时最少理论板数为

$$N_{\min}=\frac{\lg\left[\left(\dfrac{x_D}{1-x_D}\right)\left(\dfrac{1-x_W}{x_W}\right)\right]}{\lg\bar{\alpha}}-1=\frac{\lg\left[\left(\dfrac{0.95}{1-0.95}\right)\left(\dfrac{1-0.02}{0.02}\right)\right]}{\lg2.15}-1=7.93$$

此值与例 6-5 图解所求得的 $N_{\min}$ 为 8 相当接近。

$$\frac{R-R_{\min}}{R+1}=\frac{2.45-1.63}{2.45+1}=0.24$$

查图 6-20 得

$$\frac{N-N_{\min}}{N+1}=0.4$$

解得

$$N=14.3(不包括釜)$$

将式(6-24b)中的釜液组成 x_W,换成进料组成 x_F,则为

$$N_{\min}=\frac{\lg\left[\left(\dfrac{x_D}{1-x_D}\right)\left(\dfrac{1-x_F}{x_F}\right)\right]}{\lg\bar{\alpha}}-1$$

进料的相对挥发度

$$\alpha_F=\frac{145.7}{66.18}=2.20$$

塔顶与进料的平均相对挥发度

$$\bar{\alpha}=\sqrt{\alpha_D\cdot\alpha_F}=\sqrt{2.28\times2.20}=2.24$$

$$N_{\min}=\frac{\lg\left[\left(\dfrac{0.95}{1-0.95}\right)\left(\dfrac{1-0.45}{0.45}\right)\right]}{\lg2.24}-1=2.9$$

代入

$$\frac{N-N_{\min}}{N+2}=0.4$$

解得

$$N=6.17$$

取整数,精馏段理论板数为 6 块。加料板位置为从塔顶数的第 7 层理论板。与用图解(例 6-5 附图 2)结果十分接近。

6.3.9　板效率与实际板数

理论塔板是一种理想化的塔板,是以板上气液两相在传热传质两方面均达到平衡为前提的。但由于气液两相接触时间有限以及塔板结构等因素,实际板的气液两相不可能互成平衡。因此,实际板的传质效果不如理论板,所以常用塔板效率(单板效率或总板效率)来表示实际板的传质效果。

1. 单板效率

单板效率又称默弗里(Murphree)效率,表示流体经过实际板传质后的组成变化与经过理论板的组成变化之比,可用液相组成或气相组成来表示。

以气相组成表示

$$E_{MV}=\frac{y_n-y_{n+1}}{y_n^*-y_{n+1}}\qquad(6-29a)$$

以液相组成表示

$$E_{ML}=\frac{x_{n-1}-x_n}{x_{n-1}-x_n^*}\qquad(6-29b)$$

式中，E_{MV} 为气相单板效率；E_{ML} 为液相单板效率；y_n^* 为与 x_n 成平衡的气相组成；x_n^* 为与 y_n 成平衡的液相组成。

单板效率通常由实验测定，其值直接反应该层板的传质效果。由于各层板上流体性质与操作状况不同，各板的默弗里效率也不相同。

2. 全塔效率

全塔效率又称总板效率，是各层塔板分离性能的综合反映。

定义
$$E_0 = \frac{N_T}{N_P} \times 100\% \tag{6-30}$$

式中，E_0 为全塔效率，%；N_T 为理论塔板数；N_P 为实际塔板数。

影响全塔效率的因素很多，主要包括塔的操作条件、塔板的结构、两塔板间距及处理系统的物性；而且各因素相互联系、相互影响，使得 E_0 与这些因素之间的定量关系难以确定。设计时全塔效率一般取相近的生产装置中的经验数据，或用经验关联式估算。比较经典的是奥康奈尔(O'connell)关联式，即

$$E_0 = 0.49(\alpha\mu_L)^{-0.245} \tag{6-31}$$

式中，α 为塔顶与塔底平均温度下的相对挥发度；μ_L 为塔顶与塔底平均温度下的液相黏度，$mPa \cdot s$。

若已知全塔效率并求得了理论板数，则利用式(6-30)可求得实际板数。

6.3.10　塔高与塔径

1. 塔高

若精馏操作在板式塔中进行，板式塔的有效高度(气液接触段的高度)，由实际板数和板间距来确定，即

$$Z = N_P \times H_T \tag{6-32}$$

式中，Z 为板式塔有效高度，m；H_T 为板间距，m。

板间距为经验值，其选择方法见 6.5.3 节中叙述。

若使用填料塔进行精馏，填料层高度由理论板数乘以和理论板相应的等板高度而确定。所谓理论板的等板高度是指与一块理论板的传热传质效能相等的填料层高度。等板高度以 HETP 表示。填料层的总高度为

$$Z = N_T \times HETP \tag{6-33}$$

等板高度反映填料塔的传质性能。由于影响因素比较复杂，其值一般取经验数据或实测，也可用经验式估算。

2. 塔径

用流量公式计算，即

$$D = \sqrt{\frac{4V_s}{\pi u}} \tag{6-34}$$

式中，D 为塔径，m；V_s 为塔内上升蒸气的体积流量，m^3/s；u 为空塔速度，m/s。

精馏塔内精馏段与提馏段的气量有可能不同，两段的塔径应分别计算。

当两段上升的气流或塔径相差不大时，为简化塔的结构，两段可取相同数值，一般以两者中的较大者(圆整后)作为塔径。

空塔速度是精馏过程的重要参数，适宜空塔速度的确定在板式塔一节(6.5.3节)中叙述。

6.3.11　精馏装置的热量衡算

精馏装置除主体设备精馏塔外,冷凝器和再沸器是两个极为重要的附属设备。对精馏系统进行热量衡算可求得两个设备的热负荷进而进行工艺设计及确定加热与冷却介质的消耗量。

1. 再沸器热量衡算

对图 6-21 所示的再沸器作热量衡算

$$Q_B = V'I_V' + WI_W' - L'I_L' + Q_L \qquad (6-35)$$

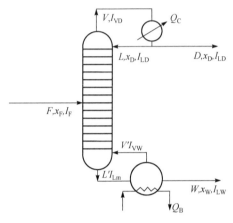

图 6-21　精馏塔的热量衡算

式中,Q_B 为再沸器的热负荷,kJ/h;Q_L 为再沸器的热损失,kJ/h;I_V' 为再沸器上升气体的焓,kJ/kmol;I_W 为排出的釜液的焓,kJ/kmol;I_L 为提馏段下流液体的焓,kJ/kmol。

因为 $V' = L' - W$,$I_W \approx I_L$ 则

$$Q_B = V'(I_V' - I_W') + Q_L \qquad (6-36)$$

加热介质的消耗量为

$$W_h = \frac{Q_B}{I_{E1} - I_{E2}} \qquad (6-37)$$

式中,W_h 为加热介质消耗量,kJ/h;I_{E1}、I_{E2} 分别为加热介质进、出再沸器的焓,kJ/kg。

若使用饱和蒸气加热,且冷凝液在饱和温度下排出,则加热蒸气消耗量为

$$W_h = \frac{Q_B}{r} \qquad (6-38)$$

式中,r 为饱和蒸气的冷凝热,kJ/kg。

2. 冷凝器热量衡算

对图 6-21 所示的全凝器作热量衡算,且忽略过程热损失,则

$$Q_C = VI_{VD} - (LI_{ID} - DI_{LD}) \qquad (6-39)$$

因为 $V = L + D = (R+1)D$,则

$$Q_C = (R+1)D(I_{VD} - I_{LD}) \qquad (6-40)$$

式中,Q_C 为全凝器的热负荷,kJ/h;I_{LD}、I_{VD} 为塔顶上升气的焓与馏出液的焓,kJ/kmol。

冷却介质消耗量为

$$W_C = \frac{Q_C}{C_{pc}(t_2 - t_1)} \qquad (6-41)$$

式中,W_C 为冷却介质消耗量,kJ/h;C_{pc} 为冷却介质平均比热容,kJ/(kg·℃);t_1、t_2 分别为冷却介质进、出冷凝器的温度,℃。

6.4　恒沸精馏和萃取精馏

当被分离的物系相对挥发度接近于 1 时(如苯-环己烷、水-乙酸等),用普通精馏方式需要很多的塔板数,同时需要较大的回流比,这在经济上是不合理的;当物系为恒沸液(如乙醇-水、硝酸-水等)时,相对挥发度等于 1,则不能用普通精馏的方法分离。遇到这两种情况,通常采用恒沸精馏或萃取精馏方式进行操作。它们的基本原理是在原物系中加入第三组分,改变原

组分间的挥发度,再使用精馏方法将其分离。

6.4.1　恒沸精馏

若加入的第三组分与原混合液中的一个或两个组分形成新的最低恒沸液(其沸点低于原组分和原恒沸液的沸点),使组分间的相对挥发度增大,从而能用精馏方法使原混合液进行分离,这种精馏的方法称为恒沸精馏。典型的恒沸精馏实例是以苯为挟带剂,从工业乙醇中制取无水乙醇,其流程如图 6-22 所示。

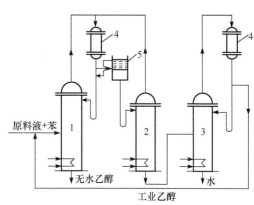

组成接近于恒沸点的工业乙醇及苯一起加入恒沸精馏塔 1 的中部,塔底得到无水乙醇产品。塔顶蒸出的是苯-乙醇-水的三元恒沸物(常压下沸点为 64.6℃,恒沸组成的物质的量比为苯:乙醇:水=0.554:0.230:0.226),在冷凝器 4 中冷凝后部分回流至塔内,其余进入分离器 5,上层为富苯层,返回至塔中,下层为富水层进入苯回收塔 2。塔 2 中蒸出的蒸气(三元恒沸物)也进入冷凝器 4 中。从塔 2 底部流出的稀乙醇溶液进入乙醇回收塔 3。塔 3 中馏出液为乙醇-水恒沸液,返回恒沸塔 1 中。在精馏过程中苯作为挟带剂循环使用,同时根据浓度变化需要补充一部分损失的量。

图 6-22　恒沸精馏流程图
1. 恒沸精馏塔;2. 苯回收塔;
3. 乙醇回收塔;4. 冷凝器;5. 分层器

恒沸精馏的关键是选择合适的恒沸挟带剂。对挟带剂的要求主要包括:

(1) 单位恒沸剂的挟带量越大越好。这样一来挟带剂用量和气化量低,热量消耗少。

(2) 形成的恒沸液沸点应尽量低,与被分离组分的沸点相差大,以便于蒸馏分离。

(3) 所形成的恒沸液能冷凝分层,便于挟带剂循环使用。

(4) 使用方便,性能稳定,价格便宜等。

6.4.2　萃取精馏

在待分离的原溶液中加入挥发性很小的第三组分(称为萃取剂或溶剂),使原组分间相对挥发度增大,这种蒸馏的方法称为萃取精馏。萃取剂的沸点较原溶液中各组分的沸点高,且与原组分不形成恒沸液。

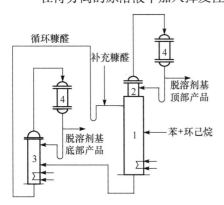

萃取蒸馏一般用于分离相对挥发度很接近于 1 的物系,如工业生产中以糠醛(沸点为 161℃)作为萃取剂分离苯-环己烷(沸点分别为 80.1℃和 80.7℃,相对挥发度为 0.98)等,其流程如图 6-23 所示。

原料液加入萃取塔的中部,萃取剂糠醛从塔顶加入,使之在每块塔板上与苯接触,塔顶蒸出的是环己烷。在萃取塔顶部设一小段捕集回收段,以防止糠醛气从塔顶带出。糠醛和苯一起从塔底排出后,送入苯回收塔,因苯与糠醛的沸点相差很大,很容易被分离。分离出的糠醛能循环使用。

图 6-23　萃取精馏流程图
1. 萃取精馏塔;2. 萃取剂回收段;
3. 苯回收塔;4. 冷凝器

萃取精馏的关键同样是选择优质的萃取剂,对萃取剂的选择要求一般包括:

(1)针对性或称选择性强。即加入少量的萃取剂,就能发挥良好效能,能使组分间相对挥发度有较大的提高。

(2)溶解度大。与原组分的互溶性较好,不产生分层现象。

(3)沸点高。与被分离组分的沸点相差较大,易于回收。

(4)使用方便,性能稳定,来源广泛且价格低廉等。

6.5 板 式 塔

混合物的精馏可以在板式塔中进行,也可以在填料塔中进行。填料塔的结构在第5章中已进行了介绍,本节将介绍板式塔。如图 6-24 所示,板式塔塔板上有降液管,供液相逐层向下流动。塔板上开有许多孔,供气相逐板向上流动。气液两相在塔板上呈错流流动,在塔板上相互接触,进行传热与传质。

与填料是填料塔的核心部分类似,塔板是板式塔的核心部分,它关系到气液两相传热、传质的好坏。

6.5.1 塔板结构

塔板由塔盘、降液管、溢流堰、气体流通元件等部分构成。图 6-24 是一块筛板塔板的结构和操作示意图,筛孔是气体的通道。

板式塔的塔板,除筛板之外,还有泡罩塔板、浮阀塔板、舌形塔板等多种型式,为气液相的接触和流动提供条件。各种塔板的性能是不同的,后面将再进行介绍。

塔板上主要分为气液鼓泡区、溢流堰和降液管区。

(1)气液鼓泡区。在气液鼓泡区开有许多筛孔,筛孔直径通常是 3~8mm,筛孔按正三角形排列,孔中心距离一般为孔径的 3~4 倍,开孔率＝可孔面积/开孔区面积,由孔径与孔间距决定。

(2)溢流堰。溢流堰起拦截液体直接下流的作用,以堰高 h_W 维持塔板上液层的一定高度(一般液层高为 50~100mm),使气液相在塔板上进行接触。溢流堰长一般为塔径的 0.6~0.8 倍。

(3)降液管。降液管是液体自上层板流到下层板的通道。降液管一般为弓形,管下端离下层板有一定高度 h_0,以使流体畅流,但为防止气体窜入降液管,h_0 应小于溢流堰高度 h_W。

降液管除了能使液体顺利流向下层塔板,还应使液体中夹带的气泡分离出来,以免被带到下层塔板。这就要求在降液管中有足够的停留时间。通常要求液体在降液管中的停留时间不小于 3s。

停留时间可根据液体体积流量及其所通过的空间体积之间的关系求出:

停留时间＝降液管面积×降液管中液层高度/液体体积流量

降液管中液层高度一般约为塔板间距的一半。

图 6-24 所示是最常用的只有一个降液管的单向穿流型塔板,液体一次横流过板面。对于大塔径高负荷的塔设备,因为液流量大,可采用其他类型溢流装置(图 6-25),塔内有多个降液管。

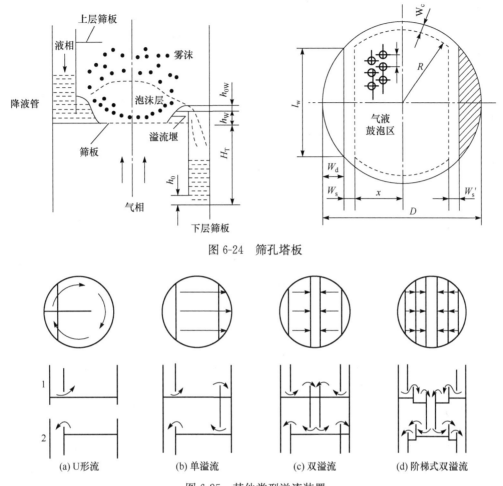

图 6-24　筛孔塔板

图 6-25　其他类型溢流装置

(a) U 形流　　　(b) 单溢流　　　(c) 双溢流　　　(d) 阶梯式双溢流

6.5.2　塔板上气液两相流动现象与操作负荷性能图

塔板上气液两相有多种流动现象,有的流动现象对传质有利,有的对传质不利。因此,需要了解气液两相在塔板上的流动现象。

1. 气液接触状态

气液两相在塔板上的接触状态大致可分为 3 种,如图 6-26 所示。

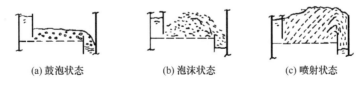

(a) 鼓泡状态　　　　(b) 泡沫状态　　　　(c) 喷射状态

图 6-26　气液接触状态

当气相通过筛孔速度很慢时,以鼓泡形式通过液层,塔板上气液两相以鼓泡形式接触,接触面积为气泡表面,由于气泡数量不多,接触面积不大,所以传质阻力较大,如图 6-26(a) 所示;随着气相速度增加,气泡数量快速增大,气泡相连,气泡之间形成液膜。气泡不断相互碰撞、合并或破裂的过程中,液膜表面不断更新,形成一些直径较小、扰动剧烈的动态泡沫。在泡沫接触状态下,表面积大,并且表面不断更新,有利于传热与传质,如图 6-26(b)所示;若气相速度继续增大,气相以喷射状态穿过液层,将塔板上的液体破碎成大小不一的液滴,抛向上方空间,较大的液滴落下来,较小的液滴被气相带走,形成液膜夹带,如图 6-26(c)所示。

在喷射状态下,液相变为分散相,气相变为连续相,液滴的外表面就是气液两相传质界面,传质面积较大。同时,由于液滴的多次形成与合并,使液滴表面不断更新,这些都有利于传热与传质。但是,若气相速度太快,将形成严重的液沫夹带,液相随气相带到上一层塔板,造成液体反相流动,影响传质效果。为保证精馏塔处于正常的操作状态,需控制塔内气液相的流量与流速。

2. 塔板不正常操作现象

(1)漏液。穿过筛孔的气速过小,上一层板上的部分液体还没有与气体传质就从原本是气体通道的孔中直接落到下一层塔板,大幅度地降低了传质效率。严重漏液,将使塔板上不能积液而无法操作。

(2)过量液沫夹带。气液相接触产生的液滴被气流夹带到上一层塔板,称为液(雾)沫夹带。相对低浓度的液体倒回到高浓度液体区域(以塔板比较),使塔板提浓作用降低。为保证传质效果,液沫夹带量不能超过 0.1kg 液体/kg 干气。微小液滴和小雾沫跟随气流上升则是不可避免的,是正常状态。

(3)液泛。气体通过塔板的压降是随气速增大而增大的,塔板上下的压差越大,板上的泡沫层就越高,塔板上的气体压降越大,降液管内液面也就越高。同时,气液流量的增加也会使降液管液面升高。当降液管内泡沫层升到上层板的堰高之上时,液体便无法顺畅下流,造成液流阻塞;另外,这种操作状态还会表现为整个液体不会下流,而从塔顶外溢,这种现象称为液泛。作为技术标志,液泛是指塔顶到塔底之间降液管内的液体(包括与泡沫的混合物)被连通。液泛状态时塔无法操作,多数情况是因为气体量过大;液体量过大,也会造成液泛。

(4)板上液体流量过少与液流不均匀。当液流量过少,板上液体在流过溢流堰上的高度 h_{ow} 太低(一般认为 $h_{ow} \leqslant 6mm$),板上的液流将严重不均匀,导致板效率急剧下降。由于塔板安装不平整,或者其他构造缺陷,塔板上也会出现液流不均匀的弊病,破坏塔的正常操作。

(5)液流过大,气泡在降液管内混流。实际上,这也是液泛的原因和表现。在液流量过大的时候,液体在降液管中的停留时间就会过短(一般认为小于 3~5s),超常量的气泡被液体所夹带,来不及破碎就被带入下层板。这种状态也会影响板效率,所以液体流量应该有操作上限;也就是说塔的液体负荷不应当轻易被提高。

3. 板式塔操作负荷性能图

为了表征板式塔的操作性能与对具体过程的适应性,设计或查验塔的时候常使用操作负荷图来形象表达。在操作负荷图上,将以上不正常的操作现象出现的可能性和参数控制的限度定量地描绘出来,提供操作参考或作为克服操作弊端的依据。操作负荷图的结构是以气体流量 V 为纵坐标,以液体流量 L 为横坐标,在坐标图上将适宜操作的气、液流量范围标绘出来。该图标出以上几种应该特别关注的不正常现象参数图线。这样的图称为塔板负荷性能图,它是针对具体的对象绘制的,它的数据和线条位置是不通用的。当操作控制的物性和塔板形式与结构尺寸确定以后,或者对某个现有板式塔,它才是确定的、具体的。

图 6-27 所示为塔板负荷性能图,图中 5 条线是上述 5 种不正常操作现象对应的 $V\text{-}L$ 关系线:

线 1 为严重漏液线。气体流量的下限线,因为气量不足引起漏液。

线 2 为过量雾沫夹带线,是气速的上限。

线 3 为液体流量的下限。液体流量不足,即使塔板结构正常也不能正常操作。

线 4 为液体流量的上限,又称为降液管超负荷线。

线 5 为液泛线。

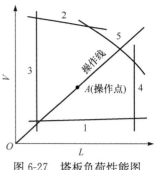

图 6-27　塔板负荷性能图

塔板负荷性能图上,5 条线包围的是正常操作控制的参数数值范围。界限之外,不适合于操作。筛板塔板与浮阀塔板等成熟塔板的负荷性能图已有相应的公式计算,有些塔板则需要借助于实验予以确定。传质塔设备设计时,以负荷性能图评价设计的合理程度,确定所设计塔的结构尺寸。对现有的塔,绘制负荷性能图能指明塔的生产操作范围,或者用以查找操作中的缺陷。

6.5.3　板式塔计算

1. 塔径的确定

从前面的分析可知,塔径是由气流速度确定的,塔径在一定意义上表征生产能力。塔高是由塔板的数量和塔板间距决定的,表征塔的分离质量性能。板式塔设计,大多是从确定塔径开始,求出计算值,再参照塔板结构的标准系列,确定实际塔径、塔板间距、溢流装置、气体通道元件数目及排列等,最后进行流体力学验算。

塔所处理的气体体积流量是精馏任务计算所给定的,是已知条件。因而,确定塔径的关键在于选择适宜的空塔速度。所谓空塔速度就是以空塔整个面积计算的气流速度。空塔速度太快会造成雾沫夹带或液泛;气速太小将会导致漏液。通常取空塔速度 u 为最大允许气速 u_{max} 的 0.6～0.8 倍,即

$$u = (0.6\sim0.8)u_{max} \tag{6-42}$$

从重力沉降看待液沫夹带,将 u_{max} 表达成与沉降相仿的公式

$$u_{max} = C\sqrt{\frac{\rho_L - \rho_V}{\rho_V}} \tag{6-43}$$

式中,u 为最大允许空塔速度,m/s;ρ_V、ρ_L 为气、液相密度,kg/m³;C 为负荷系数。

负荷系数 C 是液滴大小、阻力系数等影响因素的总概括。C 值与气液两相的流量 V_s,L_s (m³/s),密度 ρ_V、ρ_L(kg/m³),液相表面张力 σ(mN/m),板间距 H_T,液层高 h_L 等有关。

图 6-28 所示是求取负荷系数 C 的史密斯(Smith)关联图。注意,横坐标中的 L、V 为体积流量。图的纵坐标读数是液体表面张力为 20mN/m 时的负荷系数 C_{20},当操作的液体表面张力为实际的 σ 时,就需要按操作实际进行调整,实际负荷系数的校正式为

$$C = C_{20}\left(\frac{\sigma}{20}\right)^{0.2} \tag{6-44}$$

塔板间距可参考表 6-1 进行选取。塔板上的液层 h_L 值,常压为 0.05～0.1m,减压操作时应取得低一些,可低至 0.025～0.03m。

表 6-1　塔板间距参考数值

塔径 D/m	0.3～0.5	0.5～0.8	0.8～1.6	1.6～2.0	2.0～2.4	>2.4
板距 H/mm	200～300	300～350	350～450	450～600	500～800	>800

确定了实际操作空塔速度,计算塔径 D 的公式是

$$D=\sqrt{\frac{4V_s}{\pi u}}\tag{6-45}$$

圆整是工程技术界的惯常思想方法,就是在得到计算值以后,尽可能使其符合已并确定为技术系列的标准值。因此,在用式(6-45)算出 D 后,再予以圆整(化工塔器的最常用标准直径为 0.6m,0.7m,0.8m,0.9m,1.0m,1.2m,1.4m,1.6m,1.8m,2.0m,2.2m…4.2m 等)。圆整以后,还需要再进行一次经流体力学的核算与认定,不能偏差太大。

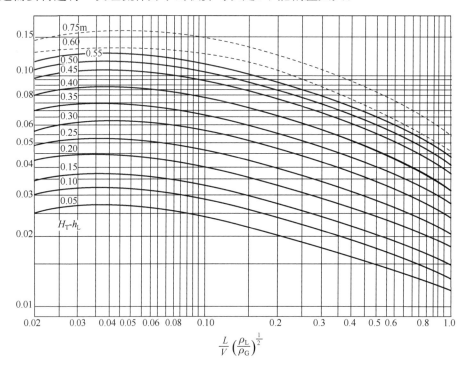

图 6-28　史密斯关联图

2. 塔高的确定

按照蒸馏目标的纯度要求,当实际塔板数 N_P 被确定之后,塔高则取决于塔板间距 H_T。塔板数乘以板间距,再加上塔顶与塔底的构造空间(分离空间和部件的布置尺寸)距离,就是整个塔高。表 6-1 所列的是一般板间距参考值。从塔径 D 的计算过程和因素关系可知,取较大的 H_T,相应的 D 可望小一些,而表中的数值是基于防止严重雾沫夹带的经验值。对另有其他功能的一些板间距则要另行考虑,主要包括以下几点:

(1) 塔顶空间 H_D 在第一块塔板之上,常需要安装或开人孔,或为减少雾沫带出而装有破沫装置,一般取值范围为 1.0~1.3m。

(2) 需要开人孔或手孔的特殊的板间距 H_0。当塔径大于 900mm,塔板常采用分块式构造,分块的塔板需要经由人孔送入塔内安装(以及检修),应使 $H_0 \geqslant 600mm$。塔径小于 900mm 的,开有手孔的板间距约取 450mm(培板为整块式,预先装在分段塔体,无需经人孔)。

(3) 加料板的板间距 H_F。由于进料口的型式或设置防冲挡板等的需要,H_F 要比计算确定的 H_T 大,有时会高出 1 倍左右。

(4) 塔底空间 H_W。因塔釜具有液体封闭和中间储槽作用,储液在塔釜内要有几分钟的

储量,所以空间要大一些,具体数值按工艺要求确定。

N_P 块塔板共有(N_P-1)个间距,再将进料板、塔顶和塔底空间相加,就是全塔的总高度。

另外,塔体还应考虑到塔下的裙座高度,以保证釜液排除、管路安装、液封或泵送等的需要。

【例 6-8】 连续常压操作的精馏塔,精馏段的平均参数为:气相流量 $V=0.772\text{m}^3/\text{s}$,气相密度 $\rho_V=2.81\text{kg/m}^3$;液相流量 $L=0.001\,73\text{m}^3/\text{s}$,液相密度 $\rho_L=940\text{kg/m}^3$;液相的表面张力 $\sigma=0.032\text{N/m}$。试求塔径。

解 取 $H_T=300\text{m}, h_L=70\text{mm}$ 则

$$h_T-h_L=0.3-0.07=0.23(\text{m})$$

$$\frac{L}{V}\left(\frac{\rho_L}{\rho_V}\right)^{0.5}=\frac{0.001\,73}{0.772}\left(\frac{940}{2.81}\right)^{0.5}=0.041$$

按照(h_T-h_L)和 $\frac{L}{V}\left(\frac{\rho_L}{\rho_V}\right)^{0.5}$ 的值,由图 6-28 查得 $C_{20}=0.047\text{m/s}$,使用式(6-44)得

$$C=C_{20}\left(\frac{\sigma}{20}\right)^{0.2}=0.047\left(\frac{32}{20}\right)^{0.2}=0.0561(\text{m/s})$$

再由式(6-43)求

$$u_{\max}=C\sqrt{\frac{\rho_L-\rho_V}{\rho_V}}=0.0516\sqrt{\frac{940-2.81}{2.91}}=0.94(\text{m/s})$$

因为 $u=(0.6\sim0.8), u_{\max}=(0.6\sim0.8)\times0.94=0.564\sim0.752(\text{m/s})$,可以得到塔径为

$$D=\sqrt{\frac{4V_s}{\pi u}}=\left[\sqrt{\frac{4\times0.772}{\pi\times0.564}}\sim\sqrt{\frac{4\times0.772}{\pi\times0.752}}\right]=1.32\sim1.14(\text{m})$$

现取为 $D=1.2\text{m}$,再进行核算

$$u=\frac{0.772}{0.785\times1.2^2}=0.683(\text{m/s})$$

由于 $u/u_{\max}=0.683/0.94=0.726$,因此在 $0.6\sim0.8$ 选 $D=1.2\text{m}$ 合理。

3. 塔板的类型选择

板式塔有繁多的塔板类型和丰富的操作经验资料,适应于各种不同的物料及不同的操作条件。现将有代表性的几种进行介绍。

(1)筛孔塔板。筛板的结构最简单、造价低、最常用,操作状况如图 6-24 所示。图 6-29 所示是改进型的导向类筛板,比常见筛板明显的优点是:①筛孔倾斜,板上的孔口与液流方向相同,称为导向孔,有利于推进液体的运动,能降低液面梯度;②在液体进板的入口处有翘起一定角度的鼓泡促进器,能降低板的压降,提高板效率,特别适用于减压精馏。当然,精巧设计的新型板适宜于清洁性物料,有微小结晶或悬浮物则容易阻塞筛孔。

(2)泡罩塔板。泡罩板是最早应用的板型,可以适用于悬浮物料,图 6-30 所示为圆形泡罩。泡罩下沿的周边有齿缝,泡罩安装在升气管上。气体经升气管从齿缝吹出,即使是低气速也不会漏液,操作稳定,能

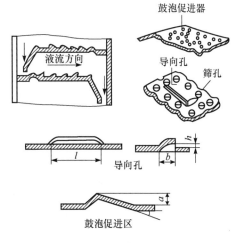

图 6-29 导向筛板结构

适用于黏厚液体,但结构复杂,成本较高。泡罩塔板在石油化工厂重组分精馏的个别场合还有使用,有结晶物产生的吸收操作中,优点明显。

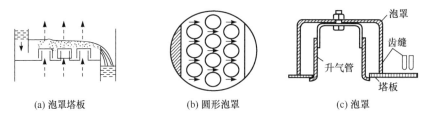

(a) 泡罩塔板　　　　　　(b) 圆形泡罩　　　　　　(c) 泡罩

图 6-30　泡罩塔板

　　(3) 浮阀塔板。塔板上开有圆孔,每个孔内都装有一个可上下浮动的阀片。图 6-31 所示为 F 形浮阀,阀片连有 3 个阀腿,起定向作用并限制最大开度,还有个凸缘或定距片以保证最低开度,比泡罩结构简单,比筛孔的弹性(处理量可变动范围)更大,在操作范围上有较高效率,是工厂较普遍应用的塔板形式。

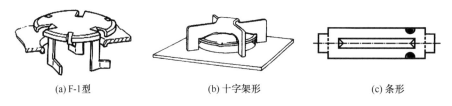

(a) F-1型　　　　　　(b) 十字架形　　　　　　(c) 条形

图 6-31　浮阀塔板

　　(4) 喷射型塔板。喷射是指借助于气流的喷动而设计塔板,如舌型塔板及其改进类型。

　　如图 6-32 所示为舌型塔板。板上冲有许多舌形孔,连带着舌叶片,舌叶片与板面成一定角度,向溢流方向张开。液体流过舌孔时,被从孔中喷出的气流强烈扰动,能充分利用气体动能来促进两相间的接触,提高传质效率。

　　如图 6-33 所示是综合考虑了浮阀塔板优点衍生出的浮舌塔板,进一步加大了操作弹性,又降低了压降,适用于减压操作。

　　另外,还有其他改进型板,如双方向斜孔板。它与固定舌型板作用相类似,几排斜孔与液流方向相逆,而相隔两排又设置一排孔与液体方向则同,气流倾斜喷出时,相互牵制,相间运动剧烈,传质效果很好,被认为是一种优秀的塔板。还有网孔喷射及百叶窗式喷孔喷射型塔板。还有其他类型的塔板正处于研究开发中。

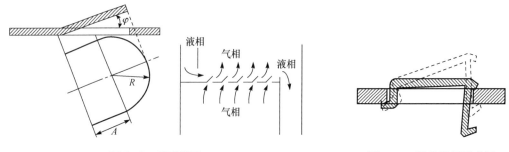

图 6-32　舌型塔板　　　　　　　　　　图 6-33　浮舌塔板示意图

本章主要符号

符号	意义	计量单位
英文		
C	负荷系数	
C_p	比热容	kJ/(kmol · ℃)
D	塔顶产品(馏出液)流量	kmol/h
D	塔径	m
E	塔效率	%
E_0	全塔效率	%
F	原料液流量	kmol/h
H_T	板间距	m
HETP	等板高度	m
I	物质的焓	kJ/kg
K	相平衡常数	
L	塔内下降的液体流量	kmol/h
m	平衡线斜率	
M	摩尔质量	kg/mol
n	精馏段理论塔板数	
N_T	理论塔板数	
p	压力	Pa
$p°$	纯组分的饱和蒸气压	Pa
q	进料热状况参数或气化分率	
Q	传热速率或热负荷	kJ/h 或 kW
r	饱和蒸气冷凝热	kJ/kg
R	回流比	
t	温度	℃
T	热力学温度	K
u	气相空塔速度	m/s
v	组分的挥发度	Pa
V	上升蒸气的流量	kmol/h
W	塔底产品(釜残液)流量	kmol/h
W_h	加热介质消耗量	kJ/h
W_C	冷却介质消耗量	kJ/h

符号	意义	计量单位
x	液相中易挥发组分的摩尔分数	
y	气相中易挥发组分的摩尔分数	
Z	塔高	m
希文		
α	相对挥发度	
γ	活度系数	
η	易挥发组分的回收率	
μ	黏度	Pa·s
ρ	密度	kg/m³
σ	表面张力	mN/m

习 题

6-1 苯和甲苯的饱和蒸气压数据如下:

温度/℃	80.2	84.1	88.0	92.0	96.0	100	104	108	110.4
苯饱和蒸气压/p_A°/kPa	101.33	113.59	127.59	143.72	160.52	179.19	199.32	221.19	233.05
甲苯饱和蒸气压 p_B°/kPa	39.99	44.4	50.6	57.6	65.66	74.53	83.33	93.93	101.33

根据表中数据作 101.33kPa 下苯和甲苯溶液的 t-x-y 图及 x-y 图。此溶液服从拉乌尔定律。

6-2 在 101.33kPa 下正庚烷和正辛烷的平衡数据如下:

温度/℃	98.4	105	110	115	120	125.6
液相中正庚烷摩尔分数	1.0	0.656	0.487	0.311	0.157	0
气相中正庚烷摩尔分数	1.0	0.81	0.673	0.491	0.280	0

试求:(1) 在 101.33kPa 下溶液中含正庚烷为 0.35(摩尔分数)时的泡点及平衡蒸气的瞬间组成;(2) 在 101.33kPa 下加热到 117℃溶液处于什么状态? 各相的组成如何? 溶液被加热到什么温度全部气化为饱和蒸气?

6-3 利用习题 6-1 的数据,(1)计算相对挥发度 α;(2)写出平衡方程式;(3)算出 x-y 的一系列平衡数据与习题 6-1 进行比较。

6-4 苯和甲苯在 92℃时的饱和蒸气压分别为 143.73kPa 和 57.6kPa。试求苯的摩尔分数为 0.4,甲苯的摩尔分数为 0.6 的混合液在 92℃各组分的平衡分压、系统压力及平衡蒸气组成。此溶液可视为理想溶液。

6-5 甲醇和乙醇形成的混合液可认为是理想物系,20℃时乙醇的蒸气压为 5.93kPa,甲醇为 11.83kPa。试求:(1)两者各用 100g 液体,混合而成的溶液中甲醇和乙醇的摩尔分数;(2)气液平衡时系统的总压和各自的分压及气相组成。

6-6 由正庚烷和正辛烷组成的溶液在常压连续精馏塔中进行分离。混合液的质量流量为 5000kg/h,其中正庚烷的含量为 30%(摩尔分数,下同),要求馏出液中能回收原料中 88%的正庚烷,釜液中含正庚烷不高于 5%。试求馏出液的流量及组成,分别以质量流量和质量分率表示。

6-7 将含 24%(摩尔分数,下同)易挥发组分的某液体混合物送入连续精馏塔中。要求馏出液含 95%易挥发组分,釜液含 3%易挥发组分。送至冷凝器的蒸气摩尔流量为 850kmol/h,流入精馏塔的回流液为

670kmol/h。(1)每小时能获得多少 kmol 的馏出液？多少 kmol 的釜液？(2)回流比 R 为多少？

6-8　有 10 000kg/h 含物质 A(摩尔质量为 78g/mol)0.3(质量分数，下同)和含物质 B(摩尔质量为 90g/mol)0.7 的混合蒸气自一连续精馏塔底送入。若要求塔顶产品中物质 A 的浓度为 0.95，釜液中物质 A 的浓度为 0.01，(1)进入冷凝器的蒸气量为多少？并以摩尔流量表示。(2)回流比 R 为多少？

6-9　某连续精馏塔，泡点加料，已知操作线方程如下：

精馏段　　　　　　　　　　　　　$y = 0.8x + 0.172$
提馏段　　　　　　　　　　　　　$y = 1.3x - 0.018$

试求原料液、馏出液、釜液组成及回流比。

6-10　要在常压操作的连续精馏塔中将含 0.4 苯及 0.6 甲苯的溶液加以分离，以便得到含 0.95 苯的馏出液和 0.04 苯(以上均为摩尔分数)的釜液。回流比为 3，泡点进料，进料摩尔流量为 100kmol/h。求从冷凝器回流入塔顶的回流液的摩尔流量及自釜升入塔底的蒸气的摩尔流量。

6-11　在连续精馏塔中将含甲醇 30%(摩尔分数，下同)的水溶液进行分离，以便得到含甲醇 95% 的馏出液及 3% 的釜液。操作压力为常压，回流比为 1.0，进料为泡点液体，试求理论板数及加料板位置。常压下甲醇和水的平衡数据如下。

温度/℃	液相中甲醇摩尔分数	气相中甲醇摩尔分数	温度/℃	液相中甲醇摩尔分数	气相中甲醇摩尔分数
100	0.0	0.0	75.3	40.0	72.9
96.4	2.0	13.4	73.1	50.0	77.9
93.5	4.0	23.4	71.2	60.0	82.5
91.2	6.0	30.4	69.3	70.0	87.0
89.3	8.0	36.5	67.6	80.0	91.5
87.7	10.0	41.8	66.0	90.0	95.8
84.4	15.0	51.7	65.0	95.0	97.9
81.7	20.0	57.9	64.5	100.0	100.0
78.0	30.0	66.5			

6-12　利用习题 6-6 数据，如进料为泡点液体，回流比为 3.5，求理论板数及加料板位置。常压下正庚烷、正辛烷的平衡数据见习题 6-2。

6-13　用一连续精馏塔分离苯-甲苯混合液，原料中含苯 0.4，(质量分数，下同)要求塔顶馏出液中含苯 0.97，釜液中含苯 0.02，若原料液温度为 25℃，则进料热状态参数 q 为多少？若原料为气液混合物，气液比 3:4，q 值为多少？

6-14　习题 6-11 中，若原料为 40℃ 的液体，其他条件相同，求所需理论板数及加料板位置，并与习题 6-11 比较。

6-15　求习题 6-11 的最小回流比 R_{min}。

6-16　求习题 6-13 的最小回流比 R_{min}。

6-17　用一常压连续精馏塔分离含苯 0.4(质量分数，下同)的苯-甲苯混合液。要求馏出液中含苯 0.97，釜液中含苯 0.02，操作回流比为 2，进料温度为 25℃，平均相对挥发度为 2.5，用简捷计算法求所需理论板数，并与图解法进行比较。

6-18　有一 20%(摩尔分数，下同)甲醇溶液，用一连续精馏塔加以分离，希望得到 96% 及 50% 的甲醇溶液各半，釜液浓度不高于 2%。回流比为 2.2，泡点进料，试求：(1)所需理论板数及加料口、侧线采出口的位置；(2)若只于塔顶取出 96% 的甲醇溶液，则所需理论板数较(1)多还是少？

6-19　在连续精馏塔中分离苯-甲苯混合液。在全回流条件下测得相邻板上液体组成分别为 0.28、0.41 和 0.57，试求三层板中下面两层的单板效率。

在操作条件下苯-甲苯的平衡数据如下：

x	0.26	0.38	0.51
y	0.45	0.60	0.72

6-20　用一常压连续精馏塔分离含苯 0.4(质量分数，下同)的苯-甲苯混合液。要求馏出液中含苯 0.97，釜液含苯 0.02，原料流量为 15 000kg/h，操作回流比为 3.5，进料温度为 25℃，加热蒸气压力为 137kPa(表压)，全塔效率为 50%，塔的热损失可忽略不计，回流液为泡点液体，平衡数据见习题 6-1。求：(1)所需实际板数和加料板位置；(2)蒸馏釜的热负荷及加热蒸气用量；(3)冷却水的进出口温度分别为 27℃ 和 37℃ 时，冷凝器的热负荷及冷却水用量。

思　考　题

1. 压力对气液平衡有何影响？如何选择精馏塔的操作压力？

2. 如何从相对挥发度的大小来判断液体混合物精馏分离的难易程度？

3. 精馏操作中为什么要有回流？

4. 什么是最小回流比？如何确定其值？最小回流比与哪些因素有关？

5. 确定适宜回流比的原则是什么？全回流的特点是什么，有何实际意义？

6. 在精馏塔内气液两相组成及温度沿塔高有什么变化规律？为什么？

7. 引入"理论板"概念和"恒摩尔流假设"有何意义？理论塔板的计算方法有几种？

8. 试说明进料热状况参数 q 的意义。其值大小对精馏操作有何影响？冷液进料与泡点进料各有何优点？

9. 一个正在操作中的精馏塔，如下列因素改变时，塔顶馏出液和釜液组成将如何变化？假设其他条件不变，塔板效率不变。

(1) 进料量适当增加；

(2) 进料温度增高；

(3) 进料板的位置增高；

(4) 塔釜加热蒸气压力加大。

10. 如何提高板式塔的传质速率和塔板效率？

11. 如何抑制板式塔中异常操作现象的发生？

12. 塔板负荷性能图的意义是什么？

第7章 固体干燥

7.1 固体去湿方法和干燥

7.1.1 固体物料的去湿方法

化工生产中的固体原料、产品或半成品为便于进一步加工、运输、储存和使用,常需要将其中所含的湿分(水或有机溶剂)去除至规定指标,这种操作简称为去湿。去湿的方法可分为以下三类。

(1)机械去湿。当物料带水较多时,可先用离心过滤等机械分离方法除去大量的水。

(2)吸附去湿。用某种平衡水汽分压很低的干燥剂(如 $CaCl_2$、硅胶等)与湿物料并存,使物料中的水分相继经气相转入干燥剂内。

(3)供热干燥。向物料供热以气化其中的水分。供热方式又有多种。工业干燥操作多是以热空气或其他高温气体为介质,使之掠过物料表面,介质向物料供热并带走气化的湿分,此种干燥常称为对流干燥,图 7-1 是典型的对流干燥流程。

本章主要讨论以空气为干燥介质、湿分为水的对流干燥过程。

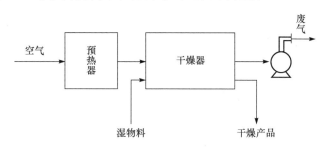

图 7-1 对流干燥流程示意图

7.1.2 对流干燥的特点

1. 对流干燥过程

如图 7-2 所示,经预热的高温热空气与低温湿物料接触时,热空气传热给固体物料,若气流的水汽分压低于固体表面水的分压时,水分气化并进入气相,湿物料内部的水分以液态或水汽的形式扩散至表面,再气化进入气相,被空气带走。所以,干燥是传热、传质同时进行的过程,但传递方向不同。

2. 干燥过程进行的必要条件

湿物料表面水汽压力大于干燥介质水汽分压,干燥介质将气化的水汽及时带走。

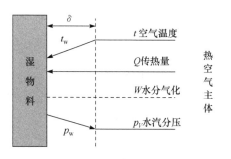

图 7-2 对流干燥过程的热、质传递

干燥过程所需空气用量、热量消耗及干燥时间均与湿空气的性质有关,为此,以下介绍湿空气的性质。

7.2　湿空气的性质及湿度图

7.2.1　湿空气的性质

1. 空气中水分含量的表示方法

湿空气的状态参数除总压 p、温度 t 之外，与干燥过程有关的是水分在空气中的含量。根据不同的测量原理，同时考虑计算的方便，水蒸气在空气中的含量有不同的定义或不同的表示方法。

1) 水汽分压 $p_{水汽}$ 与露点 t_d

空气中的水汽分压直接影响干燥过程的平衡与传质推动力。测定水汽分压的实验方法是测量露点，即在总压不变的条件下将空气与不断降温的冷壁相接触，直至空气在光滑的冷壁表面析出水雾，此时的冷壁温度称为露点 t_d。壁面上析出水雾表明，水汽分压为 $p_{水汽}$ 的湿空气在露点温度下达到饱和状态。因此，测出露点温度 t_d 便可从手册中查得此温度下的饱和水蒸气压，此即为空气中的水汽分压 $p_{水汽}$。显然，在总压 p 一定时，露点与水汽分压之间为单一函数关系。

2) 空气的湿度 H

为便于进行物料衡算，常将水汽分压 $p_{水汽}$ 换算成湿度。空气的湿度 H 定义为 1kg 干空气所带有的水汽量，单位是 kg/kg 干气，即

$$H = \frac{M_水}{M_气} \cdot \frac{p_{水汽}}{p - p_{水汽}} = 0.622 \frac{p_{水汽}}{p - p_{水汽}} \tag{7-1}$$

式中，p 为总压，Pa。

3) 相对湿度 φ

空气中的水汽分压 $p_{水汽}$ 与一定总压及一定温度下空气中水汽分压可能达到的最大值之比定义为相对湿度，以 φ 表示。

当总压为 101.3kPa 时，空气温度低于 100℃ 时，空气中水汽分压的最大值应为同温度下的饱和蒸气压 p_s，因此有

$$\varphi = \frac{p_{水汽}}{p_s} \quad （当 \ p_s \leqslant p） \tag{7-2}$$

当空气温度较高，该温度下的饱和蒸气压 p_s 会大于总压。但因空气的总压已指定，水汽分压的最大值最多等于总压，因此取

$$\varphi = \frac{p_{水汽}}{p} \quad （当 \ p_s > p） \tag{7-3}$$

从相对湿度的定义可知，相对湿度 φ 表示了空气中水分含量的相对大小。$\varphi = 1$，表示空气已达饱和状态，不能再接纳任何水分；φ 值越小，表明空气尚可接纳的水分越多。

4) 湿空气的温度

湿空气的干球温度 t：在湿空气中，用普通温度计测得的温度，称为湿空气的干球温度，是湿空气的真实温度。

湿空气的湿球温度 t_w：在湿空气中，用湿球温度计测得的温度称为湿球温度。

图 7-3 为干、湿球温度计的示意图。干球温度计的感温球露在空气中，所测温度为空气的干球温度 t，通常称为空气的温度。而湿球温度计的感温球用湿纱布包裹，纱布下端浸在水

中,毛细管作用能使纱布保持湿润,所测温度为空气的湿球温度 t_w。测量水汽含量的简易方法是测量空气的湿球温度 t_w,湿球温度是大量空气与少量水长期接触后水面的温度,它是空气湿度和干球温度的函数。

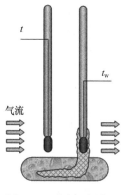

图 7-3　干球温度计和湿球温度计

$$t_w = t - \frac{k_H}{\alpha} r_w (H_w - H) \tag{7-4}$$

式中,k_H 为以湿度差为推动力的传质系数,kg/(m² · s);α 为气相的传热系数,W/(m² · ℃);H_w 为湿球温度 t_w 下的湿度,kg 水/kg 干气;r_w 为气化热。

对空气-水系统,当被测气流的温度不太高,流速>5m/s 时,α/k_H 为一常数,其值约为 1.09kJ/(kg · ℃),因此

$$t_w = t - \frac{r_w}{1.09} (H_w - H) \tag{7-5}$$

由湿球温度的原理可知,空气的湿球温度 t_w 总低于干球温度 t。t_w 与 t 差距越小,表示空气中的水分含量越接近饱和;对饱和湿空气 $t_w = t$。

5) 湿空气的比热容 C_H

湿空气的比热容 C_H 简称为湿比热容,表示常压下,将 1kg 干空气和其所带有的 Hkg 水汽升高温度 1K 所需的热量,单位为 kJ/(kg 干气 · K)。

$$C_H = C_g + C_v H \tag{7-6}$$

在 273～393K 温度范围,干空气及水汽的平均定压比热容分别为 $C_g = 1.01$kJ/(kg 干空气 · K)、$C_v = 1.88$kJ/(kg$_{水汽}$ · K)。代入式(7-6),得湿空气的比热容计算式为

$$C_H = 1.01 + 1.88H \tag{7-7}$$

即湿空气的比热容只随空气的湿度而变化。

6) 湿空气的焓 I

为便于进行过程的热量衡算,定义湿空气的焓 I 为 1kg 干空气及其所带 Hkg 水汽所具有的焓,单位为 kJ/kg。根据定义,可得

$$I = I_g + H I_v \tag{7-8}$$

式中,I 为湿空气的焓,kJ/kg 干空气;I_g 为绝干空气的焓,kJ/kg 干空气;I_v 为水汽的焓,kJ/kg 干空气。

焓的基准状态是因计算方便而定的,本章取气体的焓以 0℃ 的气体为基准,水汽的焓以 0℃ 的液态水为基准,因此有

$$I = (C_g + C_v H)t + r_0 H \tag{7-9}$$

式中,C_g 为干空气比热容,空气为 1.01kJ/(kg · ℃);C_v 为蒸气比热容,水汽为 1.88kJ/(kg · ℃);r_0 为 0℃ 时水的气化热,取 2500kJ/(kg · ℃)。

对空气-水系统有

$$I = (1.01 + 1.88H)t + 2500H \tag{7-10}$$

可见湿空气的焓 I 随空气的温度 t、湿度 H 的增大而增大。

7) 绝热饱和温度 t_{as}

空气绝热增湿至饱和时的温度称为绝热饱和温度 t_{as}。

图 7-4 所示为一绝热饱和器,设有温度为 t,湿度为 H 的饱和空气在绝热饱和器内与大量

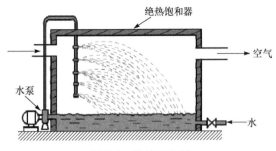

图 7-4　绝热饱和器

水接触,水用泵循环,若设备保温良好,则热量只在气液两相之间传递,而对周围环境是绝热的。这时可认为水温完全均匀,因此水向空气中气化时所需的潜热,只能取自空气中的显热,这样,空气的温度下降,而湿度增加,即空气失去显热,而水汽将此部分热量以潜热的形式带回空气中,因此空气的焓值可视为不变(忽略水汽的显热),这一过程为空气的绝热降温增湿过程及等焓过程。

现进一步分析这个过程,在空气绝热增湿过程中,空气失去的是显热,而得到的是气化水带来的潜热,空气的温度和湿度随随过程的进行而变化,但其焓值不变。

$$Q = C_H(t - t_{as}) = r_{as}(H_{as} - H) \tag{7-11}$$

$$t_{as} = t - \frac{r_{as}}{c_H}(H_{as} - H) \tag{7-12}$$

式中,r_{as} 为水在 t_{as} 时的气化热,kJ/kg;C_H 为湿空气在 H_{as} 时的比热容,kJ/(kg 干空气·℃)。

当物性(r_{as}、C_H)、相平衡关系 $H_{as} = f(t_{as})$ 已确定时,极限温度 t_{as} 是气体温度的函数,即

$$t_{as} = \phi(t, H)$$

实验测定证明,对空气-水体系,$\dfrac{\alpha}{k_H} \approx c_H$,因此,$t_w \approx t_{as}$。

当空气为不饱和状态时 $t > t_w(t_{as}) > t_d$;当空气为饱和状态时 $t = t_w(t_{as}) = t_d$。

8) 湿空气的比体积 v_H

当需知气体的体积流量(如选择风机、计算流速)时,常使用气体的比体积。湿空气的比体积 v_H 是指 1kg 干气及所带的 Hkg 水汽所占的总体积,单位为 m³/kg。根据定义,可得

$$v_H = \frac{\text{m}^3 \text{ 绝干空气} + \text{m}^3 \text{ 水汽}}{\text{kg 绝干气}} \tag{7-13}$$

通常条件下,气体比体积可按理想气体定律计算。在常压下 1kg 干空气的体积为

$$\frac{22.4}{M_{\text{气}}} \times \frac{t+273}{273} = 2.83 \times 10^{-3}(t+273) \tag{7-14}$$

Hkg 水汽的体积为

$$H \frac{22.4}{M_{\text{水}}} \times \frac{t+273}{273} = 4.56 \times 10^{-3} H(t+273) \tag{7-15}$$

常压下温度为 t℃、湿度为 H 的湿空气体积比为

$$v_H = (2.83 \times 10^{-3} + 4.56 \times 10^{-3} H)(t+273) \tag{7-16}$$

干燥过程中空气的湿度一般并不太大,式(7-16)中湿度 H 较小。除有特殊需要时外,用绝干空气的比体积代替湿空气的比体积所造成的误差并不大。

7.2.2　湿空气的焓-湿图

用公式计算湿空气的性质比较烦琐,有时还要用到试差(如计算 t_w)。若将湿空气的各种性质绘成图,利用图查取湿空气的有关参数,则比较简便。另外,空气的状态变化过程在图中表示也比较形象直观。

在总压 p 一定时,上述湿空气的各个参数(t、p_v、H、φ、I、t_w 等)中,只有两个参数是独立的,即规定两个互相独立的参数,湿空气的状态即被唯一地确定。工程上为方便起见,将诸参数之间的关系在平面坐标上绘制成湿度图。目前,常用的湿度图有两种,即 H-T 图和 I-H图,本章主要介绍 I-H 图。

图 7-5 所示的 I-H 图是以总压 p＝100kPa 为前提画的,p 偏离较大时此图不适用。纵坐标为 I(kJ/kg 绝干气),横坐标为 H(kg 水汽/kg 绝干空气)。水平轴(辅助坐标)的作用是将横轴上的湿度值 H 投影到辅助坐标上便于读图,而真正的横坐标 H 在图中并没有完全画出。

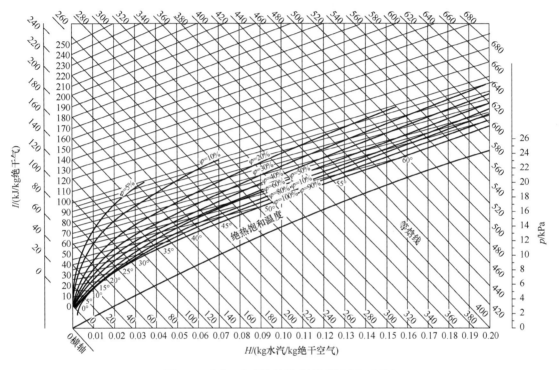

图 7-5　空气-水系统的焓-湿图(总压 100kPa)

1. 等 H 线(等湿度线)

等 H 线为一系列平行于纵轴的直线。注意:①同一等 H 线上不同点,H 值相同,但湿空气的状态不同(在一定 p 下必须有两个独立参数才能唯一确定空气的状态);②根据露点 t_d 的定义,H 相同的湿空气具有相等的 t_d,因此在同一条等 H 线上湿空气的 t_d 是不变的,换句话说,H、t_d 不是彼此独立的参数。

2. 等 I 线(等焓线)

等 I 线为一系列平行于横轴(不是水平辅助轴)的直线。注意:①同一等 I 线上不同点,I值相同,但湿空气状态不同;②前已述及湿空气的绝热增湿过程近似为等 I 过程,因此等 I 线也就是绝热增湿过程线,在同一等 I 线上,H 增大则 t 减小或 H 减小则 t 增大,但 I 不变。

3. 等 t 线(等温线)

将式(7-10)I＝(1.01＋1.88H)t＋2500H 改写为 I＝1.01t＋(1.88t＋2500)H,当 t 一定时,I-H 为直线。各直线的斜率为(1.88t＋2500),t 增大,斜率增大,因此各等 t 线不是平行的直线。

4. 等 φ 线(等相对湿度线)

该线由下式确定,即

$$H=0.622\frac{\varphi p_{s}}{p-\varphi p_{s}} \tag{7-17}$$

p 固定,当 φ 一定时,$p_{s}=f(t)$,假设一个 t,求出 p_{s},可算出一个相应的 H,将若干个 (t,H) 点连接起来,即为一条等 φ 线。

注意:①当 H 一定时,t 增大,φ 减小,吸收水汽能力增强。所以湿空气进入干燥器之前须先经过预热以提高其温度和焓有利于载热,同时也是为了降低相对湿度而有利于载湿。②$\varphi=100\%$ 的线称为饱和曲线,线上各点空气为水蒸气所饱和,此线上方为未饱和区($\varphi<1$),在这个区域的空气可以作为干燥介质。此线下方为过饱和区域,空气中含雾状水滴,不能用于干燥物料。③I-H 图是以总压 $p=100kPa$ 为前提绘制的,因此当 φ 一定,$t\geq99.7℃$ 时,$p_{s}=100kPa=100\,000\,Pa$,$H=$ 常数,等 φ 线(图中 $\varphi=5\%$ 与 $\varphi=10\%$ 两条线)垂直向上为直线与等 H 线重合。

5. p_{v} 线(水蒸气分压线)

p_{v} 线标于 $\varphi=100\%$ 线的下方,表示 p_{v} 与 H 之间的关系,坐标位于图的右端纵轴上。由 $H=0.622\dfrac{p_{v}}{p-p_{v}}$ 得

$$p_{v}=\frac{Hp}{0.622+H} \tag{7-18}$$

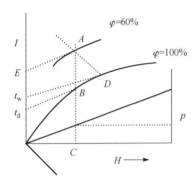

图 7-6　湿空气的 I-H 图的用法

7.2.3　焓-湿图的应用

I-H 图中的任意一点 A 代表一个确定的空气状态,其 t、t_{w}、H、φ、I 等均为定值,如图 7-6 所示。已知湿度空气的两个独立参数,即可确定一个空气的状态点 A,其他参数可由 I-H 图查得。

t-H、t-t_{w}、t-t_{d}、t-φ 是相互独立的两个参数,可确定唯一的空气状态点 A;t_{d}-H、p_{v}-H、t_{d}-p_{v}(都在同一条等温线上),t_{w}-I(在同一条等 I 线上),不是彼此独立的参数,不能确定空气的状态点 A。

【例 7-1】　已知湿空气的总压力为 101.325kPa,干球温度为 $t=30℃$,相对湿度为 $\varphi=60\%$,试用 I-H 图求取此空气的下列参数:H、t_{d}、t_{as}。

解　由已知条件 $p=101.325kPa$,$t=30℃$,$\varphi=60\%$,在 I-H 图上定出湿空气状态 A 点(图 7-6)。

(1)湿度 H 由 A 点沿等 H 线向下,与水平轴交点的读数为 $H=0.016kg$ 水分/kg 干空气。

(2)露点 t_{d} 由 A 点沿等 H 线与 $\varphi=100\%$ 饱和线相交于 B 点,由等 t 线读得 $t_{d}=21℃$。

(3)绝热饱和温度 t_{as}(湿球温度 t_{w})由 A 点沿等 I 线与 $\varphi=100\%$ 饱和线交于 D 点,由等 t 线读得 $t_{as}=23℃$(即 $t_{w}=23℃$)。

采用焓-湿图求取湿空气的各项参数,与用数学式计算相比,不仅计算迅速简便,而且物理意义也较明确。

7.3　干燥过程的物料衡算及热量衡算

7.3.1　干燥过程的物料衡算

1. 物料中含水量表示方法

1)湿基含水量 w

$$w = \frac{湿物料中水分质量}{湿物料的总质量} \quad kg\, 水/kg\, 湿物料 \qquad (7\text{-}19)$$

2）干基含水量 X

$$X = \frac{湿物料中水分质量}{湿物料中绝干物料质量} \quad kg\, 水/kg\, 干物料 \qquad (7\text{-}20)$$

3）二者之间的换算关系

$$w = \frac{X}{1+X} \quad kg\, 水/kg\, 湿物料 \qquad X = \frac{w}{1-w} \quad kg\, 水/kg\, 干物料 \qquad (7\text{-}21)$$

2. 物料衡算

在干燥过程中，物料衡算主要是为了解决两个问题：一是确定将湿物料干燥到规定的含水量需气化的水分量；二是确定带走这些水分所需要的空气量。对图 7-7 所示的连续干燥器作物料衡算。

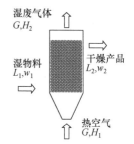

图 7-7　干燥器的
物料衡算

1）燥产品流量 L_c

$$L_c = L_1(1-w_1) = L_2(1-w_2) \qquad (7\text{-}22)$$

式中，L_c 为湿物料中绝干物料的流量，kg 绝干物料/s；L_1、L_2 分别为湿物料进、出干燥器时的流量，kg 物料/s；w_1，w_2 分别为湿物料进、出干燥器时的湿基含水量，kg 水分/kg 湿物料。

2）水分气化量 W

$$W = L_c(X_1 - X_2) = G(H_2 - H_1) \qquad (7\text{-}23)$$

式中，W 为湿物料在干燥器中蒸发的水分量，kg 水分/s；X_1、X_2 分别为湿物料进、出干燥器时的干基含水量，kg 水分/kg 干物料。H_1、H_2 分别为空气进、出干燥器时的湿度，kg 水分/kg 干空气；G 为绝干空气消耗量，kg 干空气/s。

3）空气消耗量 l

干空气消耗量 G 与水分气化量的关系为

$$G = \frac{W}{H_2 - H_1} \qquad (7\text{-}23a)$$

因此气化 1kg 水分需消耗的干空气量 l（称为单位空气消耗量，单位为 kg 干空气/kg 水分）为

$$l = \frac{G}{W} = \frac{1}{H_2 - H_1} \qquad (7\text{-}24)$$

由以上可知，空气消耗量随进入干燥器的空气湿度 H_1 的增大而增大。因此，一般按夏季的空气湿度确定全年中最大空气消耗量。干燥中风机的选择是以湿空气的体积流量为依据的，湿空气的体积流量可由上面计算的 G 和湿空气的比体积来求取。

【例 7-2】　在一连续干燥器中，每小时处理湿物料 1000kg，经干燥后物料的含水量由 10% 降至 2%（质量分数）。以热空气为干燥介质，初始湿度 $H_1 = 0.008$kg 水分/kg 绝干气，离开干燥器时湿度为 $H_2 = 0.05$kg 水分/kg 绝干气，假设干燥过程中无物料损失，试求：水分气化量、空气消耗量以及干燥产品量。

解　（1）水分气化量：将物料的湿基含水量换算为干基含水量，即

$$X_1 = \frac{w_1}{1-w_1} = \frac{0.1}{1-0.1} = 0.111(\text{kg 水分/kg 绝干物料})$$

$$X_2 = \frac{w_2}{1-w_2} = \frac{0.02}{1-0.02} = 0.0204(\text{kg 水分/kg 绝干物料})$$

进入干燥器的绝干物料为

$$L_c = L_1(1-w_1) = 1000(1-0.1) = 900(\text{kg 绝干物料/h})$$

水分蒸发量为

$$W = L_c(X_1 - X_2) = 900(0.111 - 0.0204) = 81.5(\text{kg 水分/h})$$

(2) 空气消耗量

$$G = \frac{W}{H_2 - H_1} = \frac{81.5}{0.05 - 0.008} = 1940(\text{kg 绝干空气/h})$$

原湿空气的消耗量为

$$G' = G(1+H_1) = 1940(1+0.008) = 1960(\text{kg 湿空气/h})$$

单位空气消耗量(比空气用量)为

$$l = \frac{1}{H_2 - H_1} = \frac{1}{0.05 - 0.008} = 23.8(\text{干空气/kg 水分})$$

(3) 干燥产品量

$$L_2 = L_1 \frac{1-w_1}{1-w_2} = 1000 \times \frac{1-0.1}{1-0.02} = 918.4(\text{kg/h})$$

或

$$L_2 = L_1 - w = 1000 - 81.5 = 918.5(\text{kg/h})$$

7.3.2　干燥过程的热量衡算

通过干燥器的热量衡算可确定干燥过程的耗热量及其各项热量的分配,从而计算出加热介质消耗量,以及干燥塔出口状态(H_2、I_2)是否符合要求,并及时加以调整。热量衡算为预热器的设计或选用,及其干燥塔的设计提供重要的依据。热量衡算时以气化 1kg 水分为计算基准,温度以 0℃ 为基准。

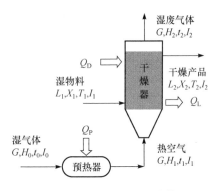

图 7-8　干燥过程热量衡算

1. 预热器的热负荷及加热介质消耗量

如图 7-8 所示,对预热器进行热量衡算,可得到加热空气所需热量即预热器的热负荷,即

$$Q_P = L(I_1 - I_0) \tag{7-25}$$

式中,Q_P 为加热空气所需热量,kJ/h;L 为绝干空气流量,kg 绝干空气/h;I_0、I_1 分别为进、出预热器空气的焓,kJ/kg 干空气。通常空气的焓可由下式求出

$$I = (1.01 + 1.88H)t + 2500H \tag{7-26}$$

式中,H 为温度为 t 时空气的湿含量,kg 水/kg 干空气;t 为空气温度,℃。

若干燥介质采用饱和蒸气,那么加热蒸气消耗量为

$$D = \frac{Q_P}{r} \tag{7-27}$$

式中,D 为加热蒸气耗用量,kg/h;r 为蒸气压力下水的气化热,kJ/kg。

2. 向干燥器补充的热量

如图 7-8 所示,对于干燥器作热量衡算可写出

$$GI_1 + Gc I_1' + Q_D = GI_2 + G_c I_2' + Q_L \tag{7-28}$$

或写成

$$Q_D = G(I_2 - I_1) + L_c(I_2' - I_1') + Q_L \tag{7-29}$$

式中，Q_D 为向干燥器补充的热量，kJ/h；I_1'、I_2' 分别为湿物料进入和离开干燥塔时的焓，kJ/kg；Q_L 为干燥塔的热损失，kJ/h。

湿物料的焓 I' 包括绝干物料的焓（以 0℃ 的物料为基准）和物料中所含水分的焓（以 0℃ 的液态水为基准）两部分，通常可由下式求出

$$I' = C_s T + X C_w T = C_m T \tag{7-30}$$

式中，C_s 为绝干物料的比热容，kJ/(kg 绝干物料 · ℃)；C_w 为水的比热容，kJ/(kg 水 · ℃)；X 为湿物料的干基含水量，kg 水/kg 绝干物料；C_m 为湿物料的比热容，kJ/(kg 绝干物料 · ℃)；可写成 $C_m = C_s + X C_w$；T 为湿物料的温度，℃。

3. 干燥系统所需总热量

干燥系统所需总热量可由下式计算：

$$Q = Q_P + Q_D = G(I_2 - I_0) + L_c(I_2' - I_1') + Q_L \tag{7-31}$$

【例 7-3】 某糖厂回转干燥器的生产能力为 4030kg/h（产品），如例 7-3 附图所示。湿糖含水量为 1.27%，于 31℃ 进入干燥器，离开干燥器时的温度为 36℃，含水量为 0.18%，此时糖的比热容为 1.26kJ/(kg 绝干料 · ℃)。干燥用空气的初始状况为：干球温度 20℃，湿球温度 17℃，预热至 97℃ 后进入干燥室。空气自干燥室排出时，干球温度为 40℃，湿球温度为 32℃，试求：(1) 蒸发的水分量；(2) 新鲜空气用量；(3) 预热器蒸气用量，加热蒸气压为 200kPa（绝对压力）；(4) 干燥器的热损失，$Q_D = 0$；(5) 热效率。

例3　附图

解 (1) 水分蒸发量

将物料的湿基含水量换算为干基含水量，即

$$X_1 = \frac{w_1}{1 - w_1} = \frac{1.27\%}{1 - 1.27\%} = 0.0129 (\text{kg 水分/kg 绝干物料})$$

$$X_2 = \frac{w_2}{1 - w_2} = \frac{0.18\%}{1 - 0.18\%} = 0.0018 (\text{kg 水分/kg 绝干物料})$$

进入干燥器的绝干物料为

$$L_c = L_2(1 - w_2) = 4030 \times (1 - 0.18\%) = 4022.7 (\text{kg 绝干物料/h})$$

水分蒸发量为

$$W = L_c(X_1 - X_2) = 4022.7 \times (0.0129 - 0.0018) = 44.6 (\text{kg 水分/h})$$

(2) 新鲜空气用量

首先计算绝干空气消耗量。

由图查得：当 $t_0 = 20℃$，$t_{w0} = 17℃$ 时，$H_0 = 0.011$ kg 水分/kg 绝干物料；

当 $t_2 = 40℃$，$t_{w2} = 32℃$ 时，$H_2 = 0.0265$ kg 水分/kg 绝干物料。

绝干空气消耗量为

$$G = \frac{W}{H_2 - H_1} = \frac{44.6}{0.0265 - 0.011} = 2877.4 (\text{kg 干空气/h})$$

新鲜空气消耗量为

$$G' = L(1 + H_0) = 2877.4(1 + 0.011) = 2909 (\text{kg 新鲜空气/h})$$

(3) 预热器中的蒸气用量

查 I-H 图,得 $I_0=48$kJ/kg 干空气;$I_1=127$kJ/kg 干空气;$I_2=110$kJ/kg 干空气。

$$Q_P=L(I_1-I_0)=2877.4(127-48)=2.27\times10^5(\text{kJ/h})$$

查饱和蒸气压表得:200kPa(绝对压力)的饱和水蒸气的潜热为 2204.6(kJ/kg)。因此蒸气消耗量为 $2.27\times10^5/2204.6=103$(kg/h)。

(4) 干燥器的热损失

$$\begin{aligned}Q_L&=Q_P+Q_D-1.01G(t_2-t_0)-W(2490+1.88t_2)-L_c C_m(T_2-T_1)\\&=2.27\times10^5+0-1.01\times2877.4\times(40-20)\\&\quad-44.6\times(2490+1.88\times40)-4022.7\times1.26\times(36-31)\\&=2.9\times10^4(\text{kJ/h})\end{aligned}$$

(5) 热效率

若忽略湿物料中水分带入系统中的焓,则有

$$\eta=\frac{W(2490+1.88t_2)}{Q}\times100\%=\frac{44.6\times(2490+1.88\times40)}{2.27\times10^5}\times100\%=50.4\%$$

7.4 物料的平衡含水量与干燥速率

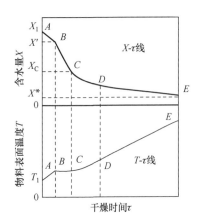

图 7-9 恒定干燥条件下
某物料的干燥曲线

干燥过程是采用加热的方式将热量传递给湿物料,使湿物料中的水分气化并除去的操作。随着干燥的进行同时发生传热和传质,其机理比较复杂,因此干燥速率仍采用实验方法测定。

干燥实验是在恒定干燥条件下进行的。所谓恒定干燥条件,即保持干燥介质——空气的温度、湿度、流速及物料与干燥介质的接触方式等不变,测得干燥曲线和干燥速率曲线。

7.4.1 干燥实验曲线

物料含水量 X 与干燥时间 τ 的关系曲线即为干燥曲线,如图 7-9 所示。

图中,A 点代表时间为零时的情况,AB 段为物料的预热阶段,这时物料从空气中接受的热主要用于物料的预热,湿含量变化较小,时间也很短,在分析干燥过程时常可忽略。从 B 点开始至 C 点,干燥曲线 BC 段斜率不变,干燥速率保持恒定,称为恒速干燥阶段。C 点以后,干燥曲线的斜率变小,干燥速率下降,所以 CDE 段称为降速干燥阶段。C 点称为临界点,该点对应的含水量称为临界含水量,以 X_c 表示。X^* 即为操作条件下的平衡含水量。

(1) 恒速干燥阶段 BC。在这一阶段,物料整个表面都有非结合水,物料中的水分由物料内部迁移到物料表面的速率大于或等于表面水分的气化速率,所以物料表面保持润湿。干燥过程类似于纯液态水的表面气化。干燥过程与湿球温度计的湿纱布水分气化机理是相同的,因而物料表面温度保持为空气的湿球温度。这一阶段的干燥速率主要取决于干燥介质的性质和流动情况。干燥速率由固体表面的气化速率所控制。

（2）临界含水量 X_c。由恒速阶段转为降速阶段时，物料的含水量为临界含水量。由临界点开始，水分由内部向表面迁移的速率开始小于表面气化速率，湿物料表面的水分不足以保持表面的湿润，表面上开始出现干点。如果物料最初的含水量小于临界含水量，则干燥过程不存在恒速阶段。临界含水量与湿物料的性质和干燥条件有关，其值一般由实验测定。

（3）降速干燥阶段 CDE。由图 7-9 可知，降速干燥通常可分为两个阶段。当物料含水量降到临界含水量后，物料表面开始出现不润湿点（干点），实际气化面积减小，从而使得以物料全部外表面积计算的干燥速率逐渐减小。当物料外表面完全不润湿时，降速干燥就从第一降速阶段（CD 段）进入到第二降速阶段（DE 段）。在第二降速阶段，气化表面逐渐从物料表面向内部转移，从而使传热、传质的路径逐渐加长，阻力变大，因此水分的气化速率进一步降低。降速阶段的干燥速率主要取决于水分和水汽在物料内部的传递速率。此阶段由于水分气化量逐渐减小，空气传给物料的热量，部分用于水分气化，部分用于给物料升温，当物料含水量达到平衡含水量时，物料温度将等于空气的温度 t。

7.4.2　物料的平衡含水量曲线

1. 平衡水分和自由水分

物料在一定的干燥条件下，按其中所含水分能否用干燥的方法除去来划分，可分为平衡水分与自由水分。

（1）平衡水分。当湿物料与一定温度和湿度的湿空气接触，物料中不能被除去的水分，即为该物料的平衡含水量，用 X^* 表示。物料的平衡含水量 X^* 随相对湿度 φ 增大而增大，当 $\varphi=0$ 时，$X^*=0$，即只有当物料与 $\varphi=0$ 的空气接触，才有可能获得绝干物料。

图 7-10 表示空气温度在 25℃时某物料的平衡含水量曲线。在一定的空气温度和湿度条件下，物料的干燥极限为 X^*。要想进一步干燥，应减小空气湿度或增大温度。平衡含水量曲线上方为干燥区，下方为吸湿区。

（2）自由水分。物料中所含的大于平衡水分的那部分水分，即干燥中能够除去的水分，称为自由水分。

2. 结合水分和非结合水分

按照物料与水分的结合方式，将水分分为结合水分和非结合水分。其基本区别是表现出的平衡蒸气压不同。

（1）结合水分。通过化学力或物理化学力与固体物料相结合的水分称为结合水分，如结晶水、毛细管中的水及细胞中溶胀的水分。

结合水与物料结合力较强，其蒸气压低于同温度下的饱和蒸气压。因此，将图 7-10 中，给定的湿物料平衡水分曲线延伸到与 $\varphi=100\%$ 的相对湿度线相交，交点所对应含水量即为结合水分。

（2）非结合水分。物料中所含的大于结合水分的那部分水分，称为非结合水分。非结合水分通过机械的方法附着在固体物料上，如固体表面和内部较大空隙中的水分。非结合水分的蒸气压等于纯水的饱和蒸气压，易于除去。

自由水分、平衡水分、结合水分、非结合水分及物料总水分之间的关系如图 7-10 所示。

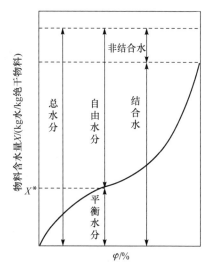

图 7-10　固体物料的平衡含水量曲线

7.4.3　恒定干燥条件下的干燥速率与干燥时间

物料的干燥速率即水分气化速率 U_A，用单位时间、单位面积(气固接触界面)被气化的水量表示，即

$$U_A = \frac{L_c \, dX}{-A \, d\tau}$$

(7-32)

式中，U_A 为干燥速率，kg 水/($m^2 \cdot h$)；L_c 为试样中绝对干燥物料的流量，kg 绝干料/s；A 为试样暴露于气流中的干燥表面积，m^2；X 为物料的自由含水量，$X = X_t - X^*$，kg 水/kg 干料；τ 为干燥时间，h；负号表示物料的含水量 X 随时间的增加而减小。

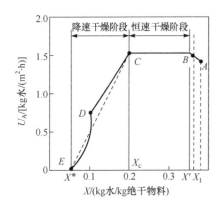

图 7-11　恒定干燥条件下的
干燥速率曲线

干燥速率曲线是表示干燥速率 U_A 与物料含水量 X 关系的曲线，干燥速率曲线是在恒定的空气条件(指一定的速率、温度、湿度)下获得的。将图中 X-τ 曲线斜率 $-dX/d\tau$ 及实测的 L_c、A 等数据代入式(7-32)，求得干燥速率曲线。对指定的物料，空气的温度、湿度不同，速率曲线的位置也不同，如图 7-11 所示。

这种曲线能清楚地表示出物料的干燥特性，因此又称干燥特性曲线。图中预热阶段 AB 的时间很短，干燥计算中可忽略不计。BC 为恒速干燥阶段，CDE 为降速干燥阶段。下面分别介绍恒速干燥阶段与降速干燥阶段影响干燥速率的因素与干燥时间的计算。

1. 恒速干燥阶段的干燥时间 τ_1

恒速干燥阶段的特点是物料表面充满着非结合水，表面温度为湿球温度 t_w，干燥速率与物料的性质关系很小，而主要与湿空气的温度 t、湿度 H、流速 w 及其与湿物料的接触方式有关。

如物料在干燥之前的自由含水量 X_1 大于临界含水量 X_c，则干燥必先有一恒速阶段。忽略物料的预热阶段，恒速阶段的干燥时间 τ_1 由 $U_A = \frac{L_c \, dX}{-A \, d\tau}$ 积分求出。

$$\int_0^{\tau_1} d\tau = -\frac{L_c}{A} \int_{X_1}^{X_c} \frac{dX}{U_A}$$

因干燥速率 U_A 为一常数，则

$$\tau_1 = \frac{L_c}{A} \times \frac{X_1 - X_c}{U_A}$$

(7-33)

干燥速率 U_A 由实验数据获得。

2. 降速干燥阶段的干燥时间 τ_2

当湿物料中的含水量降到临界含水量 X_c 时，便进入降速干燥阶段。降速干燥速率的变化规律与物料性质及其内部结构有关。降速的原因大致有以下四个：

(1) 实际气化表面减少。随着干燥的进行，由于多孔物质外表面水分的不均匀分布，局部表面的非结合水已先除去成为干区。此时尽管物料表面的平衡蒸气压未变，但实际气化面积减小，以物料全部外表面计算的干燥速率将下降。多孔性物料表面，孔径大小不等，在干燥过

程中水分会发生迁移。小孔借毛细管力自大孔中吸取水分,因而首先在大孔处出现干区。由局部干区引起的干燥速率下降如图 7-11 中 *CD* 段所示,称为第一降速阶段。

（2）气化面的内移。当多孔物料全部表面都成为干区后,水分的气化面逐渐向物料内部移动。此时,固体内部的热、质传递途径加长,造成干燥速率下降,即图 7-11 中的 *DE* 段,也称第二降速阶段。

（3）平衡蒸气压下降。当物料中非结合水已被除尽,所气化的已是各种形式的结合水时,平衡蒸气压将逐渐下降,使传质推动力减小,干燥速率也随之降低。

（4）固体内部水分的扩散极慢。对非多孔性物料,如肥皂、木材、皮革等,气化表面只能是物料的外表面,气化面不可能内移。当表面水分去除后,干燥速率取决于固体内部水分的扩散。内扩散是个速率极小的过程,且扩散速率随含水量的减少而不断下降。此时干燥速率将与气速无关,与表面气固两相的传质系数 k_H 无关。

降速干燥阶段物料含水量从 X_c 减至 $X_2(X_2 > X^*)$ 所需时间 τ_2 为

$$\tau_2 = \int_0^{\tau_2} d\tau = -\frac{L_c}{A} \int_{x_c}^{x_2} \frac{dX}{U_A} \tag{7-34}$$

若有 U_A-X 的干燥数据可用数值积分法或图解积分法求 τ_2,或假定在降速阶段 U_A 与物料的自由含水量 $X - X^*$ 成正比,即采用临界点 C 与平衡水分点 E 所连接的直线 CE 来代替降速段干燥速率曲线 CDE,任一瞬间的 U_A 与对应的 X 有下列关系。

$$U_A = K_x(X - X^*) \tag{7-35}$$

式中,K_x 为比例系数,$kg/(m^2 \cdot s \cdot \Delta X)$,即 CE 直线斜率,则

$$\tau_2 = -\frac{L_c}{AK_x} \int_{x_c}^{x_2} \frac{dX}{X - X^*} = \frac{L_c}{AK_x} \int_{x_2}^{x_c} \frac{dX}{X - X^*}$$

$$\tau_2 = \frac{L_c}{AK_x} \ln \frac{X_c - X^*}{X_2 - X^*} \tag{7-36}$$

物料干燥所需总时间为恒速阶段与降速阶段的干燥时间之和,即 $\tau = \tau_1 + \tau_2$。

【例 7-4】 有一间歇操作干燥器,将一批湿物料(干燥速率曲线如图 7-11 所示)从含水量 $w_1 = 27\%$ 干燥到 $w_2 = 5\%$(均为湿基),湿物料的质量为 200kg,干燥表面积为 $0.025m^2$/kg 干物料,装卸时间 $\tau' = 1h$。试确定每批物料的干燥周期。

解 从该物料的干燥速率曲线可知该物料的临界含水量 $X_c = 0.2$kg 水/kg 干物料,平衡含水量 $X^* = 0.05$kg 水/kg 干物料,$U_c = 1.5$kg/($m^2 \cdot h$)。

绝对干物料量 $\qquad L_c = L_1(1 - w_1) = 200 \times (1 - 0.27) = 146(kg)$

干燥总表面积 $\qquad A = 146 \times 0.025 = 3.65(m^2)$

干基含水量

$$X_1 = w_1/(1 - w_1) = 0.37(kg 水/kg 干物料)$$

$$X_2 = w_2/(1 - w_2) = 0.053(kg 水/kg 干物料)$$

由于该物料的临界含水量 $X_c > X_2$,所以干燥阶段应包括恒速和降速阶段。各段所需时间分别为

① 恒速阶段 τ_1,由 $X_1 = 0.37$ 到 $X_c = 0.2$,则

$$\tau_1 = \frac{L_c}{U_c A}(X_1 - X_c) = \frac{146}{1.5 \times 3.65} \times (0.37 - 0.2) = 4.53(h)$$

② 降速阶段 τ_2,将 $X_c = 0.2$ 至 $X_c = 0.2$,$X^* = 0.05$ 代入求得

$$K_x = \frac{U_c}{X_c - X^*} = \frac{1.5}{0.2 - 0.05} = 10(\text{kg/m}^2 \cdot \text{h})$$

$$\tau_2 = \frac{L_c}{K_x A} \ln \frac{X_c - X^*}{X_2 - X^*} = \frac{146}{10 \times 3.65} \ln \frac{0.2 - 0.05}{0.053 - 0.05} = 15.7(\text{h})$$

③ 每批物料的干燥周期 τ，则

$$\tau = \tau_1 + \tau_2 + \tau' = 4.53 + 15.7 + 1 = 21.2(\text{h})$$

7.5　干 燥 设 备

7.5.1　干燥器的主要型式

在工业生产中，由于被干燥物料的形状（块状、粒状、溶液、浆状及膏糊状等）和性质（耐热性、含水量、分散性、黏性、耐酸碱性、防爆性及湿度等）不同，生产规模或生产能力也相差较大，对干燥产品的要求（含水量、形状、强度及粒度等）也不尽相同，因此，所采用干燥器的型式也是多种多样的。通常，干燥器可按加热方式分成如表 7-1 所示的类型。

表 7-1　常用干燥器的分类

类型	干燥器
对流干燥器	厢式干燥器，气流干燥器，沸腾床干燥器，转筒干燥器，喷雾干燥器
传导干燥器	滚筒干燥器，真空盘架式干燥器
辐射干燥器	红外线干燥器
介电加热干燥器	微波干燥器

本节主要介绍常用对流干燥器。

1. 厢式干燥器

厢式干燥器(tray dryer)又称盘式干燥器，是一种常压间歇操作的最古老的干燥设备之一。一般小型的称为烘箱，大型的称为烘房。按气体流动的方式，又可分为并流式、真空式和穿流式。

并流式干燥器的基本结构如图 7-12 所示，被干燥物料放在盘架上的浅盘内，物料的堆积

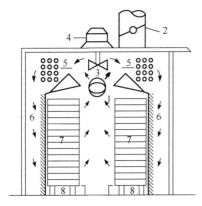

图 7-12　厢式干燥器

1. 空气入口；2. 空气出口；3. 风机；4. 电动机；
5. 加热器；6. 挡板；7. 盘架；8. 移动轮

厚度为 10～100mm。风机吸入的新鲜空气，经加热器预热后沿挡板均匀地水平掠过各浅盘内物料的表面，对物料进行干燥。部分废气经排出管排出，余下的循环使用，以提高热效率。废气循环量由吸入口或排出口的挡板进行调节。空气的流速根据物料的粒度而定，应使物料不被气流挟带出干燥器为原则，一般为 1～10m/s。这种干燥器的浅盘也可放在能移动的小车盘架上，以方便物料的装卸，减轻劳动强度。

若对干燥过程有特殊要求，如干燥热敏性物料、易燃易爆物料或物料的湿分需要回收等，厢式干燥器可在真空下操作，称为厢式真空干燥器。干燥厢是密封的，将浅盘架制成空心的，加热蒸气从中通过，干燥时以传导方式

加热物料,使盘中物料所含水分或溶剂气化,气化出的水汽或溶剂蒸气用真空泵抽出,以维持厢内的真空度。

　　穿流式干燥器的结构如图 7-13 所示,物料铺在多孔的浅盘(或网)上,气流垂直地穿过物料层,两层物料之间设置倾斜的挡板,以防从一层物料中吹出的湿空气再吹入另一层。空气通过小孔的速度为 0.3~1.2m/s。穿流式干燥器适用于通气性好的颗粒状物料,其干燥速率通常为并流时的 8~10 倍。

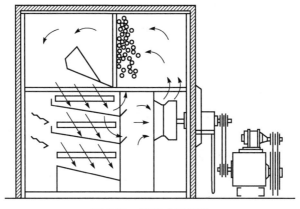

图 7-13　穿流式干燥器

　　厢式干燥器的优点是结构简单、设备投资少、适应性强,缺点是劳动强度大、装卸物料热损失大、产品质量不易均匀。厢式干燥器一般应用于少量、多品种物料的干燥,尤其适合于实验室应用。

　　2. 转筒干燥器

　　图 7-14 所示为用热空气直接加热的逆流操作转筒干燥器(revolving dryer),其主体为一略微倾斜的旋转圆筒。湿物料从转筒较高的一端送入,热空气由另一端进入,气固在转筒内逆流接触,随着转筒的旋转,物料在重力作用下流向较低的一端。通常转筒内壁上装有若干块抄板,其作用是将物料抄起后再洒下,以增大干燥表面积,提高干燥速率,同时还促使物料向前运行。当转筒旋转一周时,物料被抄起和洒下一次,物料前进的距离等于其落下的高度乘以转筒的倾斜率。

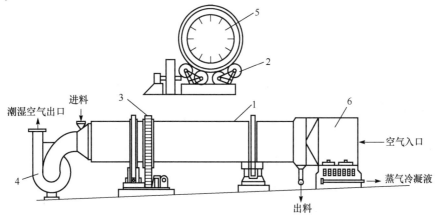

图 7-14　热空气直接加热的逆流操作转筒干燥器
1. 圆筒;2. 支架;3. 驱动齿轮;4. 风机;5. 抄板;6. 蒸气加热架

干燥器内空气与物料间的流向除逆流(counter-current flow)外,还可采用并流(co-current flow)或并逆流相结合的操作。并流时,入口处湿物料与高温、低湿的热气体相遇,干燥速率最大,沿着物料的移动方向,热气体温度降低,湿度增大,干燥速率逐渐减小,至出口时为最小。因此,并流操作适用于含水量较高且允许快速干燥、不能耐高温、吸水性较小的物料。而逆流时干燥器内各段干燥速率相差不大,它适用于不允许快速干燥而产品能耐高温的物料。

为了减少粉尘的飞扬,气体在干燥器内的速度不宜过高,对粒径为 1mm 左右的物料,气体速度为 0.3~1.0m/s;对粒径为 5mm 左右的物料,气速在 3m/s 以下,有时为防止转筒中粉尘外流,可采用真空操作。转筒干燥器的体积传热系数较低,为 0.2~0.5W/(m^3 · ℃)。

对于能耐高温且不怕污染的物料,还可采用烟道气作为干燥介质。对于不能受污染或极易引起大量粉尘的物料,可采用间接加热的转筒干燥器。这种干燥器的传热壁面为装在转筒轴心处的一个固定的同心圆筒,筒内通以烟道气,也可沿转筒内壁装一圈或几圈固定的轴向加热管。由于间接加热转筒干燥器的效率低,目前较少采用。

转筒干燥器的优点是机械化程度高、生产能力大、流体阻力小、容易控制、产品质量均匀。此外,转筒干燥器对物料的适应性较强,不仅适用于处理散粒状物料,当处理黏性膏状物料或含水量较高的物料时,可于其中掺入部分干料以降低黏性,或在转筒外壁安装敲打器械以防止物料粘壁。转筒干燥器的缺点是设备笨重、金属材料耗量多、热效率低(30%~50%)、结构复杂、占地面积大、传动部件需经常维修等。目前国内采用的转筒干燥器直径为 0.6~2.5m,长度为 2~27m;处理物料的含水量为 3%~50%,产品含水量可降到 0.5%,甚至低到 0.1%(均为湿基)。物料在转筒内的停留时间为 5min~2h,转筒转速 1~8r/min,倾角在 8°以下。

3. 气流干燥器

气流干燥器(pneumatic dryer)是一种连续操作的干燥器。湿物料首先被热气流分散成粉粒状,在随热气流并流运动的过程中被干燥。气流干燥器可处理泥状、粉粒状或块状的湿物料,对于泥状物料需装设分散器,对于块状物料需附设粉碎机。气流干燥器有直管型、脉冲管型、倒锥型、套管型、环型和旋风型等。

图 7-15 所示为装有粉碎机(boulder crusher)的直管型气流干燥装置的流程图。气流干燥器的主体是直立圆管,湿物料由加料斗加入螺旋输送混合器中与一定量的干物料混合,混合后的物料与来自燃烧炉的干燥介质(热空气、烟道气等)一同进入粉碎机粉碎,粉碎后的物料被吹入气流干燥器中。在干燥器中,由于热气体做高速运动,使物料颗粒分散并随气流一起运动,热气流与物料间进行热质传递,使物料得以干燥。干燥后的物料随气流进入旋风分离器,经分离后由底部排出,再经分配器,部分作为产品排出,部分送入螺旋混合器供循环使用,而废气经风机放空。

气流干燥器具有以下特点:

(1)处理量大,干燥强度大。由于气流的速度可高达 20~40m/s,物料又悬浮于气流中,因此气固间的接触面积大,热传递速率

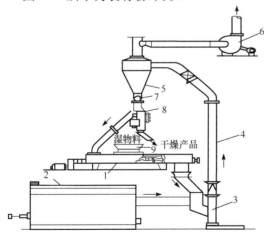

图 7-15　具有粉碎机的气流干燥装置流程图
1. 螺旋桨式输送混合器;2. 燃烧炉;3. 球磨机;
4. 气流干燥器;5. 旋风分离器;6. 风机;7. 星式加料器;
8. 流动固体物料的分配器;9. 加料斗

大。对粒径在 $50\mu m$ 以下的颗粒,可得到干燥均匀且含水量很低的产品。

(2)干燥时间短。物料在干燥器内一般只停留 $0.5\sim2s$,即使干燥介质温度较高,物料温度也不会升得太高。因此,适用于热敏性、易氧化物料的干燥。

(3)设备结构简单,占地面积小。固体物料在气流作用下形成稀相输送床,所以输送方便,操作稳定,成品质量均匀,但对所处理物料的粒度有一定的限制。

(4)产品磨损较大。由于干燥管内气速较高,物料颗粒之间、物料颗粒与器壁之间将发生相互摩擦及碰撞,对物料有破碎作用,因此气流干燥器不适于易粉碎的物料。

(5)对除尘设备要求严,系统的流体阻力较大。当湿物料进入干燥管后,物料颗粒在干燥器中的运动属于固体颗粒在流动流体中的沉降运动,将经历加速段和恒速段。通常加速段在加料口之上 $1\sim3m$ 完成,加速段内气体与颗粒间相对速度大,因而对流传热系数也大;同时在干燥管底部颗粒最密集,即单位体积干燥器中具有较大的传热面积,所以加速段中的体积传热系数也较大。另外,在干燥管的底部,气固间的温度差也较大,干燥速率最大。一般来说,在加料口以上 $1m$ 左右的干燥管内,由气体传给物料的热量占整个干燥管中传热量的 $1/2\sim3/4$。

由以上分析可知,欲提高气流干燥器的干燥速率和降低干燥管的高度,应发挥干燥管底部加速段的作用以及增加气体和颗粒间的相对速度。据此已提出许多改进的措施,如采用脉冲管,即将等径干燥管底部接上一段或几段变径管,使气流和颗粒速度处于不断改变状态,从而产生与加速段相似的作用。

4. 流化床干燥器

流化床干燥器(fluidized bed dryer)又称沸腾床干燥器,是流态化技术在干燥操作中的应用。流化床干燥器种类很多,大致可分为单层流化床干燥器、多层流化床干燥器、卧式多室流化床干燥器、喷动床干燥器、旋转快速干燥器、振动流化床干燥器、离心流化床干燥器和内热式流化床干燥器等。

图 7-16 为单层圆筒流化床干燥器。颗粒物料放置在分布板上,热空气由多孔板的底部送入,使其均匀地分布并与物料接触。气速控制在临界流化速度和带出速度之间,使颗粒在流化床中上下翻动,彼此碰撞混合,气固间进行传热和传质。气体温度降低,湿度增大,物料含水量不断降低,最终在干燥器底部得到干燥产品。热气体由干燥器顶部排出,经旋风分离器分出细小颗粒后放空。当静止物料层的高度为 $0.05\sim0.15m$ 时,对于粒径大于 $0.5mm$ 的物料,气速常取粒子最大流化速度的 $0.4\sim0.8$ 倍;对于粒径较小的物料,颗粒床内易发生结块,一般由实验确定操作气速。

流化床干燥器的特点:

(1)流化干燥与气流干燥一样,具有较高的热传递速率,体积传热系数可高达 $2300\sim7000W/(m^3\cdot℃)$。

(2)物料在干燥器中停留时间可自由调节,由出料口控制,因此可以得到含水量很低的产品。当物料干燥过程存在降速阶段时,采用流化床干燥较为有利。另外,当干燥大颗粒物料,不适于采用气流干燥器时,若采用流化床干燥器,则可通过调节风速来完成干燥操作。

(3)流化床干燥器结构简单、造价低、活动部件少、操作维修方便。与气流干燥器相比,流化床干燥器的流体阻力较小,对物料的磨损较轻,气固分离较易,热效率较高(对非结合水的干燥为 $60\%\sim80\%$,对结合水的干燥为 $30\%\sim50\%$)。

(4)流化床干燥器适用于处理粒径为 $30\mu m\sim6mm$ 的粉粒状物料,粒径过小则气体通过分布板后易产生局部沟流,且颗粒易被夹带;粒径过大则流化需要较高的气速,从而使流体阻

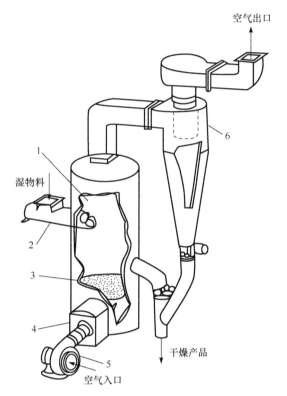

图 7-16　单层圆筒流化床干燥器
1. 流化室;2. 进料器;3. 分布板;4. 加热器;5. 风机;6. 旋风分离器

力加大、磨损严重。流化床干燥器处理粉粒状物料时,要求物料中含水量为 2%~5%,对颗粒状物料则可低于 10%~15%,否则物料的流动性较差。但若在湿物料中加入部分干料或在器内设置搅拌器,则有利于物料的流化并防止结块。

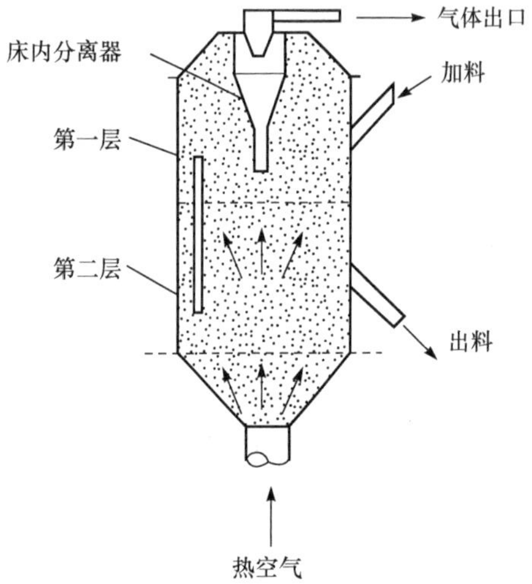

由于流化床中存在返混或短路,可能有一部分物料未经充分干燥就离开干燥器,而另一部分物料又会因停留时间过长而产生过度干燥现象。因此单层流化床干燥器仅适用于易干燥、处理量较大而对干燥产品的要求又不太高的场合。

对于干燥要求较高或所需干燥时间较长的物料,一般可采用多层(或多室)流化床干燥器。图 7-17 所示为两层流化床干燥器。物料从上部加入,由第一层经溢流管流到第二层,然后由出料口排出。热气体由干燥器的底部送入,依次通过第二层及第一层分布板,与物料接触后的废气由器顶排出。物料与热气流逆流接触,物料在每层中相互混合,但层与层间不发生混合。多层流化床干燥器中

图 7-17　两层流化床干燥器

物料与热空气经多次接触,尾气湿度大、温度低、热效率较高;但设备结构复杂、流体阻力较大、需要高压风机。另外,对于多层流化床干燥器,需要解决好物料由上层定量地转入下一层及防

止热气流沿溢流管短路流动等问题。若操作不当,将破坏物料的正常流化。国内采用五层流化床干燥器干燥涤纶切片,取得良好效果。

　　5. 喷雾干燥器

　　喷雾干燥器(spray dryer)是将溶液、浆液或悬浮液通过喷雾器形成雾状细滴并分散于热气流中,使水分迅速气化而达到干燥的目的。热气流与物料可采用并流、逆流或混合流等接触方式。根据对产品的要求,最终可获得 30～50μm 微粒的干燥产品。这种干燥方法不需要将原料预先进行机械分离,且干燥时间很短(一般为 5～30s),因此适宜于热敏性物料的干燥,如食品、药品、生物制品、染料、塑料及化肥等。

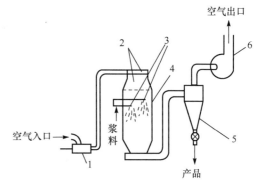

图 7-18　喷雾干燥设备流程
1. 燃烧炉;2. 空气分布器;3. 压力式喷嘴;
4. 干燥塔;5. 旋风分离器;6. 风机

　　常用的喷雾干燥流程如图 7-18 所示。浆液用送料泵压至喷雾器(喷嘴),经喷嘴喷成雾滴而分散在热气流中,雾滴中的水分迅速气化,成为微粒或细粉落到器底。产品由风机吸至旋风分离器中而被回收,废气经风机排出。喷雾干燥的干燥介质多为热空气,也可用烟道气,对含有机溶剂的物料,可使用氮气等惰性气体。

　　喷雾器是喷雾干燥的关键部分。液体通过喷雾器分散成 10～60μm 的雾滴,提供了很大的蒸发面积(1m³ 溶液具有的表面积为 100～600m²),从而达到快速干燥的目的。对喷雾器的一般要求为形成的雾粒均匀、结构简单、生产能力大、能量消耗低及操作容易等。

　　喷雾室有塔式和厢式两种,以塔式应用最为广泛。

　　物料与气流在干燥器中的流向分为并流、逆流和混合流三种。每种流向又可分为直线流动和螺旋流动。对于易粘壁的物料,宜采用直线流的并流,液滴随高速气流直行而下,从而减少了雾滴黏附于器壁的机会,但雾滴在干燥器中的停留时间相对较短。螺旋流动时物料在器内的停留时间较长,但由于离心力的作用将粒子甩向器壁,因而增加了物料粘壁的机会。逆流时物料在器内的停留时间也较长,宜于干燥较大颗粒或较难干燥的物料,但不适用于热敏性物料,且逆流时废气由器顶排出,为了减少未干燥的雾滴被气流带走,气体速度不能太高,因此对一定的生产能力而言,干燥器直径较大。

　　喷雾干燥的优点是干燥速率快、时间短,尤其适用于热敏物料的干燥;可连续操作,产品质量稳定;干燥过程中无粉尘飞扬,劳动条件较好;对于其他方法难于进行干燥的低浓度溶液,不需经蒸发、结晶、机械分离及粉碎等操作便可由料液直接获得干燥产品。其缺点是对不耐高温的物料体积传热系数低,所需干燥器的容积大;单位产品耗热量大及动力消耗大。另外,对细粉粒产品需高效分离装置。

7.5.2　干燥器的选用

　　干燥操作中所处理的物料,由于其形态与性质的多样性,以及各种产品质量要求不同,有各种不同类型的干燥器可供选用。以下介绍一些选用对流干燥器时应考虑的问题。

　　厢式和输送带式干燥器,对物料形态的适应性较强,从粉粒状、块状、片状、短纤维状到膏糊状物料均能适用。

转筒式干燥器适用于粉粒状、块状、片状及膏糊状物料。

流化床式及气流式干燥器主要用于粉粒状物料，带有破碎机的气流干燥器也可用于干燥膏糊状物料。

喷雾干燥器用于悬浮液和乳浊液。

本章符号说明

符号	意义	计量单位
英文		
A	干燥面积	m^2
C_g	干空气的比热容	kJ/(kg 干空气·K)
C_H	湿空气的比热容	kJ/(kg 干气·K)
C_m	湿物料的比容热	kJ/(绝干物料·℃)
C_s	绝干物料的比容热	kJ/(kg 绝干物料·℃)
C_v	水汽的比热容	kJ/(kg 水汽·K)
C_w	水的比容热	kJ/(kg 水·℃)
D	加热蒸气耗用量	kg/h
G	绝干空气消耗量	kg 干空气/s
H	空气的湿度	kg/kg 干气
H_{as}	空气在 t_{as} 下的饱和湿度	kg/kg 干气
H_w	空气在 t_w 下的饱和湿度	kg/kg 干气
I	湿空气的焓	kJ/kg 干气
k_H	以湿度差为推动力的传质系数	kJ/(m²·s)
l	单位空气消耗量	kg 干空气/kg 水分
L_c	湿物料中绝干物料的流量	kg绝干料/s
$M_{气}$	干空气的摩尔质量	g
$M_{水}$	水汽的摩尔质量	g
p	系统的总压	kPa
p_s	饱和蒸气压	kPa
p_v	空气中水汽的分压	kPa
Q	干燥所需的总热量	kJ/h
Q_D	向干燥器补充的热量	kJ/h
Q_L	干燥塔的热损失	kJ/h
Q_P	加热空气所需热量	kJ/h
r	水的气化热	kJ/kg
r_0	水在0℃下的气化热	取 2492 kJ/kg

符号	意义	计量单位
r_{as}	水在 t_{as} 下的气化热	kJ/kg
t	空气的温度(干球温度)	℃或 K
t_{as}	空气的绝热饱和温度	℃或 K
t_d	空气的露点	℃或 K
t_m	物料的温度	℃或 K
t_w	空气的湿球温度	℃或 K
T	物料的温度	℃或 K
U_A	干燥速率	kg 水/(m² · h)
v_H	湿空气的比体积	m³/kg
w	物料的湿基含水率	kg 水/kg 湿物料
W	水分蒸发量	kg/s
X	物料的干基含水率	kg 水/kg 干物料
X_c	物料的临界含水率	kg 水/kg 干物料
X^*	物料的平衡含水率	kg 水/kg 干物料
希文		
α	气相传热系数	W/(m² · K)
τ	干燥时间	s 或 h
φ	相对湿度	

习　题

7-1　已知湿空气的温度为 20℃,水汽分压为 2.335kPa,总压为 101.3kPa。试求:(1)相对湿度;(2) 将此空气分别加热至 50℃和 120℃时的相对湿度;(3)由以上计算结果可得出什么结论?

7-2　利用湿空气的 I-H 图查出本题附表中空格项的数值。

习题 7-2 附表

序号	干球温度 /℃	湿球温度 /℃	湿度 /(kg 水/kg 干气)	相对湿度 $\varphi \times 100$	焓 /(kJ/kg 干气)	水气分压 /kPa	露点 /℃
1	60	30					
2	40						20
3	20			80			
4	30					4	

7-3　常压下某湿空气的温度为 25℃,湿度为 0.01kg 水汽/kg 干气。试求:(1)该湿空气的相对湿度及饱和湿度;(2)若保持温度不变,加入绝干空气使总压上升至 220kPa,则此湿空气的相对湿度及饱和湿度变为多少? (3)若保持温度不变而将空气压缩至 220kPa,则在压缩过程中每千克干气析出多少水分?

7-4　已知在总压 101.3kPa 下,湿空气的干球温度为 30℃,相对湿度为 50%,试求:(1)湿度;(2)露点;(3)焓;(4)将此状态空气加热至 120℃所需的热量,已知空气的质量流量为 400kg 绝干气/h;(5)每小时送入预热器的湿空气体积。

7-5 常压下用热空气干燥某种湿物料。新鲜空气的温度为 20℃、湿度为 0.012kg 水汽/kg 干气,经预热器加热至 60℃后进入干燥器,离开干燥器的废气湿度为 0.028kg 水汽/kg 干气。湿物料的初始含水量为 10%,干燥后产品的含水量为 0.5%(均为湿基),干燥产品量为 4000kg/h。试求:(1)水分气化量,kg/h;(2)新鲜空气的用量,分别用质量及体积表示;(3)分析说明当干燥任务及出口废气湿度一定时,是用夏季还是冬季条件选用风机比较合适。

7-6 在某干燥器中常压干燥砂糖晶体,处理量为 450kg/h,要求将湿基含水量由 42% 减至 4%。干燥介质为温度 20℃,相对湿度 30% 的空气,经预热器加热至一定温度后送至干燥器中,空气离开干燥器时温度为 50℃,相对湿度为 60%。若空气在干燥器内为等焓变化过程,试求:(1)水分气化量,kg/h;(2)湿空气的用量,kg/h;(3)预热器向空气提供的热量,kW。

7-7 试在 I-H 图中定性绘出下列干燥过程中湿空气的状态变化过程。

(1) 温度为 t_0、湿度为 H_0 的湿空气,经预热器温度升高到 t_1 后送入理想干燥器,废气出口温度为 t_2;

(2) 温度为 t_0、湿度为 H_0 的湿空气,经预热器温度升高到 t_1 后送入理想干燥器,废气出口温度为 t_2,此废气再经冷却冷凝器析出水分后,恢复到 t_0、H_0 的状态;

(3) 部分废气循环流程:温度为 t_0、湿度为 H_0 的新鲜空气,与温度为 t_2、湿度为 H_2 的出口废气混合(设循环废气中绝干空气质量与混合气中绝干空气质量之比为 $m:n$),送入预热器加热到一定的温度 t_1 后再进入干燥器,离开干燥器时的废气状态为温度 t_2、湿度 H_2;

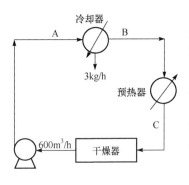

习题 7-8 附图

(4) 中间加热流程:温度为 t_0、湿度为 H_0 的湿空气,经预热器温度升高到 t_1 后送入干燥器进行等焓干燥,温度降为 t_2 时,再用中间加热器加热至 t_1,再进行等焓干燥,废气最后出口温度仍为 t_2。

7-8 常压下,用空气干燥某湿物料的循环流程如附图所示。温度为 30℃、露点为 20℃的湿空气,以 600m³/h 的流量从风机中送出,经冷却器后,析出 3kg/h 的水分,再经预热器加热至 60℃后送入干燥器。设在干燥器中为等焓干燥过程,试求:(1)循环干空气质量流量;(2)冷却器出口空气的温度及湿度;(3)预热器出口空气的相对湿度。

7-9 常压下用热空气在一理想干燥器内将每小时 1000kg 湿物料自含水量 50% 降低到 6%(均为湿基)。已知新鲜空气的温度为 25℃、湿度为 0.005kg 水汽/kg 干气,干燥器出口废气温度为 38℃,湿度为 0.034 水汽 kg/kg 干气。现采用以下两种方案:

(1) 在预热器内将空气一次预热至指定温度后送入干燥器与物料接触;

(2) 空气预热至 74℃后送入干燥器与物料接触,当温度降至 38℃时,再用中间加热器加热到一定温度后继续与物料接触。

试求:(1)在同一 I-H 图中定性绘出两种方案中湿空气经历的过程与状态;(2)计算各状态点参数以及两种方案所需的新鲜空气量和加热量。

7-10 温度为 t、湿度为 H 的空气以一定的流速在湿物料表面掠过,测得其干燥速率曲线如附图所示,试定性绘出改动下列条件后的干燥速率曲线:(1)空气的温度与湿度不变,流速增加;(2)空气的湿度与流速不变,温度增加;(3)空气的温度、湿度与流速不变,被干燥的物料换为另一种更吸水的物料。

7-11 有两种湿物料,第一种物料的含水量为 0.4kg 水/kg 干料,某干燥条件下的临界含水量为 0.02kg 水/kg 干料,平衡含水量为 0.005kg 水/kg 干料;第二种物料的含水量为 0.4kg 水/kg 干料,某干燥条件下的临界含水量为 0.24kg 水/kg 干料,平衡含水量为 0.01kg 水/kg 干料。则提高干燥器内空气的流速,上述两种物料哪一种更能缩短干燥时间? 为什么?

7-12 一批湿物料置于盘架式干燥器中,在恒定干燥条件下干燥。盘中物料的厚度为 25.4mm,空气从物料表面平行掠过,可认为盘子的侧面与底面是绝热的。已知单位干燥面积的绝干物料量 $G_c/A = 23.5kg/m^2$,物料的临界含水量

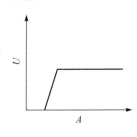

习题 7-10 附图

X_c＝0.18kg 水/kg 干料。将物料含水量从 X_1＝0.45kg 水/kg 干料下降到 X_2＝0.24kg 水/kg 干料所需的干燥时间为 1.2h。则在相同的干燥条件下,将厚度为 20mm 的同种物料由含水量 X_1'＝0.5kg 水/kg 干料下降到 X_2'＝0.22kg 水/kg 干料所需的干燥时间为多少?

7-13　在恒定干燥条件下进行干燥实验,已知干燥面积为 $0.2m^2$,绝干物料质量为 15kg,测得实验数据列于本题附表中。试标绘干燥速率曲线,并求临界含水量和平衡含水量。

习题 7-13 附表

τ/h	0	0.2	0.4	0.6	0.8	1.0	1.2	1.4
L/kg	44.1	37.0	30.0	24.0	19.0	17.5	17.0	17.0

思 考 题

1. 湿物料的对流干燥过程中,热空气与湿物料之间是怎样传热与传质的? 传热与传质的推动力是什么?

2. 湿空气中湿含量的表示方法有哪几种? 它们之间有什么关系?

3. 何谓湿空气的湿度? 它受哪些因素影响? 是如何影响的?

4. 不同干球温度或不同总压对每千克干空气所能容纳的最大水汽量有何影响?

5. 总压为 101.3kPa、干球温度为 30℃、相对湿度为 40％的湿空气,若干球温度保持不变,总压增大 1 倍,相对湿度将如何变化?

6. 表示湿空气性质的特征温度有哪几种? 各自的含义是什么? 对于水-空气系统,它们的大小有何关系? 何时相等?

7. 何谓湿空气的露点? 已知湿空气的湿度,如何计算在一定总压下的露点? 若已知湿空气的总压及其中水汽分压,如何计算湿空气的露点? 如何根据湿空气的露点计算湿空气的湿度?

8. 何谓湿空气的湿球温度? 湿空气的干球温度与湿球湿度有何区别? 如何根据湿空气的干球湿度与湿球温度计算湿空气的湿度? 在什么条件下,湿空气的湿球温度与干球温度及露点相等?

9. 湿空气的干球温度及湿度对绝热饱和温度有何影响?

10. 利用 I-H 图如何求得某状态下湿空气的湿球温度?

11. 在干燥器的热量衡算中,湿空气的焓及湿物料的焓如何计算? 温度以 0℃ 为基准,湿空气以 1kg 干空气为基准,湿物料以 1kg 干物料为基准。

12. 已知湿物料中绝干物料的质量流量为 G_c、湿物料进、出干燥器的干基含水量及温度,并已知湿空气进干燥器的状态及出干燥器的温度。如何利用物料衡算式与热量衡算式计算空气排出干燥器时的湿度、焓及干空气消耗量?

13. 空气在干燥器中的状态变化是等焓过程。若湿空气进干燥器的温度 t_1 增大,湿度 H_1 不变,而出干燥器的温度 t_2 不变,空气(废气)排出干燥器的湿度 H_2 将如何变化? 空气用量将如何变化? 空气(废气)带出的热量 Q_g 将如何变化?

14. 在空气预热器及干燥器的加热器向干燥系统加入的热量,除了补偿周围热损失外,其余都用于加热什么了?

15. 干燥实验曲线是在恒定干燥条件下测定的,何谓恒定干燥条件?

16. 何谓被干燥物料的临界含水量? 它受哪些因素影响? 一定的物料,在一定的空气温度下,物料的平衡含水量与空气的相对湿度有何关系?

17. 何谓被干燥物料的平衡含水量(也称平衡水分)? 一定的物料,在一定的空气温度下,物料的平衡含水量与空气的相对湿度有何关系?

18. 湿物料所含水分是结合水与非结合水之和,二者有什么区别?

19. 恒速干燥阶段中,影响物料干燥速率的主要因素有哪些?

20. 在恒定干燥条件下,恒速干燥阶段中,空气与物料之间是怎样进行热量传递与水汽传递的? 其传热推动力与传质推动力是什么? 如何能增大干燥速率?

21. 降速干燥阶段中,影响物料干燥速率的主要因素有哪些?

22. 在恒定干燥条件下,对于有恒速干燥阶段与降速干燥阶段的物料,通常采用什么办法缩短干燥时间?

第8章 蒸发与结晶技术

工业上常用的浓缩方法是将稀溶液加热至沸腾,使部分溶剂不断气化并移除,从而提高溶液中的溶质浓度,这个过程称为蒸发。当蒸发至一定程度时,达到溶质的溶解度上限时,继续蒸发溶剂会导致溶质以晶体的形式析出,这个过程称为结晶。在我国,利用蒸发和结晶过程提取食盐的技术可以追溯到黄帝时代。

8.1 单效蒸发

蒸发既是一个传热过程,同时又是一个溶剂气化、产生大量蒸气的传质过程。所以要使蒸发连续进行,必须具备两个条件:第一,不断向溶液提供热能,以保证溶剂气化所需的热量;第二,及时移走产生的蒸气,否则,溶液上方空间的蒸气压力会逐渐增加。不仅影响溶剂蒸发的速率,而且,当蒸气与溶液趋于平衡时,气化便不再进行。

图 8-1 是单效真空蒸发流程示意图。料液和蒸气同时进入蒸发器内,料液在垂直的加热管内与管外的蒸气进行换热,在管内沸腾气化。料液气化形成的蒸气称为二次蒸气。上升的二次蒸气通过蒸发室时分离所夹带的液滴,然后由蒸发室顶部送至冷凝器冷凝;经过浓缩的溶液(称为完成液)从蒸发器底部排出。

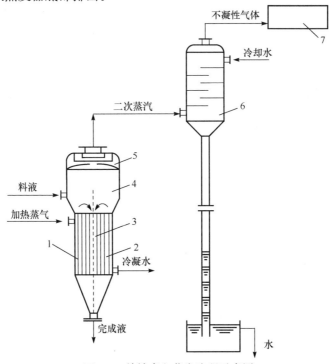

图 8-1 单效真空蒸发流程示意图

1. 加热管;2. 加热室;3. 中央循环管;4. 蒸发室;
5. 除沫器;6. 冷凝器;7. 真空泵

8.1.1 溶液的沸点和温度差损失

溶液中的溶质不挥发,溶液的蒸气压比纯溶剂的蒸气压要低,因而相同压力下溶液的沸点总是比相同压力下水的沸点,即二次蒸气的温度高,高于水的沸点的这部分温度称为沸点升高,可以用 Δ 表示。

$$\Delta = t_1 - T'_k \tag{8-1}$$

式中,Δ 为溶液的沸点升高,℃;t_1 为溶液的沸点,℃;T'_k 为相同压力下水的沸点,即二次蒸气的饱和温度,℃。

蒸发器中的传热温差为 $\Delta t_m = (T_0 - t)$,加热蒸气的温度 T_0 与加热蒸气的压力有关,加热蒸气的压力一定,加热蒸气的温度 T_0 就一定;溶液的温度 t 通常通过测定蒸发室二次蒸气的压力确定,若蒸发的料液为水,则传热温差为 $\Delta t_m = (T_0 - T'_k)$,若为溶液则传热温差为 $\Delta t_m = (T_0 - t_1)$,由于二次蒸气所对应的饱和温度 T'_k 低于溶液的沸点 t_1,蒸发水和蒸发溶剂的传热温差的差值称为温度差损失,由式(8-2)可知,温度差损失在数值上等于沸点升高。

$$(T_0 - T'_k) - (T_0 - t_1) = t_1 - T'_k = \Delta \tag{8-2}$$

因此,传热温度差损失 Δ 就等于溶液的沸点 t_1 与同压下水的沸点 T'_k 之差,只有求得 Δ 才能求出溶液的沸点($t_1 - \Delta$)和计算传热温度差 $\Delta t_m = (T_0 - t)$。

温度差损失产生的原因有以下三个方面。

(1) 如前所述,由于溶液中不挥发性溶质的存在,在同一温度下溶液蒸气压较纯溶剂(水)的蒸气压低,使得溶液的沸点比纯溶剂(水)高。由溶液蒸气压降低而引起的温度差损失用 Δ' 表示。Δ' 主要与溶液的种类、溶液中溶质的浓度以及蒸发压力有关,其值由实验确定。

在文献和手册中,可以查到常压(101 325Pa)下某些溶液在不同浓度时的沸点数据。但在蒸发操作中,蒸发室的压力往往高于或者低于常压。为了计算不同压力下溶液的沸点,提出了一些经验法则,最常见的方法是按杜林规则计算,其计算方法和杜林线图可查阅相关资料。

(2) 大多数蒸发器在操作时必须维持一定的液面高度,有些具有长加热管的蒸发器,液面深度可达 3~6m。在这类蒸发器中,由于液柱本身的质量及溶液在管内的流动阻力损失,溶液内部的压力大于液面上的压力,致使溶液内部的沸点高于液面上的沸点,两者之差即为由于液柱静压力引起的温度差损失 Δ''。

在确定温度差损失 Δ'' 时,应考虑溶液沸腾时所含气体的量,同时还必须考虑加热管中溶液的流速、蒸发器的结构型式等因素。通常,溶液流速较大时,Δ'' 较大;加热管中有较高液柱,如外加热式和列文蒸发器中时,Δ'' 较大;真空操作比常压和加压操作时大。

(3) 二次蒸气由蒸发器流到冷凝器的过程中,因流动阻力使其压力降低,对应的饱和蒸气温度也相应降低,由此引起的温度差损失为 Δ'''。

单效蒸发器与冷凝器之间的流动阻力所引起的温度差损失 Δ''' 可取为 $\Delta''' = 1 \sim 1.5$℃,一般取 1℃。对于多效蒸发,由于前效至后效的阻力,二次蒸气的温度降低,从而减小了后效的传热温度差。根据经验,各效间因管道阻力引起的温度差损失约为 1℃。

由以上分析可得,总的温度差损失为

$$\Delta = \Delta' + \Delta'' + \Delta''' \tag{8-3}$$

蒸发过程的传热温度差(有效温度差)

$$\Delta t = T_0 - t = T_0 - T'_k - \Delta \tag{8-4}$$

式中，T_0 为热蒸气的温度，℃；T'_k 为冷凝器操作压力下二次蒸气的饱和温度，℃；Δ 为总的温度差损失，℃。

8.1.2　单效蒸发的计算

工业上蒸发处理的溶液大部分是水溶液，所以如无特殊说明，本章所讨论的蒸发溶剂均为水。

对于单效蒸发过程，在给定蒸发任务和确定了操作条件以后，可以通过物料衡算、热量衡算和传热速率方程计算水分的蒸发量、加热蒸气消耗量和蒸发器的传热面积。

1. 水分的蒸发量

对于连续定态的蒸发过程(图 8-2)，单位时间进入和离开蒸发器的溶质量相等，即 $Fx_0 = (F-W)x$。

水分蒸发量 W 为

$$W=F\left(1-\frac{x_0}{x}\right) \tag{8-5}$$

完成液的浓度为

$$x=\frac{Fx_0}{F-W} \tag{8-6}$$

式中，F 为溶液的加料量，kg/s；W 为水分的蒸发量，kg/s；x_0、x 分别为料液和完成液的质量分数。

2. 加热蒸气的消耗量

参见图 8-2，如果加热蒸气的冷凝液在饱和温度下排出，则蒸发器的热量衡算为

$$DH+Fh_0=WH'+(F-W)h+Dh_s+Q_L \tag{8-7}$$

$$Q=D(H-h_s)=F(h-h_0)+W(H'-h)+Q_L \tag{8-8}$$

式中，D 为加热蒸气消耗量，kg/h；h_0、h、h_s 分别为原料液、完成液和冷凝水的焓，kJ/kg；H、H' 分别为加热蒸气和二次蒸气的焓，kJ/kg；Q_L 为热损失，kJ/h；Q 为蒸发器的热负荷或传热量，kJ/h。

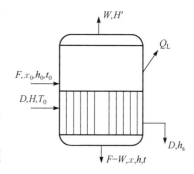

图 8-2　连续定态的蒸发过程

当溶液的稀释热可以忽略不计时，则溶液的焓可以用比热计算，习惯上以 0℃时溶液的焓为零，则有

$$h_0=C_0 t_0 \tag{8-9}$$

$$h=Ct \tag{8-10}$$

$$h_s=C_s T \tag{8-11}$$

式中，C_0、C、C_s 分别为原料液、完成液和冷凝液的比热容，kJ/(kg·℃)；t_0、t 分别为原料液和完成液的温度，℃；T 为加热蒸气冷凝液的饱和温度，℃。代入式(8-8)，可得

$$D(H-C_s T)=WH'+(F-W)Ct-FC_0 t_0+Q_L \tag{8-12}$$

当溶液的溶解热效应不大时，可以近似认为溶液的比热容和所含溶质的浓度呈加和关系，即

$$C_0=C_s(1-W_0)+C_B W_0 \tag{8-13}$$

$$C=C_s(1-W)+C_B W \tag{8-14}$$

式中，C_B 为溶质的比热容，kJ/(kg·℃)。

由式(8-5)、式(8-13)和式(8-14)可得

$$(F-W)C=FC_0+WC_s \tag{8-15}$$

将式(8-15)代入式(8-12)可得

$$(F-C_s)T=(FC_0-WC_s)t-FC_0t_0+WH'+Q_L \tag{8-16}$$

将加热蒸气的气化潜热记为 r，二次蒸气的气化潜热记为 r'，则有

$$H-C_BT=r \tag{8-17}$$

$$H'-C_Bt_1=r' \tag{8-18}$$

将式(8-17)和式(8-18)代入式(8-16)可得

$$Q=Dr=FC_0(t-t_0)+Wr'+Q_L \tag{8-19}$$

如果溶液为沸点进料，则 $t=t_0$，同时忽略蒸发器的热损失，则式(8-19)简化为

$$\frac{D}{W}=\frac{r'}{r} \tag{8-20}$$

D/W 称为单位蒸气消耗量，用于表示蒸气利用的经济程度。因为蒸气的气化潜热随压力变化不大，即 $r=r'$，因此 $D/W\approx1$，即蒸发 1kg 的水约需要 1kg 的加热蒸气。但实际上，$r<r'$，而且蒸发器存在一定的热损失，所以 $D/W>1$，其值约为 1.1 或者稍高。

3. 蒸发器的传热面积

由传热速率方程可知蒸发器的传热面积为

$$A=\frac{Q}{K\Delta t_m} \tag{8-21}$$

式中，A 为蒸发器的传热面积，m^2；Q 为传热量，W；K 为总传热系数，$W/m^2\cdot K$；Δt_m 为平均传热温差，K。

由于蒸发过程是蒸气冷凝和溶液沸腾之间的恒温差传热，$\Delta t_m=T_0-t$，且蒸发器的热负荷 $Q=Dr$，所以有

$$A=\frac{Q}{K(T_0-t)}=\frac{Dr}{K(T_0-t)} \tag{8-22}$$

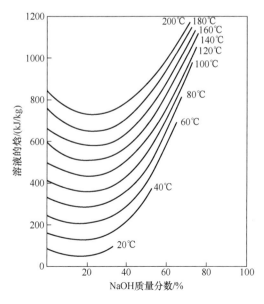

图 8-3　以 0℃ 为基准温度的氢氧化钠的焓浓图

式中，K 值可以根据蒸气冷凝和液体沸腾时的对流传热系数和加热管两侧的污垢热阻计算得到，但准确性较差。所以，在设计蒸发器时，通常根据实测数据和经验值来确定。

4. 溶液的焓浓图和浓缩热

有些物料，如氢氧化钠、氯化钙等水溶液，在稀释时有明显的放热效应，因而，它们在蒸发时，除了供给水分蒸发所需的气化潜热外，还需要供给和稀释时的热效应相当的浓缩热，尤其当浓度较大时，这个影响更加显著。对于这一类物料，溶液的焓若简单地利用上述比热容关系计算，就会产生较大的误差，此时溶液的焓值可由焓浓图查得。

图 8-3 所示为以 0℃ 为基准温度的氢氧化钠的焓浓图。已知溶液的浓度和温度，即可由图中相应的等温线查得该溶液的焓值，并用式(8-12)

计算加热蒸气的消耗量。其他溶液的焓值也可以通过查阅相关资料得到。

5. 单效蒸发的过程计算

单效蒸发过程的计算问题可以联立求解物料衡算式、热量衡算式以及传热速率方程来解决。在联立求解过程中，还需计算溶液的沸点升高和其他有关物性。与前面学过的计算类型一样，单效蒸发的计算也可以分为设计型计算和操作型计算。

1）设计型计算

给定蒸发任务，要求设计经济合理的蒸发器。

给定条件：料液流量 F、浓度 x_0、温度 t_0 以及完成液浓度 x；

设计条件：加热蒸气的压力以及冷凝器的操作压力；

计算目的：根据选用的蒸发器型号确定总传热系数 K，计算所需供热面积 A 及加热蒸气用量 D。

【例 8-1】　用一单效蒸发器将浓度为 5% 的 $NaNO_3$ 水溶液浓缩至 25%，料液温度 40℃，进料流率 10 000kg/h，分离室的真空度为 50kPa，加热蒸气表压为 30kPa，蒸发器的总传热系数为 2000W/(m²·℃)，热损失很小可以忽略不计。试求蒸发器的传热面积及加热蒸气消耗量。设液柱的静压力引起的温度差损失可以忽略。当地大气压为 101.33kPa。

解　加热蒸气压力为 $p=101.33+30=131.33(kPa)$，查表得其饱和温度为 $T=107.2℃$，气化潜热为 $r=2240kJ/kg$。

二次蒸气压力为 $p'=101.33-50=51.33(kPa)$，查表得其饱和温度为 $T'_k=75.8℃$，气化潜热为 $r'=2311kJ/kg$，焓为 $H'=2611kJ/kg$。

同时查得 25% 的 $NaNO_3$ 水溶液沸点为 103.6℃，沸点较常压下升高：

$$\Delta'_0=103.6-100=3.6(℃)$$

分离室真空度为 60kPa 时，该压力下得温度差损失为

$$\Delta'=f\Delta'_0$$

其中校正系数

$$f=0.0162\frac{(T'_k+273)^2}{r'}=0.853$$

因此原溶液由于蒸气压下降引起的沸点升高为

$$\Delta'=f\Delta'_0=3.6\times0.853=3.07(℃)$$

相应的沸点为

$$t=T_k{'}+\Delta'=75.8+3.07=78.87(℃)$$

传热温差为

$$t_m=T-t=107.2-78.87=28.33(℃)$$

查表得到 $NaNO_3$ 水溶液：

$$t_0=40℃,x_0=0.05,h_0=145kJ/kg,t=78.87℃,x=0.25,h=280kJ/kg$$

通过物料衡算求得水分蒸发量

$$W=F\left(1-\frac{x_0}{x}\right)=10000\left(1-\frac{0.05}{0.25}\right)=8000(kg/h)$$

所以，蒸气消耗量为

$$D=\frac{8000\times2611+(10\ 000-8000)\times280-10\ 000\times145}{2240}=8929(kg/h)$$

再计算出传热面积

$$A=\frac{Q}{K\Delta t_m}=\frac{Dr}{K\Delta t_m}=\frac{8929\times2240\times1000}{3600\times2\times10^3\times28.33}=98.3(m^2)$$

2）操作型计算

已知蒸发器的结构型式和蒸发面积。

给定条件:蒸发器的传热面积 A 与总传热系数 K、料液的进口浓度 x_0 和温度 t_0、完成液的浓度 x、加热蒸气与冷凝器内的压力;

计算目的:核算蒸发器的处理能力 F 和加热蒸气用量 D;

或已知条件:S、F、x_0、t_0、x 以及加热蒸气与冷凝器内的压力;

计算目的:计算蒸发器的总传热系数 K 和加热蒸气的用量 D。

8.2　多效蒸发

单效蒸发器中,蒸发 1kg 的水需要消耗 1kg 多的生蒸气,生蒸气的利用率是蒸发操作是否经济的主要标志。在大规模工业生产中,蒸发大量的水分,必然会消耗大量的生蒸气。如将蒸发器中生成的二次蒸气作为另一蒸发器的加热蒸气,则可节约生蒸气用量。然而二次蒸气的压力和温度低于生蒸气的压力和温度,因此二次蒸气作为加热蒸气的条件是该蒸发器的操作压力和溶液温度应低于前一蒸发器。可以采用抽真空的方法降低蒸发器的操作压力和溶液温度,从而实现二次蒸气的再利用。习惯上将多个蒸发器划分为多效:第一效蒸发器中通入的是生蒸气,所产生的二次蒸气通入第二效蒸发器,第二效的二次蒸气再通入第三效蒸发器,以此类推。最后一效的蒸发器所产生的二次蒸气直接连接真空系统进行冷凝。以上即为多效蒸发的操作原理。

通常将 1kg 加热蒸气所能蒸发的水量 W/D 称为蒸气的经济性,或将从溶液中蒸发出 1kg 的水所需消耗的生蒸气的量 D/W 称为蒸气的利用率。表 8-1 显示了单效蒸发和多效蒸发之间生蒸气的利用率。由表可知,随着效数的增加,多效蒸发的蒸气利用率大大高于单效蒸发,也就是说,消耗同样数量的生蒸气,可以蒸发比单效蒸发器多得多的水。

表 8-1　生蒸气的利用率

效数	单效	二效	三效	四效	五效
W/D	0.91	1.75	2.50	3.33	3.70
D/W	1.10	0.57	0.40	0.30	0.27

8.2.1　多效蒸发的操作流程

根据蒸气与物料流向的不同,多效蒸发的操作流程可分为三种:并流操作、逆流操作和平流操作。下面以三效为例加以说明。

1. 并流操作流程

并流操作流程如图 8-4 所示。溶液与蒸气的流向相同,都是从第一效流至最后一效。并流操作的优点:①前效的压力较后效高,$p_1 > p_2 > p_3$,料液可借此压力差自动地流向后一效而无需泵送;②因为溶液前一效的温度高于后一效的温度,所以溶液自前一效流入后一效时,处于过热状态,形成自蒸发,可产生更多的二次蒸气,因此第三效的蒸发量最大。其缺点是后效溶液浓度高于前一效溶液浓度,且溶液温度低,溶液黏度增大很多,使总传热系数大幅度降低,这种情况在最后的一、二效尤其严重,使整个系统的蒸发能力降低。因此,若遇到溶液的黏度随浓度 x 的增加而增加很快的情况,并流操作流程就不适用,此时可用逆流操作流程。

2. 逆流操作流程

逆流操作流程如图 8-5 所示。溶液流向与蒸气流向相反。溶液由最后一效加入,用泵逐级送入前一效;蒸气由第一效依次流向最后一效。逆流法的优点是溶液的浓度逐级升高,温度

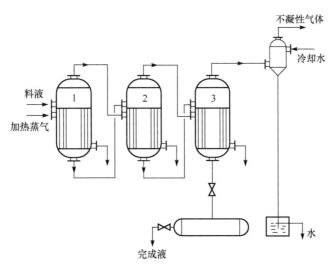

图 8-4　并流操作三效蒸发流程

也随之升高,浓度 x、温度 t 对黏度的影响大致抵消,各效的 K 基本不变,逆流操作流程适用于黏度随温度、浓度变化大的物系。缺点是:①由于前效压力较后效高,$p_1 > p_2 > p_3$,料液从后效往前一效要用泵输送;②各效进料(末效除外)都较沸点低,自蒸发不会发生,所需热量大。

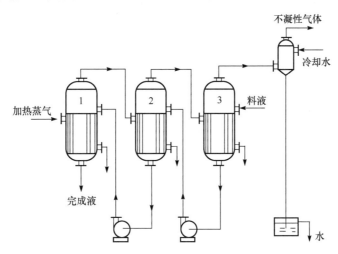

图 8-5　逆流操作三效蒸发流程

3. 平流操作流程

平流流程如图 8-6 所示。各效分别进料并分别出料,二次蒸气多次利用。这种加料法适用于在蒸发过程中有晶体析出,不便于效间输送的场合。

以上介绍的是几种基本的加料流程,实际生产中,常根据具体情况将这些基本的加料流程加以变型进行使用。例如,NaOH 水溶液的浓缩,即采用并流、逆流相结合或交替操作的方法。

8.2.2　多效蒸发的计算

多效蒸发的工艺设计计算项目包括:各效的溶剂蒸发量 W_1、W_2、$\cdots$、W_n,各效溶液的沸点

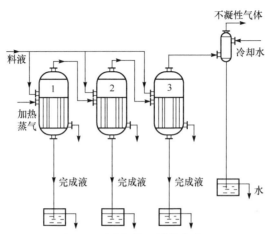

图 8-6　平流操作三效蒸发流程

$t_1, t_2, \cdots, t_n$，生蒸气的消耗量 D，各效传热面积 $A_1, A_2, \cdots, A_n$。

多效蒸发计算的已知条件：料液流率 F、浓度 x_0 和温度 t_0，生蒸气的压力 p 或者温度 T_1，冷凝器的压力 p_n，完成液浓度 x_n，各效的总传热系数 $K_1, K_2, \cdots, K_n$，以及溶液的物性，如焓 H 和比定压热容 C_p 等。

1. 物料衡算

对图 8-7 所示的整个蒸发系统作溶质的物料衡算，得

$$Fx_0 = (F-W)x_n \tag{8-23}$$

或

$$W = \frac{F(x_n - x_0)}{x_n} = F\left(1 - \frac{x_0}{x_n}\right) \tag{8-24}$$

由于

$$W = W_1 + W_2 + \cdots + W_n \tag{8-25}$$

对任一效作溶质的物料衡算，得

$$Fx_0 = (F - W_1 - W_2 - \cdots - W_i)x_i \tag{8-26}$$

或

$$x_i = \frac{Fx_0}{F - W_1 - W_2 - \cdots - W_i} \tag{8-27}$$

上述关系式中，原料液浓度和完成液的浓度为已知，其他各效的浓度均为未知量，因此，利用蒸发系统的物料衡算只能求得总蒸发量，而各效的蒸发量和溶液浓度还需结合热量衡算才能求解。

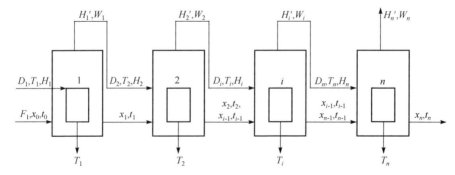

图 8-7　并流加料多效蒸发的物料衡算和热量衡算

2. 热量衡算

若忽略热损失，设加热蒸气的冷凝液在饱和温度下排出，对第一效作热量衡算，可得

$$Fh_0 + D(H_1 - h_w) = (F - W_1)h_1 + W_1 H_1' \tag{8-28}$$

如果忽略溶液的稀释热,则溶液的焓可用比热容来计算,取 0℃ 的液体为基准,则

$$h_0 = C_{p0} t_0 \tag{8-29}$$

$$h_1 = C_{p1} t_1 \tag{8-30}$$

$$H_1 - h_w = r_1 \tag{8-31}$$

于是有

$$F C_{p0} t_0 + D_1 r_1 = (F - W_1) C_{p1} t_1 + W_1 H_1' \tag{8-32}$$

用原料液的比热容表示溶液的比热容,得

$$(F - W_1) C_{p1} = F C_{p0} + W_1 C_{pw} \tag{8-33}$$

$$H' - C_{pw} t_1 = r' \tag{8-34}$$

将式(8-33)和式(8-34)代入式(8-32)中,以 r_1' 代表第一效的二次蒸气气化热(kJ/kg)得到

$$Q_1 = D_1 r_1 = W_1 r_1' + F C_{p0}(t_1 - t_0) \tag{8-35}$$

第 i 效的热量衡算式

$$Q_i = W_{i-1} r_{i-1}' = (F C_{p0} - W_1 C_{pw} - W_2 C_{pw} - \cdots - W_{i-1} C_{pw})(t_i - t_{i-1}) + W_i r_i' \tag{8-36}$$

所以第 i 效的蒸发量为

$$W_1 = W_{i-1} \frac{r_{i-1}'}{r_i'} + (F C_{p0} - W_1 C_{pw} - W_2 C_{pw} - \cdots - W_{i-1} C_{pw}) \frac{(t_i - t_{i-1})}{r_i'} \tag{8-37}$$

3. 蒸发器传热面积和有效温度差在各效中的分配

根据传热速率方程,由已知生蒸气的消耗量和各效的蒸发量,可以求得各效的传热面积为

$$A_1 = \frac{Q_1}{K_1 \Delta t_1}, \cdots, A_i = \frac{Q_i}{K_i \Delta t_i}, \cdots, A_n = \frac{Q_n}{K_n \Delta t_n} \tag{8-38}$$

其中

$$Q_1 = D_1 r_1, \cdots, Q_i = W_{i-1} r_{i-1}, \cdots, Q_n = W_{n-1} r_{n-1} \tag{8-39}$$

$$\Delta t_1 = T_1 - t_1, \cdots, \Delta t_i = T_{i-1} - t_i, \cdots, \Delta t_n = T_{n-1} - t_n \tag{8-40}$$

通常,多效蒸发设备都采用相等的传热面积,即 $A_1 = A_2 = A_3$,若计算所得面积不相等,则重新分配各效的有效温度差

$$Q_1 = K_1 A \Delta t_1', \cdots, Q_i = K_i A \Delta t_i', \cdots, Q_n = K_n A \Delta t_n' \tag{8-41}$$

式中,$\Delta t'$ 为面积相同时的有效温度差。

由于温差调整后各效的传热速率与调整前相等,因此有

$$\Delta t_1' = \frac{A_1}{A} \Delta t_1, \cdots, \Delta t_i' = \frac{A_i}{A} \Delta t_i, \cdots, \Delta t_n' = \frac{A_n}{A} \Delta t_n \tag{8-42}$$

所以有

$$\sum \Delta t = \Delta t_1' + \cdots + \Delta t_i' + \cdots + \Delta t_n' = \frac{A_1}{A} \Delta t_1 + \cdots + \frac{A_i}{A} \Delta t_i + \cdots + \frac{A_n}{A} \Delta t_n \tag{8-43}$$

或

$$A = \frac{A_1 \Delta t_1 + \cdots + A_i \Delta t_i + \cdots + A_n \Delta t_n}{\sum \Delta t} \tag{8-44}$$

4. 有效总传热温度差

通常,会给定生蒸气的压力和末效冷凝器的压力,则相应的饱和温度 T_1 和 T_n' 为已知,因此理论上的传热总温差为

$$\Delta t_T = T_1 - T_n' \tag{8-45}$$

由于每一效都存在传热温差损失,所以总传热温度差应该等于理论传热差与各效传热温差损失的差值,即

$$\sum_{i=1}^{n} \Delta t = \Delta t_T - \sum_{i=1}^{n} \Delta_i \tag{8-46}$$

式中，$\sum_{i=1}^{n} \Delta_i$ 为各效温度差损失之和，℃。

因为
$$\Delta = \Delta' + \Delta'' + \Delta''' \tag{8-47}$$

所以
$$\sum_{i=1}^{n} \Delta_i = \sum_{i=1}^{n} \Delta_i' + \sum_{i=1}^{n} \Delta_i'' + \sum_{i=1}^{n} \Delta_i''' \tag{8-48}$$

多效蒸发的计算一般采取试差法，有以下两个计算步骤。

（1）估算各效溶液浓度。

计算各效溶液的浓度必须知道各效蒸发量，通常先根据生产数据假定蒸发量，如各效蒸发量可按等蒸发量原则进行估算：$W_i = W/n$，对并流加料多效蒸发流型，可按一定的比例进行估计，如 $W_1 : W_2 = 1 : 1.1$，对于三效有 $W_1 : W_2 : W_3 = 1 : 1.1 : 1.2$，估算了各效蒸发量后，再由热量衡算计算各效溶液的浓度。

（2）初步确定各效溶液的沸点。

如果蒸发器的各种温度差损失可以忽略，估算各效溶液沸点的方法是根据等压力降原则将总压力降分配到各效，各效的压力降为

$$\Delta p = \frac{p_1 - p_n'}{n} \tag{8-49}$$

式中，p_1 为生蒸气的压力，N/m²；p_n' 为末效冷凝器的压力，N/m²。

根据式（8-49）求得各效的压力降后，即可算出各效二次蒸气的压力，再由各效二次蒸气的压力查得各效溶液的沸点。

（3）计算各效的蒸发量、传热量和传热面积。

由蒸发系统的热量衡算，可以求得各效的蒸发量和传热量，进而由传热速率方程式计算各效的传热面积，若求得的传热面积不相符，则按照前面的方法重新分配有效温度差，直到求得的各效传热面积相等为止。

在实际蒸发过程的计算中，由于工艺流程和溶液性质等因素的不同，具体的计算过程也不尽相同，应该灵活运用基本关系式进行合理计算。

8.3 蒸 发 设 备

蒸发属于传热过程，其设备与换热器并无本质的区别。但是蒸发过程又具有不同于传热过程的特殊性，需要不断移除产生的二次蒸气，并分离二次蒸气夹带的溶液液滴，因此蒸发设备中除了加热室外，还需要一个进行气液分离的蒸发室，以及除去液沫的除沫器、除去二次蒸气的冷凝器和真空蒸发时采用的真空泵等辅助设备。

8.3.1 蒸发器的结构

蒸发器主要由加热室和分离室组成。加热室有多种型式，以适应各种生产工艺的不同要求。按照溶液在加热室中运动的情况，可将蒸发器分为循环型和单程型（不循环）两类。

8.3.1.1 循环型蒸发器

循环型蒸发器的特点是溶液在蒸发器中做有规律的循环流动，增强管内流体与管壁的对流

传热,因而可以提高传热效果。根据引起循环运动的原因不同,分为自然循环型和强制循环型两类。自然循环型由于溶液各处受热程度不同,产生密度差引起溶液流动;强制循环型由于受到外力迫使溶液沿一定方向流动。

1. 自然循环型蒸发器

1) 中央循环管式蒸发器

中央循环管式蒸发器的结构如图 8-8 所示,是目前应用最为广泛的一种蒸发器。加热室由管径为 $25\sim75mm$,长 $1\sim2m$ 的垂直列管组成,管外(壳程)通加热蒸气,管束中央有一根直径较大的管子,其截面为其余加热管截面的 $40\%\sim100\%$。周围细管内的液体与中央粗管内的液体由于密度不同形成溶液在细管内向上、粗管内向下有规律的自然循环运动,溶液的循环速度取决于产生的密度差的大小以及管子的长度等。密度越大,管子越长,循环速度越大。加热气化后含有液沫的气体进入蒸发室,一些小液滴之间相互碰撞而凝结成较大液滴,在重力的作用下落回到加热室,二次蒸气与液滴分开,含有少量液滴的蒸气经过蒸发器顶部除沫器后排出,送入冷凝器或作为其他加热设备的热源,经浓缩后的完成液从下部排出。中央粗管的存在,促进了蒸发器内流体的流动,因此称此管为中央循环管,这种蒸发器称为中央循环管式蒸发器。

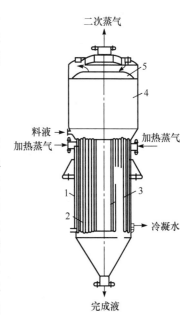

图 8-8　中央循环管式蒸发器
1. 加热室;2. 加热管;3. 中央循环管;
4. 分离室;5. 除沫器

2) 外热式蒸发器

外热式蒸发器如图 8-9 所示,其特征是将热室与分离室分开,两者之间的距离和循环速度可调,从而使料液在加热室内不沸腾,而恰在高出加热管顶端处沸腾,管子不易被析出的晶体堵塞。与中央循环管式蒸发器相比,细管组成的管束与粗管分离,粗管不被加热,且细管的管长加长,管长与直径之比为 $50\sim100$。外热式蒸发器的这种结构,使得细管和粗管内液体的密度差增大,液体在细管和粗管内循环的速度加快(循环速度可达 $1.5m/s$,还可用泵强制循环,而中央循环管式蒸发器液体的循环速度一般为 $0.5m/s$),传热效果增强。

3) 悬筐式蒸发器

悬筐式蒸发器结构如图 8-10 所示,是中央循环管式蒸发器的改进。加热室悬挂于器内,可由顶部取出,便于清洗与更换。壳体与加热室之间的环形间隙作为循环通道,作用与中央循环管类似,操作时溶液沿环隙通道下降而沿加热管上升循环运动。环隙通道的截面积是加热管总截面积的 $100\%\sim150\%$,因此溶液的循环速度较快,为 $1\sim1.5m/s$。它适用于黏性中等、轻度结垢或有晶体析出的溶液,缺点是设备耗材量大、占地面大、加热管内的溶液滞流量大。

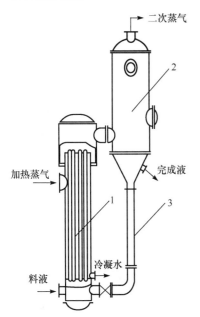

图 8-9　外热式蒸发器
1. 加热室;2. 分离室;3. 循环管

4) 列文蒸发器

列文蒸发器的结构如图 8-11 所示,其主要的结构特点是在加热室的上部增设一个沸腾室。沸腾室内产生的液柱压力使加热室操作压力增大,以至于液体在沸腾室内不沸腾。通过工艺条件控制,使溶液在离开加热管时才沸腾气化。这样,大大减小了溶液在加热管内因沸腾浓缩而析出结晶和结垢的可能性。另外,由于其循环管截面积较大,溶液循环时的阻力减小;加之循环管不受热,使两个管段中溶液的密度差加大,因此循环推动力加大,溶液的循环速度可达 2～3m/s,其传热系数接近于强制循环型蒸发器的传热系数。但是其设备庞大,金属消耗量大,需要高大的厂房。

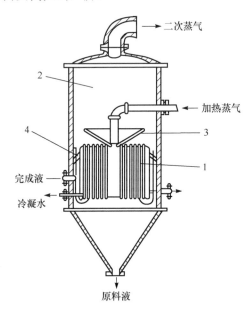

图 8-10　悬筐式蒸发器

1. 加热室；2. 分离室；
3. 除沫器；4. 环形循环通道

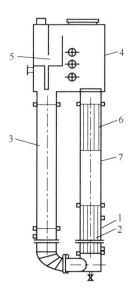

图 8-11　列文蒸发器

1. 加热室；2. 加热管；3. 循环管；
4. 蒸发室；5. 除沫器；6. 挡板；7. 沸腾室

2. 强制循环型蒸发器

通过采用泵进行强制循环(图 8-12),可增加溶液的循环速度。这样不仅提高了沸腾传热系数,而且降低了单程气化率。在同样蒸发能力下(单位时间的溶剂气化量),循环速度越快,单位时间通过加热管的液体量越多,溶液一次通过加热管后,气化的百分数(气化率)也越低。此时,溶液在加热壁面附近的局部浓度增高现象可减轻,加热面上结垢现象可以延缓。溶液浓度越高,为减少结垢所需的循环速度越快。

8.3.1.2　单程型蒸发器(膜式蒸发器)

1. 升膜式蒸发器

图 8-13 所示为升膜式蒸发器,它的加热管束可长达 3～10m。溶液由加热管底部进入,加热蒸气在管外冷凝,经一段距离的加热、气化后,管内气泡逐渐增多,最终液体被上升的蒸气拉成环状薄膜,沿管壁呈膜状向上运动,气液混合物由管口高速冲出一起进入分离室。被浓缩的液体经气液分离即排出分离室,二次蒸气从分离室顶部排出。升膜式蒸发器适用于蒸发量大(较稀的溶液)、热敏性及易起泡的溶液;不适用于高黏度(大于 0.05Pa·s)、易结晶,结垢的溶液。

2. 降膜式蒸发器

图 8-14 所示为降膜式蒸发器,其结构与升膜式蒸发器的基本相同,所不同的是料液由加

热室顶部加入,经液体分布器分布后呈膜状向下流动,并蒸发浓缩。气液混合物由加热管下端引出,进入分离室,经气液分离即得完成液。为使溶液在加热管内壁形成均匀液膜,且不利于二次蒸气沿管壁向上流动,须设计良好的液体分布器。降膜式蒸发器适用于蒸发热敏性物料,而不适用于易结晶、结垢和黏度大的物料。

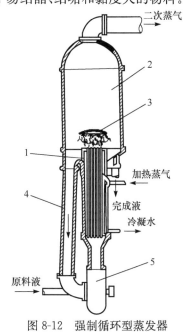

图 8-12　强制循环型蒸发器

1.加热室;2.分离室;3.除沫器;4.循环管;5.循环泵

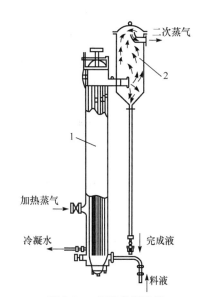

图 8-13　升膜式蒸发器

1. 蒸发室;2. 分离器

3. 升-降膜式蒸发器

将升膜和降膜蒸发器装在一个壳体中,即构成升-降膜式蒸发器,如图 8-15 所示。预热后的原料液先经升膜加热管上升,然后由降膜加热管下降,再在分离室一次蒸气分离,即得完成液。

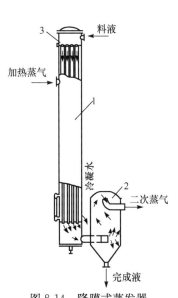

图 8-14　降膜式蒸发器

1 加热室;2. 分离器;3. 液体分布器

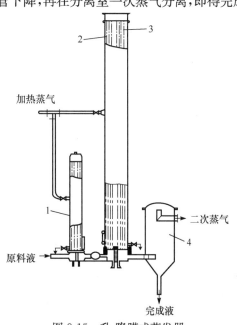

图 8-15　升-降膜式蒸发器

1.预热器;2.升膜加热管束;3.降膜加热管束;4.分离器

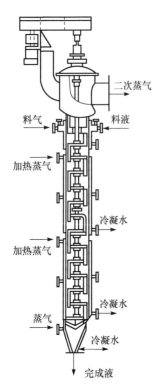

图 8-16　刮片式蒸发器

这种蒸发器多用于蒸发过程中溶液黏度变化大、水分蒸发量不大和厂房高度受到限制的场合。

4. 刮片式蒸发器

刮片式蒸发器如图 8-16 所示，它有一个带加热夹套的壳体，壳体内装有旋转刮板。料液自顶部切线进入蒸发器，在刮板的搅动下分布于加热管壁，使液体在壳体的内壁上形成旋转下降的液膜，并不断蒸发浓缩。气化的二次蒸气在加热管上端无夹套部分被旋转刮板除去液沫，然后由上部抽出并加以冷凝，浓缩液由蒸发器底部放出。这是专为高黏度溶液的蒸发而设计的一种蒸发器。

刮片式蒸发器的特点是借外力强制料液呈膜状流动，可适应高黏度、易结晶、结垢的浓溶液蒸发；但其结构复杂、制造要求高、加热面不大，且需要消耗一定的动力。

8.3.2　蒸发器的选型

在选择蒸发器时，除了要满足生产能力、浓缩程度的要求，还要使蒸发器具有结构简单、易于制造、价廉、清洗和维修方便等优点，更主要的是看它能否满足物料的工艺特性，包括物料的黏性、热敏性、腐蚀性、结晶和结垢性等，然后全面综合考虑才能做出决定。蒸发器的型号可查阅相关手册。表 8-2 中列出了常见蒸发器的一些性能。

表 8-2　几种蒸发器的主要性能

形式	传热系统		浓缩比	处理量	对溶液性质的适应性					
	稀溶液	高黏度			稀液	高黏度	易起泡	易结垢	热敏性	易结晶
标准式	良好	低	良好	一般	适	适	适	尚适	尚适	稍适
外热式（自然循环）	高	良好	良好	较大	适	尚适	较好	尚适	尚适	稍适
外热式（强制循环）	高	高	较高	大	适	好	好	适	尚适	适
升膜式	高	良好	高	大	适	尚适	好	尚适	良好	不适
降膜式	良好	高	高	大	较适	好	适	不适	良好	不适
刮片式	高	高	高	较小	较适	好	较好	不适	良好	不适

8.4　结晶分离技术

结晶是固体物质以晶体状态从蒸气、溶液或熔融物质中析出的过程。而沉淀是固体物质以无定形状态从蒸气或溶液中析出的过程。晶体状态和无定形状态是固体存在的两种状态，二者的区别在于其分子、原子或离子的排列方式是否有序。所以，结晶和沉淀在本质上是一致的，都是新相形成的过程。

　　结晶是一个重要的化工单元操作。由于结晶是同类分子或离子有规律的排列,因此结晶过程具有高度的选择性,析出的晶体纯度比较高,同时所用的设备简单,操作方便,所以结晶是从不纯混合物或不纯溶液中制取纯品的一个最便宜的单元操作。结晶与溶剂萃取和蒸馏等单元操作相比更为经济,应用面也更广,很可能使原来利用蒸馏法纯化物质的过程完全被低温下的结晶过程所取代。

　　根据晶体析出原因的不同,可将结晶操作分成不同的类型,如溶液结晶、熔融结晶、升华结晶、反应沉淀及盐析等。其中溶液结晶在工业上的使用最为广泛,其原理是对溶液进行降温或浓缩使其达到过饱和状态,促使溶质以晶体的形态析出。本节主要讨论溶液结晶的操作原理及工业中常用的结晶设备。

8.4.1　结晶过程的相平衡

　　将一种溶质放入一种溶剂中,由于分子的热运动,必然发生两个过程:①固体的溶解,即溶质分子扩散进入液体内部;②物质的沉积,即溶质分子从液体中扩散到固体表面进行沉积。一定时间后,这两种分子扩散达到动态平衡。在给定温度条件下,与一种特定溶质达到平衡的溶液称为该溶质的饱和溶液。确定这样一个相平衡体系,根据相律,需要两个独立的参数,因为当压力为常数时,就只有一个独立参数了,这个独立参数可以是温度 T,也可以是浓度 c,即当知道了温度时,便会有一个确定的浓度与溶质相对应,这个浓度称为该温度下的饱和浓度。同样如果知道体系的平衡浓度,也就知道了相应的温度,这个温度称为饱和温度。因此对于一个平衡体系,温度和浓度之间有一个确定的关系,这种关系用温度-浓度图来表示,就是一条饱和曲线(图 8-17)。

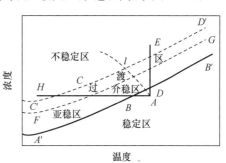

图 8-17　饱和曲线和过饱和曲线

　　实际上,通常可以制备出含有比饱和条件下更多溶质的溶液,这种溶液称为过饱和溶液。过饱和溶液达到一定浓度时会有固相产生,开始有新相形成时,过饱和浓度和温度的关系可用过饱和曲线描述,如图 8-17 中上面的虚线所示。图中两条曲线将温度-浓度图分成 3 个区域,相应的溶液也处于 3 种状态:①稳定区及其相应的状态,其浓度等于或低于平衡浓度,不可能发生结晶。②介稳区,又可细分为两个区。第一个分区称为亚稳区,位于平衡浓度曲线与超溶解曲线(标识溶液过饱和而欲自发产生晶核的极限浓度曲线)之间,在该区若有晶体存在,则晶体长大,但没有新的晶核形成;第二个分区称为过渡区,位于超溶解度曲线与过饱和曲线之间,在该区,伴随晶体长大的同时,有新的晶核生成,但并不马上发生,而是要经过一定时间间隔后才发生。总的来说,在介稳区结晶是不能自动进行的,但若加入晶体,则能诱导结晶进行,这时主要是二次成核,这种加入的晶体称为晶种,工业结晶过程为保证得到平均度大的结晶产品,应尽量控制在介稳区内结晶,避免其自发成核。③不稳定区,溶液处于不稳定状态,特点是结晶马上开始,自发成核,出现连生体和树枝状结晶,与这一状态相对应的浓度是超过过饱和曲线的浓度。

　　过饱和现象也可以用缓慢蒸发的方法从溶液中除去部分溶剂来得到。一个溶液从饱和状态逐渐转变为过饱和状态,也可以通过溶解度曲线利用图表来描述。如图 8-17 所示,部分溶剂在固定的温度下用缓慢蒸发的方法除去,可到达过饱和点 E,另外,在固定的浓度下,降低温度,可到达过饱和点 C。当温度和浓度两方面都增加时,曲线 CED' 是过饱和曲线。

　　在特定的温度下,过饱和现象或过冷现象可以按下面的方法表述。

如果 c 为溶液的过饱和浓度,而 c^* 为在饱和时的平衡浓度,那么,过饱和度 Δc 和过饱和度比 s 可以表示为

$$\Delta c = c - c^* \tag{8-50}$$

$$s = \frac{c}{c^*} \tag{8-51}$$

式中,Δc 为溶液的过饱和度,kg/m^3;s 为过饱和度比,无因次。

相对过饱和度 δ 可以表示为

$$\delta = \frac{\Delta c}{c^*} = s - 1 \tag{8-52}$$

如果在一个给定的温度下,测量溶液的浓度和饱和的平衡浓度,则对于一个溶质在给定溶剂中所组成的溶液,其过饱和度比是很容易求得的。可以通过测量如密度、黏度、折射率、电导率等特性来测定溶液的浓度或者直接分析溶液来得到浓度。

溶液进入不稳定区,处于过饱和状态时,结晶才能自动进行,但是进入不稳定区才出现结晶的情况很少发生,因为蒸发表面的浓度一般超过主体浓度,在表面首先形成晶体,这些晶体能诱发主体溶液在到达 E 或 C 点之前就发生结晶。

溶液浓度必须达到一定的过饱和程度时,才能析出晶体。实验证明,一个物质的溶解度与它的颗粒大小有关系。微小颗粒的溶解度往往比正常粒度的平衡溶解度大。用热力学方法可以得到关系式:

$$\ln \frac{c_1}{c_2} = \frac{2M\sigma}{RT\rho} \left(\frac{1}{L_1} - \frac{1}{L_2} \right) \tag{8-53}$$

式中,c_1 和 c_2 分别为曲率半径为 L_1 和 L_2 的溶质的溶解度,mol/m^3;R 为摩尔气体常量;T 为热力学温度,K;ρ 为固体颗粒的密度,kg/m^3;M 为溶质的相对分子质量;σ 为固体颗粒和溶液间的界面张力,N/m。

(1) 若 $L_2 > L_1$,则 $\ln \frac{c_1}{c_2} = $ 正数,$\frac{c_1}{c_2} = e^{\text{正}} > 1$,所以 $c_1 > c_2$,即颗粒半径小,溶解度大。

(2) 若 $L_2 \rightarrow \infty$,相当于是具有平表面的正常大颗粒,如果它的溶解度 c_2 定义为 c^*(溶质的正常溶解度),于是半径为 L 的离子的溶解度 c 可表示成为

$$\ln \frac{c_1}{c^*} = \frac{2M\sigma}{RT\rho L} = \ln s \tag{8-54}$$

即得到颗粒大小与过饱和度比 s 的关系。

(3) 若一个溶液中同时存在大小不同的很多颗粒晶体,那么经过一段时间之后,小颗粒溶质逐渐消失,大颗粒溶质逐渐粗大整齐。这就是陈化过程。

根据以上的讨论,可以知道微小颗粒的溶解度恒大于正常平衡溶解度。对于结晶过程来说,最先析出的微小颗粒是以后结晶的中心,称为晶核。微小晶核与正常晶体相比具有较大的溶解度,在饱和溶液中会溶解,只有当达到一定的过饱和度时晶核才能存在,这就是溶液浓度必须达到一定的过饱和程度时才能结晶的原因。晶核形成以后,并不是结晶过程的结束,还需要靠扩散继续成长为晶体。实际上结晶包括三个过程:①过饱和溶液的形成;②晶核的生成;③晶体的生长。

由于结晶是构成单位的有规律排列,而这种有规律的排列必然与晶体表面分子化学键力的变化有关,因此结晶过程又是一个表面化学反应过程。结晶时一般还会放出热量,称为结晶

热,因此在结晶过程中除了有质量的传递外,还有热量的传递存在。

8.4.2 结晶过程的动力学

晶体动力学主要讨论结晶的速率问题。结晶过程有成核和晶体成长两个阶段,所以结晶速率包括成核速率和晶体成长速率。

1. 成核速率及其影响因素

成核速率是指单位时间、单位体积溶液内所产生的晶核数目,即

$$r_N = \frac{dN}{d\tau} \tag{8-55}$$

式中,r_N 为成核速率,m^3/s;N 为单位体积母液中的晶核数,$1/m^3$;τ 为时间,s。

影响成核速率的因素很多,而且对结晶机理的了解也有限,所以一般都使用比较简单的经验公式来描述。由于溶液的过饱和度是结晶过程的推动力,所以成核速率可表示为

$$r_N = K_N \Delta c^n \tag{8-56}$$

式中,K_N 为成核速率常数,$(m^3/s)(kg/m^3)^{-n}$;Δc 为溶液的过饱和度,kg/m^3;n 为成核过程的动力学级数。

如果物系固定,那么成核速率通常受溶液的过饱和度、结晶温度、杂质和搅拌强度等因素的影响。

式(8-56)表明,成核速率与过饱和度的 n 次方成正比,对于不同的物系,过饱和度对成核速率的影响也不相同。在实际结晶操作中,为了控制晶体的粒度,需要控制晶核的数量。所以,结晶操作过程中,过饱和度并非越高越好,而应该根据具体需要将过饱和度控制在适当的范围内。

搅拌等机械作用有助于提高成核速率。但是,目前有关机械作用对结晶过程的影响,仍主要处于定性研究阶段。例如,对于均相成核,在过饱和溶液中的任何轻微振动都会导致成核速率增加。对二次成核,搅拌的作用也非常明显,搅拌时碰撞的次数和冲击能量的增加会使成核速率增大。此外,超声波、磁场、电场、放射线等对于成核速率均有影响。

杂质的存在,会对溶质的溶解度产生影响,或使得溶液的过饱和度和极限过饱和度发生变化。杂质可以使成核速率增加或减小。

2. 晶体成长速率及其影响因素

晶体的成长速率定义为单位时间内结晶出来的溶质量,即

$$r_G = \frac{dG}{d\tau} \tag{8-57}$$

式中,r_G 为晶体的成长速率,kg/s;G 为结晶出来的溶质量,kg;τ 为时间,s。

目前,对晶体成长机理的认识仍不成熟,不过可以用一般的速率表达式进行简单描述。由于溶液的过饱和度也是晶体成长过程的推动力,则可将晶体的成长速率写为

$$r_G = K_G \Delta c^m \tag{8-58}$$

式中,K_G 为晶体成长速率常数,$(kg/s)(kg/m^3)^{-m}$;Δc 为溶液的过饱和度,kg/m^3;m 为晶体成长过程的动力学级数。

晶体成长速率受到溶液的过饱和度、结晶温度、黏度、密度、杂质、结晶位置和搅拌强度等因素的影响。

(1)过饱和度。式(8-58)显示晶体成长速率与过饱和度 Δc 的 m 次方成正比,对不同的物系,过饱和度对晶体成长速率有着不同的影响。此外,过饱和度还能够影响晶体的晶形。

(2)晶体粒度。因为较大晶体的表面能小,所以其成长速率大于小晶体的成长速率。当

扩散过程是控制步骤时,大晶体的沉降速度较小晶体快,所以其晶体表面的静止液膜厚度较小,能够有效地降低溶质的扩散阻力。

（3）溶液黏度和密度。如果溶液的黏度过大,其流动性差,溶质向晶面的传质过程主要靠分子扩散进行,使得传质速率很小,可能出现晶体棱角处生长很快而晶面处生长很慢的现象,从而导致骸晶的形成。结晶过程中溶质不断析出,同时伴随着结晶热的放出,此时黏度大的溶液体系会在晶体周围形成温度不均匀分布,从而形成局部密度差而造成溶液的自然对流,该对流会导致晶体周围浓度不均,导致晶体形成歪晶。

8.4.3　溶液结晶过程与设备

按照结晶过程是否连续,可以将结晶过程分为分批或连续操作过程。

1. 分批结晶

分批结晶的操作原理是合适的结晶器设备,用孤立的方式在全过程中进行特殊的操作,并且这个操作仅间接地与前面和后面的操作有关。其设备相当简单,对操作人员的技术要求也不苛刻。结晶器的容积可以是 100mL 的烧杯或几百吨的结晶器。分批结晶过程的操作可以分为下列几个独立的操作步骤:①结晶器的清洁;②加入固料或液料到结晶器中;③用任何合适的方法产生过饱和度;④成核和晶体生长;⑤晶体的排除。

在各种类型的结晶过程中,过饱和、成核、晶体生长 3 个步骤是最重要的技术操作。对于设备,传热速率方面影响是最显著的,取决于产生过饱和的冷却过程,而对于成核和晶体生长操作,传热将是小范围的影响。在绝热条件下这些操作会更好。结晶器的尺寸与上述的操作周期和过程的最佳效率有直接的关系,可用图 8-18 来表示。

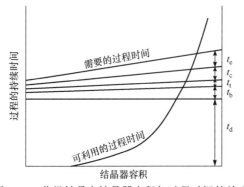

图 8-18　分批结晶中结晶器容积与过程时间的关系

结晶器的容积必须大于需求的过程时间和现有的过程时间相交的尺寸,这样,设备的合适效率才能得到。由于过饱和程度和晶核的形成速率取决于传热,所以传热条件也是很重要的。为了优化条件,结晶器必须在这样的情况下操作:结晶器内的温度维持在略低于与介稳区相对应的温度下。过饱和成核后的过程冷却也是很重要的,因为冷却不加控制会得不到理想的晶体大小,至少晶体大小分布不可能是一致的。

总之,分批结晶操作最主要的优点是能生产出指定纯度、粒度分布及晶形合格的产品,其缺点是操作成本比较高,操作和产品质量的稳定性较差。

2. 连续结晶

当结晶的生产规模达到一定水平后,往往必须采用连续结晶。

连续结晶过程可以使用任何尺寸的结晶器,因为一个适宜的结晶器可以使产率增加许多倍。在连续过程中,每单位时间里生成晶核的数目是相同的,并且在理想条件下,它与单位时间里从结晶器中排出的晶体数相等。在美国产的 Swenson-Walker 连续结晶器中(图 8-19),晶核在结晶器的某一部分中形成,目的是当其经由设备运载时,它们能为生长提供同样长的时间。在连续真空结晶器中,晶体按照大小被分级,小的晶体被保留,直到达到限定的大小为止。然而,没有一个结晶器可以长时间连续不断地操作,这是因为连续结晶过程操作一段时间后会发生不希望有的自生晶种的情况,必须中断操作,进行洗涤后才能重新正常运转。除此之外,操作周期还受限于晶体的物理和化学待性、设备设计、产生过饱和的方法、工作人员的技术水平等。所有这些因素将一起决定连续结晶器的输出效率,其值通常可达到90%~95%。

连续结晶过程有不同范围的输出,它可以在每天每人几千克到几吨间变化。劳动力成本是连续结晶器优于分批过程的一个重要因素。特别是在低成本物料生产时,连续过程总是优越的。各种形式的连续结晶器的效率取决于各种因素,一般都要比分批操作高,其特点可以总结如下:①可较好地使用劳动力;②设备的寿命较长;③有多变的生产能力;④晶体粒度大小及其分布可控;⑤有较好的冷却和加热装置程度等。

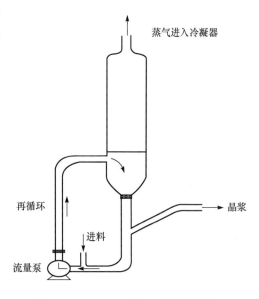

图 8-19　Swenson-Walker 连续结晶器

自 Wulff-Bock 带空气冷却装置的扰动结晶器和 Swenson-Walker 型液体冷却结晶器出现以来,连续结晶设备已有了许多的改进和提高,其中包括 Howard 结晶器(成圆锥形,液体冷却)、套管结晶器(在管中,溶液和冷却剂呈逆流)、绝热结晶器(在减压条件下,用蒸发来得到冷却作用)、真空结晶器(装有冷却设备,在循环中,真空到介稳区)以及 Oslo 结晶器(也称粒度分级器,在该结晶器中,成核的液流向上通过一个多孔板截流悬浮的大量晶体)等,但主要构型可概括成三类:①强迫循环型;②流动床;③导流筒加搅拌桨型。部分连续结晶器结构分别如图 8-20、图 8-21、图 8-22 和图 8-23 所示。

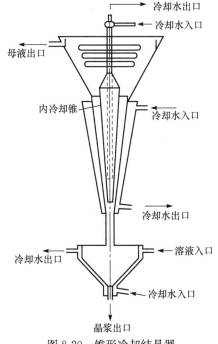

图 8-20　锥形冷却结晶器

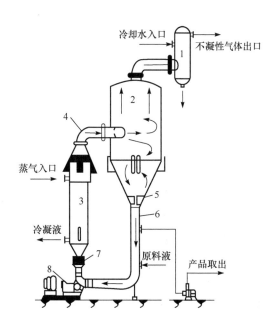

图 8-21　强迫循环 Swenson 真空结晶器

1. 大气冷凝器;2. 真空结晶器;3. 换热器;4. 返回管;

5. 旋涡破坏装置;6. 循环管;7. 伸缩接头;8. 循环管

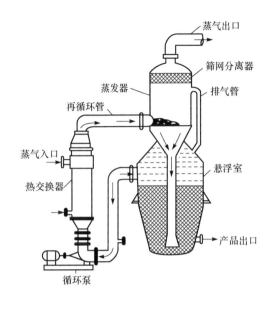

图 8-22　Oslo 蒸发结晶器

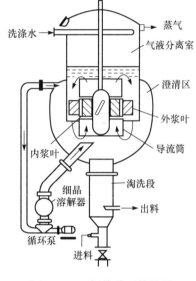

图 8-23　双螺旋桨型结晶器

8.4.4　其他结晶方法

近年来一些新兴技术,如超临界结晶、声纳结晶、膜结晶、加压结晶成为国内外研究的热点,有些首先在生物技术产业中得到推广应用。现对有关方法进行一些简单的介绍。

(1)超临界结晶。尽管超临界技术在结晶中还处于萌芽状态,但是这个方法提供了在拓宽的条件范围内,结晶仍能进行的可能性。有吸引力的地方是产品可以从气态溶剂中轻易地分离出来。有两条途径正在展开:第一,结晶是在超临界溶液中进行的,称为超临界溶液快速膨胀结晶法;第二,就是用超临界流体作为反溶剂,类似于盐析,称为超临界流体抗溶剂结晶法。

(2)声纳结晶。它是一个用超声波影响结晶行为的简便术语。超声波能对成核作用和晶体生长两个方面产生影响,使成核作用在结晶-自由溶液于低过饱和度时诱发,在其中初始成核作用正常地发生,这个初始成核作用的额外控制手段,提供了对晶体尺寸分布的调节作用,是一个有用的、更加可控的、能够代替晶种的方法。

超声波同样能够产生相当多的二次核,包含空穴作用的机理,在不连续液体介质中,同样也在晶体表面或附近引起聚焦作用,气泡空穴倒塌的强烈压力可以引起显著的二次成核。

超声波影响晶体生长的机理虽不易理解,但是它可以明显地影响声响流动,为提高晶体表面近旁的质量传递创造条件。由于紧邻晶体表面的空穴作用,热量高度集中,造成暂时的不饱和,从而提高晶体的纯度。

此外,结晶还能诱导手性化合物的分离,为原材料的充分利用提供了一条方便的途径。结晶过程的优化和新型结晶设备的设计也是结晶过程应该研究的一个方面,特别是在生物技术领域中,随着相对分子质量的加大,立体结构的复杂,结晶过程远比一般分子物质困难得多,分子被纳入有序排列的消耗较大,诱导期比较长,晶核形成与晶体生长都比较慢。从不饱和到过饱和的调节过程必须相应调整,否则易于生成无定形结晶或微细晶体,使表面积增大,从而吸附杂质增多,同时给分离造成很大的困难,回收率也会下降,所以更应重视这方面的研究。

本章符号说明

符号	意义	计量单位
A	蒸发器的传热面积	m^2
c^*	溶液的平衡浓度	mol/m^3
Δc	溶液的过饱和度	kg/m^3
C	溶液的过饱和浓度	mol/m^3
C_0, C, C_s	原料液,完成液,冷凝液的比热容	$kJ/(kg \cdot ℃)$
C_B	溶质的比热容	$kJ/(kg \cdot ℃)$
D	加热蒸气消耗量	kg/s 或 kg/h
F	溶液的加料量	kg/s 或 kg/h
G	结晶出来的溶质量	kg
h_0, h, h_s	原料液、完成液和冷凝水的焓	kJ/kg
H, H'	加热蒸气和二次蒸气的焓	kJ/kg
K	总传热系数	$W/(m^2 \cdot K)$
K_N	成核速率常数	$(m^3/s)/(kg/m^3)^{-n}$
K_G	成长速率常数	$(kg/s)/(kg/m^3)^{-m}$
L	曲率半径	m
m	晶体成长过程的动力学级数	
M	溶质的相对分子质量	
n	成核过程的动力学级数	
N	单位体积母液中的晶核数	$1/m^3$
p	加热蒸气压力	kPa
p'	二次蒸气压力	kPa
Q	蒸发器的热负荷或传热量	kJ/h
Q_L	热损失	kJ/h
r	加热蒸气的气化潜热	kJ/kg
r'	二次蒸气的气化潜热	kJ/kg
r_G	晶体的成长速率	kg/s
r_N	成核速率	m^3/s
R	摩尔气体常量	$8.3144J/(mol \cdot K)$
s	过饱和度比	
t_0, t	原料液和完成液的温度	$℃$
t_1	溶液的沸点	$℃$
Δt_m	蒸发器中的传热温差	$℃$
T	加热蒸气冷凝液的饱和温度	$℃$
T_k'	相同压力下水的沸点(二次蒸气的饱和温度)	$℃$
x_0, x	料液和完成液的质量分数	
W	水分的蒸发量	kg/s
希文		
Δ	溶液的沸点升高	$℃$
Δ'	由溶液蒸气压降低引起的温度差损失	$℃$
Δ''	由于液柱静压力引起的温度差损失	$℃$

符号	意义	计量单位
Δ'''	单效蒸发器与冷凝器之间的流动阻力引起的温度差损失	℃
δ	相对过饱和度	
ρ	固体颗粒的密度	g/m^3
σ	固体颗粒和溶液间的界面张力	N/m
τ	时间	s

习　　题

8-1　用一个单效蒸发器将流量为 10 000kg/h 的 NaCl 水溶液从 10%（质量分数，下同）浓缩至 30%，加热蒸气压力为 300kN/m²（绝对压力），蒸发室压力为 19.6kN/m²（绝对压力），蒸发器内溶液的沸点为 75℃，已知蒸发器的总传热系数为 2000W/(m²·K)，NaCl 的比热容为 0.95kJ/(kg·K)，进料温度为 30℃。若不计浓缩热核蒸发器热损失，试求蒸发水量、加热蒸气消耗量和蒸发器的传热面积。

8-2　蒸发浓度为 20%（质量分数）的 NaCl 水溶液，若二次蒸气的压力为 0.2kgf/cm²，试求溶液由干蒸气压下降所引起的温度差损失 Δ' 和该溶液的沸点 t_A。

8-3　在一连续操作的真空结晶器中，每日能生产 $MgSO_4 \cdot 7H_2O$ 晶体 20 000kg，溶液在结晶器中气化的水分量为料液量的 10%。已知原料液浓度为 0.35kg $MgSO_4$/kg 溶液，母液浓度为 0.25kg $MgSO_4$/kg 溶液，试求每日结晶器所需的原料液量。

思　考　题

1. 例 8-1 中，若 $NaNO_3$ 水溶液的流量和温度不变，但由于受其他工艺的影响，溶液在入口处的含量降低，此时若加热蒸气、冷凝器压力及总传热系数维持不变，那么蒸发器出口处的完成液含量和加热蒸气消耗量会如何变化？

2. 简述蒸发设备和蒸发技术的发展趋势。蒸发操作中，提高加热蒸气经济性的措施有哪些？

3. 结晶有哪些基本方法？溶液结晶操作的基本原理是什么？溶液结晶操作中产生过饱和度的方法有哪些？

4. 与精馏操作相比，结晶操作有哪些特点？

第9章 现代分离技术

随着生产的不断发展,对分离技术的要求越来越高,分离的难度越来越大。为了适应这些要求,除了对一些常规传统单元操作,如精馏、吸收等加以改进外,新的分离技术也在不断涌现。本章将主要介绍液液萃取、超临界萃取、膜分离、层析和分子蒸馏技术。

9.1 液 液 萃 取

9.1.1 概述

液液萃取是20世纪30年代用于工业生产的液体混合分离技术,简称萃取或抽提。随着萃取应用范围的扩大,回流萃取、双溶剂萃取、反应萃取、超临界萃取以及液膜分离技术相继问世,在液体混合物的分离方面,萃取成为很有生命力的操作单元之一。

1. 液液萃取的原理

在液体混合物的分离方面,除了可采用蒸馏的方法外,还可采用萃取的方法。萃取是向液体混合物中加入某种萃取溶剂,利用混合物中各组分溶解度的差异使溶质从原溶液转移到萃取溶剂的过程。在萃取过程中,所用的溶剂称为萃取剂,以 S 表示。混合液中的目标组分称为溶质,以 A 表示。混合液中的溶剂称为稀释剂,以 B 表示。萃取剂应对溶质具有较大的溶解能力,且不溶于或微溶于稀释剂。

图 9-1 所示为萃取操作的基本过程。将一定量萃取剂 S 加入混合液(A+B)中,若萃取剂与混合液间不互溶或部分互溶,则混合槽中存在两个液相。然后加以搅拌使其中一个液相以小液滴形式分散于另一液相中,从而造成很大的相际接触面积,使混合液与萃取剂充分混合。由于混合液中溶质 A 在萃取剂中的溶解度大,溶质 A 通过相界面由混合液向萃取剂中扩散,所以萃取操作与精馏、吸收等过程一样,也属于两相间的传质过程。搅拌停止后,混合液因密度不同而分为两层:一层以萃取剂 S 为主,并溶

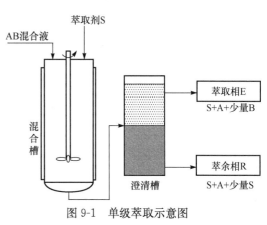

图 9-1 单级萃取示意图

有较多的溶质,称为萃取相,以 E 表示;另一层以稀释剂(原溶剂)B 为主,且含有未被萃取完的溶质,称为萃余相,以 R 表示。若溶剂 S 和 B 为部分互溶,则萃取相中还含有少量的 B,萃余相中也含有少量的 S。

由以上分析可知,萃取操作得到的是新的混合液:萃取相 S 和萃余相 B。为了得到纯净的产品 A,并回收溶剂,还需对两相分别进行分离。通常采用旋转蒸发的方法,有时也可采用结晶等方法。脱除溶剂后的萃取相和萃余相分别称为萃取液和萃余液,一般以 E' 和 R' 表示。

2. 液液萃取过程

萃取过程的两相接触方式可分为分级接触式和连续接触式。分级接触式又分为单级、多

级错流、多级逆流。

(1) 单级萃取。单级萃取过程如图 9-1 所示,分为混合和澄清两个槽,分别承担溶液和萃取剂的混合、萃取相和萃余相的沉降分离作用。单级萃取的分离纯度不高,只适用于溶质在萃取剂中溶解度很大或溶质萃取率要求不高的场合。

(2) 多级错流萃取。多级错流萃取过程如图 9-2 所示。原料液 F 依次通过各级 L_1,L_2,…,L_n,新鲜溶剂则分别加入各级的混合槽中,汇集各级萃取相和最后一级萃余相分别进入溶剂回收设备,回收的溶剂用 S′ 表示,回收溶剂后的萃取相称为萃取液,用 E′ 表示;回收溶剂后的萃余相称为萃余液,用 R′ 表示。这种流程能获得较高的萃取率,但萃取剂用量较大,溶剂回收时处理量大,能耗较高。

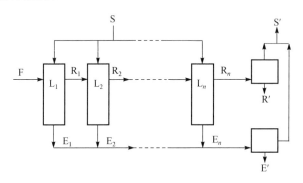

图 9-2   多级错流萃取示意图

(3) 多级逆流萃取。多级逆流萃取过程如图 9-3 所示。原料液 F 和萃取剂 S 依次反方向通过各级,最终萃取相 E′ 从加料一端流出,并引入溶剂回收设备回收萃取剂 S′,而最终的萃余相 R′ 在萃取剂加入端流出,同样引入溶剂回收设备回收萃取剂 S′。多级逆流萃取可以在萃取剂用量较小的条件下,获得比较高的萃取率,因此在工业上被广泛采用。

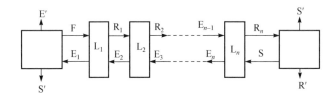

图 9-3   多级逆流萃取示意图

(4) 连续接触式萃取。连续接触式萃取一般在塔设备中进行,如图 9-4 所示的喷洒萃取塔,原料液与萃取剂中的较重者(重相)自塔顶加入,图中重相以连续相形式流至塔底排出;较轻者(轻相)自塔底进入,经分布器分散成液滴上浮,并与重相接触进行传质,当液滴上升到塔顶部后凝聚成液层,从塔顶排出。在塔内两液相呈逆流接触,两相组成沿着流动方向连续变化。

3. 萃取操作的工业应用

液液萃取操作的工业化应用始于 20 世纪初,到 40 年代后期,生产核燃料的需要促进了萃取操作的研究开发。现今液液萃取操作已在石油、化工、医药、有色金属冶炼等行业中得到广泛应用。在下列情况下通常采用萃取方法更为有利:

(1) 原料液中各组分间的相对挥发度接近 1 或形成恒沸物。例如,从催化重整和烃类裂解得到的汽油中回收轻质芳烃,由于轻质芳烃与相近碳原子数的非芳烃沸点相差很小,有时还会形成共沸物,因此不能用蒸馏的方法加以分离。

（2）原料液中需分离的组分含量很低且为难挥发组分,若采用蒸馏或蒸发过程须将大量稀释剂气化,能耗大,成本过高。用萃取的方法先将溶质 A 组分富集到萃取相中,然后对萃取相进行蒸馏,能耗就会显著降低。例如,稀乙酸水溶液制备无水乙酸的萃取操作。

（3）分离热敏性混合液,蒸馏时易于分解、聚合或发生其他变化。可采用液液萃取方法加以分离。例如,制药生产中用液态丙烷在高压下从植物油或动物油中萃取维生素和脂肪酸等。

（4）高沸点有机化合物的分离。若要采用蒸馏方法对高沸点有机化合物进行分离,则必须采用高真空蒸馏或分子蒸馏,对技术要求很高,且能耗也高,在这种情况

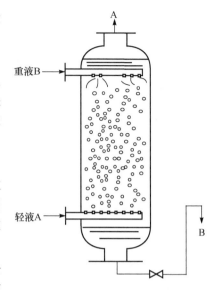

图 9-4　喷洒萃取塔示意图

下采用萃取方法进行分离较为适宜。例如,用乙酸萃取植物油中油酸的操作。

（5）其他如多种金属物质的分离(如稀有元素的提取、铜-铁、铀-钒、钽-钽、钴-镍的分离等),核工业材料的制取,治理环境污染(如废水脱酚)等都为液液萃取提供了广泛的应用领域。

4. 萃取操作的特点

萃取操作特点可以概括成以下几点:

（1）液液萃取过程是溶质从一个液相转入另一个液相的相际传质过程,所以萃取过程和蒸馏、吸收等过程类似,但萃取过程是液液之间的物质传递,而蒸馏和吸收过程则是气液之间的物质传递。

（2）萃取与精馏一样可用于分离均相混合液,蒸馏操作可直接获取较纯的难、易挥发组分;而萃取操作若要获取较纯的 A 组分,并回收供循环使用的萃取剂 S,则需对萃取相和萃余相进行进一步分离。其分离方法一般采用蒸馏或蒸发方法,有时也可采用结晶或其他化学方法。

（3）萃取过程包括两相的充分混合和分离两个步骤。萃取设备中,两相的混合往往靠外部机械做功来完成,如搅拌等。两相的分离则要求两相必须具有一定的密度差,以利于相对流动与分层。

9.1.2　液液相平衡

1. 三角形相图

液液相平衡是萃取传质过程进行的极限,与气液传质相同,在讨论萃取之前,首先要了解液液相平衡问题。由于萃取的两相通常为三元混合物,因此其组成和相平衡的图解表示法与前述气液传质不同,在此首先介绍三元混合物组成在三角形坐标图上的表示方法,然后介绍液液平衡相图及萃取过程的基本原理。

1）三角形坐标图

三角形坐标图通常有等边三角形坐标图、等腰直角三角形坐标图和非等腰直角三角形坐标图,其中以等腰直角三角形坐标图最为常用,如图 9-5 所示。

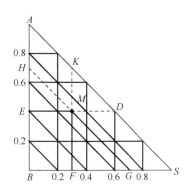

图 9-5 等腰直角三角形相图

在三角形坐标图中通常以质量分数表示混合物中各组分的组成,有时也采用体积分数或摩尔分数表示。一般情况下,没有特殊说明,均指质量分数。习惯上,在三角形坐标图中,三角形三个顶点分别表示纯组分 A、B 及 S,边 AB、BS、SA 表示二元混合物系。例如,AB 边上的 E 点,表示由 A、B 组成的二元混合物系,由图 9-5 可读得 A 的组成为 0.40,则 B 的组成为 $1.0-0.40=0.60$,S 的组成为零。

三角形坐标图内任一点代表一个三元混合物系。例如,图 9-5 中 M 点即表示由 A、B、S 三个组分组成的混合物系。其组成可按以下方法确定:过物系点 M 分别作对边的平行线 ED、HG、KF,则由点 E、G、F 可直接读得 A、B、S 的组成分别为:$x_A=0.4$,$x_B=0.3$,$x_S=0.3$;也可由点 D、H、K 读得 A、B、S 的组成。在三角形坐标图中,等腰直角三角形坐标图可直接在普通直角坐标纸上进行标绘,且读数较为方便,因此目前多采用等腰直角三角形坐标图。在实际应用时,一般首先由两直角边的标度读得 A、S 的组成 x_A 及 x_S,再根据归一化条件求得 x_S,$x_B=1-x_A-x_B=1-0.3-0.4=0.3$。

在上述三角形坐标图中,也可以自 M 点作三条边垂线,由三条相应的垂线长度可以更直观方便地读出此三元体系的组成关系,即由 M 点至 AB 边的垂直距离占 S 点至 AB 边垂直距离的分数为组分 S 在 M 中的质量分数 x_S,同理可求出组分 A 的质量分数 x_A 和组分 B 的质量分数 x_B(或归一化求出 x_B)。

2) 杠杆规则

如图 9-6 所示,将质量为 r、组成为 x_A、x_B、x_S 的混合物系 R 与质量为 e、组成为 y_A、y_B、y_S 的混合物系 E 相混合,得到一个质量为 M,组成为 z_A、z_B、z_S 的新混合物系 M,其在三角形坐标图中分别以点 R、E 和 M 表示。M 点称为 R 点与 E 点的和点,R 点称为 M 点与 E 点的差点,E 点称为 M 点与 R 点的差点。

总物料衡算得

$$r+e=m \qquad (9\text{-}1)$$

溶质 A 的物料衡算为

$$rx_A+ey_A=mz_A \qquad (9\text{-}2)$$

联立式(9-1)和式(9-2)可得

$$rx_A+ey_A=(r+e)z_A \qquad (9\text{-}3)$$

将式(9-3)变形得到

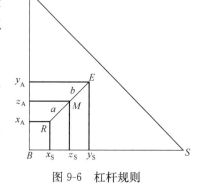

图 9-6 杠杆规则

$$\frac{e}{r}=\frac{x_A-z_A}{z_A-y_A}=\frac{\overline{RM}}{\overline{ME}}=\frac{a}{b} \qquad (9\text{-}4)$$

式(9-4)表明:和点 M 与差点 E、R 之间的关系可用杠杆规则描述,即

(1) 几何关系。和点 M 与差点 E、R 共线,即和点在两差点的连线上;一个差点在另一差点与和点连线的延长线上。

(2) 数量关系。和点与差点的量 m、r、e 与线段长 a、b 之间的关系符合杠杆原理,即以 R 为支点可得 m、e 之间的关系

$$ma=e(a+b) \qquad (9\text{-}5)$$

以 M 为支点可得 r、e 之间的关系

$$ra = eb \qquad\qquad (9\text{-}6)$$

以 E 为支点可得 r、m 之间的关系

$$mb = r(a+b) \qquad\qquad (9\text{-}7)$$

根据杠杆规则,若已知两个差点,则可确定和点;若已知和点和一个差点,则可确定另一个差点。

2. 部分互溶物系的相平衡

根据萃取操作中各组分的互溶性,可将三元物系分为以下三种情况:①组分 A 可完全溶解于 B 及 S,但 B 与 S 不互溶;②组分 A 可完全溶解于 B 及 S,但 B 与 S 部分互溶;③组分 A 可完全溶解于 B,但 A 与 S 及 B 与 S 部分互溶。习惯上,将①、②两种情况的物系称为第 I 类物系,而将情况③的物系称为第 II 类物系。在萃取操作中,第 I 类物系较为常见,以下主要讨论这类物系的相平衡关系。

1) 溶解度曲线及联结线

图 9-7 所示为一定温度下溶质 A 可完全溶于 B 及 S,但 B 与 S 为部分互溶体系的平衡曲线。图中曲线 $R_0 R_1 R_2 R_3 R_n K E_n E_3 E_2 E_1 E_0$ 称为溶解度曲线,该曲线将三角形相图分为两个区域:曲线以内的区域为分层区或两相区,即三元混合液组成在此区域分成两层;曲线以外的区域为单相区或均相区,即三元混合液组成在此区域为一层。位于两相区内的混合物分成两个互相平衡的液相,称为共轭相,连接两共轭液相相点的直线称为联结线,如图 9-7 中的 $R_i E_i$ 线 $(i = 0,1,2,\cdots,n)$。显然,萃取操作只能在两相区内进行。

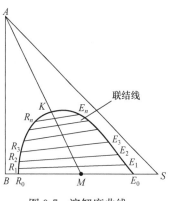

溶解度曲线可通过下述实验方法得到:在一定温度下,将组分 B 与组分 S 以一定比例相混合,使其总组成位于两相区,设为 M,则达平衡后必然得到两个互不相溶的液层,其相点为 R_0,E_0。在恒温下,向此二元混合液中加入适量的溶质 A 并充分混合,使之达到新的平衡,静置分层后得到一对共轭相,其相点为 R_1,E_1。然后继续加入溶质 A,重复上述操作,可以得到 $(n+1)$ 对共轭相的相点 R_i,$E_i(i=0,1,2,\cdots,n)$,当加入 A 的量使混合液恰好由两相变为一相时,其组成点用 K 表示,K 点称为混溶点或分层点。连接各共轭相的相点及 K 点的曲线即为实验温度下该三元物系的溶解度曲线。若组分 B 与组分 S 完全不互溶,则点 R_0 与 E_0 分别与三角形顶点 B 及顶点 S 重合。

图 9-7　溶解度曲线

2) 辅助曲线和临界混溶点

一定温度下,溶解度曲线和联结线是通过实验绘制的,在实际应用时,如果要求与已知相成平衡的另一相的数据常借助辅助曲线(也称共轭曲线)。

辅助曲线的求取步骤如图 9-8 所示,通过已知点 R_1,R_2,$\cdots$,R_n 分别作 BS 边的平行线,再通过相应联结线的另一端点 E_1,E_2,$\cdots$,E_n 分别作 AB 边的平行线,各线分别相交于点 F,G,$\cdots$,K,连接诸交点及 P 点所得的平滑曲线即为辅助曲线。利用辅助曲线可求任意已知平衡液相的共轭相。如图 9-8 所示,设 R_3 为已知平衡液相,自点 R_3 作 BS 边的平行线交辅助曲线于点 J,自 J 点作 AB 边的平行线,交溶解度曲线于点 E_3,则点 E_3 即为 R_3 的共轭相点。

辅助曲线与溶解度曲线的交点为 P,显然通过 P 点的联结线无限短,即该点所代表的平衡液相无共轭相,相当于系统的临界状态,因此点 P 称为临界混溶点。它把溶解度曲线分为

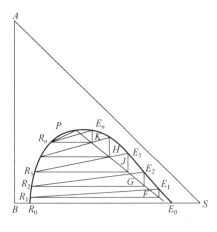

图 9-8　辅助曲线

左右两部分:靠稀释剂 B 一侧为萃余相部分,靠萃取剂 S 一侧为萃取相部分。由于联结线通常都有一定的斜率,因而临界混溶点一般并不在溶解度曲线的顶点。临界混溶点由实验测得的,仅当已知的联结线很短即共轭相接近临界混溶点时,才可用外延辅助曲线的方法确定临界混溶点。

一定温度下的三元物系溶解度曲线、联结线、辅助曲线及临界混溶点的数据都是由实验测得的,也可从手册或有关专著中查得。

3. 分配系数和分配曲线

1) 分配系数

一定温度下,某组分在互相平衡的 E 相与 R 相中的组成之比称为该组分的分配系数,以 K 表示,即

溶质 A

$$K_A = \frac{y_A}{x_A} \tag{9-8}$$

稀释剂 B

$$K_B = \frac{y_B}{x_B} \tag{9-9}$$

式中,y_A、y_B 分别为组分 A、B 在 E 相中的质量分数;x_A、x_B 分别为组分 A、B 在 R 相中的质量分数;K_A 为分配系数。

分配系数 K_A 表示溶质在两个平衡液相中的分配关系。K_A 值越大,萃取分离的效果越好。通常情况下,组分 A 在萃取剂中的溶解度大于稀释剂中的溶解度,因此 $K_A > 1$。对于部分互溶物系,K_A 值与联结线的斜率有关。同一物系,其值随温度和组成而变。一定温度下,仅当溶质组成范围变化不大时,K_A 值才可视为常数。

对于萃取剂 S 与稀释剂 B 互不相溶的物系,溶质在两液相中的分配系数与吸收中的类似,即

$$Y = KX \tag{9-10}$$

式中,Y 为萃取相 E 中溶质 A 的质量分数;X 为萃余相 R 中溶质 A 的质量分数;K 为相组成以质量比表示时的分配系数。

2) 分配曲线

由相律可知,温度、压力一定时,三组分体系两液相呈平衡时,自由度为 1。因此只要已知任一平衡液相中的任一组分的组成,则其他组分的组成及其共轭相的组成就为确定值。换言之,当温度、压力一定时,组分 A 在两平衡液相间的平衡关系如下:

$$y_A = f(x_A) \tag{9-11}$$

式中,y_A 为萃取相 E 中组分 A 的质量分数;x_A 为萃余相 R 中组分 A 的质量分数。

9.1.3　萃取操作流程和计算

在分级式接触萃取过程计算中,无论是单级还是多级萃取操作,均假设各级为理论级,即离开每级的 E 相和 R 相互为平衡。萃取操作中的理论级概念和蒸馏中的理论塔板相当。求

出理论级数后可与基于质量传递速度的级效率相关联,确定出所需的实际级数。萃取过程基本为等温过程,所以其计算过程的主要关联式是相平衡关系和物料衡算式。

1. 单级萃取

单级萃取流程操作如图 9-1 所示,操作可以连续,也可以间歇。间歇操作时,各股物料的量以 kg 表示,连续操作时,用 kg/h 表示。为了简便起见,萃取相组成 y 及萃余相组成 x 的下标只标注了相应流股的符号,而不注明组分符号,以后不再说明。

在单级萃取操作图解计算中(图 9-9),依物系的平衡数据绘出溶解度曲线和辅助曲线,根据 x_F 及 x_R 确定 F 点及 R 点,过 R 点借助辅助曲线作联结线与 FS 线交于 M 点,与溶解度曲线交于 E 点。分别连接 SE、SR 交 AB 于 E' 和 R',则图中 E' 及 R' 为 E 相及 R 相中脱除全部溶剂后的萃取液及萃余液组成坐标点,各流股组成可从图中相应点直接读出。

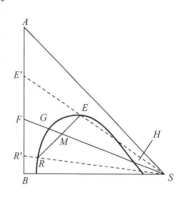

图 9-9 单级萃取操作图解

根据总物料衡算得

$$F+S=E+R=M \tag{9-12}$$
$$F=E'+R' \tag{9-13}$$

式中,S、E 和 E' 的量可根据前述杠杆规则求得,也可由下述物料衡算方法求得。若对组分 A 作物料衡算得

$$Fx_F+Sx_S=Ey_E+Rx_R=Mx_M \tag{9-14}$$

联立式(9-12)和式(9-14)并整理得

$$E=M\frac{x_M-x_R}{y_E-x_R} \tag{9-15}$$

同理,对 E' 和 R' 中的组分 A 作衡算,可得

$$Fx_F=E'x_{R'}+R'y_{F'} \tag{9-16}$$

联立式(9-13)和式(9-14)并整理得

$$E'=F\frac{x_M-x_{R'}}{y_{E'}-x_{R'}} \tag{9-17}$$

2. 多级萃取

1) 多级错流萃取

对于这种体系,一般采用三角形相图图解法求出所需理论级数及萃取剂总量。图 9-10 表示了萃取剂与稀释剂部分互溶体系的图解过程。

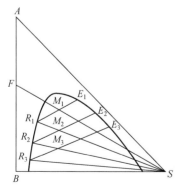

图 9-10 多级错流萃取操作图解

由已知的平衡数据在等腰直角三角形坐标图中绘出溶解度曲线及辅助曲线,并在此相图上标出 F 点,如图 9-10 所示。连接点 F、S 得 FS 线,根据 F、S 的量,依杠杆规则在 FS 线上确定混合物系点 M_1 的联结线 E_1R_1,相应的萃取相 E_1 和萃余相 R_1 即为第一个理论级分离的结果。以 R_1 为原料液,加入新鲜萃取剂 S(此处假定 $S_1=S_2=S_3=S$ 且 $y_A=0$),依杠杆规则找出二者混合点 M_2,按以上类似的方法可以得到 E_2 和 R_2,此即第二个理论级分离的结果。依此类推,直至某级萃余相中溶质的组成等于或小于规定的 x_R 组成为止,重复作出的联结线数目即为所需的理论级数。

多级错流萃取的总溶剂用量为各级溶剂用量之和,原则上各级溶剂用量可以相等也可以不等。但根据实践发现,当各级溶剂用量相等时,达到一定的分离程度所需的总溶剂用量最少,因此在多级错流萃取操作中,一般各级溶剂用量均相等。

2) 多级逆流萃取

多级逆流萃取过程的理论级数同样可以采用图解法进行求取,如图 9-11 所示。

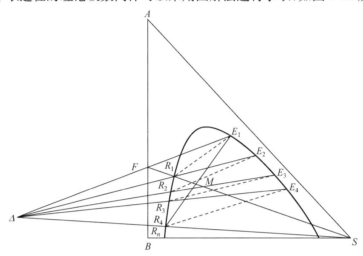

图 9-11 多级逆流萃取操作图解

根据原料和萃取剂的组成,在图 9-11 上定出点 F、S(图中是采用纯溶剂),再由溶剂比 S/F 依杠杆规则在 FS 连线上定出和点 M 的位置。要注意,在多级逆流萃取操作中,S 与 F 并没有直接发生混合,此处的和点 M 并不代表任何萃取级的物系点。

由规定的最终萃余相组成在图上定出点 R_n,连接点 M 和点 R_n 并延长与溶解度曲线交于点 E_1,此点即为最终萃取相组成点。在此应注意,R_nE_1 也不是联结线。

根据杠杆规则,计算最终萃取相和萃余相的流量,即

$$E_1 = M\frac{\overline{MR_n}}{\overline{R_nE_1}} \tag{9-18}$$

$$R_n = M - E_1 \tag{9-19}$$

式中

$$M = F + S \tag{9-20}$$

应用相平衡关系与物料衡算,用图解法求理论级数。

在图 9-11 所示的第 1 级与第 n 级之间作总物料衡算得

$$F + S = R_n + E_1 \tag{9-21}$$

对第 1 级作总物料衡算得

$$F + E_2 = R_1 + E_1 \qquad 或 \qquad F - E_1 = R_1 - E_2$$

对第 2 级作总物料衡算得

$$R_1 + E_3 = R_2 + E_2 \qquad 或 \qquad R_1 - E_2 = R_2 - E_3$$

依此类推,对第 n 级作总物料衡算得

$$R_{n-1} + S = R_n + E_n \qquad 或 \qquad R_{n-1} - E_n = R_n - S$$

由以上各式可得

$$F - E_1 = R_1 - E_2 = R_2 - E_3 = \cdots = R_i - E_{i+1} = \cdots = R_{n-1} - E_n = R_n - S = \Delta \tag{9-22}$$

　　式(9-22)表明离开每一级的萃余相流量 R_i 与进入该级的萃取相流量 E_{i+1} 之差为常数,以 Δ 表示。Δ 为一虚拟量,可视为通过每一级的"净流量",其组成也可在三角形相图上用某点(Δ 点)表示。显然,Δ 点分别为 F 与 E_1,R_1 与 E_2,R_2 与 E_3,$\cdots$,R_{n-1} 与 E_n,R_n 与 S 诸流股的差点,根据杠杆规则,连接点 R_i、E_{i+1}、Δ 的连线为多级逆流萃取的操作线,Δ 点称为操作点。根据理论级的假设,离开每一级的萃取相 E_i 与萃余相 R_i 互成平衡,因此 E_i 和 R_i 应位于联结线的两端。据此,就可以根据联结线与操作线的关系,方便地进行逐级计算以确定理论级数。首先作 F 与 E_1、R_n 与 S 的连线,并延长使其相交,交点即为点 Δ,然后由点 E_1 作联结线与溶解度曲线交于点 R_1,作 R_1 与 Δ 的连线并延长使之与溶解度曲线交于点 E_2,再由点 E_2 作联结线得点 R_2,连 R_2、Δ 并延长使之与溶解度曲线交于点 E_3,这样交替地应用操作线和平衡线(溶解度曲线)直至萃余相的组成小于或等于所规定的数值为止,重复作出的联结线数目即为所求的理论级数。

　　点 Δ 的位置与物系联结线的斜率、原料液的流量及组成、最终萃余相组成等有关,可能位于三角形相图的左侧,也可能位于三角形相图的右侧。若其他条件一定,则点 Δ 的位置由溶剂比决定;当 S/F 较小时,点 Δ 在三角形相图的左侧,R 为和点;当 S/F 较大时,点 Δ 在三角形相图的右侧,E 为和点。

9.2　超临界流体萃取技术

9.2.1　超临界流体萃取技术的发展与特点

1. 超临界流体萃取技术的发展

　　超临界流体是指温度和压力均超过临界点的流体。一般来说,温度只需高于临界值,而压力只需低于物质转变成固相的极限值,就被认为是超临界流体。超临界流体的性质介于气体性质和液体性质之间。在众多的性质当中,超临界流体的密度及其溶解能力更接近于液体的性质,而其动力学性质,如黏度、扩散系数和表面张力则更接近于气体的性质。超临界流体的显著特点是其大多数性质(如密度和溶解能力等)都会随温度和压力的微小变化而发生明显的改变。超临界流体同时具有的类似气体和液体性质的双重特性,以及其性质的可调性,使其作为溶剂介质在化学反应和萃取过程中的应用前景非常广泛。

　　超临界流体具有选择性溶解物质的能力,且该能力具有简单的可调性。因此超临界流体可从混合物中选择性地溶解其中的某些组分,再通过升温、降压或吸附等手段将其分离析出。

　　1978 年,二氧化碳超临界萃取工业化装置于德国首次应用于从咖啡豆脱除咖啡因。同年在德国首次召开"超临界流体萃取"国际会议,从基础理论、工艺过程和设备等方面讨论了该项新技术。当时超临界流体萃取主要应用在高附加值、热敏性、难分离物质的回收和微量杂质的脱除等领域,同时在天然产物提取和生物技术领域也发挥了一定作用。20 世纪 80 年代以来,超临界的应用范围进一步拓展,已经涉及食品、香料、医药和化工等领域,并已取得一系列工业应用成果,超临界二氧化碳流体萃取技术已广泛应用于香精、香辛料的提取。

　　常用的超临界流体有二氧化碳、乙烯、乙烷、丙烯、丙烷和氨等,其中以二氧化碳最受关注。超临界二氧化碳具有一系列优点,如密度大,溶解能力强,传质速率高;临界压力适中,临界温度 31℃,分离过程可在接近室温条件下进行;便宜易得、无毒、惰性且极易从萃取产物中分离出来等,当前绝大部分超临界流体萃取都以二氧化碳为溶剂。

2. 超临界流体萃取技术的特点

　　现将超临界萃取的主要特点总结如下:

（1）萃取效率高，过程易于调节。超临界流体兼具气体和液体特性，既有液体的溶解能力，又有气体良好的流动和传递性能。另外，在临界点附近，压力和温度的微小变化有可能显著改变流体溶解能力，控制分离过程。

（2）超临界萃取过程具有萃取和精馏的双重特性，可分离一些较难分离的物质。

（3）分离工艺流程简单。超临界萃取由萃取器和分离器两部分组成，不需要溶剂回收设备，与传统分离工艺流程相比不但流程简化，而且节省能耗。

（4）分离过程有可能在接近室温下完成，特别适用于提取或精制热敏性、易氧化物质。

（5）必须在高压下操作，设备及工艺技术要求高，投资比较大。

9.2.2　超临界流体萃取与液液萃取的比较

超临界流体萃取是用超过临界温度、临界压力状态下的流体作为溶剂，萃取待分离混合物中的溶质，然后采用等温变压或等压变温等方法，将溶剂与溶质分离的单元操作。

图 9-12 所示为 CO_2-CH_3CH_2OH-H_2O 物系的三角相图。可以看到，超临界萃取具有与一般液液萃取类似的相平衡体系，属于平衡分离过程。两者的比较见表 9-1。

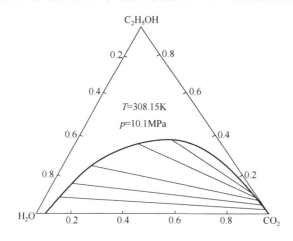

图 9-12　CO_2-CH_3CH_2OH-H_2O 物系的相平衡

表 9-1　超临界流体萃取和液液萃取的比较

序号	超临界流体萃取	液液萃取
1	挥发性小的物质在流体中选择性溶解而被萃出，形成超临界流体相	溶剂加到液相混合物中，形成萃取相和萃余相
2	超临界流体的萃取能力主要与其密度有关，选用适当压力、温度对其进行控制	溶剂的萃取能力取决于温度和混合液的组成，与压力的关系不大
3	在高压及临界温度以上操作（二氧化碳在室温 31℃ 操作），对处理热敏性物料有利，在制药、食品和生物工业得到应用	常温、常压操作
4	萃取后的溶质和超临界流体间的分离可用等温下减压、等压下升温两种方法	萃取后的液体混合物通常用蒸馏把溶剂和溶质分开，不利于处理热敏性物质
5	溶质的传质能力强	传质条件远不如超临界流体萃取
6	在多数情况下，溶质在超临界萃取相中的浓度很小，超临界相组成接近纯超临界流体	萃取相为液相，溶质浓度可以很大

1. 超临界流体萃取过程简介

超临界流体萃取过程是由萃取和分离两个阶段组合而成的。在萃取阶段,超临界流体将所需组分从原料中提取出来。在分离阶段,通过变化某个参数或其他方法,使萃取组分从超临界流体中分离出来,并使萃取剂循环使用。根据分离方法的不同,可以把超临界流体萃取流程分为等温法、等压法和吸附吸收法三类。

图 9-13 所示为超临界二氧化碳萃取的等温降压流程示意图。被萃取原料加入萃取器,采用二氧化碳为超临界溶剂。二氧化碳气体经压缩达到较大溶解度状态(超临界流体状态),然后经萃取器与原料接触。萃取得溶质后,二氧化碳与溶质的混合物经减压阀进入分离器。在较低的压力下,溶质在二氧化碳中的溶解度大大降低,从而分离出来。离开分离器的二氧化碳经压缩后循环使用。

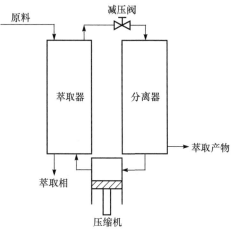

图 9-13 超临界二氧化碳萃取流程示意图

2. 超临界流体萃取的工业应用

1) 超临界流体萃取在石油化工中的应用

图 9-14 所示为渣油超临界萃取脱沥青过程。渣油中主要含有沥青质、树脂质和脱沥青油三种馏分。渣油先进入混合器 M-1 中与经压缩的循环轻烃类超临界溶剂混合,混合物进入分离器 V-1,在 V-1 中加热蒸出溶剂,下部获得沥青质液体,并含有少量溶剂。将此液体经加热器 H-1 加热后送入闪蒸塔 T-1,塔顶蒸出溶剂,从塔底可得液态沥青质。从分离器 V-1 顶部离开的树脂质-脱沥青油-溶剂的混合物经换热器 E-1 与循环溶剂换热升温后,进入分离器 V-2,由于温度升高,从流体中第二次析出液相,其成分主要是树脂质和少量溶剂。将此液体经闪蒸塔 T-2 回收溶剂后,在 T-2 底部获得树脂质。从分离器 V-2 顶部出来的脱沥青油-溶剂混合物经与循环溶剂在换热器 E-4 中换热,再经加热器 H-2 加热,使温度升高到溶剂的临界温度以上,并进入分离器 V-3,大部分溶剂从其顶部出来,经两次热量回收换热后,再用换热器 E-2 调节温度,经压缩后循环使用。分离器 V-2 底部液体经闪蒸塔 T-3 回收溶剂后,从 T-3 底部可获得脱沥青油。

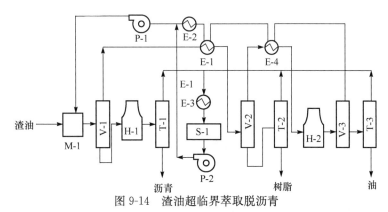

图 9-14 渣油超临界萃取脱沥青

M. 混合器;V. 分离器;H. 加热器;E. 换热器;T. 闪蒸塔;P. 压缩机;S. 储罐

2) 超临界流体萃取在食品方面的应用

超临界流体萃取技术作为一种新型的化工分离技术,在食品加工领域有着广阔的应用前

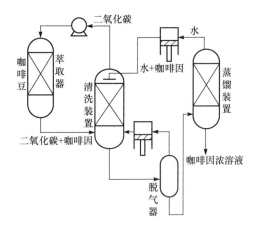

图 9-15　超临界二氧化碳萃取咖啡豆中的咖啡因

景,特别适合于分离精制风味特征物质、热敏性物质和生物活性物质,主要应用于有害成分的脱除、有效成分的提取、食品原料的处理等几个方面。例如,从咖啡、茶中脱咖啡因;啤酒花的萃取;从植物中萃取风味物质;从各种动植物中萃取各种脂肪酸、提取色素;从奶油和鸡蛋中去除胆固醇等。

从咖啡豆中脱除咖啡因是超临界流体萃取的第一个工业化项目,其生产工艺主要有三种,如图 9-15所示。其过程大致为:先用机械法清洗鲜咖啡豆,去除灰尘和杂质;然后加蒸气和水预泡,提高其水分含量达 30%～50%;再将预泡过的咖啡豆装入萃取器,不断往萃取器中送入二氧化碳,直至操作压力达到 16～20MPa,操作温度达到 70～90℃,约 10h 后,所有的咖啡因都被水吸收,该水相经过脱气后进入蒸馏器回收咖啡因。通过萃取,咖啡豆中的咖啡因可以从原来的 0.7%～3%降到 0.02%以下。此工艺也可以用于从茶叶中萃取咖啡因。

9.3　膜分离技术

9.3.1　膜分离技术的基本原理

1. 膜分离技术的工业应用

随着制膜技术的不断发展,膜分离技术逐渐进入工业应用领域。20 世纪 60 年代的海水淡化工程标志着膜分离技术开始大规模使用。目前该技术除大规模用于海水、苦咸水的淡化及纯水、超纯水生产,也应用于食品、医药、生物工程、石油、化工、环保等领域。微滤、超滤、反渗透、电渗析 4 种液体分离膜技术称为第一代膜技术,它们在应用技术上比较成熟。随着气体膜分离和渗透气化等都取得了很多新的进展,20 世纪 70 年代末走上工业应用的气体分离膜技术为第二代膜技术,80 年代开始工业应用的渗透气化为第三代膜技术。作为分离混合物的重要方法,膜分离技术在生产实践中显示出越来越重要的作用。

2. 膜分离过程

膜分离指的是利用固体选择性透过膜的性质,对流体混合物中各组分的选择性渗透,从而分离各个组分的方法。固体选择性透过膜的能力分为两类:一类是借助外界能量,物质发生由低位到高位的流动;另一类是由于本身的化学势差,物质发生由高位到低位的流动。操作推动力可为膜两侧的压力差、浓度差、电位差、温度差等。根据推动力的不同,膜分离过程主要分为以下几种,见表 9-2。

表 9-2　几种主要的膜分离过程

过程	膜及膜孔径	推动力	传递机理	透过物	截留物
微滤 MF	多孔膜 (0.02～10μm)	压差 <0.1MPa	颗粒尺寸的筛分	水、溶剂、溶解物	悬浮物颗粒
超滤 UF	非对称性膜 (1～20nm)	压差 0.1～1MPa	微粒及大分子尺度形状的筛分	水、溶剂、小分子溶解物	胶体大分子、细菌等

续表

过程	膜及膜孔径	推动力	传递机理	透过物	截留物
反渗透 RO	非对称性膜或复合膜（0.1~1nm）	压差 1~10MPa	溶剂和溶质的选择性扩散	水、溶剂	溶质、盐（悬浮物、大分子、离子）
电渗析 ED	离子交换膜（1~10nm）	电位差	电解质离子在电场作用下的选择转移	电解质离子	非电解质溶剂
混合气体分离 GS	多孔膜、非对称性膜 孔径<50nm	浓度差、压差 1~10MPa	气体的选择性扩散渗透	已渗透的气体	难渗透的气体
渗透气化 PVAP	均质膜（孔径<1nm）、复合膜、非对称性膜（孔径0.3~0.5μm）	分压差	气体的选择性扩散渗透	溶液中的易透过组分（蒸气）	溶液中的难透过组分（液体）

膜分离过程的特点如下：

（1）在多数膜分离过程中，组分不发生相变化，能耗较低。

（2）膜分离过程在常温下进行，适用于食品及生物药品的加工。

（3）膜分离过程不仅能除去病毒、细菌等微粒，还能除去溶液中的大分子和无机盐，甚至能分离共沸物、理化性质相似以及沸点相近的组分和热不稳定性组分。

（4）由于推动力为压差或电位差，因此装置简单、操作方便。

3. 膜分离技术的原理

（1）微滤。微滤是以静压差为推动力，利用膜的筛分作用进行分离的膜过程。微孔滤膜具有比较整齐、均匀的多孔结构，在静压差的作用下，小于膜孔的粒子透过滤膜，比膜孔大的粒子则被阻拦在滤膜面上，使大小不同的微粒得以分离，其作用相当于过滤。

（2）超滤。超滤的原理是溶液在压力差的作用下，溶剂和小于膜孔径的溶质由膜透过，而大于膜孔径的溶质则被截留，从而达到溶液的净化、分离和浓缩，如图 9-16 所示。超滤与微滤的区别在于能截留溶解的大分子，与反渗透的不同之处在于所截留的大多为大分子溶质。超滤的 $\Delta\pi$ 较小，因此 Δp 也较小（0.1MPa）。

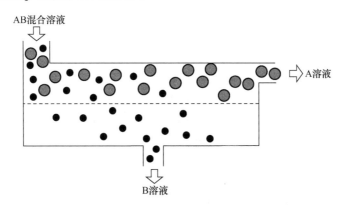

图 9-16　超滤过程示意图

超滤的透过速率可以简单地表示为压差和渗透压差的函数

$$J_V = K_w(\Delta p - \Delta \pi) \tag{9-23}$$

式中，J_V 为透过速率，$kmol/(m^2 \cdot s)$；K_w 为纯溶剂（水）的透过系数，$kmol/(m^2 \cdot s \cdot Pa)$；$\Delta p$ 为膜两侧的压差，Pa；$\Delta \pi$ 为膜两侧溶液的渗透压之差，Pa。透过系数 K_w 的倒数 R_m 称为膜阻，是膜性能的重要参数之一。

超滤过程中大部分溶质在膜表面截留，从而在膜的一侧形成溶质的高浓度区。当过程达到定态时，料液侧膜表面溶液的浓度显著高于主体溶液浓度，甚至形成一层凝胶层，这一现象称为浓差极化。按照式(9-23)，透过速率应该随膜两侧压差增加而增加，但实际过程中，透过速率在压差超过临界压力后与压差不再呈线性关系。透过速率下降的原因除了膜被压实以外，还与膜料液侧的凝胶层阻力有关。此时，膜的透过速率表示为

$$J_V = \frac{\Delta p - \Delta \pi}{R_m + R_c} \tag{9-24}$$

式中，J_V 为透过速率，$kmol/(m^2 \cdot s)$；Δp 为膜两侧的压差，Pa；$\Delta \pi$ 为膜两侧溶液的渗透压之差，Pa；R_m 为膜阻，$m^2 \cdot s \cdot Pa/kmol$；$R_c$ 为附加阻力，$m^2 \cdot s \cdot Pa/kmol$。

（3）反渗透。反渗透是指利用反渗透膜只能选择性地透过溶剂（通常是水）而截留离子物质的性质，以膜两侧静压差为推动力，克服溶剂的渗透压力，使溶剂通过反渗透膜从而实现液体混合物分离的膜过程。用一个半透膜将水和盐水隔开，若初始时水和盐水的液面高度相同，则纯水将透过膜向盐水侧移动，盐水侧的液面将不断升高，这一现象称为渗透，如图 9-17(a)所示。待水的渗透过程达到平衡后，盐水侧液位不再变动，如图 9-17(b)所示，$\rho g h$ 即表示盐水的渗透压力 $\Delta \pi$。若在膜两侧施加压差 Δp，且 $\Delta p > \Delta \pi$，则水将从盐水侧向纯水侧做反向移动，此即为反渗透，如图 9-17(c)所示。这样，可利用反渗透现象截留盐（溶质）而获取纯水（溶剂），达到混合物分离的目的。

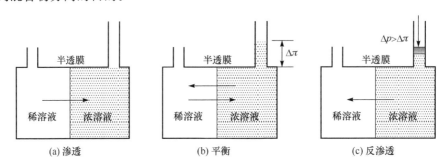

图 9-17　渗透与反渗透示意图

反渗透膜主要由醋酸纤维、聚酰胺等材料制得，主要用于除去溶液中的小分子盐类。它对溶质的截留机理并非按尺度大小的筛分作用，膜对溶剂（水）和溶质（盐）的选择性（以水为例）是由于水和膜之间存在各种亲和力使水分子优先吸附、结合或溶解于膜表面，且水比溶质具有更大的扩散速率，因而易于在膜中扩散透过。

与超滤过程类似，反渗透过程也会发生浓差极化现象。此时，溶质将会反向扩散进入料液主体。

（4）电渗析。电渗析是利用离子交换膜和直流电场的作用，从水溶液和其他不带电组分中分离带电离子组分的一种电化学分离过程。其工作原理如图 9-18 所示，在阴阳两电极间交替放置着阴膜和阳膜，待净化的原水（如 NaCl 水溶液）进入两膜之间所形成的隔室（浓缩室和淡化室）中，在电场的作用下，脱盐室中的 Na^+ 向阴极方向移动，穿过阳膜进入左侧的浓缩室。

Cl⁻ 则向阳极方向移动，穿过阴膜进入右侧的浓缩室。在浓缩室中的 Na⁺ 和 Cl⁻ 则分别被阴膜和阳膜阻拦无法进入淡化室。由此，淡化室中原水被淡化，浓缩室中盐浓度增加。

离子交换膜被誉为电渗析的"心脏"，是一种膜状的离子交换树脂，用高分子化合物为基膜，在其分子链上接引一些可电离的活性基团，按膜中所含活性基团的种类可分为阳离子交换膜、阴离子交换膜和特殊离子交换膜三大类。最常见的膜材料为聚乙烯、聚丙烯和聚氯乙烯等苯乙烯接枝聚合物。性能最好的是用全氟磺酸、全氟羧酸型膜材料制成的离子交换膜。

目前电渗析技术已发展成一个大规模的化工单元过程，在膜分离领域占有重要地位，广泛用于苦咸水脱盐，在某些地区已成为饮用水的主要生产方法。随着具有更好的选择性、低电阻、热稳定性、化学稳定性及机械性能的新型离子交换膜的出现，电渗析在食品、医药和化工领域将具有广阔的应用前景。

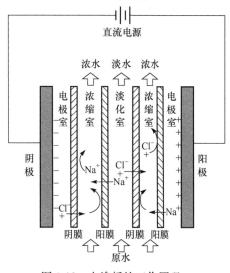

图 9-18　电渗析的工作原理

（5）气体分离膜。气体分离膜的基本原理是根据混合气体中各组分在压力的推动下透过膜的传递速率不同，使气体混合物中的各组分得以分离或富集。

气体分离膜按照结构可分为对称膜和非对称膜、多孔膜和均质膜。对不同结构的膜，气体通过膜的传递扩散方式不同，因而分离机理也各异。多孔膜一般由无机陶瓷、金属或高分子材料制成，其孔径必须小于气体的分子平均自由程，一般孔径在 50nm 以下。均质膜由高分子材料制成。气体组分首先溶解于膜的高压侧表面，通过液体内部的分子扩散移到膜的低压侧表面，然后解吸进入气相，因此，这种膜的分离机理是利用各组分在膜中溶解度和扩散系数的差异。非对称膜则是以多孔底层为支撑体，其表面覆以均质膜构成。

（6）渗透气化。渗透气化也称渗透蒸发，是利用液体混合物中组分在膜两侧的蒸气分压的不同，首先选择性溶解在膜料一侧表面，再以不同的速率扩散透过膜，最后在膜的透过侧表面气化、解吸，从而实现分离的过程。膜的渗透速率和分离因子是表征渗透气化膜分离性能的主要参数，它与膜的物化性质和结构有关，还与分离体系及过程操作参数（温度、压力等）有关。

20 世纪 80 年代以来，对渗透气化过程进行了比较广泛的研究。用渗透气化法分离工业乙醇制取无水乙醇已经实现工业化，并在其他共沸体系的分离中也展示了良好的发展前景。无机膜中分子筛膜用于渗透气化的过程已有少量工业应用，预计渗透气化与气体膜分离可能成为 21 世纪化工分离过程中的重要技术。

9.3.2　分离用膜

1. 对膜的基本要求

膜分离的效果主要取决于膜本身的性能，膜材料的化学性质和膜的结构对膜分离的性能起着决定性影响，而膜材料及膜的制备是膜分离技术发展的制约因素。膜的性能包括物化稳定性及膜的分离透过性两个方面。首先要求膜的分离透过性好，通常用膜的截留率、透过通量（速率）、截留相对分子质量等参数表示。不同的膜分离过程，习惯上使用不同的参数以表示膜的分离透过性。

（1）截留率。对于反渗透过程,通常用截留率表示其分离性能。它是指截留物浓度与料液主体浓度之比。截留率越小,说明膜的分离透过性越好。

（2）透过通量(速率)。透过通量(速率)指单位时间、单位膜面积的透过物量,常用单位为 $kmol/(m^2 \cdot s)$。由于操作过程中膜的压密、堵塞等多种原因,膜的透过速率将随时间增长而衰减。

（3）截留相对分子质量。在超滤中,通常用截留相对分子质量表示其分离性能。当分离溶液中的大分子物质时,截留物的相对分子质量在一定程度上反映膜孔的大小。但是通常多孔膜的孔径大小不一,截留物的相对分子质量将分布在某一范围内。所以,一般取截留率为90％的物质的相对分子质量称为膜的截留相对分子质量。

截留率大、截留相对分子质量小的膜往往透过通量低。因此,在选择膜时首先需在两者之间权衡,其次要求分离用膜要有足够的机械强度和化学稳定性。

（4）分离因数。对于气体分离和渗透气化过程,通常用分离因数表示各组分透过的选择性。对于含有 A、B 两组分的混合物,分离因数 α_{AB} 定义为

$$\alpha_{AB} = \frac{y_A}{y_B} \cdot \frac{x_B}{x_A} \tag{9-25}$$

式中,x_A、x_B 分别为原料中组分 A、组分 B 的摩尔分数;y_A、y_B 分别为透过物中组分 A、组分 B 的摩尔分数。

通常用组分 A 表示透过速率大的组分,因此 α_{AB} 的数值大于1。分离因数的大小反映该体系分离的难易程度,α_{AB} 越大,表明两组分的透过速率相差越大,膜的选择性越好,分离程度越高;α_{AB} 等于1,则表明膜没有分离能力。

膜的分离性能主要取决于膜材料的化学特性和分离膜的形态结构,同时也与膜分离过程的一些操作条件有关。该性能对分离效果、操作能耗都有决定性的影响。

2. 膜的种类

由于膜的种类和功能繁多,分类方法有多种。按膜的形态结构分类,将分离膜分为对称膜和非对称膜两类。

（1）对称膜。对称膜又称均质膜,是一种均匀的薄膜,膜两侧截面的结构及形态完全相同,包括致密的无孔膜和对称的多孔膜两种。一般对称膜的厚度为 $10\sim200\mu m$,传质阻力由膜的总厚度决定,降低膜的厚度可以提高透过速率。

（2）非对称膜。非对称膜的横截面具有不对称结构。一体化非对称膜是用同种材料制备、由厚度为 $0.1\sim0.5\mu m$ 的致密皮层和 $50\sim150\mu m$ 的多孔支撑层构成,其支撑层结构具有一定的强度,在较高的压力下也不会引起很大的形变。也可在多孔支撑层上覆盖一层不同材料的致密皮层构成复合膜。显然,复合膜也是一种非对称膜。对于复合膜,可优选不同的膜材料制备致密皮层与多孔支撑层,使每一层独立地发挥最大作用。非对称膜的分离主要或完全由很薄的皮层完成,传质阻力小,其透过速率较对称膜高得多,因此非对称膜在工业上应用十分广泛。

9.3.3 膜分离设备

将膜按一定的技术要求组装在一起即成为膜组件,它是所有膜分离装置的核心部件,其基本要素包括膜、膜的支撑体或连接物、流体通道、密封件、壳体及外接口等。将膜组件与泵、过滤器、阀、仪表及管路等按一定的技术要求装配在一起,即成为膜分离设备。常见的膜组件有板框式、螺旋卷式、管式和中空纤维膜组件,如图 9-19 所示。

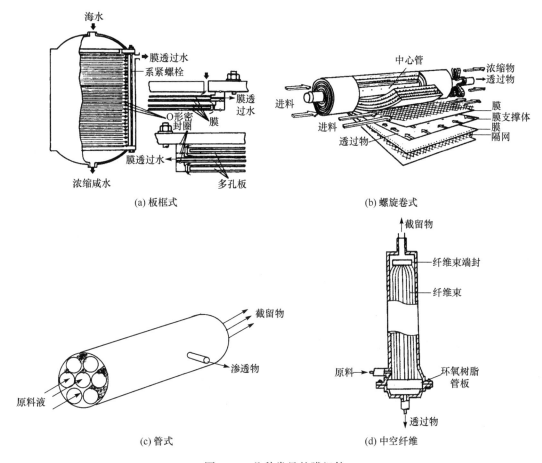

图 9-19 几种常见的膜组件

虽然板框式组件造价高、填充密度也不很大,但在工业膜过程中应用较广。螺旋卷式膜组件由于它的低造价和良好的抗污染性能也被广泛采用。中空纤维膜组件由于具有很高的填充密度和低造价,在膜污染小和不需要进行膜清洗的场合应用普遍。

9.4 层 析 技 术

层析技术又称色谱技术、层离技术等,是一组相关技术的总称。层析技术具有分离精度高、设备简单、操作方便等优点,是当前获得高纯度产物最有效的分离纯化技术。根据使用目的不同,层析技术分为制备层析技术和分析层析技术,前者以获得高纯度的产物为目的,后者以分析物质的含量、结构和性质为目的。

9.4.1 概述

层析技术是一种利用混合物中各个组分物理化学性质的差异,使各组分按照不同比例分布在两相中而进行分离的方法。层析分离的机制多种多样,但无论哪种方法都必须包括两个相:一相是固定相,通常为表面积很大的或多孔性固体;另一相是流动相,为液体或气体。当流动相流过固定相时,由于物质在两相间的分配情况不同,经过多次差别分配而达到分离。

根据分离机理的不同,层析法可分为以下几种:

（1）吸附层析。吸附层析是混合物随流动相通过固定相时,依据固定相对混合物中各种组分的吸附能力不同而使混合物分离的层析方法。

（2）分子筛层析。分子筛层析也称凝胶过滤层析,是以凝胶为固定相,依据各种组分的分子大小和形状不同对混合物进行分离的层析方法。

（3）离子交换层析。离子交换层析是依据混合物中各种组分在一定条件下带电荷种类、数量及电荷的分布不同,在离子交换层析时按结合力由弱到强的顺序被洗脱下来得以分离的层析方法。

（4）疏水层析。疏水层析是利用溶质分子的疏水性质差异,与固定相间疏水相互作用的强弱不同从而实现分离的层析方法。

（5）亲和层析。亲和层析是利用偶联亲和配基的亲和吸附介质为固定相吸附目标产物,使目标产物得以分离纯化的层析方法。

此外,层析根据固定相所处状态不同,可分为柱层析、纸层析、薄层层析等;根据流动相的不同,又可分为气相层析(流动相为气相)、液相层析(流动相为液相)、超临界流体层析(流动相为超临界流体)等。工业生产上的制备层析一般都是以液相为流动相的柱层析。

制备层析与分析层析比较,虽然分离机理相同,但也存在以下主要差别:

（1）目的不同。分析层析需要全面反映样品组成的信息,不需要收集特定的馏分,洗脱液通常废弃;而制备层析中,目标产物的纯度、产量、生产周期、运行成本等成为主要的考虑因素。

（2）灵敏度不同。分析层析的灵敏度一般要求高,大于制备层析。

（3）上样方式不同。分析层析大部分采用一次性上样,而制备层析大多采用连续阶段性上样。

（4）流速不同。分析层析的流速变化范围小,而制备层析的流速变化较大。

（5）柱效不同。分析层析对于柱效要求高,高于制备层析。

（6）层析剂使用方法不同。目前分析用的层析柱基本都是厂家预先装好的,而且由于柱压要求高,一般用金属材料的柱。这种柱一旦柱效低到一定程度时就不能再用,无法恢复。制备型的柱子一般是使用者自行安装,可反复拆卸和及时清理。

（7）上样量不同。分析层析的上样量很小,一般为几十微升到几百微升;而制备层析样品量范围可根据产物、产量、柱层析的类型从几十毫升到几百升,甚至更多。

（8）操作要求不同。分析层析更多是保护层析柱不出问题,所以对于缓冲液的排气等有严格要求,上样时对于操作的手法要求较高;制备层析更多是保证样品尽量少的损失,对于温度、设备各种条件的正常运行,尤其是样品的回收十分重要。

（9）环境要求不同。分析层析对于环境没有严格的要求,只要在洁净区即可;但由于生物样品的无菌要求或对于微生物限度的要求,因此制备层析要求环境在清洁级,而且制备层析大部分是处于产品的精制纯化阶段,对于内毒素的控制十分重要,一般设在万级或十万级。

9.4.2 层析的基本理论

9.4.2.1 层析基本过程

层析是根据混合物中溶质在固定相和流动相中分配行为的差异而进行分离。固定相填充于柱中,将欲分离的混合物加入层析柱中(一般从上部加入)使其流入柱内,然后加入洗脱剂(流动相)冲洗,由于各组分与固定相的亲和力(吸附力、流动阻力、静电引力、疏水作用、特异性化学作用等)不同,各组分随流动相移动的速率不同,经过一定的柱长后,各组分在层析柱内分层,亲和力小的最先流出,亲和力大的最后流出。流出的组分经过检测后分步收集。层析系统的基本组成及从柱中分离出组分的检测如图 9-20 所示。

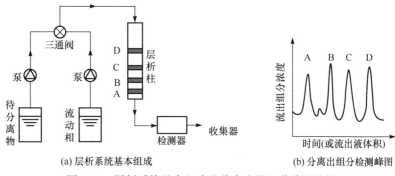

(a) 层析系统基本组成　　　　　　　　(b) 分离出组分检测峰图

图 9-20　层析系统基本组成及分离出的组分检测峰图

A、B、C、D 分别表示料液中有四种溶质组分

在一定的层析条件(定温、定压、一定流速等)下,当组分流过固定相并达到平衡状态时,某组分在固定相和流动相的浓度之比称为分配系数,即

$$K = c_s / c_m \tag{9-26}$$

式中,c_s 和 c_m 分别为组分在固定相和流动相中的浓度;K 为分配系数,与温度、压力以及组分和流动相、固定相的性质有关。各组分的差异越大,层析分离效果越理想。

9.4.2.2　层析基本概念和常用参数

料液中各组分经层析柱分离后,随流动相依次流出层析柱进入检测器,检测器的响应信号-时间曲线或检测器的响应信号-流出体积曲线称为层析流出曲线又称层析图(图 9-21)。层析图的纵坐标为检测器的响应信号,横坐标为时间或流动相流出体积。

1. **体积、时间**

(1) 总柱床体积(V_t)。总柱床体积是层析剂经溶胀、装柱、沉降,体积稳定后所占据层析柱的总体积。

(2) 洗脱体积(V_a)。洗脱体积是指从洗脱开始,从柱顶部到底部的洗脱液中某一成分的浓度达到最大值(洗脱峰最高)时的流动相体积。

(3) 外水体积(V_e)。外水体积是柱中层析剂颗粒间隙的液相体积总和。

(4) 内水体积(V_i)。内水体积是溶胀后的层析剂颗粒网孔中的液相体积总和。

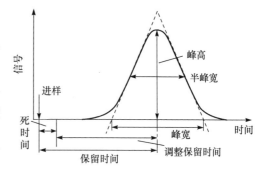

图 9-21　层析图

(5) 基质体积(V_e')。基质体积又称支持物基质体积或干胶体积,是层析剂基质颗粒骨架所占的体积。

(6) 死体积(V_m)。死体积是指不被层析柱层析剂滞留的惰性组分,从开始洗脱到柱出口出现浓度最大值时流出的流动相体积,其值等于外水体积加内水体积。

(7) 洗脱时间(或保留时间)(t_r)。洗脱时间是指从洗脱开始,某一成分从柱顶部到底部的洗脱液中出现浓度达到最大值(洗脱峰最高点)时的时间。

(8) 死时间(t_m)。死时间是指不被层析柱层析剂滞留的惰性组分,从开始洗脱到柱出口出现浓度最大值所需的时间,其值等于流动相流过层析柱所需的时间。

(9) 调整保留时间($t_r - t_m$)。调整保留时间是指组分保留时间减去死时间的值。

2. 峰高、峰面积和峰宽

(1) 峰高(h)。层析峰顶点与峰底之间的垂直距离称为峰高。

(2) 峰宽(W)和半峰宽($W_{h/2}$)。峰宽是通过层析峰的拐点作切线在峰底部的截距。半峰宽是洗脱峰高一半时的宽度。

(3) 峰面积(A)。峰和峰底之间的面积称为峰面积。

3. 层析柱的分离度

分离度(R)又称分辨率,是相邻两个洗脱峰保留时间之差的 2 倍与层析峰峰宽之和的比值

$$R = \frac{2(t_{r1} - t_{r2})}{W_1 + W_2} \tag{9-27}$$

式中,t_{r1}、t_{r2} 分别为洗脱峰 1、洗脱峰 2 的保留时间,s;W_1、W_2 分别为洗脱峰 1、峰 2 的峰宽,s。$R < 1$ 时,两峰部分重叠;$R = 1$ 时,两峰有 98% 的分离;$R = 1.5$ 时,两峰分离程度达到 99.7%。因此,一般用 $R = 1.5$ 作为两种组分完全分离的标志。

4. 流速的表示法

层析时的流速有两种表示方法:线性流速(cm/h)和体积流速(cm^3/min)。通常在讨论离子交换剂的流速特性和动力学时采用的是线性流速。实际操作时通过泵来控制体积流速。二者的换算关系为:体积流速(cm^3/min)=线性流速(cm/h)×层析柱截面积(cm^2)/60。在放大过程中应保持线性流速不变,而体积流速将随层析柱截面积的增大而增加。

5. 柱效

人们在使用柱层析技术的过程中,发现用一定条件下层析柱洗脱峰的某些特性可以比较准确地评估层析柱的填充好坏及其分离效果即柱效,随后逐渐形成了塔板理论。柱效是表达层析柱性能的重要参数,可用理论塔板数 N 和理论塔板高度 H 来衡量。其计算公式为

$$N = 5.54 (t_r / W_{h/2})^2 \tag{9-28}$$
$$H = L / N \tag{9-29}$$

式中,N 为理论塔板数;t_r 为组分的洗脱时间,s;$W_{h/2}$ 为半峰宽,s;H 为理论塔板高度,m;L 为柱长,m。

理论塔板数越大或理论塔板高度越小,说明层析柱分离效率越高。

9.4.2.3 柱层析操作技术

各种柱层析操作流程大同小异,主要包括层析剂选择、装柱、上样、洗脱、检测、收集、层析剂再生和保存等步骤。

首先根据被分离组分的物理性质、化学性质及处理规模,选择合适的层析技术和相应的层析剂。不同存在形式的层析剂处理的方法不同:

(1) 如果层析剂以预装柱形式存在,则预装柱经平衡后可直接加样。

(2) 如果购回的层析剂以固液悬浮(层析剂已保存在适当的液体储存剂中)形式存在,使用前应静置使介质沉降于容器底部,倾去上清液,添加平衡液(平衡已装好的层析柱所用的溶液),置换去除储存剂,搅匀后即可装柱。

(3) 如果层析剂是以固态干粉形式出售的,在使用前需要先进行充分溶胀(用水或平衡液),静置沉降分层后用倾析法去除液面上悬浮的细小层析剂颗粒,然后装柱。必要时,在装柱

前可将溶胀好的悬液放置在真空容器中进行脱气,以防装柱后层析柱内产生气泡。相关的溶胀用溶剂比例、时间等数据可以在相应的产品说明书中查到。实际操作时,考虑到计算值会存在偏差以及操作中会有一定的损失,称取的层析剂应当比计算值略有放大。

1. 装柱

1)层析柱安装

根据生产规模和层析类型选择合适的层析柱(层析柱材料、长径比等),洗涤干净后,将柱固定在层析台上,检查层析柱是否渗漏,并保证层析柱安装垂直(用水平仪调整垂直和水平两个方向)。

目前市售的层析柱大致分为两类:一类是传统的层析柱,柱两端的接头位置是固定的,装柱时拧紧下端,将介质填充至近上口部分,在平衡和层析时填料(层析剂或称介质)床上方都需保留一段水柱,防止洗脱剂从上口流入时对填料床产生扰动,这类层析柱加样时需拧开上口手工加样;另一类是带有可移动接头的层析柱,柱两端的接头位置均可调整,装柱时先固定下端接头,加入所需体积的填料后稍等片刻,等上方出现一层清液面后接入上端接头并拧紧,在拧紧过程中填料床上方多余的液体从接头上连接的管子中流出,装柱完成后柱内形成一段连续的填料床,与预装柱相似,这类层析柱加样时不需拧开接头,而是通过注射器或泵进样,可实现自动操作。后一类层析柱可以与成套的分离纯化装置相连。层析柱材料有玻璃柱和不锈钢金属柱两种,前者主要用于小规模制备,后者多用于大规模生产中。另外,如果所分离的组分有温度控制要求,也可选择带夹套的柱,以保证在层析操作过程中温度恒定。

2)填充填料(层析剂)

装柱对于任何层析技术都是一个重要环节,装柱质量的好坏直接影响分离效果,填充不好的层析柱会导致柱床内液体流动不均匀,造成区带扩散,从而大大影响分辨率,也会对层析流速产生影响。

装柱过程应避免在通风和日光直晒的环境中进行,介质如保存在低温环境中,最好应先放到与柱的环境温度一样的环境下一段时间,避免由于温差引起气泡。

装柱之前应先在柱上端加上装填漏斗,用平衡液将层析柱底部死空间的空气排空。具体操作可将柱上端接头连接恒流泵,从层析柱上端泵入洗脱剂,直至柱中可以看到少量液体为止,如果是短小的柱可手工用吸管先加入水,再抽出水时将网下的空气抽出排净。

将装填的介质调至合适的浓度,如介质太稠,在装柱时易有气泡产生;而介质太稀,则填充过程无法一次性完成,需要等过多的液体从柱下端流出后才能继续注入介质,否则很容易在柱中形成多个界面,造成很差的填充效果。

将介质悬液轻微搅拌混匀,利用玻璃棒引流(避免湍流),尽可能一次性将介质倾入层析柱,注意液体应沿着柱内壁流下,防止气泡产生。

如果当介质沉降后发现柱床高度不够,需要再次向柱内补加介质时,应当将已沉降表面轻轻搅起,然后再次倾入,防止两次倾注时产生界面。如果填充完发现柱床内有不连续的界面,应将介质重新装柱。

介质倾注完毕后应关闭柱下端出口,静置等待介质完全沉降,卸下装填漏斗。对上述传统层析柱,在床面上端留下一段液柱,然后拧紧上端接头(上端加盖头时,盖头要与水平面相倾斜,以防止外部气泡进入)。对于带有可调接头的层析柱,小心地插入上端接头并排出床面上多余的液体。在装柱时必须参照所用介质的耐压值,严格控制床高和流速。

3）填充质量的评估

装柱完成后,在进行层析之前应当对装柱情况进行检查,简单的方法是将柱子对着亮光,利用透过光检查柱床是否规整,是否有气泡界面存在。进一步的填充质量评估可以通过对有色物质进行层析并观察区带情况来实现,蓝葡聚糖 2000 是最常用的标记物,其相对分子质量在 200 万左右,将其配制成浓度为 3mg/mL 的溶液加样至凝胶柱并进行洗脱。观察有色区带通过凝胶床时的变化情况可以检验填充效果,填充良好的凝胶柱在洗脱时区带保持均匀,平衡地向下移动。有时为了进一步考察层析柱的柱效和分辨率,需要进行柱效的测定。

4）柱的平衡

柱的平衡用平衡液。对于凝胶层析,平衡液就是洗脱剂。平衡的目的是确保层析柱中介质填料网孔和间隙中的液体与洗脱剂在组成、pH 和离子强度等方面达到完全一致,这样在加样和洗脱过程中就能使待分离组分始终在所需的溶液环境中,层析介质也不会再发生胀缩现象,因此有利于目标分子活性的保持和层析行为的稳定。对于其他层析,平衡液一般是溶解样品的溶液。平衡的主要目的是使目的组分与固定相有更好的亲和作用。通常采用 23 个床体积的平衡液通过层析柱来确保其完全达到平衡。平衡过程中因为不受分辨率的限制,可以采用比层析时更快的流速来缩短操作时间,但也应当注意流速不能超过介质标出的最大流速。

2. 加样

1）样品的准备

在层析过程中,对于介质特别是高分辨率介质来说,若要延长其使用寿命,得到好的分离效果,样品溶液中不应有颗粒状物质的存在。因此样品溶液配制后应当经过微滤以去除未溶解颗粒。在使用平均粒度在 90 μm 以上的介质时,使用孔径为 1 μm 的滤膜进行过滤就能够达到要求;在使用平均粒度小于 90 μm 的介质时,应使用孔径为 0.45 μm 的滤膜进行过滤;需要无菌过滤或澄清度特别高的样品时,可使用孔径为 0.22 μm 的滤膜进行过滤。

样品的黏度是影响上样量和分离效果的一个重要方面,高黏性的样品会造成层析过程中区带不稳定及不规则的流型,洗脱峰出现明显的异常,严重影响分辨率,并且这种分辨率的下降并不能通过降低流速而得到缓和。如果样品黏度过高是由浓度造成的,则稀释样品可以达到降低黏度的目的;如果黏度是由样品中核酸等杂质引起的,则可通过添加大分子阳离子聚合物(如聚乙酰亚胺或鱼精蛋白硫酸盐)将其沉淀,或添加核酸内切酶来降低黏度,但这些物质无疑会成为额外的杂质。

2）加样

加样过程是将一定体积的样品添加至层析柱顶端,并使其进入层析柱,依靠重力或泵提供的压力使样品进入床面的过程。

选择样品的量主要依据分离的要求和介质性能等,在不同的层析技术中样品的量差别较大,在以下不同的技术中会分别介绍。

在加样过程中样品溶液应尽可能均匀添加至床面,使样品能够均匀进入。另外要防止液流破坏床面的平整性,否则会造成区带形状变差,洗脱峰变宽,从而对分辨率产生很大影响。

加样的方法有多种,如果采用的是成套液相层析系统,一般都提供标准的加样方法,如通过进样器或注射器等,最终利用泵将样品溶液加入柱床。

对于不带可调接头的传统填充柱,常见的加样方法有排干法和液面下加样法。排干法是最常用的,所需设备最少,但对操作的要求较高。加样前先将层析柱上口和下端阀门拧开,让床面之上的液体靠重力作用自然排干,当床面刚好暴露时将层析柱下端阀门关闭。阀门的关闭时机必须选择恰当,关闭过早床面上仍留有少量液体会对样品产生稀释作用,关闭过晚会导致床面变干。用吸管将样品轻轻铺加到床面上,注意不能破坏床面的平整,以免造成区带的扭曲和倾斜,然后打开柱下端阀门,受重力作用样品溶液进入床面,当样品刚好完全进入时关闭阀门。必要时用少量洗脱剂洗层析柱上端,打开阀门使洗涤液也进入床面,最后用洗脱剂充满层析柱内床面上端空间,拧紧层析柱上口,即可以用恒流泵泵入洗脱剂开始洗脱。液面下加样法则是将层析上口拧开,不排干凝胶床面之上的液体,而是利用带有长针尖的注射器将样品溶液轻轻注入液面上下,使其平铺在床面上,注意采用此方法时样品溶液的密度必须大于介质床面上的液体,这可以通过向样品溶液中添加葡萄糖或其他惰性分子来实现。打开柱下端阀门后,同样依靠重力,样品进入床面,然后拧紧柱上口,即可开始洗脱。

3. 洗脱

当加样完毕并且样品进入层析柱后,应当立即用洗脱剂对样品进行洗脱,以防样品在层析柱中扩散。通常洗脱过程以一个恒定流速进行的方法较少被采用,主要出现在介质是软胶如Sephadex-200 等流速非常小的情况下。多数情况下人们在层析前安装一个泵来有效控制流速。

层析时可采用的最大流速受到多种因素的限制,如层析柱的结构和材料、柱的尺寸、连接方式、泵的类型及介质的机械强度等。其中最为关键的因素是介质的强度,流速不能超出该介质的最大流速限制,另外操作时层析柱内产生的背景压力也不能超出该介质所能承受的最大压力。对于分子大小不同的组分,最佳流速的数值是不同的。在低流速下,高相对分子质量溶质由于具有较长的传质时间,在两相中平衡情况良好而产生尖锐的洗脱峰,但低相对分子质量溶质由于扩散系数较大,纵向扩散严重,区带变宽而产生宽的洗脱峰,而高流速下情况恰恰相反。所以应当根据目标物质的分子大小区间来确定合适的流速,有人采用流速递增的梯度洗脱得到了较好的分离效果。

洗脱剂在使用前最好进行过滤。需要的话可以通过加热的方式对洗脱剂进行脱气,以防止长时间使用时在层析柱内产生气泡。

4. 样品的检测、收集

样品进行层析时,各组分的分离情况、目标分子的洗脱情况等都反映在层析图谱中,而层析图谱的获得需要检测器的存在。检测器与层析柱的下端相连,柱中流出的洗脱液直接进入检测器的流动池,由检测器测出相应的读数,对应不同的组分浓度。根据样品中组分性质的不同,有多种不同的检测器可供选择。最常用的是紫外(UV)检测器,与成套层析系统相连的一般是连续波长检测器,人们可以根据目标组分的吸收光谱来确定检测波长。最近很多紫外检测器都提供了双波长、三波长甚至更多波长的同时检测,从而有助于对样品中不同成分进行对照比较,生成较全面的层析图。当目标组分是含有色氨酸的蛋白质或进行衍生化后产生荧光的物质时,可使用荧光检测器进行检测,该方法的灵敏度和选择性均明显优于 UV 检测。对于在紫外区无吸收或有吸收但受其他物质干扰较大的样品,可以采用示差折光检测器进行检测,如在检测糖类、糖蛋白以及一些聚合物等物质的分离时常用到该检测器。在脱盐过程中通常需要记录离子强度,在此情况下可使用配有流动池的电导检测器。有时将不同的检测器串联在一起使用可以获得更好的效果。如果需对组分进行更专一性的分析,则需对洗脱液进行部分收集,然后进行特定的化学反应。

对于最简单的样品分离,可以采用手工收集的方法,观察到层析图谱中出现洗脱峰时开始收集,到洗脱峰结束时终止收集。液相层析系统一般都配置了分步收集器对样品进行收集。

收集的模式可以有多种,常用的是按规定的时间或洗脱液体积进行分步收集,也可根据检测器检测到的洗脱情况,按洗脱峰进行收集。

5. 介质的清洗、再生和储存

每次层析结束后,柱内介质上会残留一定数量的物质,如变性蛋白、脂类等污染物,由于它们结合得很牢固,无法用洗脱剂将其洗脱。然而它们的残留会干扰以后的分离纯化,影响组分在层析时的表现,造成分辨率下降,并可能对样品造成污染,使层析柱背景压力上升,甚至堵塞层析柱。因此,应根据样品中污染物含量的多少,在每次或连续数次层析后彻底清洗掉层析柱的结合物质,恢复介质的原始功能。

制备柱的清洗过程既可以在层析柱内进行,使一定体积的清洗剂通过层析柱,也可以将介质从柱中取出,清洗完再重新装柱。预装柱的清洗则必须在层析柱内清洗,否则会导致柱效严重下降。

浸泡在溶液中的层析柱和介质在很少使用的情况下容易出现微生物生长的现象,因此,无论层析柱还是介质,在长期不使用时,不建议浸泡在对于微生物生长营养丰富的缓冲液(如磷酸盐缓冲液)中。另外,在其浸泡的溶液中添加适当的抑菌剂是必需的。抑菌剂的种类很多,应当根据介质来选择适当的抑菌剂。常用的抑菌剂包括 0.002% 的双氯苯双胍己烷(洗必泰)、20% 的乙醇、0.001%～0.01% 的苯基汞盐、0.02%～0.05% 的叠氮钠、0.01mol/L 的 NaOH、0.05% 的三氯丁醇等。如果以层析柱形式保存,则用两个柱体积的含有抑菌剂的溶液通过层析柱,如果介质在柱外保存,则可以直接将其浸泡在含抑菌剂的溶液中。

一般情况下,将介质或层析柱在较低的温度下保存也有利于抑制微生物的生长,但必须注意储存温度不得低于储存溶液的冰点,否则一旦形成冰晶会导致凝胶颗粒的破裂。

9.4.3　层析技术过程

9.4.3.1　吸附层析技术

吸附层析是依靠吸附剂与物质组分间物理或化学吸附力差别而分离的一种层析技术。吸附层析具有吸附剂对分离组分作用小因而易保持组分活性、操作简单等优点,但也有吸附容量小、选择性差等缺点。特别是无机吸附剂性能不稳定、不能连续生产、劳动强度大,因而有一阶段时间吸附层析几乎被其他方法所取代。但随着凝胶类吸附剂和大孔吸附树脂的合成和发展,吸附层析又在生物分离产业实践中得到广泛应用。

1. 分离机理

吸附层析使用的固定相基质是多孔颗粒状的固体吸附剂。在吸附剂的外表面和内表面(孔表面)存在着许多随机分布的吸附位点,当待分离组分随流动相流过吸附剂表面时,吸附位点对组分发生吸附作用,不同性质组分与吸附剂的吸附力大小不同,从而分离开来。按照吸附剂和组分之间作用力的不同,吸附分为两种类型:物理吸附和化学吸附。

1) 物理吸附

吸附剂和吸附物通过分子间作用力(范德华力)产生的吸附称为物理吸附。这是一种最常见的吸附现象,它的特点是吸附不仅限于一些活性中心,而是整个自由界面。范德华力包括取向力、诱导力、色散力和氢键四种,各作用力在吸附过程中所起作用的大小取决于吸附剂和吸附组分的性质(分子极性、形成氢键能力等)。

物理吸附是可逆的,即在吸附的同时,被吸附的分子由于热运动会离开固体表面。分子脱离固体表面的现象称为解吸。物理吸附可以是单分子层吸附或多分子层吸附。由于分子作用力的普遍存在,一种吸附剂可吸附多种物质,没有严格的选择性,由于吸附物性质不同,吸附的量有所差别。物理吸附与吸附剂的表面积、细孔分布和温度等因素有密切的关系。

2) 化学吸附

化学吸附是由于吸附剂和吸附物之间的电子转移,发生化学反应而产生的吸附。与通常的化学反应不同的是,吸附剂表面的反应原子保留了它们原来的格子不变。化学吸附的选择性较强,即一种吸附剂只对某种或几种特定物质有吸附作用,因此化学吸附一般为单分子层吸附,吸附后较稳定,不易解吸。这种吸附与吸附剂的表面化学性质以及吸附物的化学性质有直接关系。在此只讨论物理吸附。

2. 常用的吸附剂

生物分离过程中常用的吸附剂包括无机吸附剂(如硅胶、氧化铝、羟基磷灰石)和有机吸附剂(如活性炭、聚酰胺和大孔吸附树脂等)。

1) 硅胶

硅胶是吸附层析技术中最普遍的基质。除作为吸附层析剂外,还可以作为其他层析剂的基质,通过成熟的硅烷化技术键合上各种配基,制成反相、离子交换、疏水作用、亲水作用或分子排阻层析用填料。缺点是在碱性水溶性流动相中不稳定。通常硅胶基质的填料推荐的常规分析 pH 范围为 2~8。

2) 氧化铝

氧化铝是一种常用的亲水性吸附剂,包括碱性氧化铝、中性氧化铝、酸性氧化铝三种类型。它具有较高的吸附容量,分离效果好,尤其适用于亲脂性成分的分离,可用于醇、酚、生物碱、染料、苷类、氨基酸、蛋白质、维生素、抗生素等物质的分离。活性氧化铝成本低、容易再生、活性控制较为容易,但处理量有限、操作复杂,工业化的生产使用有一定的限制。

3) 羟基磷灰石

羟基磷灰石(HAP)主要成分为 $Ca_{10}(PO_4)_6(OH)_2$,在国内外都有商品出售。HAP 由于吸附容量高,稳定性好($T<85℃$,pH 为 5.5~10.0 均可使用),在制备及纯化蛋白质、酶、核酸、病毒等方面得到了广泛的应用。有时有些样品,如 RNA、双链 DNA、单链 DNA 和杂合双链 DNA-RNA 等经过一次 HAP 柱层析,就能达到有效的分离。

4) 活性炭

活性炭主要分为粉末活性炭、颗粒活性炭、纤维状活性炭等。活性炭的吸附能力与其所处的溶液和待吸附物质的性质有关。一般来说,活性炭的吸附作用在水溶液中最强,在有机溶液中较弱,所以水的洗脱能力最弱,而有机溶剂较强。吸附能力的顺序为:水>乙醇>甲醇>乙酸乙酯>丙酮>氯仿。活性炭对不同物质的吸附能力有所不同,一般对具有极性基团的化合物吸附力较大;对芳香族化合物的吸附力大于脂肪族化合物;对相对分子质量大的化合物的吸附力大于相对分子质量小的化合物。

5) 大孔吸附树脂

大孔吸附树脂也称大网聚合物吸附剂,是一种有机高聚物。由于在聚合时加入了一些不能参加反应的致孔剂,聚合结束后又将其除去,留下永久性空隙,形成大孔结构。与活性炭等传统吸附剂相比,大孔吸附树脂具有选择性好、解吸容易、机械性好、可重复使用和流体阻力小等优点。

3. 分离效果的影响因素

分离效果的主要影响因素有吸附剂的性质、吸附物的性质、吸附条件和洗脱条件等。

　　1) 吸附剂的选择

　　吸附剂的比表面积、颗粒度、孔径、极性等对吸附的影响较大。比表面积与吸附容量有关，比表面积越大，空隙度越大，吸附容量越大。颗粒度和孔径的分布主要影响吸附的速度，颗粒度越小吸附速度越快，合适的孔径能加快吸附速度。要吸附相对分子质量大的物质应选择孔径大的吸附剂；要吸附相对分子质量小的物质则需要选择比表面积大及孔径较小的吸附剂。

　　2) 吸附物的性质

　　吸附物的性质会影响吸附量的大小，其规律如下：

　　(1) 溶质从较容易溶解的溶剂中被吸附时，吸附量较少，所以极性物质适宜在非极性溶剂中被吸附，非极性物质适宜在极性溶剂中被吸附。

　　(2) 极性物质容易被极性吸附剂吸附，非极性物质容易被非极性吸附剂吸附。因而极性吸附剂适宜从非极性溶剂中吸附极性物质，而非极性吸附剂适宜从极性溶剂中吸附非极性物质。

　　(3) 结构相似的化合物，在其他条件相同的情况下，具有高熔点的容易被吸附，因为高熔点的化合物一般来说溶解度较低。

　　(4) 溶质自身或在介质中能缔合从而有利于吸附，如乙酸在低温下缔合为二聚体，苯甲酸在硝基苯内能强烈缔合，所以乙酸在低温下能被活性炭吸附，而苯甲酸在硝基苯中比在丙酮或硝基甲烷中容易被吸附。

　　3) 吸附条件

　　(1) 温度。吸附一般是放热的，所以只要达到吸附平衡，升高温度就会使吸附量降低。对于蛋白质或酶类的分子进行吸附时，被吸附的高分子是处于伸展状态的，因此这类吸附是一个吸热过程。在这种情况下，温度升高会增加吸附量。生化物质吸附温度的选择还要考虑它的热稳定性。对酶来说，如果是热不稳定的一般在 0℃ 左右进行吸附，如果稳定可在室温操作。

　　(2) pH。对于酶或蛋白质等两性物质，一般在等电点附近吸附量最大，但是各种溶质吸附的最佳 pH 需要通过实验来确定。

　　(3) 盐浓度（离子强度）。盐类对吸附作用的影响比较复杂，对不同物质的吸附有不同的影响。盐的浓度对于选择性吸附很重要，在生产工艺中也要靠实验来确定合适的盐浓度。

　　4) 洗脱剂的选择

　　在吸附层析中用的洗脱剂是液体。通常它也是溶解被吸附样品和平衡固定相的溶剂。合适的洗脱剂应纯度较高，稳定性好，能较完全洗脱下所分离的成分，黏度小，易与所需要的成分分开。

　　洗脱剂可根据分离物中各成分的极性、溶解度和吸附剂的活性来选择。一般蛋白质或核酸被极性强的羟基磷灰石吸附后，要用含有盐梯度的缓冲液洗脱。而甾体或色素等化合物被极性较弱的硅胶吸附后则可用有机溶剂洗脱。所用洗脱剂的梯度浓度大小和极性强弱的选择需通过实验确定。

　　在实践中，选择洗脱剂的顺序是由极性小到极性大（正向层析），当把极性小的洗脱剂换成极性大的时，宜先将极性大的洗脱剂和极性小的洗脱剂混合使用，浓度则由低到高。总之，选用洗脱剂的原则是能较完全地洗脱下所要分离的成分，力求用量少、洗脱时间短，如活性炭的洗脱剂先后顺序为 10%、20%、30%、50%、70% 的乙醇溶液，也有用稀丙酮、稀乙酸或稀苯酚作洗脱剂的。

　　另外溶剂的影响也要考虑。因为一般吸附物溶解在单溶剂中容易被吸附，所以一般用单溶剂吸附,用混合溶剂解吸。

5) 层析柱选择

绝大多数层析柱是下端为细口并带有筛板的柱子。柱的直径与长度之比一般为 1/40～
1/10。采用极细颗粒吸附剂装柱时,宜用直径与长度比大的层析柱,这样有利于节省时间和提
高分辨率。层析柱的床体积是由吸附剂的量和膨胀度决定的。层析柱填充要均匀、平衡,如有
空气或缝隙则用真空抽吸除去。

9.4.3.2　凝胶层析技术

凝胶层析又称凝胶排阻层析、分子筛层析、凝胶过滤等,是根据分子大小进行分离的方法。
由于凝胶层析剂容量较小,因此凝胶层析一般不作为第一步的纯化方法,而往往在最后的纯化
中使用。凝胶层析主要用于对相对分子质量相差很大的物质进行分类分离(脱盐等)及对相对
分子质量相差较小的物质进行分级分离。分离组分的相对分子质量范围从几百到数百万,因
此既适用于寡糖、寡肽、寡核苷酸等生物小分子的分离,也适用于蛋白质、多糖、核酸等大分子
物质的纯化。

1. 分离机理

凝胶层析以多孔凝胶层析剂为分离介质(图 9-22)。将凝胶装于层析柱中,加入含有不同
相对分子质量物质的混合液,小分子溶质在凝胶海绵状网格内,即凝胶内部空间全都能为小分
子溶质所达到,凝胶内外小分子溶质浓度一致。在向下移动的过程中,它从一个凝胶颗粒内部
扩散进入另一凝胶颗粒内部,如此不断地进入与流出,使流程增长,移动速率小而最后流出层
析柱。大分子溶质不能透入凝胶内,而只能沿着凝胶颗粒间隙运动,因此流程短,下移速率比
小分子溶质大而最先流出层析柱。而中等大小的分子也能在凝胶颗粒内外分布,部分进入凝
胶颗粒,从而在大分子与小分子物质之间被洗脱出来。层析分离结束,不同相对分子质量的溶
质能得到分离。

2. 层析介质

主要的凝胶层析介质有葡聚糖类凝胶、琼脂糖类凝胶、聚
丙烯酰胺凝胶等。

1) 葡聚糖类凝胶

葡聚糖类凝胶是应用最广的一类凝胶。它是由葡聚糖通
过环氧氯丙烷交联形成的颗粒状凝胶,又称交联葡聚糖凝胶,
商品名为 Sephadex。在合成 Sephadex 时,交联剂的用量决定
了凝胶的交联度和网孔大小,从而进一步决定了该介质的分
级范围。交联剂在原料中所占的质量分数称为交联度。交联

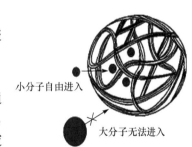

小分子自由进入

大分子无法进入

图 9-22　凝胶颗粒结构

度越大,网状结构越紧密,吸水量越小,吸水后膨胀也越小。凝胶的型号就是由吸水量而来
的。表示这些型号时采用 Sephadex G 加一个数字的方式,数字越小的介质交联度越大,分
级范围越小;而数字越大的介质交联度越小,分级范围越大。其中交联度最高的是 Sepha-
dex G-10,分级范围小于 700,只适合分离一些小分子及对样品脱盐;交联度最低的是 Seph-
adex G-200,其网孔最大,分级范围为 5000～600 000。在交联度相同(G 后面的数字相同)
的情况下,根据凝胶颗粒的大小又可以分为粗(50 目)、中(100 目)、细(200 目)、超细(300
目)等不同规格,颗粒越细的介质柱效越高,其操作压力也越大。一般生产上选用粗、中粒
度凝胶。

2）琼脂糖类凝胶

琼脂糖类凝胶主要分为三类：一类是珠状的琼脂糖凝胶本身，商品名为 Sepharose；第二类是用 2,3-二溴丙醇作为交联剂，在强碱条件下与 Sepharose 反应产生的强度和稳定性优良的凝胶，称为 Sepharose GL 系列；第三类是在 Sepharose 基础上经过两次交联后得到的另一种分辨率、机械强度、分级范围性能更好的凝胶，称为 Superose。

3. 复合结构凝胶

有些类型的凝胶是由两种成分共同组成的，形成了复合结构的凝胶。目前使用较多的是 Sephacryl HR 系列凝胶和 Superdex 系列凝胶。前者由烯丙基葡聚糖通过 N,N'-亚甲基双丙烯酰胺交联而成，具有很高的机械强度和亲水性；后者是由葡聚糖与高度交联的琼脂糖颗粒共价结合而成，是分辨率和选择性最高的凝胶介质之一。

9.4.3.3　离子交换层析

离子交换层析是利用离子吸附剂为固定相，根据荷电溶质与离子交换剂之间静电引力的差异，使荷电溶质相互分离的技术。该技术最早用于制备软水和水的处理。20 世纪 30 年代，人工合成离子交换树脂的出现对于离子交换层析技术的发展具有重要意义。20 世纪 50 年代中期，Sober 和 Peterson 合成了羧甲基(CM-)纤维素和二乙氨乙基(DEAE-)纤维素，这是两种亲水性的大孔型离子交换剂，其亲水性减少了离子交换剂与蛋白质之间静电作用以外的作用力，而大孔型结构使蛋白质可以洗脱，因此这两种离子交换剂得到了极为广泛的应用。此后，多种层析介质被开发和合成，包括交联葡聚糖凝胶、交联琼脂糖凝胶、聚丙烯酰胺凝胶以及一些人工合成的亲水性聚合物等，以这些介质为骨架结合带电基团衍生而成的离子交换剂极大地推动了离子交换技术在生化分离中的发展和应用。

离子交换层析在分离和制备蛋白质、多肽和氨基酸等两性生物物质方面具有独特优势，并得到广泛应用，在多糖、核酸、核苷酸及一些小分子的分离上也得到了一定程度的应用。

1. 离子交换层析的分离机理

离子交换层析分离生物分子的机理是待分离物质在特定条件下与离子交换剂带相反电荷，因而能够与之竞争结合，而不同的分子在此条件下带电荷的种类、数量及电荷的分布不同，表现出与离子交换剂在结合强度上的差异，在离子交换层析时按结合力由弱到强的顺序被洗脱下来，从而得以分离。如图 9-23 所示，离子交换的整个过程可分为 5 个步骤：①可交换离子在溶液中经扩散穿过交换剂表面的水膜层到达交换剂表面；②可交换离子进入凝胶颗粒网孔，并到达发生交换的活性中心位置，此过程称为粒子扩散；③可交换离子取代交换膜剂上的反离子而发生离子交换；④被置换下来的反离子扩散到达凝胶颗粒表面，也称粒子扩散，方向与步骤②相反；⑤反离子通过扩散穿过水膜到达溶液中，也称膜扩散，方向与步骤①相反。这 5 个步骤实际上就是膜扩散、粒子扩散和交换反应 3 个过程。其中交换反应通常速度比较快，而膜扩散和粒子扩散速度较慢。当溶液中可交换分子浓度较低时，膜扩散过程往往最慢而成为整个过程的限制步骤；当溶液中可交换分子浓度较高时，粒子扩散过程往往最慢而成为整个过程的限制步骤。蛋白质、多肽、核酸、寡聚核酸、多糖和其他带电生物分子正是经过以上步骤通过离子交换剂从而得到分离纯化的，即带负电的溶质可被阴离子交换剂交换，带正电的溶质可被阳离子交换剂交换。离子交换层析具有分辨率高、交换容量高、应用灵活、分离原理比较明确、操作简单等优点，在大规模工业生产中的应用非常广泛。

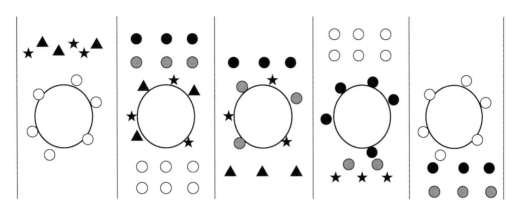

图 9-23 离子交换层析

○起始缓冲溶液中的离子；●梯度缓冲溶液中的离子；

●极限缓冲溶液中的离子；★目的产物；▲杂质

2. 常用的离子交换剂

常用的离子交换剂有粒子交换树脂(包括凝胶型树脂和大网格离子交换树脂)和多糖基离子交换剂(离子交换纤维素、离子交换葡聚糖和离子交换琼脂糖)等。各类离子交换剂均可按其可解离的交换基团性质分为阳离子交换剂(强酸、中强酸、弱酸性)和阴离子交换剂(强碱、弱碱性)两大类。

9.4.3.4 亲和层析

凝集素是一类来自真菌、植物和动物的蛋白质，它们能可逆地、选择性地同特定的糖残基对合，因此对于分离提纯含糖基的生物大分子，如糖蛋白、血清脂蛋白及膜蛋白等非常有用。通过与红细胞表面特异性受体结合，凝集素能凝集各种类型的红细胞，因此得名。

不同来源的凝集素表现出不同的特异性，但具有共同的结构性质。它们都由一种或多种亚基组成，一般为四亚基蛋白质，每个亚基都有糖基结合位点。如果是均聚体，则凝集素只能识别同一种特异性糖基；如果是异聚体，则凝集素具有结合两种以上不同糖基的能力。

1. 免疫亲和层析

免疫亲和层析是利用抗原和抗体之间的高特异性亲和力进行层析分离的，它是将抗原或抗体的一方作为固定相，对另一方进行吸附分离。它能区分非常相近的抗原或抗体，并且只需一步就能从大量的复杂蛋白质溶液中分离出极少量的目的抗原或抗体，因此是目前最特异和最有效的纯化方法之一。

在进行免疫纯化时，必须使用单克隆抗体(单抗)或多克隆抗体(多抗)，最好是单抗。由于要首先制备纯的针对性的单克隆抗体，因此免疫亲和层析是最昂贵的亲和方法之一。不过随着细胞融合技术的发展和细胞培养产业化技术的提高，可以利用的单克隆抗体越来越多，有效地降低了成本，使这一技术的应用更加广泛。现在免疫亲和层析已经成为具有很高应用价值的微量凝血因子的纯化和超浓缩手段，如第 V 因子和第 Ⅷ 因子等。

2. 金属螯合亲和层析

金属螯合亲和层析又称固定化金属离子亲和层析、金属离子相互作用层析以及配体交换层析。这种方法介于高特异性的生物样品分离方法和低特异性的吸附方法(如离子交换层析)之间。这种层析对肽或蛋白质表面的特殊基团和组氨酸残基有特异性，因此是分离许多蛋白质的重要工具。它通过在载体上连接合适的螯合配体和金属离子制成亲和吸附剂,对固定相中金属离子的数目没有限制,但必须有足够数目的金属离子暴露出来以便与蛋白质发生相互作用。

9.5 分 子 蒸 馏

9.5.1 分子蒸馏的基本理论

分子蒸馏的原理不同于一般的常规蒸馏,常规蒸馏建立在气液相平衡的基础上,而分子蒸馏是一种非平衡状态下的分离操作。

1. 常规蒸馏原理

常规蒸馏是利用液体中各组分沸点的差异,通过加热升温,先达到沸点的组分以气体形式先馏出,从而实现沸点不同组分的分离。在简单蒸馏过程中,存在两股分子流的流向:一是被蒸液体的气化,由液相流向气相的蒸气分子流;二是由蒸气相回流至液相的分子流。由蒸气相回流至液相是由于随着加热液面外气相分子的不断增加,有一部分蒸气分子会在运动中互相碰撞而折回液体内。在外界条件保持恒定的情况下,最终会达到分子运动的动态平衡,即达到气液平衡状态。常规蒸馏就是要求在保持液体处于沸腾的平衡条件下,把气化出来的气体分子不断带走,以使由液相至气相的分子流量大于由气相至液相的分子流量。

2. 分子蒸馏原理

如果采取措施,增大离开液相的分子流量而减少返回液相的分子流量,实现从液相至气相的单一分子流的流向,这就称为分子蒸馏法。

由液体表面气化的气体分子在离开液相表面后,分子会互相碰撞从而导致部分分子折返回液相表面。气体分子在两次连续碰撞之间所走路程的平均值称为气体分子平均自由程(λ_m)。其计算公式如下:

$$\lambda_m = \frac{kT}{\sqrt{2\pi d^2 p}} \tag{9-30}$$

式中,k 为玻耳兹曼常量;T 为分子所处环境温度,K;d 为分子有效直径,m;p 为分子所处空间压力,Pa。

由式(9-30)可见,气体分子运动平均自由程与环境温度成正比,与分子大小和压力成反比。分子蒸馏技术正是利用了不同种类分子逸出液面后平均自由程大小不同这一性质来实现物质分离的,可由图 9-24 来阐述。为了达到液体混合物分离的目的,首先进行加热,能量足够的分子逸出液面。轻分子的平均自由程大,重分子的平均自由程小。若在离液面(加热面)小于轻分子平均自由程而大于重分子平均自由程处设置一冷凝面(捕集器),则相对分子质量小的分子不断被捕集,从而破坏了相对分子质量小的分子动态平衡,而使混合液中相对分子质量小的分子不断溢出,而相对分子质量大的分子因达不到捕集器而很快趋于动态平衡,不再从混合液中溢出,从而实现了不同组分分子(轻、重分子)的分离。通常液面与冷凝面之间应该保持一定的温度差,通过降低冷凝面的温度,破坏体系中蒸气分子的动态平衡,提高分子蒸馏的速度。

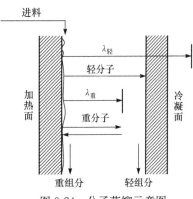

图 9-24　分子蒸馏示意图

9.5.2 分子蒸馏过程

分子蒸馏装置就是通过降低蒸发空间的压力,使冷凝面与加热面间距离小于相对分子质量小的分子的平均自由程,而大于相对分子质量大的分子的平均自由程,使小分子在冷凝面凝聚而大分子返回并达到气液平衡,其过程可以分为五个步骤,如图 9-24 所示。

(1)物料在加热表面上形成液膜。通过重力或机械力在蒸发面形成快速移动、厚度均匀的薄膜。

(2)分子在液膜表面自由蒸发。分子在高真空和远低于常压沸点的温度下进行蒸发。

(3)分子从加热面向冷凝面运动。只要分子蒸馏器保证足够高的真空度,使蒸发分子的平均自由程大于或等于加热面和冷凝面之间的距离,则分子向冷凝面的运动和蒸发过程就可以迅速进行。

(4)分子在冷凝面的捕获。只要加热面和冷凝面之间达到足够的温度差(70~100℃),冷凝面的形状合理且光滑,轻组分就会在冷凝面上瞬间冷凝。

(5)馏出物和残留物的收集。馏出物在冷凝器的底部收集,残留物在加热器的底部收集。

9.5.3 分子蒸馏特点

(1)蒸馏温度低。常规蒸馏是在物料沸点温度下进行操作的,而分子蒸馏是利用不同种类的分子逸出液面后的平均自由程不同的性质来实现分离的,可在远低于沸点的温度下进行操作,物料并不需要沸腾,并且分子蒸馏的操作真空度更高,这又进一步降低了操作温度。例如,某液体混合物在常规蒸馏时的操作温度为 260℃,而分子蒸馏仅为 150℃左右。由此可见,分子蒸馏技术更有利于节约能源,特别是一些高沸点、热敏性物料的分离更适宜采用此技术。

(2)蒸馏压力低。常规真空蒸馏装置存在填料或塔板的阻力,所以系统很难获得较高的真空度,而由于分子蒸馏装置内部结构比较简单,压降极小,所以极易获得相对较高的真空度(0.1~10Pa),更有利于物料的分离。

(3)物料受热时间短。一般的常规真空蒸馏,被分离组分从沸腾的液面逸出到冷凝馏出,由于所走的路程较长,所以受热的时间较长。分子蒸馏在蒸发过程中,物料被强制形成很薄的液膜,并被定向推动,气态分子从液面逸出到冷凝面冷凝所走的路径要小于其平均自由程,距离较短,所以物料处于气态这一受热状态的时间短,一般仅为 0.05~15s,特别是轻分子,一经逸出就立即冷凝,受热时间更短,一般为几秒钟。

(4)分离程度高。分子蒸馏常用来分离常规蒸馏不易分开的物质(不包括同分异构体的分离)。对用两种方法均能分离的物质而言,分子蒸馏的分离程度更高。

(5)常规蒸馏的蒸发与冷凝是可逆过程,液相和气相之间达到动态平衡;分子蒸馏中,从加热面逸出的分子直接飞射到冷凝面上,理论上没有返回到加热面的可能性,所以分子蒸馏是不可逆过程。

(6)常规蒸馏有鼓泡、沸腾等现象;而分子蒸馏是在液膜表面上的自由蒸发,没有鼓泡现象,即分子蒸馏是不沸腾下的蒸发过程。

9.5.4 分子蒸馏流程及设备

1. 分子蒸馏流程

完整的分子蒸馏系统主要包括进料脱气系统、分子蒸馏器、加热系统、冷却系统、真空系统和出料接受系统,如图 9-25 所示。

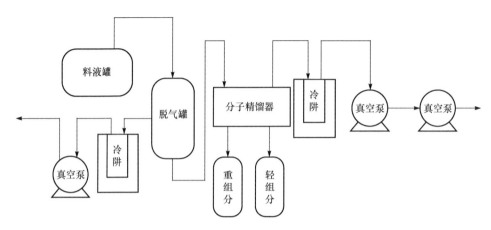

图 9-25　分子蒸馏流程

进料脱气系统的作用是将物料中所溶解的挥发气体组分尽量排出,避免由于高真空度导致物料暴沸。

分子蒸馏器是整个系统的核心设备。常用的分子蒸馏器有静止式、旋转式、降膜式、刮膜式和离心式等,其中刮膜式和离心式是工业生产最常用的两种分子蒸馏器。

加热和冷却系统可以是内置式的,也可以是外循环式的。由于蒸发温度较高,所以一般不用蒸气加热而采用能够获得高温但又不产生高压的导热炉或电热套进行加热。为了保证蒸馏操作稳定进行,冷却系统一般采用恒温热水循环形式。加热和冷却温度一般可调。

真空系统用于保证整个蒸馏过程在高真空度下进行。一般真空泵前置冷阱装置以便从蒸馏器出来的气体大部分被冷阱捕集,以保护真空泵并达到很高真空度的目的。

出料接受系统用于分别收集轻、重物料。因为分子蒸馏处理的是高沸点物料,物料分离后可能在室温下凝固。因此,出料接受系统应考虑设有伴热保温措施。

2. 分子蒸馏器

分子蒸馏技术自 20 世纪 20 年代问世以来,由于其独特的分离机制和极佳的分离效果,受到了广泛关注。随着分子蒸馏技术应用领域的不断扩大,其设备尤其是分子蒸馏器正在不断改进和完善,目前使用最多的有两种类型:刮膜式分子蒸馏器和离心式分子蒸馏器。

1) 刮膜式分子蒸馏器

它是通过在蒸馏器内设置可转动的刮板,把进入蒸发面的物料迅速刮成厚度均匀、连续更新的涡流液膜,如图 9-26 所示。这种蒸发器的优点是液膜厚度可调而均匀,蒸发速度快,在蒸馏温度下停留时间短,热分解低。

2) 离心式分子蒸馏器

该装置是将物料送到高速旋转的转盘中央,并在旋转面扩展形成薄膜,同时加热蒸发,使之在对面的冷凝面中凝聚。这是现代最有效的分子蒸馏器,适用于各种物料的蒸馏,如图 9-27 所示。

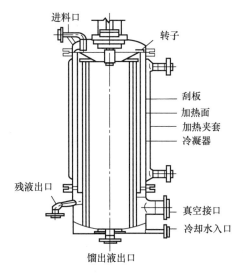

图 9-26　刮膜式分子蒸馏器

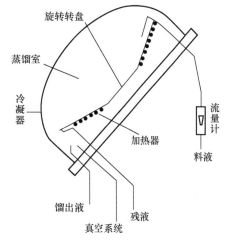

图 9-27　离心式分子蒸馏器

　　与刮膜式分子蒸馏器相比,离心式分子蒸馏器在性能上的主要优点是:由于转盘高速旋转,可形成极薄(0.04~0.08mm)的均匀液膜;液体物料在转盘上的停留时间更短,有效地避免了物料的热分解;转盘与冷凝面之间的距离可调,可适用于不同物系的分离;几乎没有压力损失;蒸发效率、热效率及分离度高;很少有发泡的危险,可处理高黏度的液体。

　　离心式分子蒸馏器在性能上的主要缺点是:蒸发盘的高速旋转需要高真空密封技术,且结构复杂、设备成本较高,比较适合大规模的工业生产或高附加值产品的分离;离心式分子蒸馏器在其结构上,按比例放大有一定限度;蒸发面积小,虽然每单位蒸发面积的处理量大,但单一装置的处理量较小。

9.5.5　分子蒸馏技术在生物分离工艺中的应用

　　1. 天然维生素的提纯

　　天然维生素主要存在于一些植物组织中,如大豆油、花生油、小麦胚芽油以及油脂加工的脱臭馏分和油渣。因维生素具有热敏性,沸点很高,用普通的真空精馏很容易使其分解。利用分子蒸馏技术提取维生素 E,只需要两次分子蒸馏,浓度即可达到 30% 以上。

　　2. 天然色素的提取

　　天然食用色素以其安全、无毒和有营养的特点,越来越受到人们的青睐。传统提取类胡萝卜素的方法有皂化萃取、吸附和酯基转移法,但剩余溶剂的存在等问题影响了产品质量。用分子蒸馏从脱蜡的甜橙油中进一步提取得到类胡萝卜素,该产品具有很高的色价,而且不含外来的有机溶剂。

　　3. 不饱和脂肪酸的分离和除臭

　　二十碳五烯酸(EPA)和二十二碳六烯酸(DHA)具有很高的药用和营养价值。分离 EPA 和 DHA 的方法有高效液相层析法、尿素配位法、真空精馏法、超临界流体萃取法和分子蒸馏法。前两种方法要用大量的溶剂并产生副产品,且 EPA 和 DHA 有多个不饱和双键,而真空精馏法操作温度较高,会导致鱼油中不饱和脂肪酸分解、聚合或异构化。因此,分子蒸馏法是分离 EPA 和 DHA 可选用的方法。分子蒸馏技术用于不饱和脂肪酸的除臭,处理后的不饱和脂肪酸完全没有臭味。

4. 天然抗氧化剂的生产

天然抗氧化剂主要存在于一些植物,如辣椒、生姜、丁香中,广泛应用于食品、化妆品、制药等工业。天然抗氧化剂要求活性高、稳定性强、无色无害。传统的分离方法直接在原料中加入有机溶剂、植物油或动物油对原料进行萃取,在这些过程中包含对昂贵的危险性溶剂的处理。这些溶剂很难从抗氧化剂中清除干净,从而污染了得到的天然抗氧化剂。另外用有机溶剂或油萃取也会把植物中的叶绿素、芳香类化合物等有色物质萃取出来,这就需要增加脱色、除臭处理,从而降低了天然抗氧化剂的收率,导致了生产成本的增加。用分子蒸馏法可克服上述问题。

5. 高浓度甘油单酸酯的制备

甘油单酸酯是一种优质高效食用乳化剂和表面活性剂,在食品、化妆品、医药、精细化工行业有着广泛用途。甘油单酸酯是在碱催化下由甘油和脂肪酸直接酯化得到。酯化后的粗产品中含有甘油单酸酯、甘油二酸酯、甘油三酸酯、甘油、脂肪酸和金属皂化物。利用分子蒸馏技术可以从粗产品中分离出浓度高达 95% 以上的甘油单酸酯。

6. 辣椒红色素中微量溶剂的脱除

辣椒红色素是从辣椒果皮中提取出的一种优良的天然色素,因其具有良好的乳化分散性、耐光、耐碱、耐热和耐氧化性而广泛用于食品、医药及化妆品等产品的着色过程。由于在提取过程中加入了有机溶剂,普通的真空精馏对其进行脱溶剂处理后,辣椒红色素中仍残存 1% ~ 2% 的溶剂,不能满足产品的卫生标准。用分子蒸馏技术对辣椒红色素进行处理后,产品中溶剂残留体积分数仅为 $2×10^{-5}$,完全符合质量要求。

我国分子蒸馏技术工业化应用存在的问题有:

(1) 分子蒸馏整套设备一般为高真空设备,一次性投资大,对密封条件要求严格,连续化生产能力低,且分子蒸馏器耗能量大,目前主要用于高附加值产品的制备,如油脂、医药、维生素 E 等。

(2) 国内对分子蒸馏工艺理论研究十分薄弱,严重缺乏关键数据,工艺设计盲目性较大,导致风险性增大。

(3) 分子蒸馏技术属于近几十年发展起来的新型技术,其理论根源和传热机理尚未完全揭示,从而限制了分子蒸馏技术在应用上的突破。

本章符号说明

符号	意义	计量单位
英文		
A	峰面积	以检测器为准
d	分子有效直径	m
h	峰高	以检测器为准
H	理论塔板高度	m
J_V	透过速率	$kmol/(m^2 \cdot s)$
k	玻耳兹曼常量	$1.380\ 66×10^{-23}\ J/K$
k_w	纯溶剂(水)的透过系数	$kmol/(m^2 \cdot s \cdot Pa)$
K	分配系数	

L	柱长	m
符号	意义	计量单位
N	理论塔板数	
p	分子所处空间压力	Pa
Δp	膜两侧的压差	Pa
R	分离度	
R_c	附加阻力	$m^2 \cdot s \cdot Pa/kmol$
R_m	膜阻	$m^2 \cdot s \cdot Pa/kmol$
t_m	死时间	s 或者 min
t_r	洗脱时间	s 或者 min
T	分子所处环境温度	K
V	体积	cm^3
W、$W_{h/2}$	峰宽、半峰宽	s 或者 min
x_A、x_B	原料中组分 A、组分 B 的摩尔分数	
X	萃余相中溶质的质量比组成	
y_A、y_B	透过物中组分 A、组分 B 的摩尔分数	
Y	萃取相中溶质的质量比组成	
希文		
α_{AB}	分离因数	
Δ	通过每一萃取级的"净流量"	mL/s
$\Delta\pi$	膜两侧溶液的渗透压之差	Pa
λ_m	气体分子平均自由程	m

思　考　题

1. 试举例证明萃取过程的杠杆规则。
2. 超临界流体萃取技术有何特点？
3. 膜分离技术在工业上有哪些应用？
4. 层析技术有哪些主要类型？
5. 简述层析的基本原理。
6. 常规蒸馏和分子蒸馏在原理上有何不同？
7. 分子蒸馏包括哪几个过程？有何特点？

参 考 文 献

曹玉璋. 2001. 传热学. 北京:航空航天大学出版社.

柴诚敬,等. 2003. 化工原理课程学习指导. 天津:天津大学出版社.

柴诚敬,等. 2009. 化工原理. 2 版. 北京:高等教育出版社.

柴诚敬,张国亮. 2000. 化工流体流动与传热. 北京:化学工业出版社.

陈敏恒,等. 2006. 化工原理. 3 版. 北京:化学工业出版社.

大连理工大学. 2002. 化工原理. 北京:高等教育出版社.

戴干策,陈敏恒. 2005. 化工流体力学. 2 版. 北京:化学工业出版社.

丁明玉,等. 2011. 现代分离方法与技术. 北京:化学工业出版社.

蒋维钧,等. 2003. 化工原理. 2 版. 北京:清华大学出版社.

匡国柱. 2009. 化工原理学习指导. 大连:大连理工大学出版社.

李德华. 2010. 化学工程基础. 北京:化学工业出版社.

马晓迅,夏素兰,曾庆荣. 2010. 化工原理. 北京:化学工业出版社.

普朗特,等. 1981. 流体力学概论. 郭永怀,等译. 北京:科学出版社.

时均,等. 1996. 化学工程手册(第 6 篇). 北京:化学工业出版社.

谭天恩,等. 2010. 化工原理. 3 版. 北京:化学工业出版社.

王晓红,田文德,王英龙. 2009. 化工原理. 北京:化学工业出版社.

王湛. 2005. 化工原理 800 例. 北京:国防工业出版社.

王志魁,刘丽英,刘伟. 2010. 化工原理. 4 版. 北京:化学工业出版社.

武汉大学. 2011. 化学工程基础. 2 版. 北京:高等教育出版社.

夏清,陈常贵. 2005. 化工原理. 天津:天津大学出版社.

杨世铭,陶文铨. 1998. 传热学. 2 版. 北京:高等教育出版社.

姚仲鹏,王瑞君,张习军. 1995. 传热学. 北京:北京理工大学出版社.

尹芳华,钟璟. 2009. 现代分离技术. 北京:化学工业出版社.

张宏丽,周长丽,阎志谦. 2006. 化工原理. 北京:化学工业出版社.

Bird R B,Stewart W E,Lightfoot E N. 2007. Transport Phenomena. New York:John Wiley & Sons.

Coulson J M,Richardson J F. 2000. Chemical Engineering. Oxford:Pergamon Press.

Geankoplis C J. 1993. Transport Processes and Unit Operations. Engelwood Cliffs:PTR Prentice Hall.

Himmelblau D M. 1996. Basic Principles and Calculations in Chemical Engineering. New Jersey:Prentice-Hall.

McCabe W L,Smith J C,Harriott P. 2005. Unit Operations of Chemical Engineering. Boston:McGraw-Hill.

McCabe W L,Smith J C. 2001. Unit Operations of Chemical Engineering. 6th ed. New York:McGraw-Hill.

Richardson J F,et al. 2001. Chemical Engineering. Oxford:Butterworth Heinemann.

附　　录

1. 单位换算

类别	换算关系
质量	1 千克(kg)＝0.001 吨(t)＝2.204 62 磅(lb)
长度	1 米(m)＝39.370 1 英寸(in)＝3.280 8 英尺(ft)＝1.093 61 码(yd)
面积	1 平方厘米(cm²)＝1×10⁻⁴平方米(m²)＝0.155 平方英寸(in²)＝0.001 076 4 平方英尺(ft²)
容积	1 升(L)＝1×10⁻³立方米(m³)＝0.035 31 立方英尺(ft³)＝0.264 18 加仑(gal)
流量	1 升/秒(L/s)＝3.6 立方米/时(m³/h)＝0.001 立方米/秒(m³/s)＝15.85 加仑/分(gal/min)＝127.13 立方英尺/时(ft³/h)＝0.035 31 立方英尺/秒(ft³/s)
力	1 牛顿(N)＝0.102 千克力(kgf)＝0.224 8 磅(lb)＝10⁵达因(dyn)
密度	1 克/立方厘米(g/cm³)＝1 000 千克/立方米(kg/m³)＝62.43 磅/立方英尺(lb/ft³)＝8.345 磅/加仑(lb/gal)
压力	1 牛顿/平方米(N/m²)＝10⁻⁵巴(bar)＝1.019×10⁻⁵千克力/平方厘米(kgf/cm²)＝14.5×10⁻⁵磅/平方英寸(lb/in²)＝0.986 9×10⁻⁵标准大气压(atm)
黏度	0.1 帕斯卡·秒(Pa·s)＝1 泊(P)＝100 厘泊(cP)
功	1 焦耳(J)＝0.102 千克力·米(kgf·m)＝2.778×10⁻⁷千瓦·时(kW·h)＝3.725×10⁻⁷马力·时(ch·h)＝2.39×10⁻⁴千卡(kcal)
功率	1 瓦(W)＝10⁻³千瓦(kW)＝0.101 97 千克力·米/秒(kgf·m/s)＝1.341×10⁻³马力(ch)＝0.238 9×10⁻³千卡/秒(kcal/s)
扩散系数	1 平方米/秒(m²/s)＝10⁴平方厘米/秒(cm²/s)＝3 600 平方米/时(3 600m²/h)＝3.875×10⁴平方英尺/时(ft²/h)＝1 550 平方英寸/秒(in²/s)
表面张力	1 牛顿/米(N/m)＝10³达因/厘米(dyn/cm)＝1.02 克/厘米(g/cm)＝0.102 千克力/米(kgf/m)＝6.854×10⁻²磅/英尺(lb/ft)

2. 干空气的物理性质(101.3kPa)

温度 t/℃	密度 ρ/(kg/m³)	定压比热容 C_p/[kJ/(kg·℃)]	热导率 $\lambda \times 10^2$/[W/(m·℃)]	黏度 $\mu \times 10^5$/(Pa·s)	普朗特数 Pr
−50	1.584	1.013	2.035	1.46	0.728
−40	1.515	1.013	2.117	1.52	0.728
−30	1.453	1.013	2.198	1.57	0.723
−20	1.395	1.009	2.279	1.62	0.716
−10	1.342	1.009	2.360	1.67	0.712
0	1.293	1.009	2.442	1.72	0.707
10	1.247	1.009	2.512	1.77	0.705
20	1.205	1.013	2.593	1.81	0.703

续表

温度 $t/℃$	密度 $\rho/(kg/m^3)$	定压比热容 $C_p/[kJ/(kg·℃)]$	热导率 $\lambda×10^2/[W/(m·℃)]$	黏度 $\mu×10^5/(Pa·s)$	普朗特数 Pr
30	1.165	1.013	2.675	1.86	0.701
40	1.128	1.013	2.756	1.91	0.699
50	1.093	1.017	2.826	1.96	0.698
60	1.060	1.017	2.896	2.01	0.696
70	1.029	1.017	2.966	2.06	0.694
80	1.000	1.022	3.047	2.11	0.692
90	0.972	1.022	3.128	2.15	0.690
100	0.946	1.022	3.210	2.19	0.688
120	0.898	1.026	3.338	2.29	0.686
140	0.854	1.026	3.489	2.37	0.684
160	0.815	1.026	3.640	2.45	0.682
180	0.779	1.034	3.780	2.53	0.681
200	0.746	1.034	3.931	2.60	0.680
250	0.674	1.043	4.268	2.74	0.677
300	0.615	1.047	4.605	2.97	0.674
350	0.566	1.055	4.908	3.14	0.676
400	0.524	1.068	5.210	3.31	0.678
500	0.456	1.072	5.745	3.62	0.687
600	0.404	1.089	6.222	3.91	0.699
700	0.362	1.102	6.711	4.18	0.706
800	0.329	1.114	7.176	4.43	0.713
900	0.301	1.127	7.630	4.67	0.717
1000	0.277	1.139	8.071	4.90	0.719
1100	0.257	1.152	8.502	5.12	0.722
1200	0.239	1.164	9.153	5.35	0.724

3. 水的物理性质

温度 $t/℃$	外压 $p/(100kPa)$	密度 $\rho/(kg/m^3)$	焓 $H/(kJ/kg)$	定压比热容 $C_p/[kJ/(kg·K)]$	热导率 $\lambda/[W/(m·K)]$	黏度 $\mu×10^{-3}/(Pa·s)$	运动黏度 $\nu×10^{-5}/(m^2/s)$	体膨胀系数 $\beta×10^{-3}/(1/K)$	表面张力 $\sigma×10^{-3}/(N/m)$
0	1.013	999.9	0	4.212	0.551	1.789	0.1789	−0.063	75.6
10	1.013	999.7	42.04	4.191	0.575	1.305	0.1306	0.070	74.1
20	1.013	998.2	83.9	4.183	0.599	1.005	0.1006	0.182	72.7
30	1.013	995.7	125.8	4.174	0.618	0.801	0.0805	0.321	71.2
40	1.013	992.2	167.5	4.174	0.634	0.653	0.0659	0.387	69.6
50	1.013	988.1	209.3	4.174	0.648	0.549	0.0556	0.449	67.7
60	1.013	983.2	251.1	4.178	0.659	0.470	0.0478	0.511	66.2
70	1.013	977.8	293.0	4.187	0.668	0.406	0.0415	0.570	64.3
80	1.013	971.8	334.9	4.195	0.675	0.355	0.0365	0.632	62.6

温度 $t/℃$	外压 $p/(100\text{kPa})$	密度 $\rho/(\text{kg}/\text{m}^3)$	焓 $H/(\text{kJ}/\text{kg})$	定压比热容 $C_p/[\text{kJ}/(\text{kg}\cdot\text{K})]$	热导率 $\lambda/[\text{W}/(\text{m}\cdot\text{K})]$	黏度 $\mu\times10^7/(\text{Pa}\cdot\text{s})$	运动黏度 $\nu\times10^{-5}/(\text{m}^2/\text{s})$	体膨胀系数 $\beta\times10^{-3}/(1/\text{K})$	表面张力 $\sigma\times10^{-3}/(\text{N/m})$
90	1.013	965.3	377.0	4.208	0.680	0.315	0.032 6	0.695	60.7
100	1.013	958.4	419.1	4.220	0.683	0.283	0.029 5	0.752	58.8
110	1.433	951.0	461.3	4.233	0.685	0.259	0.027 2	0.808	56.9
120	1.986	943.1	503.7	4.250	0.686	0.237	0.025 2	0.864	54.8
130	2.702	934.8	546.4	4.266	0.686	0.218	0.023 3	0.919	52.8
140	3.624	926.1	589.1	4.287	0.685	0.201	0.021 7	0.972	50.7
150	4.761	917.0	632.2	4.312	0.684	0.186	0.020 3	1.03	48.6
160	6.481	907.4	675.3	4.346	0.683	0.173	0.019 1	1.07	46.6
170	7.924	897.3	719.3	4.386	0.679	0.163	0.018 1	1.13	45.3
180	10.03	886.9	763.3	4.417	0.675	0.153	0.017 3	1.19	42.3
190	12.55	876.0	807.6	4.459	0.670	0.144	0.016 5	1.26	40.0
200	15.54	863.0	852.4	4.505	0.663	0.136	0.015 8	1.33	37.7
210	19.07	852.8	897.6	4.555	0.655	0.130	0.015 3	1.41	35.4
220	23.20	840.3	943.7	4.614	0.645	0.124	0.014 8	1.48	33.1
230	27.98	827.3	990.2	4.681	0.637	0.120	0.014 5	1.59	31.0
240	33.47	813.6	1038	4.756	0.628	0.115	0.014 1	1.68	28.5
250	39.77	799.0	1086	4.844	0.618	0.110	0.013 7	1.81	26.2
260	46.93	784.0	1135	4.949	0.604	0.106	0.013 5	1.97	23.8
270	55.03	767.9	1185	5.070	0.590	0.102	0.013 3	2.16	21.5
280	64.16	750.7	1237	5.229	0.575	0.098	0.013 1	2.37	19.1
290	74.42	732.3	1290	5.485	0.558	0.094	0.012 9	2.62	16.9
300	85.81	712.5	1345	5.730	0.540	0.091	0.012 8	2.92	14.4
310	98.76	691.1	1402	6.071	0.523	0.088	0.012 8	3.29	12.1
320	113.0	667.1	1462	6.573	0.506	0.085	0.012 8	3.82	9.81
330	128.7	640.2	1526	7.24	0.484	0.081	0.012 7	4.33	7.67
340	146.1	610.1	1595	8.16	0.47	0.077	0.012 7	5.34	5.67
350	165.3	574.4	1671	9.50	0.43	0.073	0.012 6	6.68	3.81
360	189.6	528.0	1761	13.98	0.40	0.067	0.012 6	10.9	2.02
370	210.4	450.5	1892	40.32	0.34	0.057	0.012 6	26.4	4.71

4. 水在不同温度下的饱和蒸气压与黏度(−20~100℃)

温度/℃	压力 /mmHg	压力 /Pa	黏度 /(mPa·s)	温度/℃	压力 /mmHg	压力 /Pa	黏度 /(mPa·s)
−20	0.772	102.93	—	−15	1.238	165.06	—
−19	0.850	113.33	—	−14	1.357	180.93	—
−18	0.935	124.66	—	−13	1.486	198.13	—
−17	1.027	136.93	—	−12	1.627	216.93	—
−16	1.128	150.40	—	−11	1.780	237.33	—

温度/℃	压力/mmHg	压力/Pa	黏度/(mPa·s)	温度/℃	压力/mmHg	压力/Pa	黏度/(mPa·s)
−10	1.946	259.46	—	30	31.82	4 242.53	0.800 7
−9	2.125	283.32	—	31	33.70	4 493.18	0.784 0
−8	2.321	309.46	—	32	35.66	4 754.51	0.767 9
−7	2.532	337.59	—	33	37.73	5 030.50	0.752 3
−6	2.761	368.12	—	34	39.90	5 319.82	0.737 1
−5	3.008	401.05	—	35	42.18	5 623.81	0.722 5
−4	3.276	436.79	—	36	44.56	5 941.14	0.708 5
−3	3.566	475.45	—	37	47.07	6 275.79	0.697 4
−2	3.876	516.78	—	38	49.65	6 619.78	0.681 4
−1	4.216	562.11	—	39	52.44	6 991.77	0.668 5
0	4.576	610.51	1.792 1	45	71.88	9 583.68	0.598 8
1	4.93	657.31	1.731 3	46	75.65	10 086.33	0.588 3
2	5.29	705.31	1.672 8	47	79.60	10 612.98	0.578 2
3	5.69	758.64	1.619 1	48	83.71	11 160.96	0.568 3
4	6.10	813.31	1.567 4	49	88.02	11 736.61	0.558 8
5	6.54	871.97	1.518 8	50	92.51	12 333.43	0.549 4
6	7.01	934.64	1.472 8	51	97.20	12 959.57	0.540 4
7	7.51	1 001.30	1.428 4	52	102.10	13 612.88	0.531 5
8	8.05	1 073.30	1.386 0	53	107.2	14 292.86	0.522 9
9	8.61	1 147.96	1.346 2	54	112.5	14 999.50	0.514 6
10	9.21	1 227.96	1.307 7	55	118.0	15 732.81	0.506 4
11	9.84	1 311.96	1.271 3	56	123.8	16 505.12	0.498 5
12	10.52	1 402.62	1.236 3	57	129.8	17 306.09	0.490 7
13	11.23	1 497.28	1.202 8	58	136.1	18 146.06	0.483 2
14	11.99	1 598.61	1.170 9	59	142.6	19 012.70	0.475 9
15	12.79	1 705.27	1.140 3	60	149.4	19 919.34	0.468 8
16	13.63	1 817.27	1.111 1	61	156.4	20 852.64	0.461 8
17	14.53	1 937.27	1.082 8	62	163.8	21 839.27	0.455 0
18	15.48	2 063.93	1.055 9	63	171.4	22 852.57	0.448 3
19	16.48	2 197.26	1.029 9	64	179.3	23 905.87	0.441 8
20	17.54	2 338.59	1.005 0	65	187.5	24 999.17	0.435 5
21	18.65	2 486.58	0.981 0	66	196.1	26 145.80	0.429 3
22	19.83	2 643.70	0.957 9	67	205.0	27 332.42	0.423 3
23	21.07	2 809.24	0.935 9	68	214.2	28 559.05	0.417 4
24	22.38	2 983.90	0.914 2	69	223.7	29 825.67	0.411 7
25	23.76	3 167.89	0.897 3	70	233.7	31 158.96	0.406 1
26	25.21	3 361.22	0.873 7	71	243.9	32 518.92	0.400 6
27	26.74	3 565.21	0.854 5	72	254.6	33 945.54	0.395 2
28	28.35	3 779.87	0.836 0	73	265.7	35 425.49	0.390 0
29	30.04	4 005.20	0.818 0	74	277.2	36 958.77	0.384 9

温度/℃	压力	压力	黏度	温度/℃	压力	压力	黏度
	/mmHg	/Pa	/(mPa・s)		/mmHg	/Pa	/(mPa・s)
75	289.1	38 545.38	0.379 9	88	487.1	64 944.50	0.323 9
76	301.4	40 185.33	0.375 0	89	506.1	67 477.76	0.320 2
77	314.1	41 878.61	0.370 2	90	525.8	70 104.33	0.316 5
78	327.3	43 638.55	0.365 5	91	546.1	72 810.91	0.313 0
79	341.0	45 465.15	0.316 0	92	567.0	75 597.49	0.309 5
80	355.1	47 345.09	0.356 5	93	588.6	78 447.39	0.306 0
81	369.3	49 235.08	0.352 1	94	610.9	81 450.63	0.302 7
82	384.9	51 318.29	0.347 8	95	633.9	84 517.89	0.299 4
83	400.6	53 411.56	0.343 6	96	657.6	87 677.08	0.296 2
84	416.8	55 571.49	0.339 5	97	682.1	90 943.64	0.293 0
85	433.6	57 811.41	0.335 5	98	707.3	94 303.53	0.289 9
86	450.9	60 118.00	0.331 5	99	733.2	97 756.75	0.286 8
87	466.1	62 140.45	0.327 6	100	760.0	10 133.00	0.283 8

5. 饱和水蒸气表(按温度)

温度/℃	绝对压力/kPa	蒸气的密度/(kg/m³)	焓		气化热/(kJ/kg)
			液体/(kJ/kg)	蒸气/(kJ/kg)	
0	0.608 2	0.004 84	0	2 491.1	2 491
5	0.873 0	0.006 80	20.94	2 500.8	2 480
10	1.226 2	0.009 40	41.87	2 510.4	2 469
15	1.706 8	0.012 83	62.80	2 520.5	2 458
20	2.334 6	0.017 19	83.74	2 530.1	2 446
25	3.168 4	0.023 04	104.67	2 539.7	2 435
30	4.247 4	0.030 36	125.60	2 549.3	2 424
35	5.620 7	0.039 60	146.54	2 559.0	2 412
40	7.376 6	0.051 14	167.47	2 568.6	2 401
45	9.583 7	0.065 43	188.41	2 577.8	2 389
50	12.340	0.083 00	209.34	2 587.4	2 378
55	15.743	0.104 3	230.27	2 596.7	2 366
60	19.923	0.130 1	251.21	2 606.3	2 355
65	25.014	0.161 1	272.14	2 615.5	2 343
70	31.164	0.197 9	293.08	2 624.3	2 331
75	38.551	0.241 6	314.01	2 633.5	2 320
80	47.379	0.292 9	334.94	2 642.3	2 308
85	57.875	0.353 1	355.88	2 651.1	2 295
90	70.136	0.422 9	376.81	2 659.9	2 283
95	84.556	0.503 9	397.75	2 668.7	2 271
100	101.33	0.597 0	418.68	2 677.0	2 258
105	120.85	0.703 6	440.03	2 685.0	2 245

温度/℃	绝对压力/kPa	蒸气的密度/(kg/m³)	焓		气化热/(kJ/kg)
			液体/(kJ/kg)	蒸气/(kJ/kg)	
110	143.31	0.825 4	460.97	2 693.4	2 232
115	169.11	0.963 5	482.32	2 701.3	2 219
120	198.64	1.119 9	503.67	2 708.9	2 205
125	232.19	1.296	525.02	2 716.4	2 192
130	270.25	1.494	546.38	2 723.9	2 178
135	313.11	1.715	567.73	2 731.0	2 163
140	361.47	1.962	589.08	2 737.7	2 149
145	415.72	2.238	610.85	2 744.4	2 134
150	476.24	2.543	632.21	2 750.7	2 119
160	618.28	3.252	675.75	2 762.9	2 087
170	792.59	4.113	719.29	2 773.3	2 054
180	1003.5	5.145	763.25	2 782.5	2 019
190	1255.6	6.378	807.64	2 790.1	1 982
200	1 554.77	7.840	852.01	2 795.5	1 944
210	1 917.72	9.567	897.23	2 799.3	1 903
220	2 320.88	11.60	942.45	2 801.0	1 859
230	2 798.59	13.98	988.50	2 800.1	1 812
240	3 347.91	16.76	1 034.56	2 796.8	1 762
250	3 977.67	20.01	1 081.45	2 790.1	1 709
260	4 693.75	23.82	1 128.76	2 780.9	1 652
270	5 503.99	28.27	1 176.91	2 768.3	1 591
280	6 417.24	33.47	1 225.48	2 752.0	1 527
290	7 443.29	39.60	1 274.46	2 732.3	1 457
300	8 592.94	46.93	1 325.54	2 708.0	1 383

6. 饱和水蒸气表(按压力)

绝对压力/kPa	温度/℃	蒸气的密度/(kg/m³)	焓/(kJ/kg)		气化热/(kJ/kg)
			液体	蒸气	
1.0	6.3	0.007 73	26.48	2 503.1	2 477
1.5	12.5	0.011 33	52.26	2 515.3	2 463
2.0	17.0	0.014 86	71.21	2 524.2	2 453
2.5	20.9	0.018 36	87.45	2 531.8	2 444
3.0	23.5	0.021 79	98.38	2 536.8	2 438
3.5	26.1	0.025 23	109.3	2 541.8	2 433
4.0	28.7	0.028 67	120.23	2 546.8	2 427
4.5	30.8	0.032 05	129.00	2 550.9	2 422
5.0	32.4	0.035 37	135.69	2 554.0	2 418
6.0	35.6	0.042 00	149.06	2 560.1	2 411
7.0	38.8	0.048 64	162.44	2 566.3	2 404
8.0	41.3	0.055 14	172.73	2 571.0	2 398
9.0	43.3	0.061 56	181.16	2 574.8	2 394
10.0	45.3	0.067 98	189.59	2 578.5	2 389

绝对压力/kPa	温度/℃	蒸气的密度/(kg/m³)	焓/(kJ/kg)		气化热/(kJ/kg)
			液体	蒸气	
15.0	53.5	0.099 56	224.03	2 594.0	2 370
20.0	60.1	0.130 68	251.51	2 606.4	2 855
30.0	66.5	0.190 93	288.77	2 622.4	2 334
40.0	75.0	0.249 75	315.93	2 643.1	2 312
50.0	81.2	0.307 99	339.80	2 644.3	2 305
60.0	85.6	0.365 14	358.21	2 652.1	2 394
70.0	89.9	0.422 29	376.61	2 659.8	2 283
80.0	93.2	0.478 07	390.08	2 665.3	2 275
90.0	96.4	0.533 84	403.49	2 670.8	2 267
100.0	99.6	0.589 61	416.90	2 676.3	2 260
120.0	104.5	0.698 68	437.51	2 684.3	2 247
140.0	109.2	0.807 58	457.67	2 692.1	2 234
160.0	113.0	0.829 81	473.88	2 698.1	2 224
180.0	116.6	1.020 9	489.32	2 703.7	2 214
200.0	120.2	1.127 3	493.71	2 709.2	2 205
250.0	127.2	1.390 4	534.39	2 719.7	2 185
300.0	133.3	1.650 1	560.38	2 728.5	2 168
350.0	138.8	1.907 4	583.76	2 736.1	2 152
400.0	143.4	2.161 8	603.61	2 742.1	2 139
450.0	147.7	2.415 2	622.42	2 747.8	2 125
500.0	151.7	2.667 3	639.59	2 752.8	2 113
600.0	158.7	3.168 6	670.22	2 761.4	2 091
700	164.7	3.665 7	696.27	2 767.8	2 072
800	170.4	4.161 4	720.96	2 773.7	2 053
900	175.1	4.652 5	741.82	2 778.1	2 036
1.0×10^3	179.9	5.143 2	762.68	2 782.5	2 020
1.1×10^3	180.2	5.633 9	780.34	2 785.5	2 005
1.2×10^3	187.8	6.124 1	797.92	2 788.5	1 991
1.3×10^3	191.5	6.614 1	814.25	2 790.9	1 977
1.4×10^3	194.8	7.103 8	829.06	2 792.4	1 964
1.5×10^3	198.2	7.593 5	843.86	2 794.5	1 951
1.6×10^3	201.3	8.081 4	857.77	2 796.0	1 938
1.7×10^3	204.1	8.567 4	870.58	2 797.1	1 927
1.8×10^3	206.9	9.053 3	883.39	2 798.1	1 915
1.9×10^3	209.8	9.539 2	896.21	2 799.2	1 903
2×10^3	212.2	10.033 8	907.32	2 799.7	1 892
3×10^3	233.7	15.007 5	1 005.4	2 798.9	1 794
4×10^3	250.3	20.096 9	1 082.9	2 789.8	1 707
5×10^3	263.8	25.366 3	1 146.9	2 776.2	1 629

绝对压力/kPa	温度/℃	蒸气的密度/(kg/m³)	焓/(kJ/kg)		气化热/(kJ/kg)
			液体	蒸气	
6×10³	275.4	30.849 4	1 203.2	2 759.5	1 556
7×10³	285.7	36.574 4	1 253.2	2 740.8	1 488
8×10³	294.8	42.576 8	1 299.2	2 720.5	1 404
9×10³	303.2	48.894 5	1 343.5	2 699.1	1 357

7. 有机液体相对密度(液体密度与4℃水的密度之比)共线图

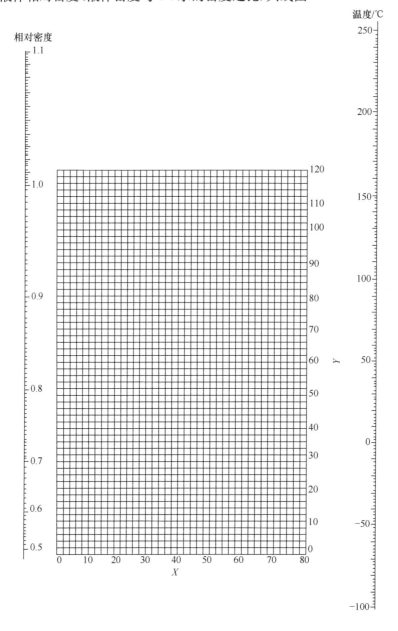

有机液体相对密度共线图的坐标值

有机液体	X	Y	有机液体	X	Y
乙炔	20.8	10.1	甲酸乙酯	37.6	68.4
乙烷	10.3	4.4	甲酸丙酯	33.8	66.7
乙烯	17.0	3.5	丙烷	14.2	12.2
乙醇	24.2	48.6	丙酮	26.1	47.8
乙醚	22.6	35.8	丙醇	23.8	50.8
乙丙醚	20.0	37.0	丙酸	35.0	83.5
乙硫醇	32.0	55.5	丙酸甲酯	36.5	68.3
乙硫醚	25.7	55.3	丙酸乙酯	32.1	63.9
二乙胺	17.8	33.5	戊烷	12.6	22.6
二硫化碳	18.6	45.4	异戊烷	13.5	22.5
异丁烷	13.7	16.5	辛烷	12.7	32.5
丁酸	31.3	78.7	庚烷	12.6	29.8
丁酸甲酯	31.5	65.5	苯	32.7	63.0
异丁酸	31.5	75.9	苯酚	35.7	103.8
丁酸(异)甲酯	33.0	64.1	苯胺	33.5	92.5
十一烷	14.4	39.2	氟苯	41.9	86.7
十二烷	14.3	41.4	癸烷	16.0	38.2
十三烷	15.3	42.4	氨	22.4	24.6
十四烷	15.8	43.3	氯乙烷	42.7	62.4
三乙胺	17.9	37.0	氯甲烷	52.3	62.9
磷化氢	28.0	22.1	氯苯	41.7	105.0
己烷	13.5	27.0	氰丙烷	20.1	44.6
壬烷	16.2	36.5	氰甲烷	21.8	44.9
六氢吡啶	27.5	60.0	环己烷	19.6	44.0
甲乙醚	25.0	34.4	乙酸	40.6	93.5
甲醇	25.8	49.1	乙酸甲酯	40.1	70.3
甲硫醇	37.3	59.6	乙酸乙酯	35.0	65.0
甲硫醚	31.9	57.4	乙酸丙酯	33.0	65.5
甲醚	27.2	30.1	甲苯	27.0	61.0
甲酸甲酯	46.4	74.6	异戊醇	20.5	52.0

8. 液体黏度共线图

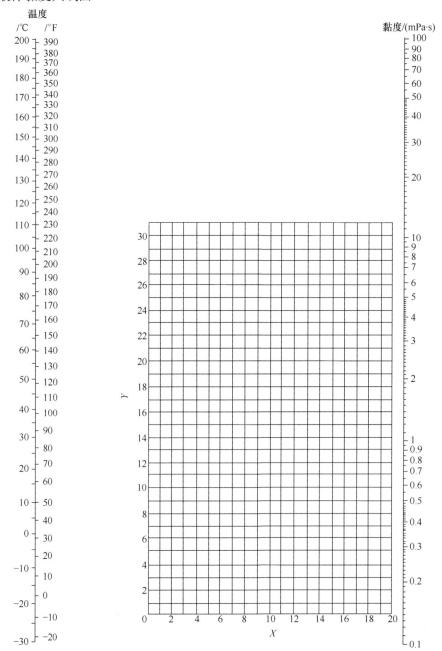

液体黏度共线图坐标值

序号	液体	X	Y	序号	液体	X	Y
1	乙醛	15.2	14.8	6	丙酮 35%	7.9	15.0
2	醋酸 100%	12.1	14.2	7	丙烯醇	10.2	14.3
3	醋酸 70%	9.5	17.0	8	氨 100%	12.6	2.0
4	醋酸酐	12.7	12.8	9	氨 26%	10.1	13.9
5	丙酮 100%	14.5	7.2	10	醋酸戊酯	11.8	12.5

序号	液体	X	Y	序号	液体	X	Y
11	戊醇	7.5	18.4	54	氟利昂-12	16.8	5.6
12	苯胺	8.1	18.7	55	氟利昂-21	15.7	7.5
13	苯甲醚	12.3	13.5	56	氟利昂-22	17.2	4.7
14	三氯化砷	13.9	14.5	57	氟利昂-113	12.5	11.4
15	苯	12.5	10.9	58	甘油 100%	2.0	30.0
16	氯化钙盐水 25%	6.6	15.9	59	甘油 50%	6.9	19.6
17	氯化钠盐水 25%	10.2	16.6	60	庚烷	14.1	8.4
18	溴	14.2	13.2	61	己烷	14.7	7.0
19	溴甲苯	20	15.9	62	盐酸 31.5%	13.0	16.6
20	乙酸丁酯	12.3	11.0	63	正丁醇	7.1	18.0
21	丁醇	8.6	17.2	64	异丁醇	12.2	14.4
22	丁酸	12.1	15.3	65	异丙醇	8.2	16.0
23	二氧化碳	11.6	0.3	66	煤油	10.2	16.9
24	二硫化碳	16.1	7.5	67	粗亚麻仁油	7.5	27.2
25	四氯化碳	12.7	13.1	68	汞	18.4	16.4
26	氯苯	12.3	12.4	69	甲醇 100%	12.4	10.5
27	三氯甲烷	14.4	10.2	70	甲醇 90%	12.3	11.8
28	氯磺酸	11.2	18.1	71	甲醇 40%	7.8	15.5
29	氯甲苯(邻位)	13.0	13.3	72	乙酸甲酯	14.2	8.2
30	氯甲苯(间位)	13.3	12.5	73	氯甲烷	15.0	3.8
31	氯甲苯(对位)	13.3	12.5	74	丁酮	13.9	8.6
32	甲酚(间位)	2.5	20.8	75	萘	7.9	18.1
33	环己醇	2.9	24.3	76	硝酸 95%	12.8	13.8
34	二溴乙烷	12.7	15.8	77	硝酸 60%	10.8	17.0
35	二氯乙烷	13.2	12.2	78	硝基苯	10.6	16.2
36	二氯甲烷	14.6	8.9	79	硝基甲苯	11.0	17.0
37	乙二酸乙酯	11.0	16.4	80	辛烷	13.7	10.0
38	乙二酸二甲酯	12.3	15.8	81	辛醇	6.6	21.1
39	联苯	12.0	18.3	82	五氯乙烷	10.9	17.3
40	乙二酸二丙酯	10.3	17.7	83	戊烷	14.9	5.2
41	乙酸乙酯	13.7	9.1	84	酚	6.9	20.8
42	乙醇 100%	10.5	13.8	85	三溴化磷	13.8	16.7
43	乙醇 95%	9.8	14.3	86	三氯化磷	16.2	10.9
44	乙醇 40%	6.5	16.6	87	丙酸	12.8	13.8
45	乙苯	13.2	11.5	88	丙醇	9.1	16.5
46	溴乙烷	14.5	8.1	89	溴丙烷	14.5	9.6
47	氯乙烷	14.8	6.0	90	氯丙烷	14.4	7.5
48	乙醚	14.5	5.3	91	碘丙烷	14.1	11.6
49	甲酸乙酯	14.2	8.4	92	钠	16.4	13.9
50	碘乙烷	14.7	10.3	93	氢氧化钠 50%	3.2	25.8
51	乙二醇	6.0	23.6	94	四氯化锡	13.5	12.8
52	甲酸	10.7	15.8	95	二氧化硫	15.2	7.1
53	氟利昂-11	14.4	9.0	96	硫酸 110%	7.2	27.4

序号	液体	X	Y	序号	液体	X	Y
97	硫酸 98%	7.0	24.8	103	甲苯	13.7	10.4
98	硫酸 60%	10.2	21.3	104	三氯乙烯	14.8	10.5
99	二氯二氧化硫	15.2	12.4	105	松节油	11.5	14.9
100	四氯乙烷	11.9	15.7	106	乙酸乙烯	14.0	8.8
101	四氯乙烯	14.2	12.7	107	水	10.2	13.0
102	四氯化钛	14.4	12.3				

9. 101.3kPa 压力下气体的黏度共线图

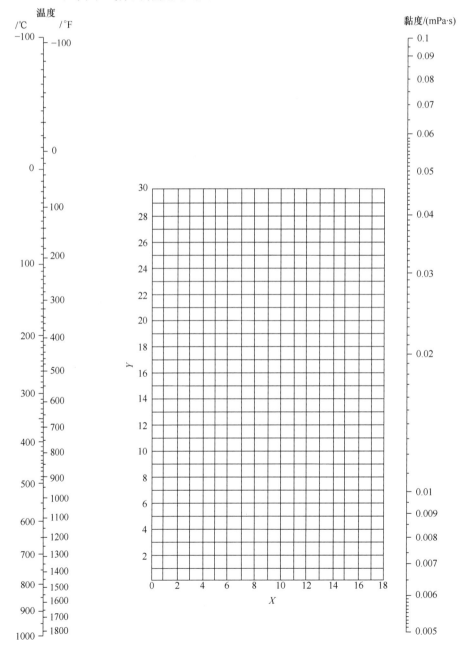

气体黏度共线图的坐标值

序号	气体	X	Y	序号	气体	X	Y
1	乙酸	7.7	14.3	29	氟利昂-113	11.3	14.0
2	丙酮	8.9	13.0	30	氦	10.9	20.5
3	乙炔	9.8	14.9	31	己烷	8.6	11.8
4	空气	11.0	20.0	32	氢	11.2	12.4
5	氨	8.4	16.0	33	$3H_2+N_2$	11.2	17.2
6	氩	10.5	22.4	34	溴化氢	8.8	20.9
7	苯	8.5	13.2	35	氯化氢	8.8	18.7
8	溴	8.9	19.2	36	氰化氢	9.8	14.9
9	丁烯(butene)	9.2	13.7	37	碘化氢	9.0	21.3
10	丁烯(butylene)	8.9	13.0	38	硫化氢	8.6	18.0
11	二氧化碳	9.5	18.7	39	碘	9.0	18.4
12	二硫化碳	8.0	16.0	40	汞	5.3	22.9
13	一氧化碳	11.0	20.0	41	甲烷	9.9	15.5
14	氯	9.0	18.4	42	甲醇	8.5	15.6
15	三氯甲烷	8.9	15.7	43	一氧化氮	10.9	20.5
16	氰	9.2	15.2	44	氮	10.6	20.0
17	环己烷	9.2	12.0	45	五硝酰氯	8.0	17.6
18	乙烷	9.1	14.5	46	一氧化二氮	8.8	19.0
19	乙酸乙酯	8.5	13.2	47	氧	11.0	21.3
20	乙醇	9.2	14.2	48	戊烷	7.0	12.8
21	氯乙烷	8.5	15.6	49	丙烷	9.7	12.9
22	乙醚	8.9	13.0	50	丙醇	8.4	13.4
23	乙烯	9.5	15.1	51	丙烯	9.0	13.8
24	氟	7.3	23.8	52	二氧化硫	9.6	17.0
25	氟利昂-11	10.6	15.1	53	甲苯	8.6	12.4
26	氟利昂-12	11.1	16.0	54	2,3,3-三甲(基)丁烷	9.5	10.5
27	氟利昂-21	10.8	15.3	55	水	8.0	16.0
28	氟利昂-22	10.1	17.0	56	氙	9.3	23.0

10. 液体比热容共线图

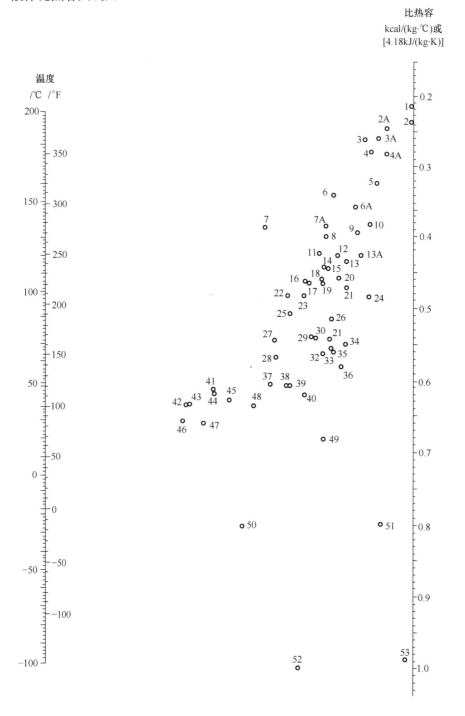

液体比热容共线图中的编号

编号	液体	温度范围/℃	编号	液体	温度范围/℃
1	溴乙烷	5～25	23	甲苯	0～60
2	二硫化碳	−100～25	24	乙酸乙酯	−50～25
2A	氟利昂-11	−20～70	25	乙苯	0～100
3	四氯化碳	10～60	26	乙酸戊酯	0～100
3	过氯乙烯	30～40	27	苯甲基醇	−20～30
3A	氟利昂-113	−20～70	28	庚烷	0～60
4	三氯甲烷	0～50	29	乙酸	0～80
4A	氟利昂-21	−20～70	30	苯胺	0～130
5	二氯甲烷	−40～50	31	异丙醚	−80～200
6	氟利昂-12	−40～15	32	丙酮	20～50
6A	二氯乙烷	−30～60	33	辛烷	−50～25
7	碘乙烷	0～100	34	壬烷	−50～25
7A	氟利昂-22	−20～60	35	己烷	−80～20
8	氯苯	0～100	36	乙醚	−100～25
9	硫酸(98%)	10～45	37	戊醇	−50～25
10	苯甲基氯	−20～30	38	甘油	−40～20
11	二氧化硫	−20～100	39	乙二醇	−40～200
12	硝基苯	0～100	40	甲醇	−40～20
13	氯乙烷	−30～40	41	异戊醇	10～100
13A	氯甲烷	−80～20	42	乙醇(100%)	30～80
14	萘	90～200	43	异丁醇	0～100
15	联苯	80～120	44	丁醇	0～100
16	联苯醚	0～200	45	丙醇	−20～100
16	联苯-联苯醚	0～200	46	乙醇(95%)	20～80
17	对二甲苯	0～100	47	异丙醇	−20～50
18	间二甲苯	0～100	48	盐酸(30%)	20～100
19	邻二甲苯	0～100	49	盐水(25%CaCl₂)	−40～20
20	吡啶	−50～25	50	乙醇(50%)	20～80
21	癸烷	−80～25	51	盐水(25%NaCl)	−40～20
22	二苯基甲烷	30～100	52	氨	−70～50
23	苯	10～80	53	水	10～200

11. 气体比热容共线图(101.3kPa)

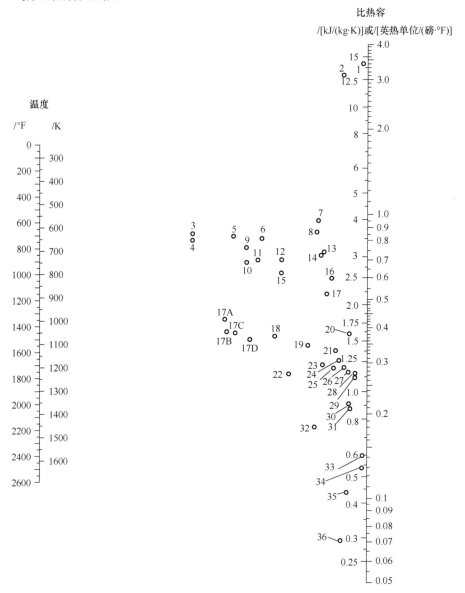

气体比热容共线图中的编号

编号	气体	温度范围/K
10	乙炔	273～473
15	乙炔	473～673
16	乙炔	673～1673
27	空气	273～1673
12	氨	273～873
14	氨	873～1673
18	二氧化碳	273～673

编号	气体	温度范围/K
24	二氧化碳	673～1673
26	一氧化碳	273～1673
32	氯	273～473
34	氯	473～1673
3	乙烷	273～473
9	乙烷	473～873
8	乙烷	873～1673
4	乙烯	273～473
11	乙烯	473～873
13	乙烯	873～1673
17B	氟利昂-11	273～423
17C	氟利昂-21	273～423
17A	氟利昂-22	278～423
17D	氟利昂-113	273～423
1	氢	273～873
2	氢	873～1673
35	溴化氢	273～1673
30	氯化氢	273～1673
20	氟化氢	273～1673
36	碘化氢	273～1673
19	硫化氢	273～973
21	硫化氢	973～1673
5	甲烷	273～573
6	甲烷	573～973
7	甲烷	973～1673
25	一氧化氮	273～973
28	一氧化氮	973～1673
26	氮	273～1673
23	氧	273～773
29	氧	773～1673
33	硫	573～1673
22	二氧化硫	273～673
31	二氧化硫	673～1673
17	水	273～1673

12. 液体表面张力共线图

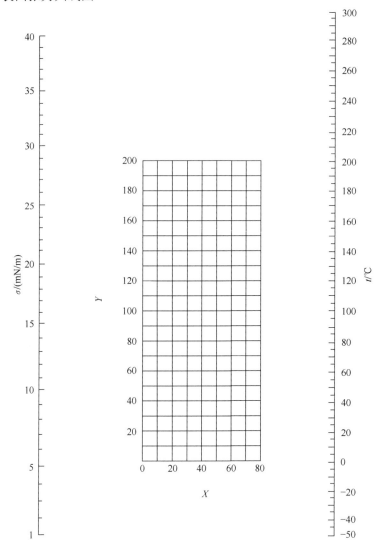

液体表面张力共线图坐标值

编号	液体名称	X	Y	编号	液体名称	X	Y
1	环氧乙烷	42	83	10	乙酰乙酸乙酯	21	132
2	乙苯	22	118	11	二乙醇缩乙醛	19	88
3	乙胺	11.2	83	12	间二甲苯	20.5	118
4	乙硫醇	35	81	13	对二甲苯	19	117
5	乙醇	10	97	14	二甲胺	16	66
6	乙醚	27.5	64	15	二甲醚	44	37
7	乙醛	33	78	16	1,2-二氯乙烯	32	122
8	乙醛肟	23.5	127	17	二硫化碳	35.8	117.2
9	乙醛胺	17	192.5	18	丁酮	23.6	97

编号	液体名称	X	Y	编号	液体名称	X	Y
19	丁醇	9.6	107.5	54	四氯化碳	26	104.5
20	异丁醇	5	103	55	辛烷	17.7	90
21	丁酸	14.5	115	56	亚硝酰氯	38.5	93
22	异丁酸	14.8	107.4	57	苯	30	110
23	丁酸乙酯	17.5	102	58	苯乙酮	18	163
24	丁(异)酸乙酯	20.9	93.7	59	苯乙醚	20	134.2
25	丁酸甲酯	25	88	60	苯二乙胺	17	142.6
26	丁(异)酸甲酯	24	93.8	61	苯二甲胺	20	149
27	三乙胺	20.1	83.9	62	苯甲醚	24.4	138.9
28	三甲胺	21	57.6	63	苯甲酸乙酯	14.8	151
29	1,3,5-三甲苯	17	119.8	64	苯胺	22.9	171.8
30	三苯甲烷	12.5	182.7	65	苯(基)甲胺	25	156
31	三氯乙醛	30	113	66	苯酚	20	168
32	三聚乙醛	22.3	103.8	67	苯并吡啶	19.5	183
33	己烷	22.7	72.2	68	氨	56.2	63.5
34	六氢吡啶	24.7	120	69	氧化亚氮	62.5	0.5
35	甲苯	24	113	70	乙二酸乙二酯	20.5	130.8
36	甲胺	42	58	71	氯	45.5	59.2
37	间甲酚	13	161.2	72	氯仿	32	101.3
38	对甲酚	11.5	160.5	73	对氯甲苯	18.7	134
39	邻甲酚	20	161	74	氯甲烷	45.8	53.2
40	甲醇	17	93	75	氯苯	23.5	132.5
41	甲酸甲酯	38.5	88	76	对氯溴苯	14	162
42	甲酸乙酯	30.5	88.8	77	氯甲苯(吡啶)	34	138.2
43	甲酸丙酯	24	97	78	氰化乙烷(丙腈)	23	108.6
44	丙胺	25.5	87.2	79	氰化丙烷(丁腈)	20.3	113
45	对异丙基甲苯	12.8	121.2	80	氰化甲烷(乙腈)	33.5	111
46	丙酮	28	91	81	氰化苯(苯腈)	19.5	159
47	异丙酮	12	111.5	82	氰化氢	30.6	66
48	丙醇	8.2	105.2	83	硫酸二乙酯	19.5	139.5
49	丙酸	17	112	84	硫酸二甲酯	23.5	158
50	丙酸乙酯	22.6	97	85	硝基乙烷	25.4	126.1
51	丙酸甲酯	29	95	86	硝基甲烷	30	139
52	二乙(基)酮	20	101	87	萘	22.5	165
53	异戊醇	6	106.8	88	溴乙烷	31.6	90.2

编号	液体名称	X	Y	编号	液体名称	X	Y
89	溴苯	23.5	145.5	95	乙酸丙酯	23	97
90	碘乙烷	28	113.2	96	乙酸异丁酯	16	97.2
91	茴香脑	13	158.1	97	乙酸异戊酯	16.4	130.1
92	乙酸	17.1	116.5	98	乙酸酐	25	129
93	乙酸甲酯	34	90	99	噻吩	35	121
94	乙酸乙酯	27.5	92.4	100	环己烷	42	86.7

13. 气化热共线图

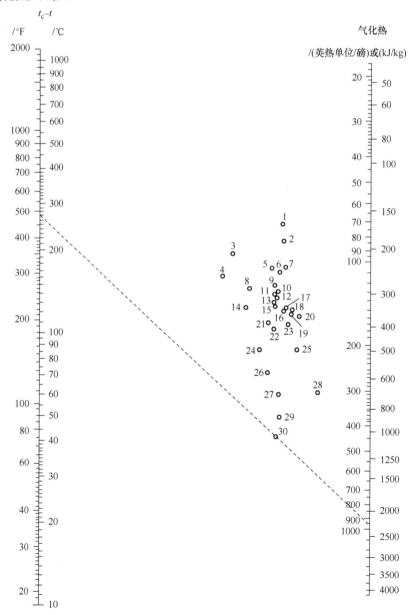

气化热共线图中的编号

编号	化合物	范围(t_c-t)/℃	临界温度 t_c/℃
18	乙酸	100~225	321
22	丙酮	120~210	235
29	氨	50~200	133
13	苯	10~400	289
16	丁烷	90~200	153
21	二氧化碳	10~100	31
4	二硫化碳	140~275	273
2	四氯化碳	30~250	283
7	三氯甲烷	140~275	263
8	二氯甲烷	150~250	216
3	联苯	175~400	527
25	乙烷	25~150	32
26	乙醇	20~140	243
28	乙醇	140~300	243
17	氯乙烷	100~250	187
13	乙醚	10~400	194
2	氟利昂-11	70~250	198
2	氟利昂-12	40~200	111
5	氟利昂-21	70~250	178
6	氟利昂-22	50~170	96
1	氟利昂-113	90~250	214
10	庚烷	20~300	267
11	己烷	50~225	235
15	异丁烷	80~200	134
27	甲醇	40~250	240
20	氯甲烷	70~250	143
19	一氧化二氮	25~150	36
9	辛烷	30~300	296
12	戊烷	20~200	197
23	丙烷	40~200	96
24	丙醇	20~200	264
14	二氧化硫	90~160	157
30	水	100~500	374

14. 部分固体材料的热导率

1) 金属类

材料	温度 $t/℃$	热导率 $\lambda/[W/(m \cdot K)]$	材料	温度 $t/℃$	热导率 $\lambda/[W/(m \cdot K)]$
铝	0	227.95	镍	0	93.04
	100	227.95		100	82.57
	200	227.95		200	73.27
	300	227.95		300	63.97
	400	227.95		400	59.31
铜	0	383.79	银	0	414.03
	100	379.14		100	409.38
	200	372.16		200	373.32
	300	367.51		300	361.69
	400	362.86		400	359.37
铁	0	73.27	锌	0	112.81
	100	67.45		100	109.90
	200	61.64		200	105.83
	300	54.66		300	101.18
	400	48.85		400	93.04
铅	0	35.12	碳钢	0	52.34
	100	33.38		100	48.85
	200	31.40		200	44.19
	300	29.77		300	41.87
	400	—		400	34.89
镁	0	172.12	不锈钢	0	16.28
	100	167.47		100	17.45
	200	162.82		200	17.45
	300	158.17		300	18.49
	400	—		400	—

2) 非金属类

材料	温度 $t/℃$	热导率 $\lambda/[W/(m \cdot K)]$
软木	30	0.04303
玻璃棉	—	0.034 89～0.069 78
保温灰	—	0.069 78
锯末	20	0.046 52～0.058 15
棉花	100	0.069 78
厚纸	20	0.139 6～0.348 9
玻璃	30	1.093 2

材料	温度 $t/℃$	热导率 $\lambda/[W/(m \cdot K)]$
	-20	0.756 0
搪瓷	—	0.872 3～1.163
云母	50	0.430 3
泥土	20	0.697 8～0.930 4
冰	0	2.326
软橡胶	—	0.129 1～0.159 3
硬橡胶	0	0.150 0
聚四氟乙烯	—	0.241 9
泡沫玻璃	-15	0.0048 85
	-80	0.003 489
泡沫塑料	—	0.046 52
木材(横向)	—	0.139 6～0.174 5
木材(纵向)	—	0.383 8
耐火砖	230	0.872 3
	1200	1.639 8
混凝土	—	1.279 3
绒毛毡	—	0.046 5
85%氧化镁粉	0～100	0.069 78
聚氯乙烯	—	0.116 3～0.174 5
酚醛加玻璃纤维	—	0.259 3
酚醛加石棉纤维	—	0.294 2
聚酯加玻璃纤维	—	0.259 4
聚碳酸酯	—	0.190 7
聚苯乙烯泡沫	25	0.0418 7
	-150	0.001 745
聚乙烯	—	0.329 1
石墨	—	139.56

15. 部分液体的热导率

液体种类	温度 $t/℃$	热导率 $\lambda/[W/(m \cdot K)]$	液体种类	温度 $t/℃$	热导率 $\lambda/[W/(m \cdot K)]$
乙酸 100%	20	0.171	正丁醇	30	0.168
50%	20	0.35		75	0.164
丙酮	30	0.177	异丁醇	10	0.157
	75	0.164	氯化钙盐水 30%	30	0.55
丙烯醇	25～30	0.180	15%	30	0.59

续表

液体种类	温度 t/℃	热导率 λ/[W/(m·K)]	液体种类	温度 t/℃	热导率 λ/[W/(m·K)]
氨	25～30	0.50	二硫化碳	30	0.161
氨,水溶液	20	0.45		75	0.152
	60	0.50	四氯化碳	0	0.185
正戊醇	30	0.163		68	0.163
	100	0.154	氯苯	10	0.144
异戊醇	30	0.152	三氯甲烷	30	0.138
	75	0.151	乙酸乙酯	20	0.175
苯胺	0～20	0.173	乙醇 100%	20	0.182
苯	30	0.159	80%	20	0.237
	60	0.151	60%	20	0.305
乙醇 40%	20	0.388	正庚醇	30	0.163
20%	20	0.486		75	0.157
100%	50	0.151	正己醇	30	0.164
				75	0.156
			煤油	20	0.149
硝基甲苯	30	0.216		75	0.140
	60	0.208	盐酸 12.5%	32	0.52
			25%	32	0.48
正辛烷	60	0.14	38%	32	0.44
	0	0.138～0.156	汞	28	0.36
石油	20	0.180	甲醇 100%	20	0.215
蓖麻油	0	0.173	80%	20	0.267
	20	0.168	60%	20	0.329
橄榄油	100	0.164	40%	20	0.405
正戊烷	30	0.135	20%	20	0.492
	75	0.128	100%	50	0.197
氯化钾 15%	32	0.58	氯甲烷	—15	0.192
30%	32	0.56		30	0.154
氢氧化钾 21%	32	0.58	硝基苯	30	0.164
12%	32	0.55		100	0.152
硫酸钾 10%	32	0.60	正丙醇	30	0.171
乙苯	30	0.149		75	0.164
	60	0.142	异丙醇	30	0.157
乙醚	30	0.138		60	0.155
	75	0.135	氯化钠盐水 25%	30	0.57
汽油	30	0.135	12.5%	30	0.59

液体种类	温度 t/℃	热导率 λ/[W/(m·K)]	液体种类	温度 t/℃	热导率 λ/[W/(m·K)]
三元醇 100%	20	0.284	硫酸 90%	30	0.36
80%	20	0.327	60%	30	0.43
60%	20	0.381	30%	30	0.52
40%	20	0.448	二氧化硫	15	0.22
20%	20	0.481		30	0.192
100%	100	0.284	甲苯	30	0.149
正庚烷	30	0.140		75	0.145
	60	0.137	松节油	15	0.128
正己烷	30	0.138	二甲苯(邻位)	20	0.155
	60	0.135	二甲苯(对位)	20	0.155

16. IS 型单级单吸离心泵性能参数(摘录)

型号	转速 n/(r/min)	流量 /(m³/h)	流量 /(L/s)	扬程 H/m	效率 η/%	功率/kW 轴功率	功率/kW 电机功率	必需气蚀余量/m	质量(泵/底座)/kg
IS 50-32-125	2900	7.5	2.08	22	47	0.96	2.2	2.0	32/46
		12.5	3.47	20	60	1.13		2.0	
		15	4.17	18.5	60	1.26		2.5	
	1450	3.75	1.04	5.4	43	0.13	0.55	2.0	32/38
		6.3	1.74	5	54	0.16		2.0	
		7.5	2.08	4.6	55	0.17		2.5	
IS 50-32-160	2900	7.5	2.08	34.3	44	1.59	3	2.0	50/46
		12.5	3.47	32	54	2.02		2.0	
		15	4.17	29.6	56	2.16		2.5	
	1450	3.75	1.04	8.5	35	0.25	0.55	2.0	50/38
		6.3	1.74	8	4.8	0.29		2.0	
		7.5	2.08	7.5	49	0.31		2.5	
IS 50-32-200	2900	7.5	2.08	52.5	38	2.82	5.5	2.0	52/66
		12.5	3.47	50	48	3.54		2.0	
		15	4.17	48	51	3.95		2.5	
	1450	3.75	1.04	13.1	33	0.41	0.75	2.0	52/38
		6.3	1.74	12.5	42	0.51		2.0	
		7.5	2.08	12	44	0.56		2.5	
IS 50-32-250	2900	7.5	2.08	82	23.5	5.87	11	2.0	88/110
		12.5	3.47	80	38	7.16		2.0	
		15	4.17	78.5	41	7.83		2.5	
	1450	3.75	1.04	20.5	23	0.91	1.5	2.0	88/64
		6.3	1.74	20	32	1.07		2.0	
		7.5	2.08	19.5	35	1.14		3.0	

续表

型号	转速 n/(r/min)	流量		扬程 H/m	效率 η/%	功率/kW		必需气蚀余量/m	质量(泵/底座)/kg
		/(m³/h)	/(L/s)			轴功率	电机功率		
IS 65-50-125	2900	15	4.17	21.8	58	1.54	3	2.0	50/41
		25	6.94	20	69	1.97		2.0	
		30	8.33	18.5	68	2.22		3.0	
	1450	7.5	2.08	5.35	53	0.21	0.55	2.0	50/38
		12.5	3.47	5	64	0.27		2.0	
		15	4.17	4.7	65	0.30		2.5	
IS 65-50-160	2900	15	4.17	35	54	2.65	5.5	2.0	51/66
		25	6.94	32	65	3.35		2.0	
		30	8.33	30	66	3.71		2.5	
	1450	7.5	2.08	8.8	50	0.36	0.75	2.0	51/38
		12.5	3.47	8.0	60	0.45		2.0	
		15	4.17	7.2	60	0.49		2.5	
IS 65-40-200	2900	15	4.17	53	49	4.42	7.5	2.0	62/66
		25	6.94	50	60	5.67		2.0	
		30	8.33	47	61	6.29		2.5	
	1450	7.5	2.08	13.2	43	0.63	1.1	2.0	62/46
		12.5	3.47	12.5	55	0.77		2.0	
		15	4.17	11.8	57	0.85		2.5	
IS 65-40-250	2900	15	4.17	82	37	9.05	15	2.0	82/110
		25	6.94	80	50	10.89		2.0	
		30	8.33	78	53	12.02		2.5	
	1450	7.5	2.08	21	35	1.23	2.2	2.0	82/67
		12.5	3.47	20	46	1.48		2.0	
		15	4.17	19.4	48	1.65		2.5	
IS 65-40-315	2900	15	4.17	127	28	18.5	30	2.5	52/110
		25	6.94	125	40	21.3		2.5	
		30	8.33	123	44	22.8		3.0	
	1450	7.5	2.08	32.2	25	6.63	4	2.5	152/67
		12.5	3.47	32.0	37	2.94		2.5	
		15	4.17	31.7	41	3.16		3.0	
IS 80-65-125	2900	30	8.33	22.5	64	2.87	5.5	3.0	44/46
		50	13.9	20	75	3.63		3.0	
		60	16.7	18	74	3.98		3.5	
	1450	15	4.17	5.6	55	0.42	0.75	2.5	44/38
		25	6.94	5	71	0.48		2.5	
		30	8.33	4.5	72	0.51		3.0	

续表

| 型号 | 转速 $n/(r/min)$ | 流量 | | 扬程 H/m | 效率 $\eta/\%$ | 功率/kW | | 必需气蚀余量/m | 质量(泵/底座)/kg |
		/(m³/h)	/(L/s)			轴功率	电机功率		
IS 80-65-160	2900	30	8.33	36	61	4.82	7.5	2.5	48/66
		50	13.9	32	73	5.97		2.5	
		60	16.7	29	72	6.59		3.0	
	1450	15	4.17	9	55	0.67	1.5	2.5	48/46
		25	6.94	8	69	0.79		2.5	
		30	8.33	7.2	68	0.86		3.0	
IS 80-50-200	2900	30	8.33	53	55	7.87	15	2.5	64/124
		50	13.9	50	69	9.87		2.5	
		60	16.7	47	71	10.8		3.0	
	1450	15	4.17	13.2	51	1.06	2.2	2.5	64/46
		25	6.94	12.5	65	1.31		2.5	
		30	8.33	11.8	67	1.44		3.0	
IS 80-50-250	2900	30	8.33	84	52	13.2	22	2.5	90/110
		50	13.9	80	63	17.3		2.5	
		60	16.7	75	64	19.2		3.0	
	1450	15	4.17	21	49	1.75	3	2.5	90/64
		25	6.94	20	60	2.27		2.5	
		30	8.33	18.8	61	2.52		3.0	
IS 80-50-315	2900	30	8.33	128	41	25.5	37	2.5	125/160
		50	13.9	125	54	31.5		2.5	
		60	16.7	123	57	35.3		3.0	
	1450	15	4.17	32.5	39	3.4	5.5	2.5	125/66
		25	6.94	32	52	4.19		2.5	
		30	8.33	31.5	56	4.6		3.0	
IS 100-80-125	2900	60	16.7	24	67	5.86	11	4.0	49/64
		100	27.8	20	78	7.00		4.5	
		120	33.3	16.5	74	7.28		5.0	
	1450	30	8.33	6	64	0.77	1	2.5	49/46
		50	13.9	5	75	0.91		2.5	
		60	16.7	4	71	0.92		3.0	
IS 100-80-160	2900	60	16.7	36	70	8.42	15	3.5	69/110
		100	27.8	32	78	11.2		4.0	
		120	33.3	28	75	12.2		5.0	
	1450	30	8.33	9.2	67	1.12	2.2	2.0	69/64
		50	13.9	8.0	75	1.45		2.5	
		60	16.7	6.8	71	1.57		3.5	

续表

| 型号 | 转速 $n/(\text{r/min})$ | 流量 | | 扬程 H/m | 效率 $\eta/\%$ | 功率/kW | | 必需气蚀余量/m | 质量(泵/底座)/kg |
		$/(\text{m}^3/\text{h})$	$/(\text{L/s})$			轴功率	电机功率		
IS 100-65-200	2900	60	16.7	54	65	13.6	22	3.0	81/110
		100	27.8	50	76	17.9		3.6	
		120	33.3	47	77	19.9		4.8	
	1450	30	8.33	13.5	60	1.84	4	2.0	81/64
		50	13.9	12.5	73	2.33		2.0	
		60	16.7	11.8	74	2.61		2.5	
IS 100-65-250	2900	60	16.7	87	61	23.4	37	3.5	90/160
		100	27.8	80	72	30.0		3.8	
		120	33.3	74.5	73	33.3		4.8	
	1450	30	8.33	21.3	55	3.16	5.5	2.0	90/66
		50	13.9	20	68	4.00		2.0	
		60	16.7	19	70	4.44		2.5	
IS 100-65-315	2900	60	16.7	133	55	39.6	75	3.0	180/295
		100	27.8	125	66	51.6		3.6	
		120	33.3	118	67	57.5		4.2	
	1450	30	8.33	34	51	5.44	11	2.0	180/112
		50	13.9	32	63	6.92		2.0	
		60	16.7	30	64	7.67		2.5	
IS 125-100-200	2900	120	33.3	57.5	67	28.0	45	4.5	108/160
		200	55.6	50	81	33.6		4.5	
		240	66.7	44.5	80	36.4		5.0	
	1450	60	16.7	14.5	62	3.83	7.5	2.5	108/66
		100	27.8	12.5	76	4.48		2.5	
		120	33.3	11.0	75	4.79		3.0	
IS 125-100-250	2900	120	33.3	87	66	43.0	75	3.8	166/295
		200	55.6	80	78	55.9		4.2	
		240	66.7	72	75	62.8		5.0	
	1450	60	16.7	21.5	63	5.59	11	2.5	166/112
		100	27.8	20	76	7.17		2.5	
		120	33.3	18.5	77	7.84		3.0	
IS 125-100-315	2900	120	33.3	132.5	60	72.1	110	0.40	189/330
		200	55.6	125	75	90.8		4.5	
		240	66.7	120	77	101.9		5.0	
	1450	60	16.7	33.5	58	9.4	15	2.5	189/160
		100	27.8	32	73	11.9		2.5	
		120	33.3	30.5	74	13.5		3.0	

续表

型号	转速 n/(r/min)	流量 /(m³/h)	流量 /(L/s)	扬程 H/m	效率 η/%	功率/kW 轴功率	功率/kW 电机功率	必需气蚀余量/m	质量(泵/底座)/kg
IS 125-100-400	1450	60	16.7	52	53	16.1	30	2.5	205/233
		100	27.8	50	65	21.0		2.5	
		120	33.3	48.5	67	23.6		3.0	

17. 常用筛子的规格

1) 国内常用筛

目数	筛孔尺寸	目数	筛孔尺寸	目数	筛孔尺寸
8	2.5	45	0.40	130	0.112
10	2.00	50	0.355	150	0.100
12	1.60	55	0.315	160	0.090
16	1.25	60	0.28	190	0.080
18	1.00	65	0.25	200	0.071
20	0.900	70	0.224	240	0.063
24	0.800	75	0.200	260	0.056
26	0.700	80	0.180	300	0.050
28	0.63	90	0.160	320	0.045
32	0.56	100	0.154	360	0.040
35	0.50	110	0.140		
40	0.45	120	0.125		

注:目数为每英寸长度的筛孔数。

2) 标准筛目

泰勒标准筛 目数/in	泰勒标准筛 孔目大小/mm	泰勒标准筛 网线径/mm	日本 JIS 标准筛 孔目大小/mm	日本 JIS 标准筛 网线径/mm	德国标准筛孔 目数/cm	德国标准筛孔 孔目大小/mm	德国标准筛孔 网线径/mm
2.5	7.925	2.235	7.93	2.0			
3	6.680	1.778	6.73	1.8			
3.5	5.613	1.651	5.66	1.6			
4	4.699	1.651	4.76	1.29			
5	3.962	1.118	4.00	1.08			
6	3.327	0.914	3.36	0.87			
7	2.794	0.853	2.83	0.80			
8	2.362	0.813	2.38	0.80			
9	1.981	0.738	2.00	0.76			
10	1.651	0.689	1.68	0.74			
12	1.397	0.711	1.41	0.71	4	1.50	1.00
14	1.168	0.635	1.19	0.62	5	1.20	0.80
16	0.991	0.597	1.00	0.59	6	1.02	0.85

续表

泰勒标准筛			日本 JIS 标准筛		德国标准筛孔		
目数/in	孔目大小/mm	网线径/mm	孔目大小/mm	网线径/mm	目数/cm	孔目大小/mm	网线径/mm
20	0.833	0.437	0.84	0.43	—	—	—
24	0.701	0.358	0.71	0.35	8	0.75	0.50
28	0.589	0.318	0.59	0.32	10	0.60	0.40
32	0.495	0.300	0.50	0.29	11	0.54	0.37
35	0.417	0.310	0.42	0.29	12	0.49	0.34
42	0.351	0.254	0.35	0.29	14	0.43	0.28
48	0.295	0.234	0.297	0.232	16	0.385	0.24
60	0.246	0.178	0.250	0.212	20	0.300	0.20
65	0.208	0.183	0.210	0.181	24	0.250	0.17
80	0.175	0.142	0.177	0.141	30	0.200	0.13
100	0.147	0.107	0.149	0.105	—	—	—
115	0.124	0.097	0.125	0.037	40	0.150	0.10
150	0.104	0.066	0.105	0.070	50	0.120	0.08
170	0.088	0.061	0.088	0.061	60	0.102	0.065
200	0.074	0.053	0.074	0.053	70	0.088	0.055
250	0.061	0.041	0.062	0.048	80	0.075	0.050
270	0.053	0.041	0.053	0.048	100	0.060	0.040
325	0.043	0.036	0.044	0.034			
400	0.038	0.025					

18. 无缝钢管规格
1) 冷拔无缝钢管(摘自 GB 8163—88)

外径/mm	壁厚/mm		外径/mm	壁厚/mm		外径/mm	壁厚/mm	
	从	到		从	到		从	到
6	0.25	2.0	20	0.25	6.0	40	0.40	9.0
7	0.25	2.5	22	0.40	6.0	42	1.0	9.0
8	0.25	2.5	25	0.40	7.0	44.5	1.0	9.0
9	0.25	2.8	27	0.40	7.0	45	1.0	10
10	0.25	3.5	28	0.40	7.0	48	1.0	10
11	0.25	3.5	29	0.40	7.5	50	1.0	12
12	0.25	4.0	30	0.40	8.0	51	1.0	12
14	0.25	4.0	32	0.40	8.0	53	1.0	12
16	0.25	5.0	34	0.40	8.0	54	1.0	12
18	0.25	5.0	36	0.40	8.0	56	1.0	12
19	0.25	6.0	38	0.40	9.0			

注:(壁厚/mm)0.25,0.30,0.40,0.50,0.60,0.80,1.0,1.2,1.4,1.5,1.6,1.8,2.0,2.2,2.5,2.8,3.0,3.2,3.5,4.0, 4.5,5.0,5.5,6.0,6.5,7.0,7.5,8.0,8.5,9,9.5,10,11,12。

2) 热轧无缝钢管(摘自 GB 8163—87)

外径/mm	壁厚/mm		外径/mm	壁厚/mm		外径/mm	壁厚/mm	
	从	到		从	到		从	到
32	2.5	8.0	63.5	3.0	14	102	3.5	22
38	2.5	8.0	68	3.0	16	108	4.0	28
42	2.5	10	70	3.0	16	114	4.0	28
45	2.5	10	73	3.0	19	121	4.0	28
50	2.5	10	76	3.0	19	127	4.0	30
54	3.0	11	83	3.5	19	133	4.0	32
57	3.0	13	89	3.5	22	140	4.5	36
60	3.0	14	95	3.5	22	146	4.5	36

注:(壁厚/mm)2.5,3,3.5,4,4.5,5,5.5,6,6.5,7,7.5,8,8.5,9,9.5,10,11,12,13,14,15,16,17,18,19,20,22,25,28,30,32,36。

19. 列管式换热器(摘自 JB/T 4714、4715—92)

列管式换热器型号的表示方法:

$$\underline{\times\times\times}^{①}\ \underline{\times}^{②}\text{-}\underline{\times}^{③}\text{-}\underline{\times}^{④}\text{-}\underline{\times}/\underline{\times}^{⑤}\text{-}\underline{\times}^{⑥}\ \underline{\times}^{⑦}$$

其中,①中,第一个字母代表前端管箱形式(A、B、C、N、D),第二个字母代表壳体形式(E、F、G、H、J、K、X),第三个字母代表后端结构形式(L、M、N、P、S、T、U、W);

②代表公称直径,mm;

③代表公称压力,MPa;

④代表公称面积,m²;

⑤代表管长,m;

⑥代表管子规格;

⑦代表几级换热器,如Ⅰ或Ⅱ。

前端管箱形式	A	管箱和可拆端盖
	B	封头(整体端盖)
	C	仅用于可拆管束管板与管箱为整体及可拆端盖
	N	管板与管箱为整体及可拆端盖
	D	高压特殊封头
壳体形式	E	单程壳体
	F	具有纵向隔板的双程壳体
	G	分流壳体
	H	双分流壳体
	J	无隔板分流壳体
	K	釜式再沸器
	X	错流壳体

续表

后端管箱形式	L	与"A"类似的固定管板
	M	与"B"类似的固定管板
	N	与"N"类似的固定管板
	P	外部填料函浮头
	S	有背衬的浮头
	T	可抽式浮头
	U	U 形管束
	W	外密封浮头管板

1）固定管板式
换热管为 $\phi19mm$ 的换热器基本参数（管心距 25mm）

公称直径 DN/mm	公称压力 PN/MPa	管程数 N	管子根数 n	中心排管数	管程流通面积/m²	计算换热面积/m² 换热管长度 L/mm					
						1500	2000	3000	4500	6000	9000
159		1	15	5	0.0027	1.3	1.7	2.6	—	—	—
219			33	7	0.0058	2.8	3.7	5.7	—	—	—
273	1.60 2.50 4.00 6.40	1	65	9	0.0115	5.4	7.4	11.3	17.1	22.9	—
		2	56	8	0.0049	4.7	6.4	9.7	14.7	19.7	—
325		1	99	11	0.0175	8.3	11.2	17.1	26.0	34.9	—
		2	88	10	0.0078	7.4	10.0	15.2	23.1	31.0	—
		4	68	10	0.0030	5.7	7.7	11.8	17.9	23.9	—
400	0.60	1	174	14	0.0307	14.5	19.7	30.1	45.7	61.3	—
		2	164	15	0.0145	13.7	18.6	28.4	43.1	57.8	—
		4	146	14	0.0065	12.2	16.6	25.3	38.3	51.4	—
450	1.00	1	237	17	0.0419	19.8	26.9	41.0	62.2	83.5	—
		2	220	16	0.0194	18.4	25.0	38.1	57.8	77.5	—
		4	200	16	0.0088	16.7	22.7	34.6	52.5	70.4	—
500	1.60	1	275	19	0.0486	—	31.2	47.6	72.2	96.8	—
		2	256	18	0.0226	—	29.0	44.3	67.2	90.2	—
		4	222	18	0.0098	—	25.2	38.4	58.3	78.2	—
600	2.50	1	430	22	0.0760	—	48.8	74.4	112.9	151.4	—
		2	416	23	0.0368	—	47.2	72.0	109.3	146.5	—
		4	370	22	0.0163	—	42.0	64.0	97.2	130.3	—
		6	360	20	0.0106	—	40.8	62.3	94.5	126.8	—
700	4.00	1	607	27	0.1073	—	—	105.1	159.4	213.8	—
		2	574	27	0.0507	—	—	99.4	150.8	202.1	—
		4	542	27	0.0239	—	—	93.8	142.3	190.9	—
		6	518	24	0.0153	—	—	89.7	136.0	182.4	—

续表

公称直径 DN/mm	公称压力 PN/MPa	管程数 N	管子根数 n	中心排管数	管程流通面积/m²	计算换热面积/m² 换热管长度 L/mm					
						1500	2000	3000	4500	6000	9000
800	0.60	1	797	31	0.1408	—	—	138.0	209.3	280.7	—
		2	776	31	0.0686	—	—	134.3	203.8	273.3	—
		4	722	31	0.0319	—	—	125.0	189.8	254.3	—
		6	710	30	0.0209	—	—	122.9	186.5	250.0	—
900	1.00	1	1009	35	0.1783	—	—	174.7	265.0	355.3	536.0
		2	988	35	0.0873	—	—	171.0	259.5	347.9	524.9
		4	938	35	0.0414	—	—	162.4	246.4	330.3	498.3
		6	914	34	0.0269	—	—	158.2	240.0	321.9	485.6
1000	1.60	1	1267	39	0.2239	—	—	219.3	332.8	446.2	673.1
		2	1234	39	0.1090	—	—	213.6	324.1	434.6	655.6
		4	1186	39	0.0524	—	—	205.3	311.5	417.7	630.1
		6	1148	38	0.0338	—	—	198.7	301.5	404.3	609.9
1100	2.50	1	1501	43	0.2652	—	—	—	394.2	528.6	797.4
		2	1470	43	0.1299	—	—	—	386.1	517.7	780.9
		4	1450	43	0.0641	—	—	—	380.8	510.6	770.3
		6	1380	42	0.0406	—	—	—	362.4	486.0	733.1

注:管子排列方式为正三角形。

换热管为 $\phi25mm$ 的换热器基本参数(管心距 32mm)

公称直径 DN/mm	公称压力 PN/MPa	管程数 N	管子根数 n	中心排管数	管程流通面积/m²		计算换热面积/m² 换热管长度 L/mm					
					$\phi25\times2$	$\phi25\times2.5$	1500	2000	3000	4500	6000	9000
159	1.60	1	11	3	0.0038	0.0035	1.2	1.6	2.5	—	—	—
219			25	5	0.0087	0.0079	2.7	3.7	5.7	—	—	—
273	2.50	1	38	6	0.0132	0.0119	4.2	5.7	8.7	13.1	17.6	—
		2	32	7	0.0055	0.0050	3.5	4.8	7.3	11.1	14.8	—
325	4.00 6.40	1	57	9	0.0197	0.0179	6.3	8.5	13.0	19.7	26.4	—
		2	56	9	0.0097	0.0088	6.2	8.4	12.7	19.3	25.9	—
		4	40	9	0.0035	0.0031	4.4	6.0	9.1	13.8	18.5	—

公称直径 DN/mm	公称压力 PN/MPa	管程数 N	管子根数 n	中心排管数	管程流通面积/m²		计算换热面积/m² 换热管长度 L/mm					
					φ25×2	φ25×2.5	1500	2000	3000	4500	6000	9000
400	0.60	1	98	12	0.0339	0.0308	10.8	14.6	22.3	33.8	45.4	—
		2	94	11	0.0163	0.0148	10.3	14.0	21.4	32.5	43.5	—
		4	76	11	0.0066	0.0060	8.4	11.3	17.3	26.3	35.2	—
450	1.00	1	135	13	0.0468	0.0424	14.8	20.1	30.7	46.6	62.5	—
		2	126	12	0.0218	0.0198	13.9	18.8	28.7	43.5	58.4	—
		4	106	13	0.0092	0.0083	11.7	15.8	24.1	36.6	49.1	—
500	1.60	1	174	14	0.0603	0.0546	—	26.0	39.6	60.1	80.6	—
		2	164	15	0.0284	0.0257	—	24.5	37.3	56.6	76.0	—
		4	144	15	0.0125	0.0113	—	21.4	32.8	49.7	66.7	—
600	2.50	1	245	17	0.0849	0.0769	—	36.5	55.8	84.6	113.5	—
		2	232	16	0.0402	0.0364	—	34.6	52.8	80.1	107.5	—
		4	222	17	0.0192	0.0174	—	33.1	50.0	76.7	102.8	—
		6	216	16	0.0125	0.0113	—	32.2	49.2	74.6	100.0	—
700	4.00	1	355	21	0.1230	0.1115	—	—	80.0	122.6	164.4	—
		2	342	21	0.0592	0.0537	—	—	77.9	118.1	158.4	—
		4	322	21	0.0279	0.0253	—	—	73.3	111.2	149.1	—
		6	304	20	0.0175	0.0159	—	—	69.2	105.0	140.8	—
800	0.60	1	467	23	0.1618	0.1466	—	—	106.3	161.3	216.3	—
		2	450	23	0.0779	0.0707	—	—	102.4	155.4	208.5	—
		4	442	23	0.0383	0.0347	—	—	100.6	152.7	204.7	—
		6	430	24	0.0248	0.0225	—	—	97.9	148.5	119.2	—
900	1.60	1	605	27	0.2095	0.1900	—	—	137.8	209.0	280.2	422.7
		2	588	27	0.1018	0.0923	—	—	133.9	203.1	272.3	410.8
		4	554	27	0.0480	0.0435	—	—	126.1	191.4	256.6	387.1
		6	538	26	0.0311	0.0282	—	—	122.5	185.8	249.2	375.9
1000	2.50	1	749	30	0.2594	0.2352	—	—	170.5	258.7	346.9	523.3
		2	724	29	0.1285	0.1165	—	—	168.9	256.3	343.7	518.4
		4	710	29	0.0615	0.0557	—	—	161.6	245.2	328.8	496.0
		6	698	30	0.0403	0.0365	—	—	158.9	241.1	323.3	487.7
1100	4.00	1	931	33	0.3225	0.2923	—	—	—	321.6	431.2	650.4
		2	894	33	0.1548	0.1404	—	—	—	308.8	414.1	624.6
		4	848	33	0.0734	0.0666	—	—	—	292.9	392.8	592.5
		6	830	32	0.0479	0.0434	—	—	—	286.7	384.4	579.9

注:管子排列方式为正三角形。

2) 浮头式

公称直径 DN/mm	管程数 N	管子根数 n 19	25	中心排管数 d 19	25	管程流通面积/m² d×δt 19×2	25×2	25×2.5	A/m² L=3m 19	25	L=4.5m 19	25	L=6m 19	25	L=9m 19	25
325	2	60	32	7	5	0.0053	0.0055	0.0050	10.5	7.4	15.8	11.1	—	—	—	—
	4	52	28	6	4	0.0023	0.0024	0.0022	9.1	6.4	13.7	9.7	—	—	—	—
426	2	120	74	8	7	0.0106	0.0126	0.0116	20.9	16.9	31.6	25.6	42.3	34.4	—	—
	4	108	68	9	6	0.0048	0.0059	0.0053	18.8	15.6	28.4	23.6	38.1	31.6	—	—
500	2	206	124	11	8	0.0182	0.0215	0.0194	35.7	28.3	54.1	42.8	72.5	57.4	—	—
	4	192	116	10	9	0.0085	0.0100	0.0091	33.2	26.4	50.4	40.1	67.6	53.7	—	—
600	2	324	198	14	11	0.0286	0.0343	0.0311	55.8	44.9	84.8	68.2	113.9	91.5	—	—
	4	308	188	14	10	0.0136	0.0163	0.0148	53.1	42.6	80.7	64.8	108.2	86.9	—	—
	6	284	158	14	10	0.0083	0.0091	0.0083	48.9	35.8	74.4	54.4	99.8	73.1	—	—
700	2	468	268	16	13	0.0414	0.0464	0.0421	80.4	60.6	122.2	92.1	164.1	123.7	—	—
	4	448	256	17	12	0.0198	0.0222	0.0201	76.9	57.8	117.0	87.9	157.1	118.1	—	—
	6	382	224	15	10	0.0112	0.0129	0.0116	65.6	50.6	99.8	76.9	133.9	103.4	—	—
800	2	610	366	19	15	0.0539	0.0643	0.0575	—	—	158.9	125.4	213.5	168.5	—	—
	4	588	352	18	14	0.0260	0.0305	0.0276	—	—	153.2	120.6	205.8	162.1	—	—
	6	518	316	16	14	0.0152	0.0182	0.0165	—	—	134.9	108.3	181.3	145.5	—	—
900	2	800	472	22	17	0.0707	0.0817	0.0741	—	—	207.6	161.2	279.2	216.8	—	—
	4	776	456	21	16	0.0343	0.0395	0.0353	—	—	201.4	155.7	270.8	209.4	—	—
	6	720	426	21	16	0.0212	0.0246	0.0223	—	—	186.9	145.5	251.3	195.6	—	—
1000	2	1006	606	24	19	0.0890	0.1050	0.0952	—	—	260.6	206.6	350.6	277.9	—	—
	4	980	588	23	18	0.0433	0.0500	0.0462	—	—	253.9	200.4	314.6	269.7	—	—
	6	892	564	21	18	0.0262	0.0326	0.0295	—	—	231.1	192.2	311.0	258.7	—	—

续表

公称直径 DN/mm	管程数 N	管子根数 n d=19	管子根数 n d=25	中心排管数 d=19	中心排管数 d=25	管程流通面积/m² d×δr 19×2	管程流通面积/m² d×δr 25×2	管程流通面积/m² d×δr 25×2.5	A/m² L=3m 19	A/m² L=3m 25	A/m² L=4.5m 19	A/m² L=4.5m 25	A/m² L=6m 19	A/m² L=6m 25	A/m² L=9m 19	A/m² L=9m 25
1100	2	1240	736	27	21	0.1100	0.1270	0.1160	—	—	320.3	250.2	431.3	336.8	—	—
	4	1212	716	26	20	0.0536	0.0620	0.0562	—	—	313.1	243.4	421.6	327.7	—	—
	6	1120	692	24	20	0.0329	0.0399	0.0362	—	—	289.3	235.2	389.6	316.7	—	—
1200	2	1452	880	28	22	0.1290	0.1520	0.1380	—	—	374.4	298.6	504.3	402.2	764.2	609.4
	4	1424	860	28	22	0.0629	0.0745	0.0675	—	—	367.2	291.8	494.6	393.1	749.5	595.6
	6	1348	828	27	21	0.0396	0.0478	0.0434	—	—	347.6	280.9	468.2	378.4	709.5	573.4
1300	4	1700	1024	31	24	0.0751	0.0887	0.0804	—	—	—	—	589.3	467.1	—	—
	6	1616	972	29	24	0.0476	0.0560	0.0509	—	—	—	—	560.2	443.3	—	—

注：管子按正方形旋转 45°排列；计算换热面积及光管及公称压力 2.5MPa 的管板厚度确定。